安装工程工程量清单
分部分项计价与预算定额计价对照
实 例 详 解

3

通风空调工程
自动化控制仪表安装工程
通信设备及线路工程

工程造价员网校　编

中国建筑工业出版社

图书在版编目（CIP）数据

安装工程工程量清单分部分项计价与预算定额计价对照实例详解. 3/工程造价员网校编. —北京：中国建筑工业出版社，2009
ISBN 978-7-112-10884-8

Ⅰ. 安…　Ⅱ. 工…　Ⅲ. ①建筑安装工程—工程造价②建筑安装工程—建筑预算定额　Ⅳ. TU723. 3

中国版本图书馆 CIP 数据核字（2009）第 050830 号

本书按照《全国统一安装工程预算定额》的章节，结合《建设工程工程量清单计价规范》（GB 50500—2008）中“装饰装修工程工程量清单项目及计算规则”，以一例一图一解的方式，对装饰装修工程各分项的工程量计算方法作了较详细的解释说明。本书最大的特点是实际操作性强，便于读者解决实际工作中经常遇到的难点。

* * *

责任编辑：刘　江　周世明
责任设计：赵明霞
责任校对：兰曼利　陈晶晶

安装工程工程量清单
分部分项计价与预算定额计价对照
实例详解
❸
通风空调工程
自动化控制仪表安装工程
通信设备及线路工程
工程造价员网校　编
*
中国建筑工业出版社出版、发行（北京西郊百万庄）
各地新华书店、建筑书店经销
北京千辰公司制版
北京富生印刷厂印刷
*
开本：787×1092 毫米　1/16　印张：24¼　字数：605 千字
2009 年 7 月第一版　2010 年 4 月第二次印刷
印数：2501—3700 册　定价：**50.00** 元
ISBN 978-7-112-10884-8
(18126)

编　委　会

主　编　张国栋

参　编　张国安　李小金　张志刚　张志军　张志伟
张国武　张志玲　张书娟　张国红　张国勤
张二琴　张国彦　张二国　张　选

前　言

为了推动《建设工程工程量清单计价规范》(GB 50500—2008) 的实施，帮助造价工作者提高实际操作水平，我们特组织编写此书。

本书按照《全国统一安装工程预算定额》(2000 年第二版) 的章节编定，编写时参考《建设工程工程量清单计价规范》(GB 50500—2008) 中“装饰装修工程工程量清单项目及计算规则”，以实例阐述各分项工程的工程量计算方法，同时也简要说明了定额与清单的区别，其目的是帮助工作人员解决实际操作问题，提高工作效率。

本书与同类书相比，其显著特点是：

(1) 内容全面，针对性强，且项目划分明细，以便读者有目标性地学习。

(2) 实际操作性强，书中主要以实例说明实际操作中的有关问题及解决方法，便于提高读者的实际操作水平。

由于作者水平有限，书中难免有错误和遗漏之处，望广大读者批评指正。如有疑问，请登录 www. gclqd. com（工程量清单计价网）或 www. jbjsys. com（基本建设预算网）或 www. gczjy. com（工程造价员网校）或发邮件至 dlwhgs@ tom. com 与编者联系。

编　者

目　　录

第一章　通风空调工程（C.9）

第一节　分部分项实例

项目编码　030902001　　项目名称　碳钢通风管道制作安装

【例 1-1】　有 100m 长直径为 400mm 的薄钢板圆形风管，其工程量如何计算？（δ = 2mm 焊接）

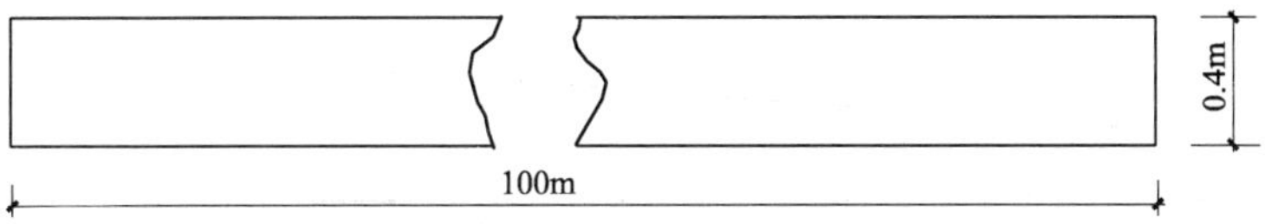

图 1-1　风管尺寸示意图

【解】　（1）清单工程量：

因通风空调中，风管按施工图示不同规格以展开面积计算，不扣除检查孔、测定孔、送风口、吸风口等所占面积。圆管 $F = \pi DL$

式中　F——圆形风管展开面积（m^2）；

D——圆管直径（m）；

L——管道中心线长度（m）。

计算风管长度时，一律以施工图示中心线长度为准

工程量计算式 $F = \pi DL = 3.14 \times 0.4 \times 100m^2 = 125.6m^2$

清单工程量计算见下表：

清单工程量计算表

项目编码	项目名称	项目特征描述	单位	数量	计算式
030902001001	碳钢通风管道制作安装	管道中心线长度 100m，直径 0.4m	m^2	125.6	3.14 ×0.4 ×100

（2）定额工程量：

定额工程量计算同清单工程量。

套用定额 9－10，计量单位：$10m^2$，基价：634.78 元；其中人工费 348.53 元，材料费 183.66 元，机械费 102.59 元

【例 1-2】　某通风系统采用圆形渐缩风管均匀送风，风管小头直径 D_x = 200mm，风管大头直径 D_d = 400mm，管长 10m，试计算工程量并套用定额，如图 1-2 所示（δ = 2mm）。

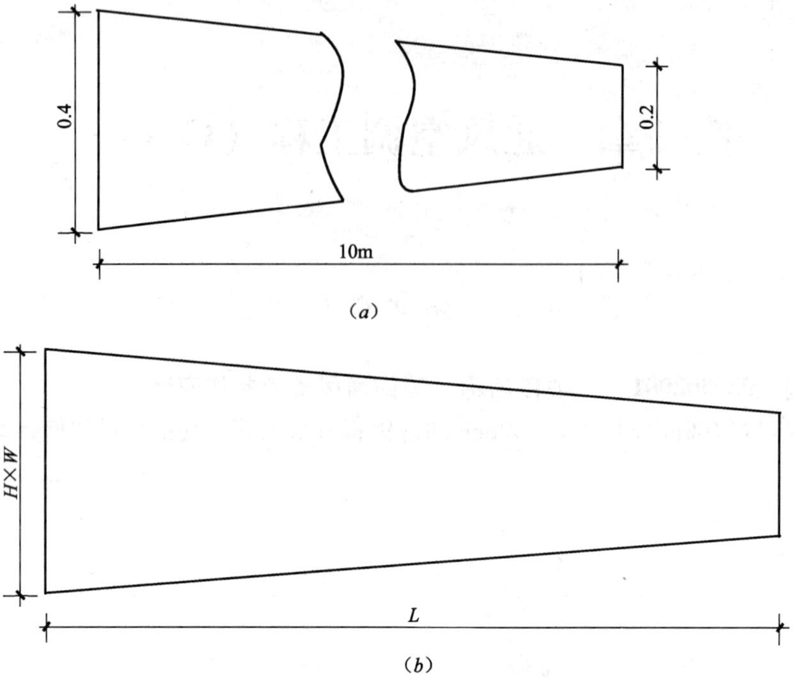

图 1-2
(a) 风管尺寸示意图；(b) 矩形异径管示意图

【解】 (1) 清单工程量：

因各类通风管道的整个通风系统的设计采用渐缩管均匀送风，圆形风管按平均直径，矩形风管按平均周长套用相应规格子目，其人工费则乘以系数 2.5。

平均直径 $D=(D_d+D_x)/2=(0.2+0.4)/2\text{m}=0.3\text{m}$

则工程量计算式：$F=\pi DL=\pi(D_d+D_x)L/2=3.14\times0.3\times10\text{m}^2=9.42\text{m}^2$

清单工程量计算见下表：

清单工程量计算表

项目编码	项目名称	项目特征描述	单位	数量	计算式
030902001001	碳钢通风管道制作安装	小头直径 $D_x=200\text{mm}$ 大头直径 $D_d=400\text{mm}$，管长 10m	m^2	9.42	$3.14\times\frac{0.2+0.4}{2}\times10$

对于图 1-2（b）所示矩形异径管的工程量计算如下：

$$F=(H+W+h+w)\cdot L$$

大头周长为$(H+W)\times2(\text{m})$，小头周长为$(h+w)\times2(\text{m})$

平均周长为$\frac{(H+W)\times2+(h+w)\times2}{2}=H+W+h+w$

面积 F = 平均周长乘以长度

(2) 定额工程量：

定额工程量计算同清单工程量。

圆形异径管套用定额 9 - 10，计量单位：$10m^2$，基价：634.78 元；其中人工费 348.53 元，材料费 183.66 元，机械费 102.59 元

矩形异径管按平均周长套用相应规格子目，计量单位：$10m^2$

项目编码　030902001　　项目名称　碳钢通风管道制作安装

项目编码　030902008　　项目名称　柔性软风管

项目编码　030903001　　项目名称　碳钢调节阀制作安装

【例 1-3】 计算图 1-3 所示管道的工程量并套用定额（$\delta=2mm$，不含主材费）。

【解】 （1）清单工程量：

1）风管（400×250）工程量计算：长度 $L_1=(4-0.3+5-0.21)\ m=8.49m$

工程量 $F=2\times(0.4+0.25)\times L_1=2\times0.65\times8.49m^2$
$=11.04m^2$

2）帆布软连接工程量计算：长度 $L_2=0.3m$

工程量 $L_2=0.3m$

3）400×250 手动密闭式对开多叶阀工程量为 1 个

清单工程量计算见下表：

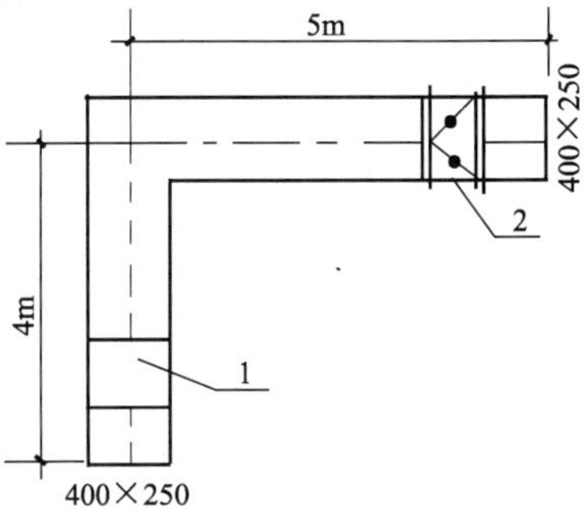

图 1-3　管道尺寸示意图
1—帆布软连接，长 300mm；
2—对开式多叶调节阀长 210mm

清单工程量计算表

序号	项目编码	项目名称	项目特征描述	单位	数量	计算式
1	030902001001	碳钢通风管道制作安装	尺寸 400×250	m^2	11.04	2×(0.4+0.25)×(4-0.3+5-0.21)
2	030902008001	柔性软风管	长度 0.3m	m	0.3	
3	030903001001	碳钢调节阀制作安装	管径 400×250	个	1	

（2）定额工程量：

1）风管（400×250）工程量计算同清单中工程量的计算

套用定额 9 - 14，计量单位：$10m^2$，基价：533.38 元；其中人工费 254.72 元，材料费196.63元，机械费 82.03 元

2）帆布软接头工程量计算：

长度 $L_2=0.3m$

工程量 $F=2\times(0.4+0.25)\times0.3m^2=0.39m^2$

套用定额 9 - 41，计量单位：m^2，基价：171.45 元；其中人工费 47.83 元，材料费 121.74 元，机械费 1.88 元

（3）400×250 手动密闭式对开多叶阀工程量：

查《全国统一安装工程预算定额》第九分册通风空调工程（GYD - 209 - 2000）T308 - 1 序号 11，250×400 手动密闭式对开多叶阀为：11.10kg/个，共 1 个，故：

工程量为 11.10×1kg = 11.10kg

1)手动密闭式对开多叶阀制作

套用定额9-62,计量单位:100kg,基价:1103.29元;其中人工费344.58元,材料费546.37元,机械费212.34元

2)手动密闭式对开多叶阀安装

套用定额9-84,计量单位:个,基价:25.77元;其中人工费10.45元,材料费15.32元

项目编码　030902001　　项目名称　碳钢通风管道制作安装

【例1-4】 计算图1-4所示管道的工程量并套用定额($\delta=2$mm,不含主材费)。

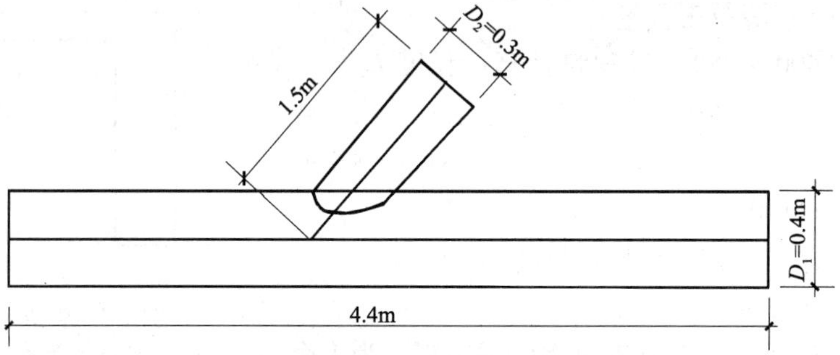

图1-4　管道尺寸示意图

注:通风管道主管与支管从其中心线交点处划分以确定中心线长度

【解】 (1)清单工程量:

$D_1=400$mm 工程量为 $F=\pi D_1L_1=\pi\times0.4\times4.4\text{m}^2=5.53\text{m}^2$

$D_2=300$mm 工程量为 $F=\pi D_2L_2=\pi\times0.3\times1.5\text{m}^2=1.41\text{m}^2$

清单工程量计算见下表:

清单工程量计算表

序号	项目编码	项目名称	项目特征描述	单位	数量	计算式
1	030902001001	碳钢通风管道制作安装	直径为400mm,长度4.4m	m^2	5.53	$\pi\times0.4\times4.4$
2	030902001002	碳钢通风管道制作安装	直径为300mm,长度1.5m	m^2	1.41	$\pi\times0.3\times1.5$

(2)定额工程量:

定额工程量计算同清单工程量计算。

$D_1=400$mm,$D_2=300$mm,套用定额9-10,计量单位:10m^2,基价:634.78元;其中人工费348.53元,材料费183.66元,机械费102.59元

项目编码　030902001　　项目名称　碳钢通风管道制作安装

项目编码　030903009　　项目名称　塑料风口、散流器制作安装(百叶窗)

【例1-5】 试计算图示管道的工程量并套用定额($\delta=2$mm,不含主材费)。

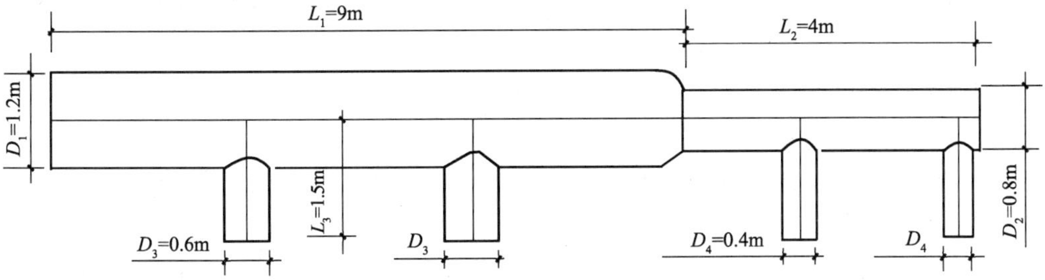

图 1-5　管道尺寸示意图

【解】　（1）清单工程量：

对于 $D_1=1200$mm 风管的工程量为 $\pi D_1L_1=\pi\times1.2\times9\text{m}^2=33.91\text{m}^2$

对于 $D_2=800$mm 风管的工程量为 $\pi D_2L_2=\pi\times0.8\times4\text{m}^2=10.05\text{m}^2$

对于 $D_3=600$mm 风管的工程量为 $2\times\pi D_3L_3=2\times\pi\times0.6\times1.5\text{m}^2=5.65\text{m}^2$

之所以要乘以 2 是因为有两根 $D_3=600$mm 的风管

对于 $D_4=400$mm 风管的工程量为 $2\times\pi D_4L_4=2\times\pi\times0.4\times1.5\text{m}^2=3.77\text{m}^2$

乘以 2 的原因同上

又 $D_3=600$mm 的风管接了尺寸为 400×240 的单层百叶风口，$D_4=400$mm 的风管接了尺寸为 200×150 的单层百叶风口

故 400×240 的单层百叶风口的工程量为下列所示

400×240 的单层百叶风口工程量为 2 个，同理，200×150 的单层百叶风口工程量为 2 个

清单工程量计算见下表：

清单工程量计算表

序号	项目编码	项目名称	项目特征描述	单位	数量	计算式
1	030902001001	碳钢通风管道制作安装	直径为 1200mm，长度 9m	m^2	33.91	3.14×1.2×9
2	030902001002	碳钢通风管道制作安装	直径为 800mm，长度 4m	m^2	10.05	3.14×0.8×4
3	030902001003	碳钢通风管道制作安装	直径为 600mm，长度 1.5m	m^2	5.65	3.14×0.6×1.5×2
4	030902001004	碳钢通风管道制作安装	直径为 400mm，长度 1.5m	m^2	3.77	3.14×0.4×1.5×2
5	030903009001	单层百叶塑料风口	1.94kg/个，400×240	个	2	
6	030903009002	单层百叶塑料风口	0.88kg/个，200×150	个	2	

（2）定额工程量：

对于 $D_1=1200$mm 风管的工程量为 $\pi D_1L_1=3.14\times1.2\times9\text{m}^2=33.912\text{m}^2=3.3912$ (10m^2)

套用定额9－11，计量单位：$10m^2$，基价：541.81元；其中人工费256.35元，材料费211.04元，机械费74.42元

对于 $D_2=800mm$ 风管的工程量为 $\pi D_2L_2=3.14\times0.8\times4m^2=10.048m^2=1.0048(10m^2)$

套用定额9－11，计量单位：$10m^2$，基价：541.81元；其中人工费256.35元，材料费211.04元，机械费74.42元

对于 $D_3=600mm$ 风管的工程量为 $2\times\pi D_3L_3=2\times3.14\times0.6\times1.5m^2=5.652m^2=0.5652(10m^2)$

（之所以要乘以2是因为有两根 $D_3=600mm$ 的风管）

套用定额9－11，计量单位：$10m^2$，基价：541.81元；其中人工费256.35元，材料费211.04元，机械费7.42元

对于 $D_4=400mm$ 风管的工程量为 $2\times\pi D_4L_4=2\times3.14\times0.4\times1.5m^2=3.768m^2=0.3768(10m^2)$

（有两根 $D_4=400mm$ 风管故乘以2）

套用定额9－10，计量单位：$10m^2$，基价：634.78元；其中人工费348.53元，材料费183.66元，机械费102.59元

400×240单层百叶风口的工程量计算与200×150单层百叶风口的工程量计算是不同的：

$D_3=600mm$ 的风管接了尺寸为400×240的单层百叶风口

$D_4=400mm$ 的风管接了尺寸为200×150的单层百叶风口

400×240单层百叶风口的工程量计算如下：

查《全国统一安装工程预算定额》第九分册　通风空调工程（GYD－209－2000）

T202－2序号5可知尺寸为400×240的单层百叶风口标准重量为1.94kg/个，所以400×240单层百叶风口工程量为1.94×2kg＝3.88kg＝0.0388(100kg)（因有两个，故乘以2）

1）单层百叶风口制作　套用定额9－94，计量单位：100kg，基价：2014.47元；其中人工费1477.95元，材料费520.88元，机械费15.64元

2）单层百叶风口安装　套用定额9－134，计量单位：个，基价：8.64元；其中人工费5.34元，材料费3.08元，机械费0.22元

同理：

200×150的单层百叶风口工程量为2×0.88kg＝1.76kg＝0.0176(100kg)

1）单层百叶风口制作　套用定额9－94，计量单位：100kg，基价：2014.47元；其中人工费1417.95元，材料费520.88元，机械费15.64元

2）单层百叶风口安装　套用定额9－133，计量单位：个，基价：6.87元；其中人工费4.18元，材料费2.47元，机械费0.22元

定额工程量计算见表1-1。

定额工程量计算表 **表 1-1**

序号	项目名称规格	单位	工程量	计算式
1	风管 $D_1=1200$mm	m^2	33.912	3.14×1.2×9
2	风管 $D_2=800$mm	m^2	10.048	3.14×0.8×4
3	风管 $D_3=600$mm	m^2	5.652	3.14×0.6×1.5×2
4	风管 $D_4=400$mm	m^2	3.768	3.14×0.4×1.5×2
5	单层百叶塑料风口(400×240)(1.94kg/个)	kg	3.88	2×1.94
6	单层百叶塑料风口(200×150)(0.88kg/个)	kg	1.76	2×0.88

项目编码 030902001 项目名称 碳钢通风管道制作安装

【例 1-6】 计算图 1-6 所示管道的工程量并套用定额（$\delta=2$mm，不含主材费）。

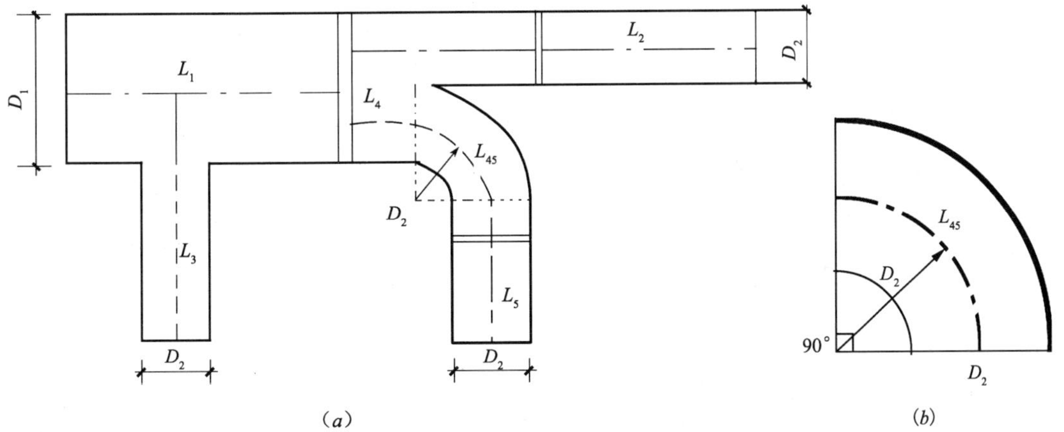

图 1-6 风管示意图

（a）管道平面图；（b）管径 D_2，长 L_{45} 风管详图

【解】 （1）清单工程量：

管径为 D_1，长为 L_1 的风管工程量为 $F_1=\pi D_1 L_1$

管径为 D_2，长为 L_2 的风管工程量为 $F_2=\pi D_2 L_2$

管径为 D_2，长为 L_3 的风管工程量为 $F_3=\pi D_2 L_3$

管径为 D_2，长为 L_4 的风管工程量为 $F_4=\pi D_2 L_4$

管径为 D_2，长为 L_5 的风管工程量为 $F_5=\pi D_2 L_5$

管径为 D_2，长为 L_{45}的风管工程量计算如下：（见详图）

故面积为 $F_{45}=\dfrac{1}{4}\pi^2 D_2^2$

（2）定额工程量：

定额工程量计算与清单工程量计算相同。

各风管按管径大小用相应规格子目，计量单位：$10m^2$

项目编码 030901004 项目名称 空调器
项目编码 030902001 项目名称 碳钢通风管道制作安装
项目编码 030903001 项目名称 碳钢调节阀制作安装

【例1-7】 计算图1-7所示工程量并套用定额（$\delta=2$mm，不含主材费），空调器为吊顶式，重量200kg。

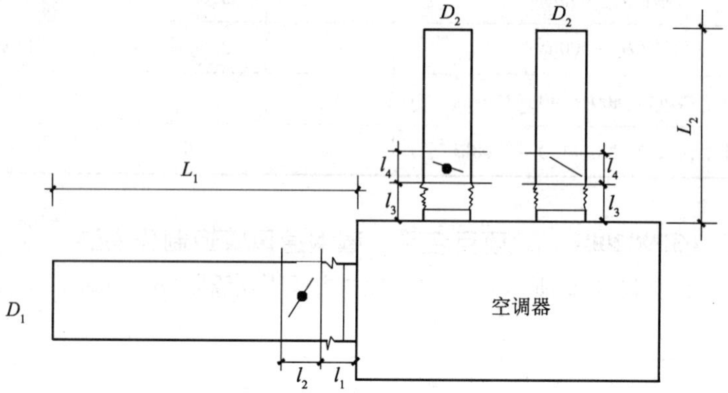

图1-7 空调器管道示意图

【解】 （1）清单工程量：

新风管道直径为 D_1 上面有 l_1 长的软接头和一个 $\phi500$ 长为 l_2 的非保温圆形蝶阀，两送风管直径均为 D_2，上面分别有 l_3 的软接头和 $\phi320$、长为 l_4 的非保温圆形蝶阀，空调机为落地式，重100kg

则：直径为 D_1 的新风管道工程量为：

$$F_1=\pi D_1\ (L_1-l_1-l_2)$$

直径为 D_2 的送风管道工程量为：

$F_2=\pi D_2(L_2-l_3-l_4)\times2$（因有两相同送风管）

注：$l_1-L_2-l_1$ 表示直径为 D_1 的新风管道长度（中心线为准），l_1 为软接头长度，l_2 为圆形蝶阀的长度，根据《建筑工程工程量清单计价规范》可知：风管的长度应除去这两部分的长度

长为 l_1 的软接头工程量为：l_1

长为 l_3 的软接头工程量为 $l_3\times2=2l_3$

（2）定额工程量：

风管定额中工程量的计算同清单中工程量的计算。

各管径按管径大小套用相应规格子目，计量单位：10m^2。

软接头工程量 $\pi D_1 l_1$ 和 $2l_3\pi D_2$

套用定额9－41，计量单位：10m^2，基价：171.45元；其中人工费47.83元，材料费121.74元，机械费1.88元

$\phi500$ 的圆形蝶阀工程量：

$\phi500$ 的非保温圆形蝶阀（拉链式）查《全国统一安装工程预算定额》第九册 通风空调工程（GYD－209－2000）中的“国标通风部件标准重量表”中“圆形蝶阀（拉链式）”序号9所对应的非保温T302－1，可查得 $\phi500$ 的非保温圆形蝶阀（拉链式）的标准重量是13.22kg/个，则工程量是1×13.22kg＝13.22kg＝0.1322kg 。

套用定额 9－52，计量单位：100kg，基价：872.86 元；其中人工费 265.64 元，材料费418.17元，机械费 189.05 元

同理可查得 ϕ320 的非保温圆形蝶阀（拉链式）的标准重量为 5.78kg/个，

则工程量是 2×5.78kg＝11.56kg＝0.1156(100kg)（有两个 ϕ320 的圆形蝶阀所以乘以 2)。

套用定额 9－51，计量单位：100kg，基价：1580.21 元；其中人工费 700.55 元，材料费 416.87 元，机械费 462.79 元

空调器的工程量是 1 台。

空调器安装套用定额 9－236，计量单位：台，基价：51.68 元；其中人工费 48.76 元，材料费 2.92 元

定额工程量计算见表 1-2。

定额工程量计算表　　**表 1-2**

序号	项目名称规格	单位	工程量	计算式
1	风管 D_1	m^2		πD_1（$L_1-l_1-l_2$）
2	风管 D_2	m^2		2×（$L_2-l_3-l_4$）πD_2
3	ϕ500 非保温圆形蝶阀	kg	13.22	1×13.22
4	ϕ320 非保温圆形蝶阀	kg	11.56	2×5.78
5	直径为 D_1 的软接头	m^2	$\pi D_1 l_1$	$\pi D_1 L_1$
6	直径为 D_2 的软接头	m^2	$2l_3\pi D_2$	$2\pi D_2 L_3$
7	空调器（吊顶式）	台	1	

故：ϕ500 的圆形蝶阀工程量为 1 个

ϕ320 的圆形蝶阀工程量为 2 个

空调器的工程量为 1 台

项目编码　030901005　　项目名称　风机盘管

项目编码　030902001　　项目名称　碳钢通风管道制作安装

项目编码　030903021　　项目名称　静压箱制作安装

【例 1-8】　如图 1-8 所示静压箱尺寸为 1.5m×1.5m×1m

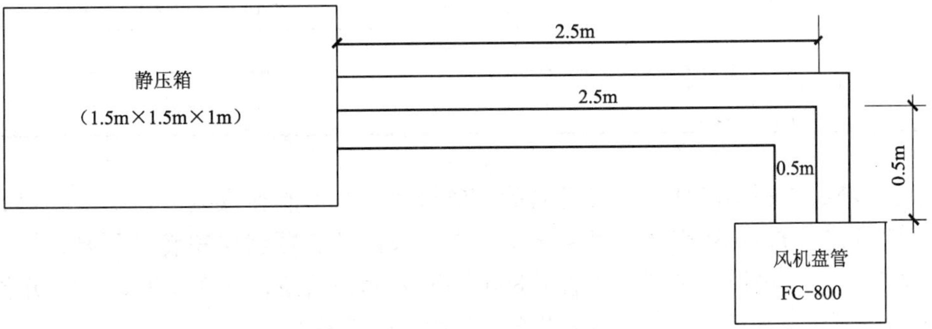

图 1-8　静压箱尺寸示意图

落地式风机盘管型号为FC－800

风道直径为$\phi 400$，计算工程量并套用定额（$\delta = 2mm$）

【解】 （1）清单工程量：

风管$\phi 400$工程量为$\pi Dl = \pi (2.5 + 0.5) \times 0.4m^2 = 3.77m^2$

风机盘管FC－800的工程量为1台

静压箱（1.5m×1.5m×1m）的工程量为：$2 \times (1.5 \times 1.5 + 1.5 \times 1 + 1.5 \times 1) m^2 = 10.5m^2$

清单工程量计算见下表：

清单工程量计算表

序号	项目编码	项目名称	项目特征描述	单位	数量	计算式
1	030902001001	碳钢通风管道制作安装	$\phi 400$，长度为0.4m	m^2	3.77	$\pi \times (2.5 + 0.5) \times 0.4$
2	030903021001	静压箱制作安装	尺寸1.5m×1.5m×1m	m^2	10.5	$2 \times (1.5 \times 1.5 + 1.5 \times 1 + 1.5 \times 1)$
3	030901005001	风机盘管	型号FC－800	台	1	

（2）定额工程量：

定额中风道的工程量同清单中风道的计算量。

套用定额9－10，计量单位：$10m^2$，基价：634.78元；其中人工费348.53元，材料费183.66元，机械费102.59元

定额中风机盘管的工程量同清单中风机盘管的计算量。

落地式风机盘管套用定额9－264，计量单位：台，基价：26.26元；其中人工费23.45元，材料费2.81元

静压箱制作工程量为：

静压箱面积$2 \times (1.5 \times 1.5 + 1.5 \times 1 + 1.5 \times 1) m^2 = 10.5m^2 = 1.05(10m^2)$

套用定额9－252，计量单位：$10m^2$，基价：468.28元；其中人工费283.28元，材料费166.14元，机械费18.92元

定额工程量计算见表1-3。

定额工程量计算表 **表1-3**

序号	项目名称规格	单位	工程量	计算式
1	$\phi 400$风管	m^2	3.768	$3.14 \times (2.5 + 0.5) \times 0.4$
2	FC－800	台	1	
3	静压箱（1.5×1.5×1）板厚1.5mm	m^2	10.5	$(1.5 \times 1.5 + 1.5 \times 1 + 1.5 \times 1) \times 2 = 10.5$

项目编码 030902001 项目名称 碳钢通风管道制作安装

项目编码 030903007 项目名称 碳钢风口散流器制作安装（百叶窗）

【例1-9】 如图1-9所示，干管为800×800的送风管道，四支管为$\phi 400$，并各接一散流器由图所示尺寸计算总的工程量并套用定额（$\delta = 2mm$）。

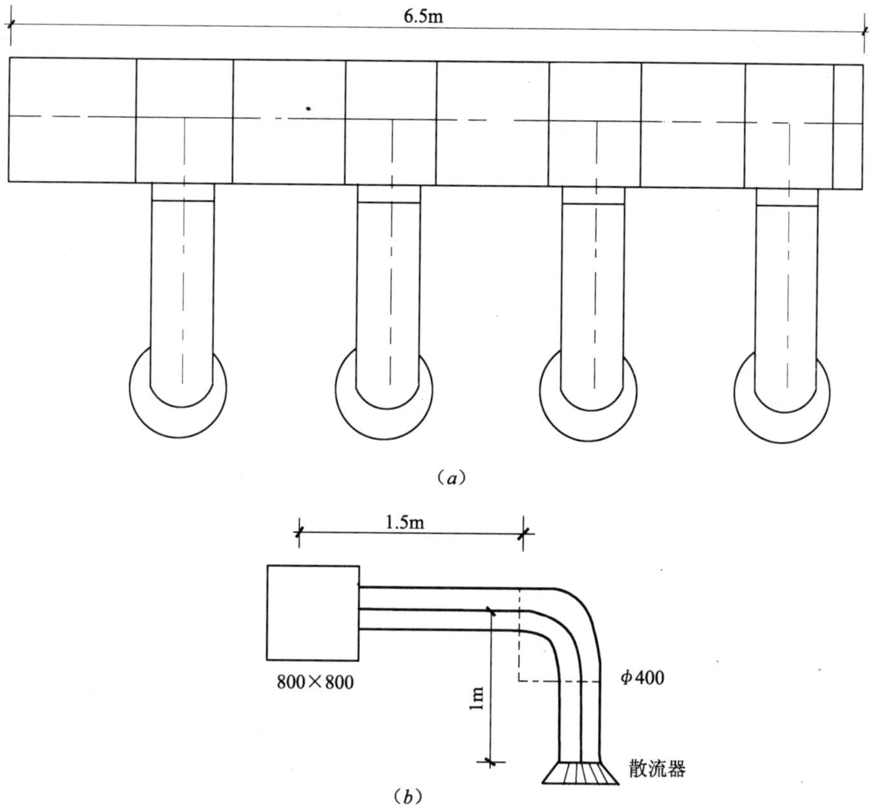

图 1-9　送风管道尺寸图
（a）平面图；（b）立面图

【解】　（1）清单工程量：

800×800 风管工程量为 $6.5\times(0.8+0.8)\times2\text{m}^2=20.8\text{m}^2$

ϕ400 风管工程量为 $4\times[1.5\pi\times0.4+(1-0.4)\pi\times0.4+\frac{1}{4}\pi^2\times0.4^2]\text{m}^2=12.13\text{m}^2$

之所以乘以 4 是因为有 4 根相同的支管。

散流器的工程量为 1×4 个 =4 个。

清单工程量计算见下表：

清单工程量计算表

序号	项目编码	项目名称	项目特征描述	单位	数量	计算式
1	030902001001	碳钢通风管道制作安装	尺寸 800×800，长度 6.5m	m^2	20.8	$6.5\times(0.8+0.8)\times2$
2	030902001002	碳钢通风管道制作安装	ϕ400，4 根	m^2	12.13	$4\times[1.5\pi\times0.4+(1-0.4)\pi\times0.4+\frac{1}{4}\pi^2\times0.4^2]$
3	030903007001	碳钢风口、散流器制作安装（百叶窗）	ϕ320	个	4	

（2）定额工程量：

定额中风管工程量的计算同清单中工程量的计算。

800×800 风管套用定额 9－15，计量单位：$10m^2$，基价：410.82 元；其中人工费 179.72 元，材料费 180.18 元，机械费 50.92 元

$\phi400$ 风管套用定额 9－18，计量单位：$10m^2$，基价：752.96 元；其中人工费 398.22 元，材料费 252.87 元，机械费 177.48 元

散流器（$\phi320$）的工程量：

查《全国统一安装工程预算定额》第九册 通风空调工程（GYD－209－2000）中的“国标通风部件标准重量表”中“圆形直片散流器”CT211－1 序号 7 可查得 $\phi320$ 圆形直片散流器单重为 8.22kg/个，则 $\phi320$ 圆形直片散流器工程量为 4×8.22kg＝32.88kg＝0.3288(100kg)

因有 4 个圆形直片散流器所以乘以 4。

1）散流器制作套用定额 9－111，计量单位：100kg，基价：1805.69 元；其中人工费 862.62元，材料费578.68元，机械费 364.39 元

2）散流器安装套用定额 9－150，计量单位：个，基价：8.82 元；其中人工费 7.89 元，材料费 0.93 元

定额工程量计算见表 1-4。

定额工程量计算表 **表 1-4**

序号	项目名称规格	单位	工程量	计算式
1	800×800 风管	m^2	20.8	2×(0.8+0.8)×6.5
2	$\phi400$ 风管	m^2	12.128	$4\times(1.5\times3.14\times0.4+(1-0.4)\times3.14\times0.4+\frac{1}{4}\pi^2\times0.4^2)$
3	$\phi320$ 圆形直片散流器 （8.22kg/个，4 个）	kg 个	32.88 4	8.22×4 1×4

项目编码 030902001 项目名称 碳钢通风管道制作安装

项目编码 030903007 项目名称 碳钢风口散流器制作安装（百叶窗）

【例 1-10】 计算图 1-10 所示的工程量并套用定额（$\delta=2mm$，不含主材费）。

【解】 如图所示两支管各连有一散流器。

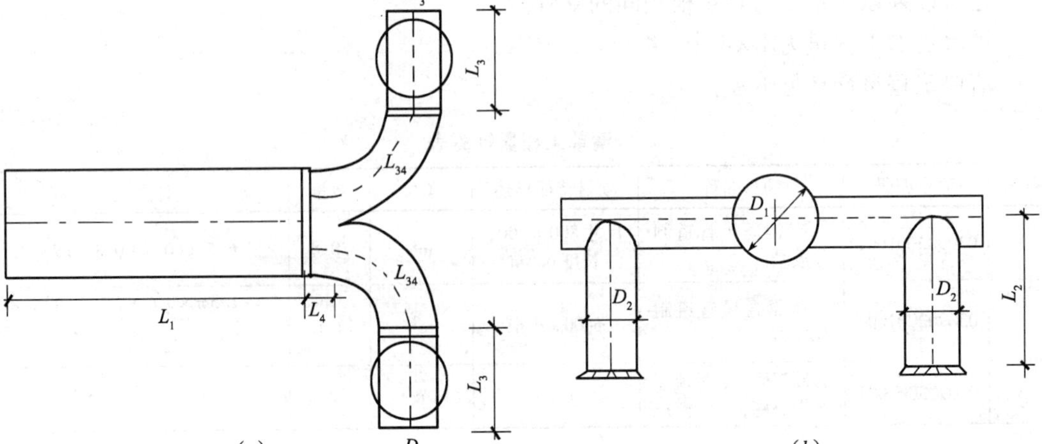

图 1-10 管道示意图

（a）平面图；（b）立面图

（1）清单工程量：

ϕD_1 的风管的工程量为　$F_1=\pi D_1L_1$

ϕD_2 的风管的工程量为　$F_2=2\pi D_2L_2$（因有两支管故乘以2）

ϕD_3 的风管的工程量为　$F_3=[2\pi D_3(L_3+L_4)+2\pi D_3\times\frac{1}{4}\pi D_3]$

$$=2\pi D_3(L_3+L_4+\frac{1}{4}\pi D_3)$$

散流器工程量为　1×2个=2个

按设计图示数量计算百叶风口、矩形送风口、矩形空气分布器、风管插板风口、旋转吹风口、圆形散流器、方形散流器、流线型散流器、送吸风口、活动箅式风口、网式风口、钢百叶窗等。

（2）定额工程量：

定额中风管工程量的计算同清单工程量的计算。

各风管按管径大小套用相应规格子目，计量单位：$10m^2$

散流器（ϕ400）的工程量：

查《全国统一安装工程预算定额》第九册通风空调工程（GYD－209－2000）中的"国标通风部件标准重量表"中"圆形直片散流器""CT211－1"序号9可查得ϕ400圆形直片散流器单重为10.88kg/个。

则ϕ400圆形直片散流器的工程量为10.88×2kg=21.76kg=0.2176（100kg）

因为有两个ϕ400圆形直片散流器。

1）散流器制作套用定额9－111，计量单位：100kg，基价：1805.69元；其中人工费862.62元，材料费578.68元，机械费364.47元

2）散流器安装套用定额9－151，计量单位：个，基价：11.60元；其中人工费10.22元，材料费1.38元

定额工程量计算见表1-5。

定额工程量计算表　　**表1-5**

序号	项目名称规格	单位	工程量	计算式
1	ϕD_1 风管	m^2	πD_1L_1	$\pi\times D_1\times L_1$
2	ϕD_2 风管	m^2	$2\pi D_2L_2$	$2\times\pi\times D_2\times L_2$
3	ϕD_3 风管	m^2	$2\pi D_3(L_3+L_4+\frac{\pi D_3}{4})$	$2\pi D_3(L_3+L_4)+2\pi D_3\times\frac{1}{4}\pi D_3$
4	ϕ400圆形直片散流器 （10.88kg/个，2个）	kg 个	21.76 2	2×10.88 2×1

项目编码　030901002　项目名称　通风机

项目编码　030902003　项目名称　不锈钢板风管制作安装

项目编码　030903001　项目名称　碳钢调节阀制作安装

项目编码　030903019　项目名称　柔性接口及伸缩节制作安装

【例1-11】　计算图1-11所示工程量并套用定额（$\delta=2mm$，不含主材费）。

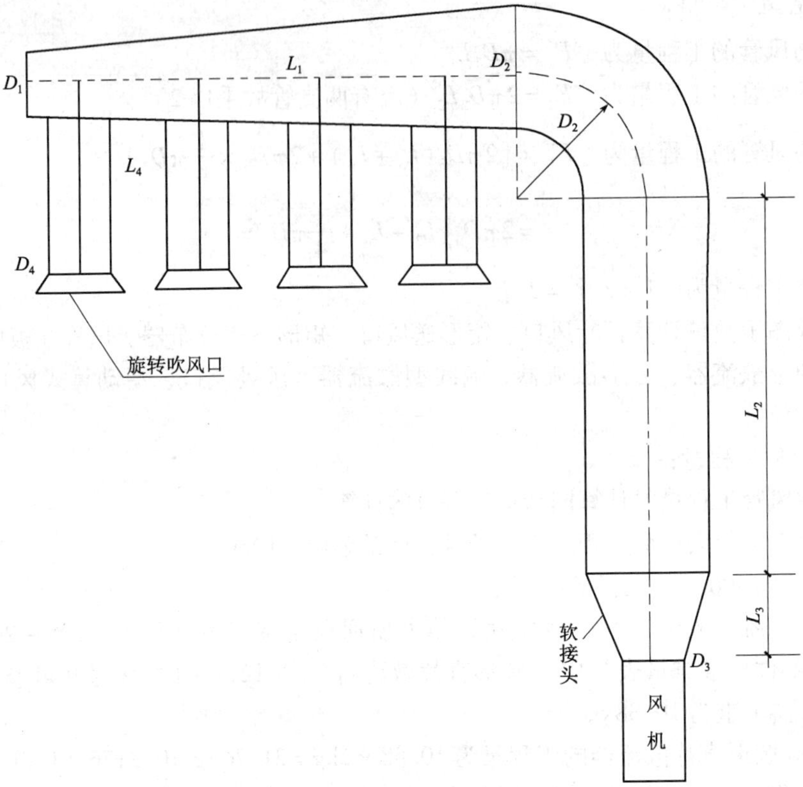

图 1-11 风管平面图

【解】 (1) 清单工程量:

ϕD_1 的渐缩风管工程量为 $\pi L_1 \dfrac{(D_1+D_2)}{2}=\dfrac{\pi L_1}{2}(D_1+D_2)$

ϕD_2 的风管工程量为 $(\pi L_2 D_2+\dfrac{1}{4}\pi^2 D_2^2)$

软接头的工程量为 $\pi L_3(D_2+D_3)/2=\dfrac{\pi L_3}{2}(D_2+D_3)$

ϕD_4 的风管工程量为 $\pi D_4 L_4\times 4$(因为4根支管),旋转吹风口的工程量为1个 ×4 =4个,6号离心式通风机的工程量为1台。

清单工程量计算见下表:

清单工程量计算表

序号	项目编码	项目名称	项目特征描述	单位	数量	计算式
1	030902003001	不锈钢板风管制作安装	ϕD_1,长度 L_1	m^2	$\dfrac{\pi L_1}{2}(D_1+D_2)$	$\dfrac{\pi L_1}{2}(D_1+D_2)$
2	030902003002	不锈钢板风管制作安装	ϕD_2	m^2	$\pi L_2 D_2+\dfrac{1}{4}\pi^2 D_2{}^2$	$\pi L_2 D_2+\dfrac{1}{4}\pi^2 D_2{}^2$
3	030902003003	不锈钢板风管制作安装	ϕD_4	m^2	$\pi D_4 L_4\times 4$	$\pi D_4 L_4\times 4$
4	030902008001	柔性软风管	长度 L_3	m	L_3	

续表

序号	项目编码	项目名称	项目特征描述	单位	数量	计算式
5	030903007001	碳钢风口，散流器制作安装（吹风口）	旋转型，D_4	个	4	
6	030901002001	通风机	6号离心式	台	1	

（2）定额工程量：

风管及风机的工程计算量同清单中工程量的计算。

渐缩风管 ϕD_2 风管及 ϕD_4 风管按平均直径套用相应规格子目。

风机套用定额 9－217，基价：104.10 元；其中人工费 78.48 元，材料费 25.62 元

旋转吹风口的工程量计算：

查《全国统一安装工程预算定额》第九册通风空调工程（GYD－209－2000）中的“国标通风部件标准重量表”中的“旋转吹风口”T209－1 序号 1 对应的单重为 10.09kg/个，则旋转吹风口的制作工程量为 10.09×4kg＝40.36kg＝0.4036(100kg)

套用定额 9－109，基价：961.86 元；其中人工费 306.27 元，材料费 524.06 元，机械费 131.53 元

ϕ400 旋转吹风口的安装工程量为 1×4 个＝4 个（因有 4 个所以要乘以 4）

套用定额 9－145，基价：30.54 元；其中人工费 18.11 元，材料费 12.43 元

软接头工程量为 $\pi L_3(D_2+D_3)/2=\frac{\pi L_3}{2}(D_2+D_3)$

套用定额 9－41，基价：171.45 元；其中人工费 47.83 元，材料费 121.74 元，机械费1.88元

定额工程量见计算表 1-6。

定额工程量计算表 **表 1-6**

序号	项目名称规格	单位	工程量	计算式
1	渐缩管（ϕD_1，ϕD_2）	m^2	$\frac{\pi}{2}L_1$（D_1+D_2）	$\frac{1}{2}\pi(D_1+D_2)\times L_1$
2	ϕD_2 风管	m^2	$\pi L_2D_2+\frac{1}{4}\pi^2D_2^2$	$\pi L_2D_2+\frac{1}{4}\pi D\times\pi D$
3	软接头（ϕD_3）	m^2	$\frac{\pi}{2}L_3$（D_2+D_3）	$\frac{1}{2}\pi D_2L_3+\frac{1}{2}\pi D_3L_3$
4	ϕD_4 风管	m^2	$4\pi D_4L_4$	$4\times\pi D_4L_4$
5	风机	台	1	
6	旋转吹风口（ϕ250） 4 个，10.09kg/个	kg 个	40.36 4	4×10.09 1×4

项目编码 030902001 项目名称 碳钢通风管道制作安装

【例 1-12】 试计算图 1-12 所示天圆地方管道的工程量并套用定额（$\delta=2$mm，不含主材费）。

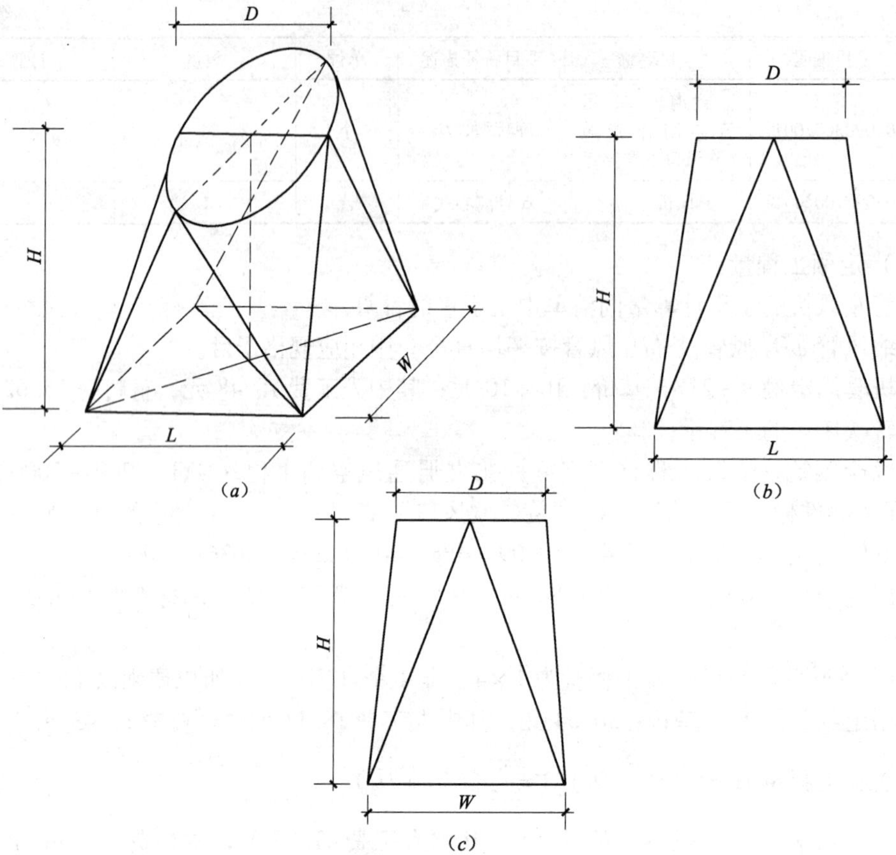

图 1-12 管道示意图
(a) 立面图；(b) 正立面图；(c) 侧立面图

【解】 (1) 清单工程量：

工程量为$\frac{1}{2}(\pi D+2L+2W)H$

圆的周长为 πD，矩形的周长为 2 $(L+W)$，

则圆和矩形的平均周长为$\frac{1}{2}[\pi D+2(L+W)]=\frac{1}{2}\pi D+L+W$

则工程量为$(\frac{1}{2}\pi D+L+W)H$(H 为天圆地方管道的长度)。

(2) 定额工程量：

定额中工程量的计算同清单中工程量的计算。

按平均周长套用定额相应规格子目。

项目编码 030901002 项目名称 通风机

项目编码 030902006 项目名称 玻璃钢通风管道

项目编码 030903005 项目名称 塑料风管阀门制作安装

项目编码 030903015 项目名称 铝板伞形风帽制作安装

【例 1-13】 计算图 1-13 所示工程量并套用定额。

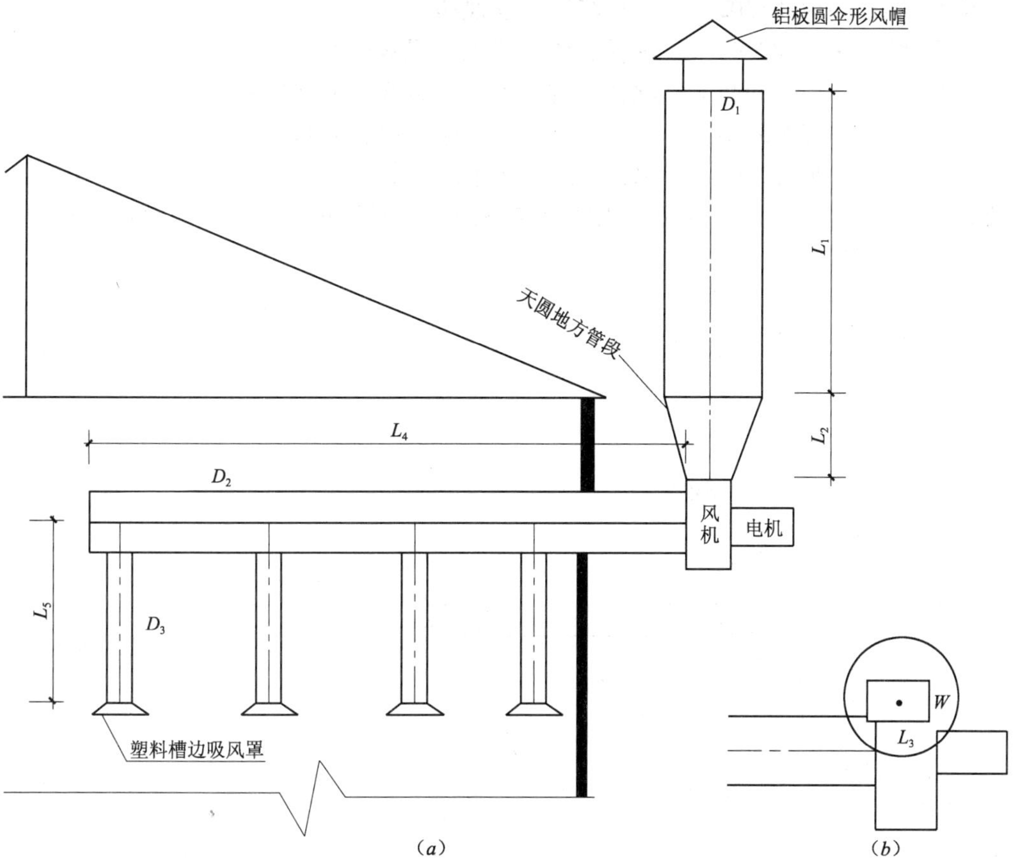

图 1-13　通风机示意图
（a）立面图；（b）未包含风帽的大样图

【解】　ϕD_1 的工程量为 $\pi D_1 L_1$

ϕD_2 的工程量为 $\pi D_2 L_4$

ϕD_3 的工程量为 $\pi D_3 L_5 \times 4$（有四根支管）

天圆地方管段的工程量为$\left(\frac{1}{2}\pi D_1 + L_3 + W\right)L_2$（见例 12 详解）。

6 号离心式通风机工程量为 1 台。

塑料槽边吸风罩的工程量为 $1 \times 4 \times M = 4M$（M 是风罩尺寸对应的单个重量）。

铝板圆伞形风帽的工程量为 1 个。

铝板伞形风帽制作以 kg 计算，安装以个计算。

ϕD_1、ϕD_2、ϕD_3 管道按不同直径分别套用定额相应规格子目。

天圆地方管道按平均周长套用定额相应规格子目。

风机套用定额 9－217，基价：104.10 元；其中人工费 78.48 元，材料费 25.62 元

塑料槽边吸风罩套用定额 9－318，计量单位：100kg，基价：2860.73 元；其中人工费854.50元，材料费 1388.36 元，机械费 617.87 元

铝板圆伞形风帽制作套用定额 9－286，计量单位：100kg，基价：1844.47 元；其中人工费 413.32 元，材料费 1409.72 元，机械费 21.43 元

项目编码 030901002 项目名称 通风机
项目编码 030902004 项目名称 铝板通风管道制作安装
项目编码 030903005 项目名称 塑料风管阀门制作安装
项目编码 030903015 项目名称 铝板伞形风帽制作安装

【例 1-14】 如图 1-14 所示风机进出口软连接长度都为 0.5m，图示为某厂房的排风系统试计算风管及部件的工程量（支管末端各接一塑料槽边吸风罩）及套用定额（$\delta=2mm$，不含主材费）

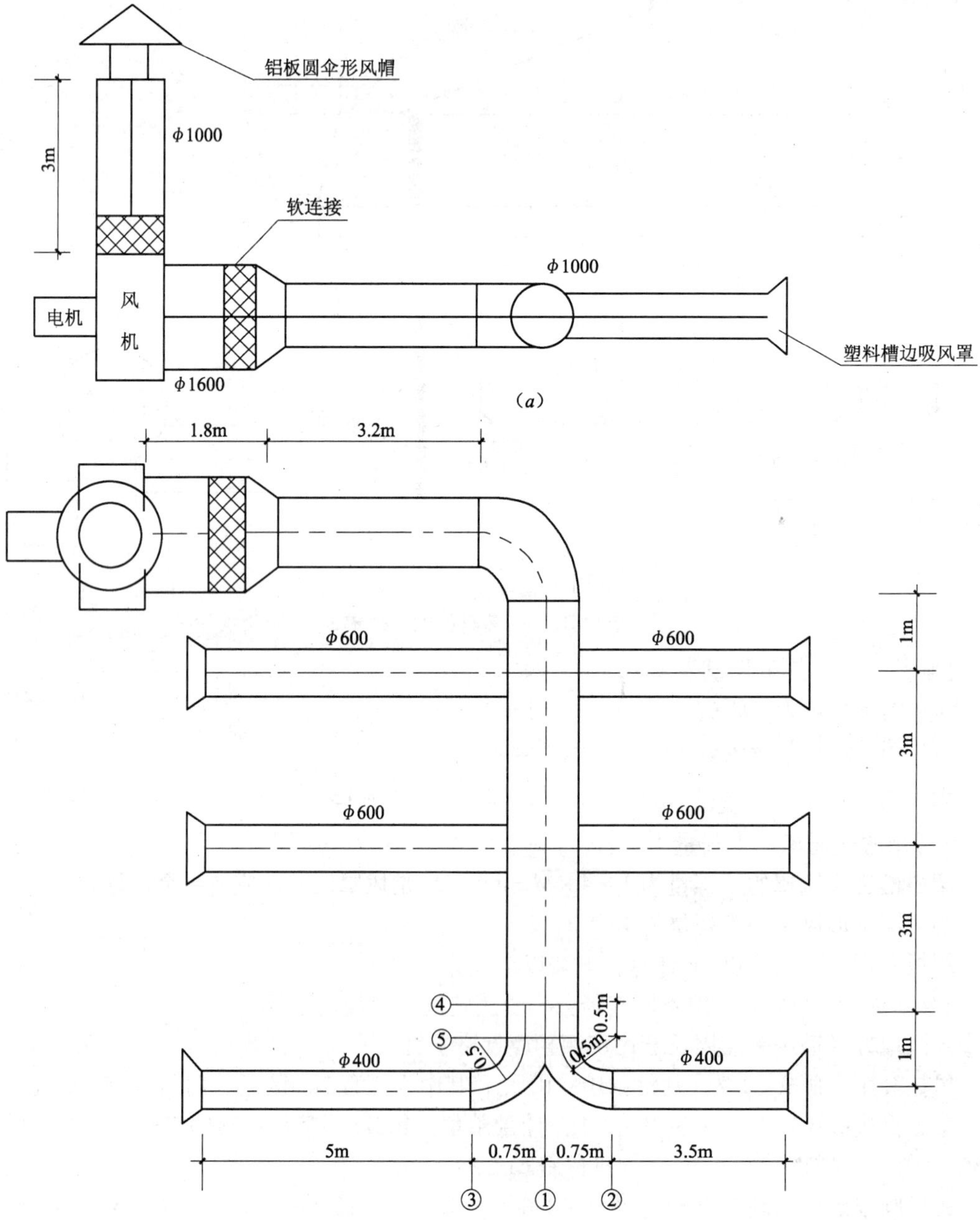

图 1-14 排风系统示意图
（a）立面图；（b）平面图

【解】 （1）清单工程量：

$$\phi1000\text{ 风管的工程量为}\left\{\pi\times1.0\times\left[\underset{①}{(3-0.5)}+\underset{②}{(3.2+1+3+3)}\right]+\underset{③}{\frac{1}{4}\pi^2\times1^2}\right\}m^2=42.34m^2$$

$$\phi1600\text{ 风管的工程量为}\left[\pi\times1.6\times\underset{④}{(1.8-0.5)}\right]m^2=6.53m^2$$

$$\phi600\text{ 风管的工程量为}\left[\pi\times0.6\times\underset{⑤}{(5+3.5+5+3.5)}\right]m^2=32.03m^2$$

$$\phi400\text{ 风管的工程量为}\left[\pi\times0.4\times\underset{⑥}{(5-0.75+3.5-0.75+0.5\times2)}+\underset{⑦}{\frac{\pi^2}{4}\times0.4\times0.5\times2}\right]m^2$$

$$=11.03m^2$$

塑料槽边吸风罩的工程量为 $1\times6\times23.35kg=140.1kg$。

6 号离心式通风机安装工程量为 1 台。

铝板圆伞形风帽的工程量为 1 个，60.62kg/个。

清单工程量计算见下表：

清单工程量计算表

序号	项目编码	项目名称	项目特征描述	单位	数量	计算式
1	030902004001	铝板通风管道制作安装	$\phi1000$	m^2	42.34	$\pi\times1.0\times[(3-0.5)+(3.2+1+3+3)]+\frac{1}{4}\pi^2\times1^2$
2	030902004002	铝板通风管道制作安装	$\phi1600$	m^2	6.53	$\pi\times1.6\times(1.8-0.5)$
3	030902004003	铝板通风管道制作安装	$\phi600$	m^2	32.03	$\pi\times0.6\times(5+3.5+5+3.5)$
4	030902004004	铝板通风管道制作安装	$\phi400$	m^2	11.03	$\pi\times0.4\times(5-0.75+3.5-0.75+0.5\times2)+\frac{\pi^2}{2}\times0.4\times0.5\times2$
5	030903018001	塑料罩类制作安装	槽边吸风罩	kg	140.1	$1\times6\times23.35$
6	030901002001	通风机	6 号离心式	台	1	
7	030903015001	铝板圆伞形风帽的制作安装	铝板圆伞形风帽	个	1	

注：① 是在立面图中风机出口至圆伞形风帽间的距离（3m）减去软接头的长度（0.5m），即 $\phi1000$ 风管的长度。
② 是在平面图中除去弯头的 $\phi1000$ 的长度。
③ 是 $\phi1000$ 弯头的长度（详解见例 1-6）。
④ 立面图中 $\phi1600$ 的长度，因这段长度还包括 0.5m 长的软接头，故应减去软接头的长度即得 $\phi1600$ 长度。
⑤ 平面图中 $\phi600$ 管道的长度。
⑥ 平面图中除去三通中 $\phi400$ 的长度，0.75m 是①③、①②间的距离，0.5m 是④⑤轴线间的距离，因有 2 段故乘以 2。
⑦ 三通中 $\phi400$ 管段的长度（详解见例 1-6）。

软接头工程量为 $(0.5\times\pi\times1+0.5\pi\times1.6)m^2=(2.6\times0.5\pi)m^2=4.082m^2$

铝板圆伞形风帽的制作以 kg 计，安装以图示规格尺寸（周长或直径）以“个”为计量单位。

（2）定额工程量：

定额中工程量的计算同清单工程量的计算。

工程预算表见表1-7。

工程预算表 表1-7

序号	定额编号	分项工程名称	定额单位	工程量	基价（元）	其中（元）		
						人工费	材料费	机械费
1	9－11	ϕ1000 风管	$10m^2$	4.234	541.81	256.35	211.04	74.42
2	9－12	ϕ1600 风管	$10m^2$	0.6531	558.86	251.70	234.69	71.47
3	9－11	ϕ600 风管	$10m^2$	3.2028	541.81	256.35	211.04	74.42
4	9－10	ϕ400 风管	$10m^2$	1.0837	634.78	348.53	183.66	102.59
5	9－318	塑料槽边吸风罩	100kg	1.401	2860.73	854.50	1388.36	617.87
6	9－217	风机安装	台	1	104.10	78.48	25.62	—
7	9－286	铝板圆伞形风帽	100kg	0.6062	1844.47	413.32	1409.72	21.43

项目编码 030902001 项目名称 碳钢通风管道制作安装

【例1-15】 求图1-15所示管道工程量，并套用定额（$\delta=2mm$，不含主材费）。

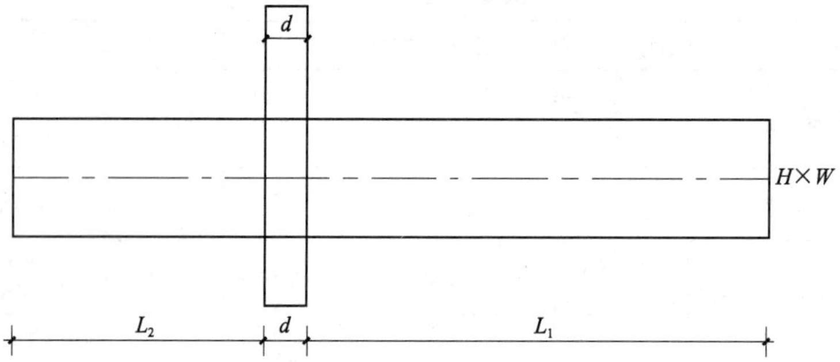

图1-15 管道示意图

【解】 已知管道断面尺寸为 $H\times W$，墙厚为 d，墙左边风管长为 L_2，墙右边风管长为 L_1，则风管的工程量为 $2(H+W)\left(L_1+L_2+\frac{d}{2}\right)$

如图1-15所示风管总长度为墙左右两边风管长度和半墙厚风管长度$\left(\frac{d}{2}\right)$之和，故风管总长度为 $L_1+L_2+\frac{d}{2}$，本管道定额中工程量与清单中工程量相同，按管道周长套用定额不同规格子目。

【例1-16】 柔性软风管适用于哪些范围？其安装按什么计算？

柔性软风管适用于由金属、涂塑化纤织物、聚酯、聚乙烯、聚氯乙烯膜、铝箔等材料制成的软风管。

柔性软风管安装按图示中心线长度以“m”为单位计算，柔性软风管阀门安装以“个”为单位计算。

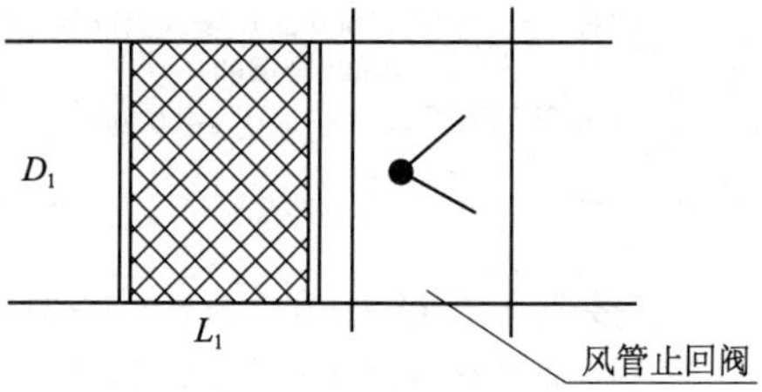

图1-16 风管示意图

图中软风管的工程量为 L_1。

风管止回阀的工程量为 1 个。

柔性软风管的定额工程量同清单中柔性软风管的工程量。

标准部件的制作，按其成品重量以“kg”为计量单位，根据设计型号、规格，按《全国统一安装工程预算工程计算规则》、《全国统一安装工程预算定额》第九册　通风空调工程（GYD－209－2000）中的“国际通风部件标准重量表”计算重量，非标准部件按图示成品重量计算。部件的安装按图示规格尺寸（周长或直径）以“个”为计量单位，分别执行相应定额。

【例 1-17】　在计算通风管道中心线长度时，应扣除通风管部件长度，怎样扣除其长度值？

【解】　通风管道中心线长度，扣除部件长度值（L）如下：

（1）蝶阀　$L=150$mm

蝶阀：

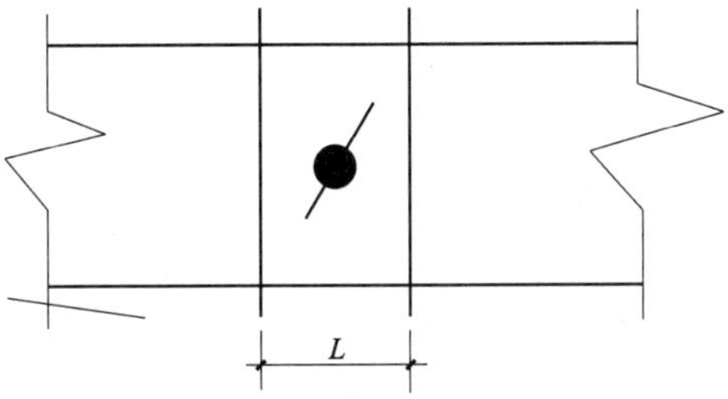

（a）

（2）风管止回阀　$L=300$mm

风管止回阀：

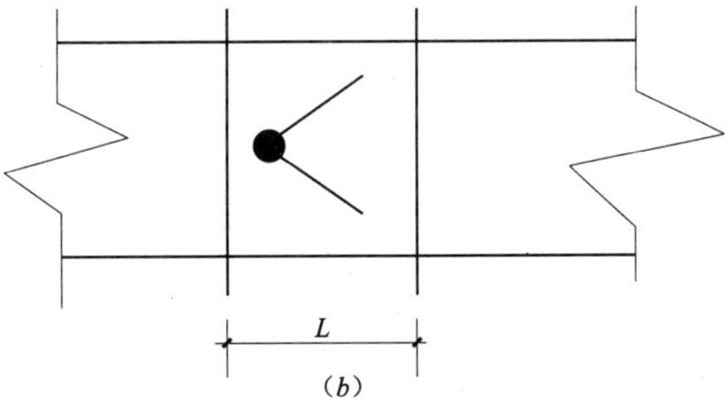

（b）

（3）密闭式对开多叶调节阀　$L=210$mm

密闭式对开多叶调节阀：

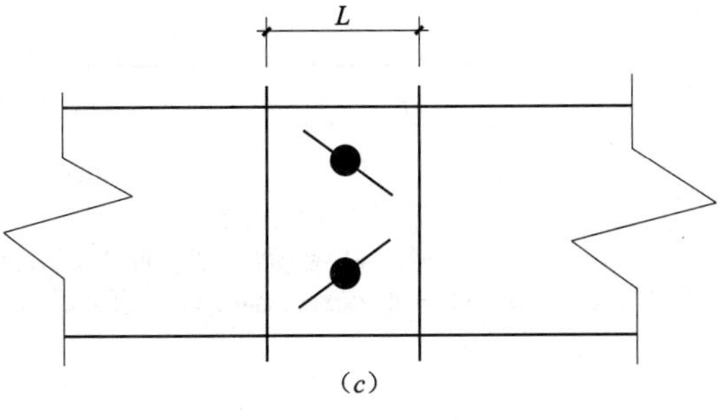

（c）

（4）圆形风管防火阀　$L=D+240\text{mm}$（D 为风管直径）

圆形风管防火阀：

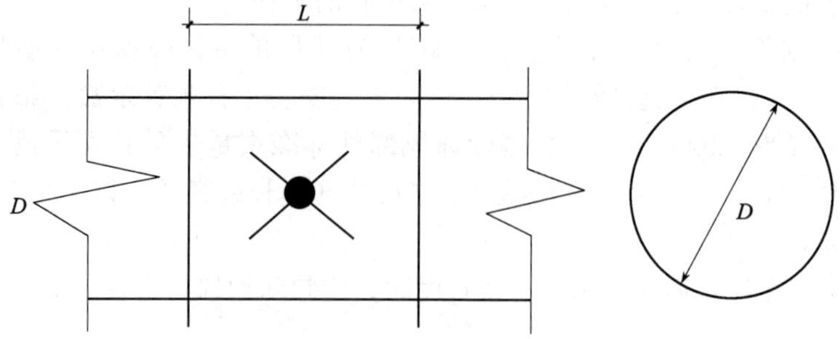

（d）

（5）矩形风管防火阀　$L=B+240\text{mm}$（B 为风管高度）

矩形风管防火阀：

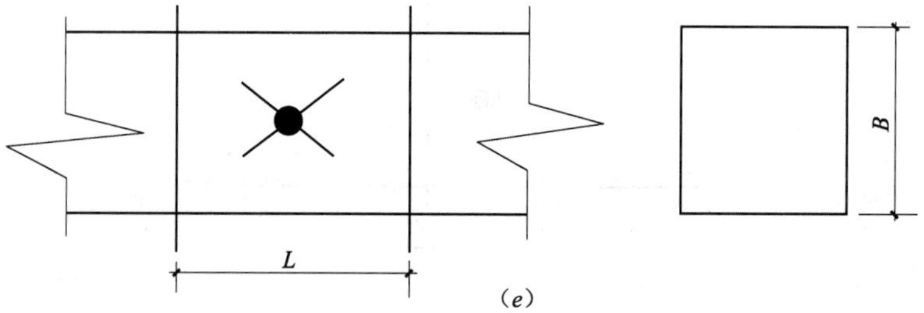

（e）

（6）密闭式斜插板阀

D80 ~ D150　$L=320\text{mm}$

D155 ~ D200　$L=380\text{mm}$

D205 ~ D270　$L=430\text{mm}$

D275 ~ D340　$L=500\text{mm}$

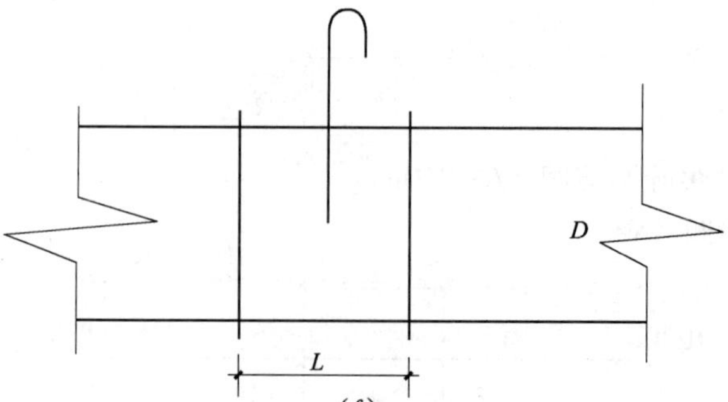

（f）

图 1-17　阀门平面图

（a）蝶阀；（b）止回阀；（c）密闭式对开多叶调节阀；
（d）圆形风管防火阀；（e）矩形风管防火阀；（f）密闭式斜插板阀

【例 1-18】　风管导流片制作安装工程量是如何计算的？

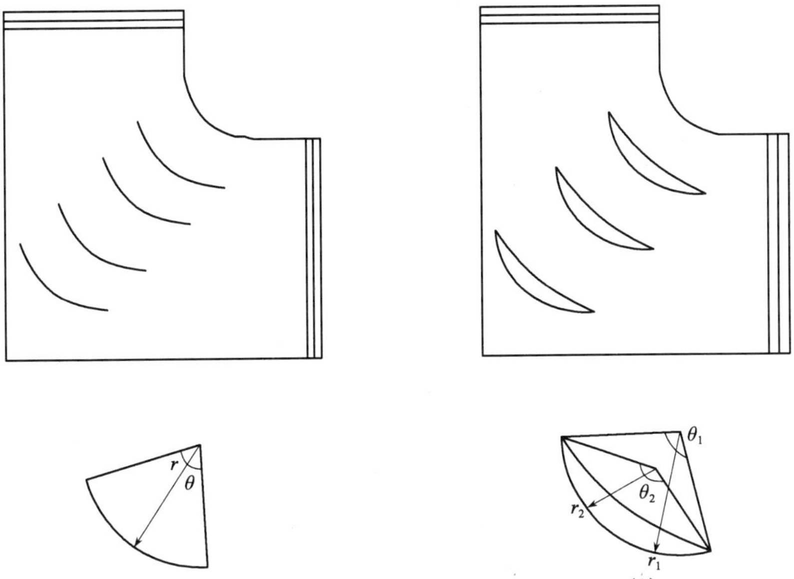

图 1-18　导叶片示意图

（a）单叶片；（b）双叶片

【解】　导流片按叶片面积计算其工程量，以“m^2”为计量单位

导流片又分单叶片和双叶片，现分别计算如下：

定额工程量：

单叶片计算式为 $F = r\theta b$（m^2）

双叶片计算式为 $F = (r_1\theta_1 + r_2\theta_2)b$（$m^2$）

式中　b——导流片宽度（m）；

θ——角度（中心线夹角）；

r——弯曲半径（m）。

清单中导流片的制作安装工程量都归入“碳钢通风管道制作安装”（030902001）

项目编码　030901005　　项目名称　风机盘管

项目编码　030902001　　项目名称　碳钢通风管道制作安装

项目编码　030902008　　项目名称　柔性软风管

项目编码　030903001　　项目名称　碳钢调节阀制作安装

项目编码　030903009　　项目名称　塑料风口、散流器制作安装（百叶窗）

项目编码　030903018　　项目名称　塑料罩类制作安装

【例 1-19】　计算图 1-19 所示工程量并套用定额（$\delta = 2$mm，不含主材费）。

其中新风引入口处有一塑料槽边吸风罩 1-19（a）（b）（450 × 400），送风口处安装单层百叶风口（530 × 330），新风机组前后的软接头长度为 250mm。

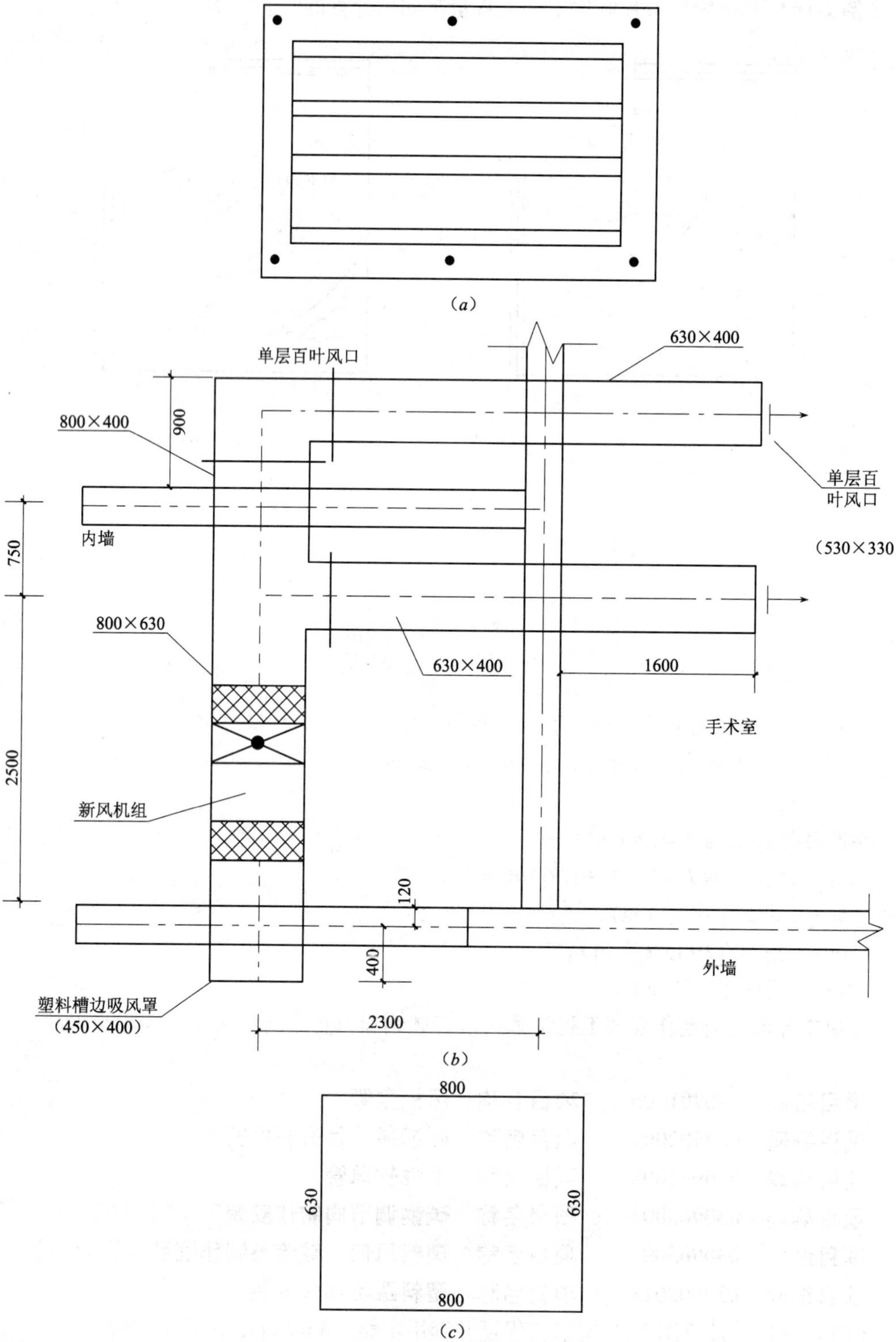

图 1-19　通风系统示意图

(a) 吸风罩；(b) 平面图；(c) 风管尺寸

【解】　（1）清单工程量：

风管 800×630 的工程量为 $2\times\underset{①}{\underline{(0.8+0.63)}}\times\underset{②}{\underline{(0.4+0.12+2.5-0.5-0.25\times2-0.240-0.630)}}\text{m}^2$

$=2\times1.43\times1.15\text{m}^2=3.289\text{m}^2$

风管 800×400 的工程量为 $\underset{③}{\underline{2\times(0.8+0.4)}}\times\underset{④}{\underline{(0.75+0.12+0.9-0.315)}}\text{m}^2$

$=3.492\text{m}^2$

风管 630×400 的工程量为 $\underset{⑤}{\underline{2\times(0.63+0.4)}}\times\underset{⑥}{\underline{(2.3+0.12+1.6)}}\underset{⑦}{\underline{\times2}}\text{m}^2=16.562\text{m}^2$

软接头工程量为 $\underset{⑧}{\underline{2\times0.25}}\text{m}=0.50\text{m}$

塑料槽边吸风罩工程量为 $\underset{⑨}{\underline{1\times51.08\text{kg}=51.08\text{kg}}}$

单层百叶风口的工程量为　1×2 个=2 个。

新风机组的工程量为 1 台。

矩形防火阀（800×630）的工程量为 1 个。

注：① 800×630 风管的周长即 2×(0.8+0.63)m=2.86m。

周长为　(0.8+0.63+0.8+0.63)m

=2×(0.8+0.63)m=2.86m

② 800×630 风管的长度：

0.4 是外墙轴心线至塑料槽边吸风罩间 800×630 风管的轴线长度。

0.12 是外墙轴心线至内墙皮间 800×630 风管的轴线长度。

2.5 是外墙里墙皮至三通轴心线交点处 800×630 风管的轴心线长度。

0.5m 是新风机组的厚度。

0.25 是软接头的长度，之所以乘以 2 是有两个软接头。

0.24 和 0.63 是矩形防火阀应减去的长度（详细解法见例 1-17）。

③ 800×400 风管的周长，解法同①。

④ 800×400 风管的长度：

0.75 是内墙轴心线至三通轴心线交点间 800×400 风管的长度。

0.12 是内墙厚度的一半也即内墙间 800×400 风管的长度。

0.9 是内墙右墙皮至 630×400 支管外表面的长度，0.315 是 630×400 风管宽度的一半。

⑤ 630×400 风管的周长。

⑥ 630×400 风管的长度：

2.3 是手术室墙中心轴心至 800×630 轴线间 630×400 风管的长度。

0.12 是手术室墙厚度的一半。

1.6 是手术室右墙皮至 630×400 风管末端的长度。

⑦ 乘以 2 是因为 630×400 有两根支管。

⑧ 是软接头（800×630）的长度，因每个软接头长度为 250mm，共有两个软接头，故软接头（800×630）的长度为 2×0.25m。

⑨ 因塑料槽边吸风罩的尺寸为 450×400，其工程量以“kg”计，可查《全国统一安装工程预算定

额》第九册 通风空调工程（GYD－209－2000），P_{177}因尺寸为 450×400，查相对应的槽边吸风罩 T403－2，故得质量是 51.08kg/个，有 1 个吸风罩的工程量为 1×51.08kg＝51.08kg

清单工程量计算见下表：

清单工程量计算表

序号	项目编码	项目名称	项目特征描述	单位	数量	计算式
1	030902001001	碳钢矩形风管	尺寸：800×630	m^2	3.29	2×(0.8＋0.63)×(0.4＋0.12＋2.5－0.5－0.25×2－0.24－0.63)
2	030902001002	碳钢矩形风管	尺寸：800×400	m^2	3.49	2×(0.8＋0.4)×(0.75＋0.12＋0.9－0.315)
3	030902001003	碳钢矩形风管	尺寸：630×400	m^2	16.56	2×(0.63＋0.4)×(2.3＋0.12＋1.6)×2
4	030902008001	帆布软接头	尺寸：800×630	m	0.50	2×0.25
5	030903018001	塑料槽边吸风罩	尺寸：450×400	kg	51.08	1×51.08
6	030903009001	单层百叶塑料风口	尺寸：530×330	个	2	1×2
7	030901005001	新风机组		台	1	
8	030903001001	矩形防火阀	尺寸：800×630	个	1	

（2）定额工程量：

风管、帆布软接头工程量为 2×0.25×2×(0.8＋0.63)m^2＝1.43m^2

塑料槽边吸气罩及新风机组的工程量与清单中各项工程量是相同的。

单层百叶塑料风口（530×330）的工程量：

其制作工程量以“kg”为计算单位

查《全国统一安装工程预算定额》第九册 《通风空调工程》（GYD－209－2000）中的“国际通风部件标准重量表”中单层百叶风口 T202－2 序号 7 可知：

单层百叶塑料风口（530×330）的单重为 3.05kg/个。

故其工程量为 2×3.05kg＝6.10kg

(因有两个单层百叶风口（530×330）所以乘以 2)。

其安装工程量以“个”为计量单位。

安装工程量为 1 个。

矩形防火阀(800×630)的制作工程量为：质量×个数。

设矩形防火阀(800×630)的单重为 M，则本题中 1 个此型号的防火阀工程量为 1×M＝M。

其安装工程量为 1 个。

定额工程量计算见表 1-8，工程预算表见表 1-9。

定额工程量计算表 **表 1-8**

序号	项目名称规格	单位	工程量	计算式
1	碳钢矩形风管（800×630）	m^2	3.289	2×(0.8＋0.63)×(0.4＋0.12＋2.5－0.5－0.25×2－0.24－0.63)
2	碳钢矩形风管（800×400）	m^2	3.492	2×(0.8＋0.4)×(0.75＋0.12＋0.9－0.315)
3	碳钢矩形风管（630×400）	m^2	16.562	2×(0.63＋0.4)×(2.3＋0.12＋1.6)×2

续表

序号	项目名称规格	单位	工程量	计算式
4	帆布软接头（800×630）	m^2	1.43	2×0.25
5	塑料槽边吸风罩（450×400）	kg	51.08	1×51.08
6	新风机组	台	1	1
7	单层百叶塑料风口	kg	6.10	2×3.05
8	3.05kg/个（530×330）2个 矩形防火阀制作安装 Mkg/个（800×630）1个	个 kg 个	2 M 1	1×2 M×1 1

工程预算表　　**表1-9**

序号	定额编号	分项工程名称	定额单位	工程量	基价（元）	其中（元）		
						人工费	材料费	机械费
1	9-7	碳钢矩形风管（800×630）	$10m^2$	0.3289	295.54	115.87	167.99	11.68
2	9-7	碳钢矩形风管（800×400）	$10m^2$	0.3492	295.54	115.87	167.99	11.68
3	9-7	碳钢矩形风管（630×400）	$10m^2$	1.6562	295.54	115.87	167.99	11.68
4	9-41	帆布软接头（800×630）	m^2	1.43	171.45	47.83	121.74	1.88
5	9-318	塑料槽边吸风罩（450×400）	100kg	0.5108	2860.73	854.50	1388.36	617.87
6	9-217	新风机组	台	1	104.10	78.48	25.62	—
7	9-310	单层百叶塑料风口（530×330）	100kg	0.061	4692.81	1527.41	1297.87	1867.53
8	9-65	矩形防火阀制作（800×630）	100kg	0.01M	614.44	134.21	394.33	85.90
9	9-89	矩形防火阀安装（800×630）	个	1	48.20	29.02	19.18	—

项目编码　030902001　　项目名称　碳钢通风管道制作安装

【例1-20】　如图1-20有50m长矩形风管尺寸为800×630，风管材料采用优质碳素钢，镀锌钢板厚为0.75mm，风管保温材料采用厚度60mm的玻璃棉毯，防潮层采用油毡纸，保护层采用玻璃布并套用定额（$\delta=2$mm，不含主材费）。

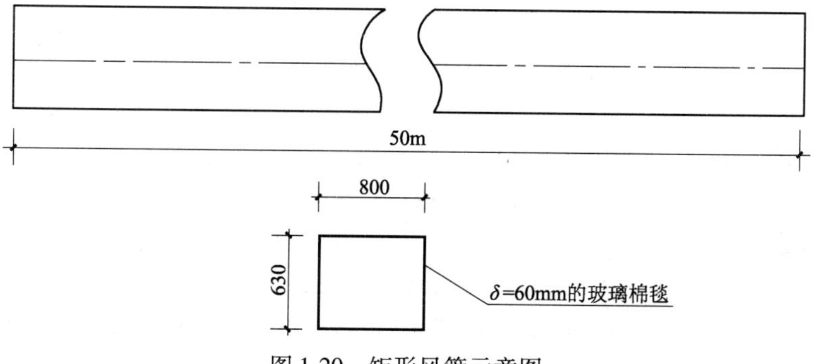

图1-20　矩形风管示意图

【解】　（1）清单工程量：

查《建设工程工程量清单计价规范》（GB 50500—2008）中C.9通风空调工程

通风管道制作安装（编码：030902） 表 1-10

项目编码	项目名称	项目特征	计量单位	工程量计算规则
030902001	碳钢通风管道制作安装	① 材质 ② 形状 ③ 周长或直径 ④ 板材厚度 ⑤ 接口形式 ⑥ 风管附件支架设计要求 ⑦ 除锈刷油防腐绝热及保护层设计要求	m^2	按设计图示以展开面积计算，不扣除检查孔、测定孔、送风口、吸风口等所占面积，风管长度一律以设计图示中心线长度为准（主管与支管以其中心线交点划分），包括弯头、三通、变径管、天圆地方等管件的长度，但不包括部件所占的长度。风管展开面积不包括风管管口重叠部分面积。直径和周长按图示尺寸为准展开。 渐缩管：圆形风管按平均直径，矩形风管按平均周长。

工程内容：① 风管、管件、法兰、零件、支吊架制作、安装；
② 弯头导流叶片制作、安装；
③ 过跨风管落地支架制作、安装；
④ 风管检查孔制作；
⑤ 温度、风量测定孔制作；
⑥ 风管保温及保护层；
⑦ 风管、法兰、支吊架、法兰加固框、保护层除锈、刷油。

根据以上指导意见可知：

此矩形风管的工程量为 $F = 50 \times 2 \times (0.8 + 0.63)\text{m}^2 = 143\text{m}^2$

清单工程量计算见下表：

清单工程量计算表

项目编码	项目名称	项目特征描述	计量单位	工程数量	计算式
030902001001	碳素钢镀锌钢板矩形风管	800 × 630，δ = 0.75mm，风管玻璃棉毡保温，δ = 60mm，油毡纸防潮层，玻璃布保护层	m^2	143	$2 \times 50 \times (0.8 + 0.63)$

（2）定额工程量：

1）风管 800 × 630 工程量：计算方法同清单中风管工程量的计算。

2）风管绝热工程量：

查《全国统一安装工程预算工程量计算规则》$GYD_{GZ}-201-2000$ 中第十二章 刷油、防腐蚀、绝热工程，第 12.1.3 条 绝热工程量

设备筒体或管道绝热计算公式：

$$V = \pi \times (D + 1.033\delta) \times 1.033\delta \times L(\text{圆形})$$

$$V = [(A + 1.033\delta) + (B + 1.033\delta)] \times 2 \times 1.033\delta \times L(\text{矩形})$$

绝热工程量为
$$\begin{aligned} V &= [(A + 1.033\delta) + (B + 1.033\delta)] \times 2 \times 1.033\delta \times L \\ &= [(0.8 + 1.033 \times 0.06) + (0.63 + 1.033 \times 0.06)] \times 2 \times 1.033 \times 0.06 \times 50\text{m}^3 \\ &= (1.554 \times 2 \times 1.033 \times 0.06 \times 50)\text{m}^3 \\ &= 9.632\text{m}^3 \end{aligned}$$

式中　D——风管直径；

1.033——调整系数；

δ——绝热层厚度；

L——设备筒体或管道长；

A、B——矩形风管断面尺寸。

3）风管防潮层工程量：

查《全国统一安装工程预算工程量计算规则》

$GYD_{GZ}-201-2000$　第十二章　刷油、防腐蚀、绝热工程第 12.1.3 条。

设备筒体或管道防潮和保护层计算公式：

防潮层：$S=\pi\times(D+2.1\delta+0.0082)\times L$（圆形）

保护层：$S=\pi\times(D+2.1\delta+0.0082)\times L$（圆形）

防潮层：$S=[(A+2.1\delta+0.0082)+(B+2.1\delta+0.0082)]\times 2\times L$（矩形）

保护层：$S=[(A+2.1\delta+0.0082)+(B+2.1\delta+0.0082)]\times 2\times L$（矩形）

防潮层工程量：$S=[(A+2.1\delta+0.0082)+(B+2.1\delta+0.0082)]\times 2\times L$（矩形）

$=[(0.8+2.1\times\delta+0.0082)+(0.63+2.1\times\delta+0.0082)]\times 2\times 50\text{m}^2$

$=(0.8+2.1\times 0.06+0.0082+0.63+2.1\times 0.06+0.0082)\times 100\text{m}^2$

$=169.84\text{m}^2$

保护层工程量同防潮层。

定额工程量计算见表 1-11，工程预算定额表见表 1-12。

定额工程量计算表　　**表 1-11**

序号	项目名称规格	单位	工程量	计算式
1	风管 800×630	m^2	143	2×（0.8+0.63）×50
2	风管 800×630 保温层	m^3	9.632	2×[(0.8+1.033×0.06)+(0.63+1.033×0.06)]×1.033×0.06×50
3	风管 800×630 防潮层	m^2	169.84	[(0.8+2.1×0.06+0.082)+(0.63+2.1×0.06+0.0082)]×2×50
4	保护层	m^2	169.84	同上

工程预算表　　**表 1-12**

序号	定额编号	分项工程名称	定额单位	工程量	基价（元）	其中（元）		
						人工费	材料费	机械费
1	9-15	风管 800×630	$10m^2$	14.3	410.82	179.72	180.18	50.92
2	11-1868	风管 800×630 保温层	m^3	9.632	192.07	112.62	72.70	6.75
3	11-2159	风管 800×630 防潮层	$10m^2$	169.84	20.08	11.15	8.93	—
4	11-2153	保护层	$10m^2$	169.84	11.11	10.91	0.20	—

项目编码　030902001　项目名称　碳素钢镀锌钢板圆形风管

项目编码　030903001　项目名称　圆形防火阀

项目编码　030901002　项目名称　通风机

项目编码　030903007　项目名称　碳钢风口、散流器制作安装（百叶窗）

项目编码　030903012　　项目名称　碳钢风帽制作安装

【例1-21】　本题是某生产厂房的通风空调系统。这是一个排风系统如图1-21所示，主要用于排除厂房里的空气，每层风管直径均为$\phi400$，共有圆形散流器（$\phi180$）10个，每层都有防火阀，各房间内支管尺寸为$\phi200$，风管顶部有伞形风帽，风管与风机入口有帆布软接头，长为200mm，风机位于屋顶，底座基础由土建部门制作，不包括本预算中，风管保温材料采用厚度60mm的玻璃棉毡，防潮层采用玻璃纸，保护层采用玻璃布，计算工程量并套用定额（$\delta=2$mm，不含主材费）。

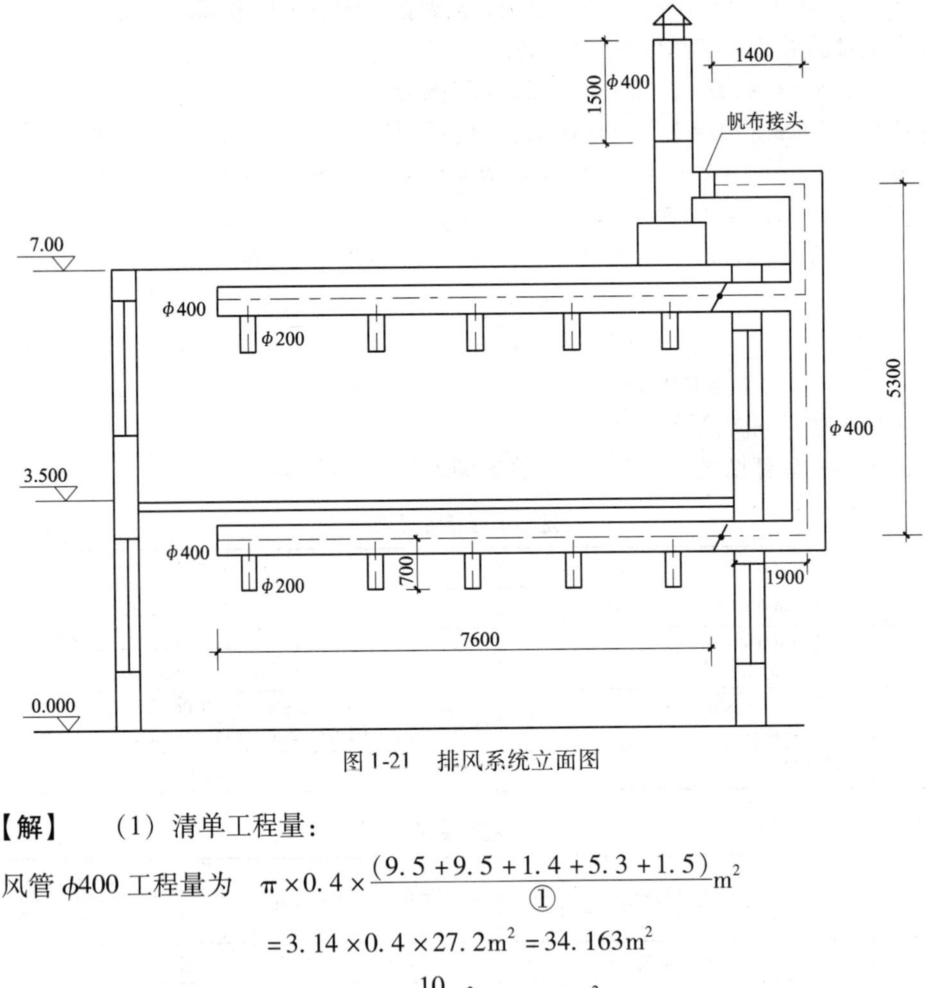

图1-21　排风系统立面图

【解】　（1）清单工程量：

风管$\phi400$工程量为　$\pi\times0.4\times\underset{①}{(9.5+9.5+1.4+5.3+1.5)}\text{m}^2$

$=3.14\times0.4\times27.2\text{m}^2=34.163\text{m}^2$

风管$\phi200$工程量为$\pi\times0.2\times0.7\times\underset{②}{10}\text{m}^2=4.396\text{m}^2$

$\phi400$防火阀为1个$\times\underset{③}{2}=2$个

风机安装工程量为1台

圆伞形风帽（$\phi400$）工程量为1个

$\phi180$散流器工程量为$1\times10=10$个

帆布软接0.2m

注：①是$\phi400$碳钢镀锌风管的中心线长度，9.5是每层$\phi400$风管的水平长度，5.3是两层竖直方

向上 $\phi400$ 的长度，1.4 是楼顶水平方向上 $\phi400$ 风管的长度，1.5 是屋顶上竖直方向 $\phi400$ 风管的长度。

②因两层共有 10 个 $\phi200$ 的支管故乘以 10。

③因有两层，每层各有 1 个 $\phi400$ 防火阀，所以乘以 2。

清单工程量计算见下表：

清单工程量计算表

序号	项目编码	项目名称	项目特征描述	单位	数量	计算式
1	030902001001	碳素钢镀锌钢板圆形风管	$\phi400$，$\delta=0.75$mm，风管玻璃棉毡保温，$\delta=60$mm 油毡纸防潮层，玻璃布保护层	m^2	34.16	3.14×0.4×(9.5+9.5+5.3+1.4+1.5)
2	030902001002	碳素钢镀锌钢板圆形风管	$\phi200$，$\delta=0.75$mm，风管玻璃棉毡保温，$\delta=60$mm，油毡纸防潮层，玻璃布保护层	m^2	4.40	3.14×0.2×0.7×10
3	030903001001	圆形防火阀	$\phi400$	个	2	1×2
4	030901002001	离心式通风机		台	1	
5	030903012001	碳钢圆伞形风帽	$\phi400$	个	1	
6	030903007001	碳钢圆形直片散流器	$\phi180$	个	10	1×10
7	030902008001	柔性软风管	$\phi200$	m	0.2	

（2）定额工程量：

① $\phi400$ 风管工程量为 34.163m^2（同清单中 $\phi400$ 工程量的计算）。

② $\phi200$ 风管工程量为 4.396m^2（同清单中 $\phi200$ 工程量的计算）。

③ $\phi400$ 风管绝热工程量为 $V=\pi\times(D+1.033\delta)\times1.033\delta\times L$

式中 D——直径，

1.033——调整系数，

δ——绝热层厚度，

L——管道长度。

$$V=3.14\times(0.4+1.033\times0.06)\times1.033\times0.06\times(9.5+9.5+5.3+1.4+1.5)\text{m}^3$$
$$=3.14\times0.46198\times1.033\times0.06\times27.2\text{m}^3$$
$$=2.446\text{m}^3$$

查《全国统一安装工程预算工程量计算规则》$GYD_{GZ}-201-2000$ 第十二章 刷油、防腐蚀、绝热工程 第 12.1.3 条 绝热工程量可查得上式

④ $\phi400$ 风管防潮层工程量为：

$$S=\pi\times(D+2.1\delta+0.0082)\times L$$

D、δ、L 同绝热工程量中 D、δ、L 的物理意义。

2.1 为调整系数，0.0082 为捆扎线直径

$$S=3.14\times(0.4+2.1\times0.06+0.0082)\times(9.5+9.5+5.3+1.4+1.5)\text{m}^2$$
$$=3.14\times0.5342\times27.2\text{m}^2$$
$$=45.625\text{m}^2$$

查《全国统一安装工程预算工程量计算规则》$GYD_{GZ}-201-2000$ 第十二章 刷油、防腐蚀、绝热工程 第一节 工程量计算公式 第 12.1.3 条 1 可查知上式

⑤ ϕ400 风管保护层计算工程量：

查《全国统一安装工程预算工程量计算规则》$GYD_{GZ}-201-2000$ 第十二章 刷油、防腐蚀、绝热工程 第一节 工程量计算公式 第12.1.3条1可知保护层工程量计算公式为：

$$
\begin{aligned}
S &= \pi \times (D + 2.1\delta + 0.0082) \times L \\
&= 3.14 \times (0.4 + 2.1 \times 0.06 + 0.0082) \times (9.5 + 9.5 + 5.3 + 1.4 + 1.5)\text{m}^2 \\
&= 45.625\text{m}^2
\end{aligned}
$$

⑥ ϕ200 风管绝热工程量为：

$$
\begin{aligned}
V &= \pi \times (D + 1.033\delta) \times 1.033\delta \times L \\
&= 3.14 \times (0.2 + 1.033 \times 0.06) \times 1.033 \times 0.06 \times 0.7 \times 10\text{m}^3 \\
&= 3.14 \times 0.26198 \times 1.033 \times 0.06 \times 0.7 \times 10\text{m}^3 \\
&= 0.357\text{m}^3
\end{aligned}
$$

⑦ ϕ200 风管防潮层工程量为：

$$
\begin{aligned}
S &= \pi(D + 2.1\delta + 0.0082) \times L \\
&= 3.14 \times (0.0082 + 0.2 + 2.1 \times 0.06) \times 0.7 \times 10\text{m}^2 \\
&= 3.14 \times 0.3342 \times 0.7 \times 10\text{m}^2 \\
&= 7.346\text{m}^2
\end{aligned}
$$

⑧ ϕ200 风管保护层工程量为：

$$
\begin{aligned}
S &= \pi(D + 2.1\delta + 0.0082) \times L\text{m}^2 \\
&= 3.14 \times (0.0082 + 0.2 + 2.1 \times 0.06) \times 0.7 \times 10\text{m}^2 \\
&= 7.346\text{m}^2
\end{aligned}
$$

⑨ ϕ400 防火阀制作工程量为 $2 \times M$，M 为一个 ϕ400 防火阀的成品重量，有两个故乘以2。

⑩ ϕ400 防火阀安装工程量为2个。

⑪ 风机安装工程量为1台（同清单工程量计算）。

⑫ 帆布软连接工程量为 $\pi DL\text{m}^2$

$$\pi DL = 3.14 \times 0.4 \times 0.2\text{m}^2 = 0.251\text{m}^2$$

⑬ 碳钢圆伞形风帽（ϕ400）制作工程量：

查《全国统一安装工程预算工程量计算规则》$GYD_{GZ}-201-2000$ 第十章 通风空调工程 第二节 部件制作安装 第10.2.1条标准部件的制作，按其成品重量以“kg”为计量单位，根据设计型号、规格，按本册定额附录“国际通风部件标准重量表”计算重量，非标准部件按成品重量计算。部件的安装按图示规格尺寸（周长或直径）以“个”为计量单位，分别执行相应定额。

查《全国统一安装工程量预算定额》第九册 通风空调工程 GYD－209－2000 中的国标通风部件标准重量表中“圆伞形风帽”T609 对应 ϕ400 序号8对应的碳钢圆伞形风帽的单重为9.03kg/个，则碳钢圆伞形风帽（ϕ400）的制作工程量为：

$$9.03 \times 1\text{kg} = 9.03\text{kg}$$

⑭ 碳钢圆伞形风帽（ϕ400）安装工程量为1个

⑮ 碳钢圆形直片散流器（ϕ180）制作工程量：

查《全国统一安装工程预算定额》第九册 通风空调工程 GYD－209－2000 中的国

标通风部件标准重量表中“圆形直片散流器”CT211－1 序号 3 对应的单重为 4.39kg/个，则碳钢圆形直片散流器（ϕ180）的制作工程量为：

$$10 \times 4.39kg = 43.9kg$$

⑯ 碳钢圆形直片散流器（ϕ180）安装工程量为

$$1 \times 10 个 = 10 个$$

定额工程量计算见表 1-13，工程预算见表 1-14。

定额工程量计算表 **表 1-13**

序号	项目名称规格		单位	工程量	计算式
1	碳素钢镀锌钢板圆形风管 ϕ400 δ=2mm		m^2	34.163	3.14×0.4×(7.6+1.9+7.6+1.9+5.3+1.4+1.5)
2	碳素钢镀锌钢板圆形风管 ϕ200 δ=2mm		m^2	4.396	3.14×0.2×0.7×10
3	碳素钢镀锌钢板圆形风管 ϕ400 保温层		m^3	2.446	3.14×(0.41+1.033×0.06)×1.033×0.06×(9.5+9.5+5.3+1.4+1.5)
4	碳素钢镀锌钢板圆形风管 ϕ400 防潮层		m^2	45.625	3.14×(0.4+2.1×0.06+0.0082)×(7.9+1.6+7.9+1.6+5.3+1.4+1.5)
5	碳素钢镀锌钢板圆形风管 ϕ400 保护层		m^2	45.625	3.14×(0.4+2.1×0.06+0.0082)×(7.9+1.6+7.9+1.6+5.3+1.4+1.5)
6	碳素钢镀锌钢板圆形风管 ϕ200 保温层		m^3	0.357	3.14×(0.2+1.033×0.06)×1.033×0.06×0.7×10
7	碳素钢镀锌钢板圆形风管 ϕ200 防潮层		m^2	7.346	3.14×(0.2+2.1×0.06+0.0082)×0.7×10
8	碳素钢镀锌钢板圆形风管 ϕ200 保护层		m^2	7.346	3.14×(0.2+2.1×0.06+0.0082)×0.7×10
9	ϕ400 防火阀	制作	kg	2*M*	*M*×2
		安装	个	2	1×2
10	风机		台	1	
11	ϕ400 帆布软接头		m^2	0.251	3.14×0.4×0.2
12	碳钢圆伞形风帽 ϕ400	制作	kg	9.03	1×9.03
		安装	个	1	
13	碳钢圆形直片散流器 ϕ180	制作	kg	43.9	10×4.39
		安装	个	10	1×10

工程预算表 **表 1-14**

序号	定额编号	分项工程名称	定额单位	工程量	基价(元)	其中（元）		
						人工费	材料费	机械费
1	9－10	碳素钢镀锌钢板圆形风管 ϕ400 δ=2mm	$10m^2$	3.4163	634.78	348.53	183.66	102.59
2	9－9	碳素钢镀锌钢板圆形风管 ϕ200 δ=2mm	$10m^2$	0.4396	943.26	615.56	157.02	170.68
3	11－1868	碳素钢镀锌钢板圆形风管 ϕ400 保温层	m^3	2.446	192.07	112.62	72.70	6.75
4	11－2153	碳素钢镀锌钢板圆形风管 ϕ400 防潮层	$10m^2$	4.5625	11.11	10.91	0.20	—

续表

序号	定额编号	分项工程名称	定额单位	工程量	基价(元)	其中（元）		
						人工费	材料费	机械费
5	11－2153	碳素钢镀锌钢板圆形风管 ϕ400 保护层	$10m^2$	4.5625	11.11	10.91	0.20	—
6	11－1868	碳素钢镀锌钢板圆形风管 ϕ200 保温层	m^3	0.357	192.07	112.62	72.70	6.75
7	11－2153	碳素钢镀锌钢板圆形风管 ϕ200 防潮层	$10m^2$	0.7346	11.11	10.91	0.20	—
8	11－2153	碳素钢镀锌钢板圆形风管 ϕ200 保护层	$10m^2$	0.7346	11.11	10.91	0.20	—
9	9－64	ϕ400 防火阀制作	100kg	0.02M	759.23	228.95	417.22	113.06
10	9－88	ϕ400 防火阀安装	个	2	19.82	4.88	14.94	—
11	9－216	风机	台	1	34.15	19.74	14.41	—
12	9－41	ϕ400 帆布软接头	m^2	0.251	171.45	47.83	121.74	1.88
13	9－166	碳钢圆伞形风帽 ϕ400 制作	100kg	0.0903	861.72	307.90	536.38	17.44
14	9－166	碳钢圆伞形风帽 ϕ400 安装	个	1	98.71	86.84	10.95	0.92
15	9－110	碳钢圆形直片散流器 ϕ180	100kg	0.439	2119.76	1170.75	584.54	364.47
16	9－149	碳钢圆形直片散流器 ϕ180	个	10	4.97	4.18	0.79	—

项目编码　030902006　　项目名称　玻璃钢通风管道

【例 1-22】 某办公大楼通风工程需安装玻璃钢风道（带保温夹层，$\delta=50mm$），直径为 800mm，风道总长 30m，落地支架三处，一处 20kg，一处 45kg，一处 56kg，试计算其工程量并套用定额（保温材料是超细玻璃棉，外缠塑料布两道，玻璃丝布二道，刷调合漆两道 $\delta=2mm$，不含主材费）。

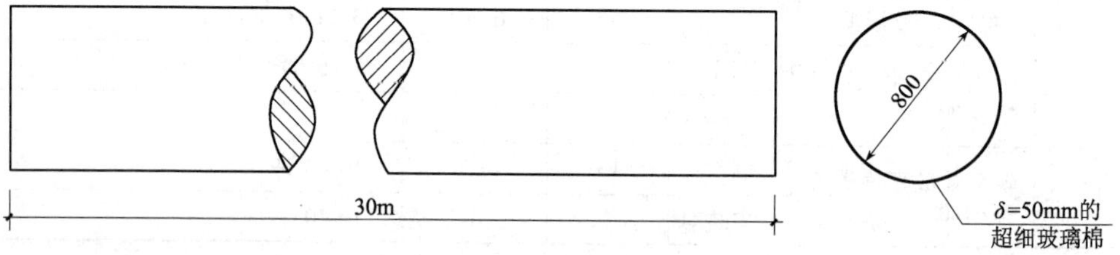

图 1-22　风道示意图

（1）清单工程量：

此风道工程量为 $\pi DL=3.14\times0.8\times30m^2=75.36m^2$

清单工程量计算见下表：

清单工程量计算表

项目编号	项目名称	单　位	数量	工程量	计　算　式
030902006001	玻璃钢风道	$\delta=50mm$（超细玻璃棉）$\phi=800$，外缠二道塑料布，二道玻璃丝布，两道调合漆，三道支架	m^2	75.36	$3.14\times0.8\times30$

（2）定额工程量：

① $\phi800$ 的玻璃钢通风管道工程量为

$$\pi DL = 3.14 \times 0.8 \times 30\text{m}^2 = 75.36\text{m}^2$$

② $\phi800$ 的玻璃钢通风管道保温层工程量

$$\begin{aligned} V &= \pi(D + 1.033\delta) \times 1.033\delta \times L\text{m}^3 \\ &= 3.14 \times (0.8 + 1.033 \times 0.05) \times 1.033 \times 0.05 \times 30\text{m}^3 \\ &= 4.144\text{m}^3 \end{aligned}$$

③ $\phi800$ 的玻璃钢通风管道防潮层工程量：

$$\begin{aligned} S &= \pi(D + 2.1\delta + 0.0082) \times L \times 2 \text{（因要缠两道，所以乘以 2）} \\ &= 3.14 \times (0.8 + 2.1 \times 0.05 + 0.0082) \times 30 \times 2\text{m}^2 \\ &= 172.047\text{m}^2 \end{aligned}$$

④ $\phi800$ 的玻璃钢通风管道保护层工程量

$$\begin{aligned} S &= \pi(D + 2.1\delta + 0.0082) \times L \times 2\text{m}^2 \text{（因有两道玻璃丝布，故乘以 2）} \\ &= 3.14 \times (0.8 + 2.1 \times 0.05 + 0.0082) \times 30 \times 2\text{m}^2 \\ &= 172.047\text{m}^2 \end{aligned}$$

⑤ 第一道调合漆工程量：

$$\begin{aligned} S &= \pi DL \\ &= 3.14 \times 0.8 \times 30\text{m}^2 = 75.36\text{m}^2 \end{aligned}$$

⑥ 第二道调合漆工程量：

$$S = \pi DL = 3.14 \times 0.8 \times 30\text{m}^2 = 75.36\text{m}^2$$

⑦ 设备支架在 50kg 以下的工程量是（20 + 45）kg = 65kg。

⑧ 设备支架在 50kg 以上的工程量是 56kg。

说明：

a. 保温层，防潮层及保护层工程量的计算，详见上题的方法。

b. 调合漆的工程量计算如下：

查《全国统一安装工程预算工程量计算规则》$\text{GYD}_{\text{GZ}}-201-2000$ 中第十二章 刷油、防腐蚀、绝热工程 第一节 工程量计算公式 第 12.1.1 条 除锈、刷油工程：

设备筒体、管道表面积计算公式：

$$S = \pi \times D \times L$$

式中 D——设备或管道直径；

L——设备筒高或管道延长米。

c. 支架的工程量计算如下：

查《全国统一安装工程预算工程量计算规则》$\text{GYD}_{\text{GZ}}-201-2000$ 中第十章 通风空调工程 第二节 部件制作安装 第 10.2.7 条

设备支架制作安装按图示尺寸以“kg”为计量单位。

定额工程量计算见表 1-15，工程预算见表 1-16。

定额工程量计算表 表1-15

序号	项目名称规格	单位	工程量	计算式
1	φ800 玻璃钢风道	m^2	75.36	3.14×20×0.8
2	φ800 玻璃钢风道保温层	m^3	4.144	3.14×（0.8+1.033×0.05）×1.033×0.05×30
3	φ800 玻璃钢风道防潮层（两道）	m^2	172.047	3.14×（0.8+2.1×0.05+0.0082）×30×2
4	φ800 玻璃钢风道保护层（两道）	m^2	172.047	3.14×（0.8+2.1×0.05+0.0082）×30×2
5	第一道调合漆	m^2	75.36	3.14×0.8×30
6	第二道调合漆	m^2	75.36	3.14×0.8×30
7	支架在50kg以下	kg	65	20+45
8	管道支架在50kg以上	kg	56	56

工程预算表 表1-16

序号	定额编号	分项工程名称	定额单位	工程量	基价（元）	其中（元）		
						人工费	材料费	机械费
1	9-332	φ800 玻璃钢风道安装	$10m^2$	7.536	374.51	220.13	133.07	21.31
2	11-1867	φ800 玻璃钢风道保温层	m^3	4.144	214.13	134.68	72.70	6.75
3	11-2157	φ800 玻璃钢风道防潮层（两道）	$10m^2$	17.2047	11.11	10.91	0.20	—
4	11-2153	φ800 玻璃钢风道保护层（两道）	$10m^2$	17.2047	11.11	10.91	0.20	—
5	11-60	第一道调合漆	m^2	7.536	6.82	6.50	0.320	—
6	11-61	第二道调合漆	m^2	7.536	6.59	6.27	0.320	—
7	9-211	支架在50kg以下	100kg	0.65	523.29	159.75	348.27	15.27
8	9-212	管道支架在50kg以上	100kg	0.56	414.38	75.23	330.52	8.63

项目编码 030902001 项目名称 碳钢通风管道制作安装

项目编码 030903007 项目名称 碳钢风口、散流器制作安装（百叶窗）

【例1-23】 某厂房空调通风系统如图1-23所示，干管尺寸为1600×1000，支管尺寸为400×400，连接着400×400的方形直片式散流器，风管为碳素钢镀锌钢板矩形风管，管的绝热材料为玻璃棉毡 $\delta=80mm$，油毡纸一层作为防潮层，外有一层玻璃布保护层，外涂两道防腐漆，试计算工程量并套用定额（$\delta=2mm$，不含主材费）。

【解】 （1）清单工程量：

a. 碳素钢镀锌钢板矩形风管1600×1000的工程量计算如下：

$$S=2\times(1.6+1)\times L$$
$$=2\times(1.6+1)\times\frac{(1.7+3.0+3.0+3.0+3.0+1.0)}{①}m^2$$
$$=76.44m^2$$

b. 碳素钢镀锌钢板矩形风管400×400的工程量计算如下：

$$S=2\times(0.4+0.4)m\times10L=2\times(0.4+0.4)\times\frac{10}{②}\times\frac{(3.0+3.7-2.7)}{③}m^2=64m^2$$

c. 400×400方形直片散流器工程量为1×10=10个

清单工程量计算见下表：

清单工程量计算表

序号	项目编码	项目名称	项目特征描述	单位	数量	计算式
1	030902001001	碳素钢镀锌钢板矩形风管	1600×1000（玻璃棉毡 δ=80mm），外缠一道油毡纸，一层玻璃布且外涂一道防腐漆。	m^2	76.44	2×(1.6+1)×(1.7+3.0+3.0+3.0+3.0+1.0)
2	030902001002	碳素钢镀锌钢板矩形风管	400×400（玻璃棉毡 δ=80mm）外缠一道油毡纸，一层玻璃布且外涂一层防腐漆	m^2	64	2×(0.4+0.4)×10×(3.0+3.7−2.7)
3	030903007001	方形直片散流器	400×400	个	10	1×10

注：① 1600×1000 的风管长度如图 1-23 所示。
② 因有 10 个支管故乘以 10。
③ 400×400 风管长度，3.0 是水平方向风管长度，3.7−2.7 是竖直方向风管长度。

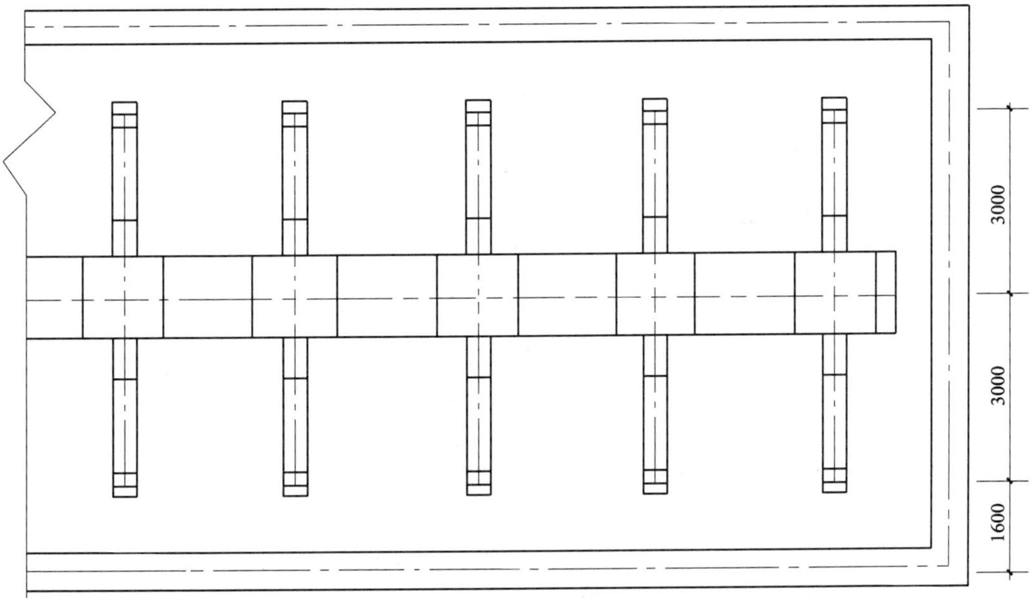

（a）

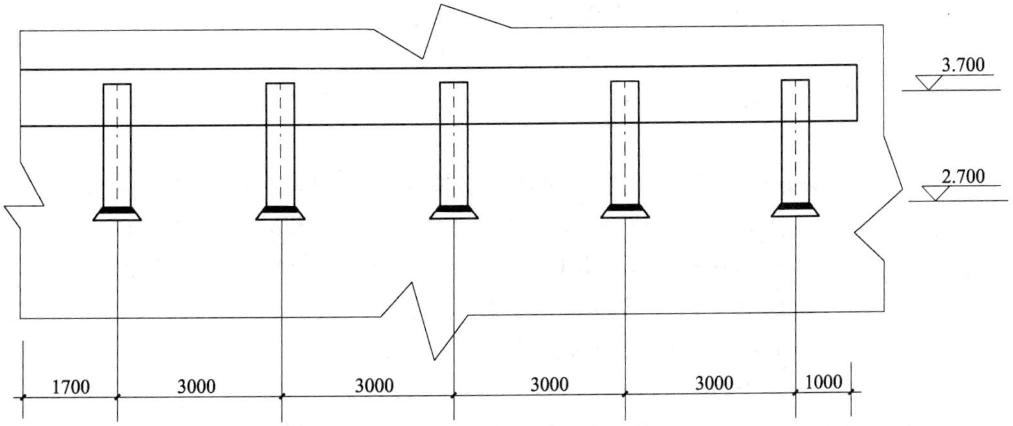

（b）

图 1-23　通风系统示意图
（a）平面图；（b）立面图

（2）定额工程量：

① 碳素钢镀锌钢板矩形风管 1600×1000 的工程量为：

$$S = 2\times(1.6+1)\times L$$
$$= 2\times(1.6+1)\times(1.7+3.0+3.0+3.0+3.0+1.0)m^2$$
$$= 76.44m^2$$

② 碳素钢镀锌钢板矩形风管 1600×1000 玻璃棉毡 $\delta = 80mm$ 保温层的工程量为：

$$V = [(A+1.033\delta)+(B+1.033\delta)]\times2\times1.033\delta\times L$$
$$= [(1.6+1.033\times0.08)+(1.0+1.033\times0.08)]\times2\times1.033\times 0.08\times(1.7+3.0+3.0+3.0+3.0+1.0)m^3$$
$$= (1.683+1.083)\times2\times1.033\times0.08\times14.7m^3$$
$$= 6.720m^3$$（详解过程见例 1-22）

③ 碳素钢镀锌钢板矩形风管 1600×1000 油毡纸防潮层工程量：

$$S = [(A+2.1\delta+0.0082)+(B+2.1\delta+0.0082)]\times2\times L$$
$$= [(1.6+2.1\times0.08+0.0082)+(1.0+2.1\times0.08+0.0082)]\times 2\times(1.7+3.0+3.0+3.0+1.0+3.0)m^2$$
$$= (1.776+1.176)\times2\times14.7m^2$$
$$= 86.789m^2$$

④ 碳素钢镀锌钢板矩形风管 1600×1000 玻璃布保护层工程量

$$S = [(A+2.1\delta+0.0082)+(B+2.1\delta+0.0082)]\times2\times L$$
$$= (1.6+2.1\times0.08+0.0082+1.0+2.1\times0.08+0.0082)\times 2\times(1.0+1.7+3.0+3.0+3.0+3.0)m^2$$
$$= 86.789m^2$$

⑤ 碳素钢镀锌钢板矩形风管 1600×1000 一道防腐漆工程量

$$S = 2(A+B)\times L$$
$$S = 2\times(1.6+1.0)\times(1.7+3.0+3.0+3.0+3.0+1.0)m^2$$
$$= 2\times2.6\times14.7m^2 = 76.44m^2$$

⑥ 碳素钢镀锌钢板矩形风管 400×400 工程量为

$$S = 2(A+B)\times L\times10$$
$$= 2\times(0.4+0.4)\times10\times(3.0+3.7-2.7)m^2$$
$$= 64m^2$$

⑦ 碳素钢镀锌钢板矩形风管 400×400，玻璃棉毡 $\delta = 80mm$ 的保温层工程量为：

$$V = [(A+1.033\delta)+(B+1.033\delta)]\times2\times1.033\delta\times L\times10$$
$$= [(0.4+1.033\times0.08)+(0.4+1.033\times0.08)]\times2\times1.033\times 0.08\times10\times(3.0+3.7-2.7)m^3$$
$$= (0.483+0.483)\times2\times1.033\times0.08\times10\times4m^3$$
$$= 6.386m^3$$

⑧ 碳素钢镀锌钢板矩形风管 400×400 油毡纸防潮层工程量

$$S = [(A+2.1\delta+0.0082)+(B+2.1\delta+0.0082)]\times2\times10L$$
$$= [(0.4+2.1\times0.08+0.0082)+(0.4+2.1\times$$

$0.08+0.0082)]\times2\times10\times(3.0+3.7-2.7)m^2$

$=92.192m^2$

⑨ 碳素钢镀锌钢板矩形风管 400×400 玻璃布保护层工程量

$$S=[(A+2.1\delta+0.0082)+(B+2.1\delta+0.0082)]\times2\times10\times L$$
$$=[(0.4+2.1\times0.08+0.0082)+(0.4+2.1\times0.08+0.0082)]\times2\times10\times(3.0+3.7-2.7)m^2$$
$$=92.192m^2$$

⑩ 碳素钢镀锌钢板矩形风管 400×400 一道防腐漆工程量为

$$S=2(A+B)\times10\times L$$
$$=2\times(0.4+0.4)\times10\times(3.0+3.7-2.7)m^2$$
$$=64m^2$$

⑪ 400×400 方形直片散流器制作工程量如下：

查《全国统一安装工程预算定额》第九册　通风空调工程（GYD－209－2000）中“国标通风部件标准重量表”的“方形直片散流器”CT211－2 序号 6 对应 400×400 尺寸的方形直片散流器单重 8.89kg/个

则工程量为：10×8.89kg＝88.9kg，

因共有 10 个方形直片散流器故乘以 10。

⑫ 400×400 方形直片散流器安装工程量如下：

1×10 个＝10 个

定额工程量计算见表 1-17，工程预算见表 1-18。

定额工程量计算表　　表 1-17

序号	项目名称规格	单位	工程量	计算式
1	碳素钢镀锌钢板矩形风管（1600×1000）	m^2	76.44	2×(1.6+1)×(1.7+3.0+3.0+3.0+3.0+1.0)
2	碳素钢镀锌钢板矩形风管（1600×1000）保温层 $\delta=80mm$ 玻璃棉毡	m^3	6.720	[(1.6+1.033×0.08)+(1.0+1.033×0.08)]×2×1.033×0.08×(1.7+3.0+3.0+3.0+3.0+1.0)
3	碳素钢镀锌钢板矩形风管（1600×1000）防潮层油毡纸	m^2	86.789	[(1.6+2.1×0.08+0.0082)+(1.0+2.1×0.08+0.0082)]×2×(1.7+3.0+3.0+3.0+3.0+1.0)
4	碳素钢镀锌钢板矩形风管（1600×1000）保护层玻璃布	m^2	86.789	[(1.6+2.1×0.08+0.0082)+(1.0+2.1×0.08+0.0082)]×2×(1.7+3.0+3.0+3.0+3.0+1.0)
5	碳素钢镀锌钢板矩形风管（1600×1000）两道防腐漆	m^2	76.44	2×(1.6+1.0)×(1.7+3.0+3.0+3.0+3.0+1.0)
6	碳素钢镀锌钢板矩形风管（400×400）	m^2	64	2×(0.4+0.4)×10×(3.0+3.7−2.7)
7	碳素钢镀锌钢板矩形风管（400×400）保温层 $\delta=80mm$ 玻璃棉毡	m^3	6.386	[(0.4+1.033×0.08)+(0.4+1.033×0.08)]×2×1.033×0.08×10×(3.0+3.7−2.7)

续表

序号	项目名称规格	单位	工程量	计算式
8	碳素钢镀锌钢板矩形风管（400×400）防潮层油毡纸	m^2	92.192	[(0.4+2.1×0.08+0.0082)+(0.4+2.1×0.08+0.0082)]×2×10×(3.0+3.7−2.7)
9	碳素钢镀锌钢板矩形风管（400×400）保护层玻璃布	m^2	92.192	[(0.4+2.1×0.08+0.0082)+(0.4+2.1×0.08+0.0082)]×2×10×(3.0+3.7−2.7)
10	碳素钢镀锌钢板矩形风管（400×400）两道防腐漆	m^2	64	2×（0.4+0.4）×10×（3.0+3.7−2.7）
11	400×400方形直片散流器制作	kg	88.9	10×8.89
12	400×400方形直片散流器安装	个	10	1×10

工程预算表 **表1-18**

序号	定额编号	分项工程名称	定额单位	工程量	基价（元）	其中/元		
						人工费	材料费	机械费
1	9−16	碳素钢镀锌钢板矩形风管（1600×1000）	$10m^2$	7.644	380.69	157.43	180.83	42.43
2	11−1870	碳素钢镀锌钢板矩形风管（1600×1000）保温层δ=80mm玻璃棉毡	m^3	6.72	166.06	86.61	72.70	6.75
3	11−2159	碳素钢镀锌钢板矩形风管（1600×1000）防潮层油毡纸	$10m^2$	8.6789	20.08	11.15	8.93	—
4	11−2153	碳素钢镀锌钢板矩形风管（1600×1000）保护层玻璃布	$10m^2$	8.6789	11.11	10.91	0.20	—
5	11−325	碳素钢镀锌钢板矩形风管（1600×1000）两道防腐漆	$10m^2$	7.644	58.89	24.61	16.21	18.16
6	9−14	碳素钢镀锌钢板矩形风管（400×400）	$10m^2$	6.4	533.38	254.72	196.63	82.03
7	11−1870	碳素钢镀锌钢板矩形风管（400×400）保温层δ=80mm玻璃棉毡	m^3	6.386	166.06	86.61	72.70	6.75
8	11−2159	碳素钢镀锌钢板矩形风管（400×400）防潮层油毡纸	$10m^2$	9.2192	20.80	11.15	8.93	—
9	11−2153	碳素钢镀锌钢板矩形风管（400×400）保护层玻璃布	$10m^2$	9.2192	11.11	10.91	0.20	—
10	11−325	碳素钢镀锌钢板矩形风管（400×400）两道防腐漆	$10m^2$	6.4	58.89	24.61	16.21	18.16
11	9−113	400×400方形直片散流器制作	100kg	0.889	1700.64	811.77	584.07	304.80
12	9−148	400×400方形直片散流器安装	个	10	10.94	8.36	2.58	—

项目编码　030902001　　项目名称　碳钢通风管道制作安装

【例 1-24】　某医院住院部的通风空调工程需安装碳素钢镀锌钢板圆形风管，如图 1-24所示直径为 400mm，两处吊托架计算工程量并套用定额（$\delta=2$mm，不含主材费）。

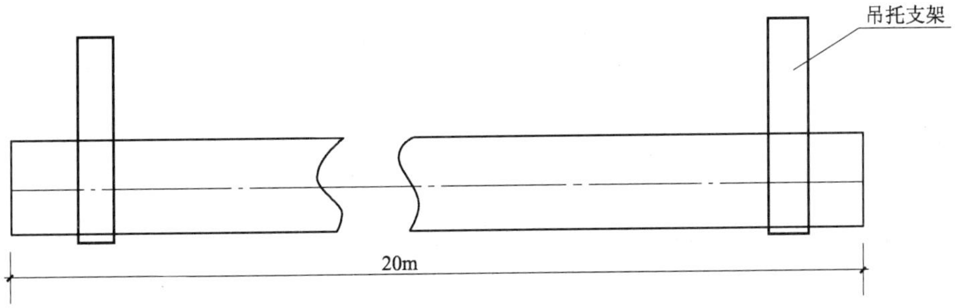

图 1-24　风管示意图

（1）清单工程量：

$$S=\pi DL=3.14\times0.4\times20\text{m}^2=25.12\text{m}^2$$

清单工程量计算见下表：

清单工程量计算表

项目编码	项目名称	项目特征描述	单位	数量	计算式
030902001001	碳钢通风管道制作安装	直径 0.4m，长度 20m	m^2	25.12	3.14×0.4×20

（2）定额工程量：

① ϕ400 风管工程量：$S=\pi DL=3.14\times0.4\times20\text{m}^2=25.12\text{m}^2=2.512(10\text{m}^2)$

套用定额 9－10，基价：634.78 元；其中人工费 348.53 元，材料费 183.66 元，机械费 102.59 元

②吊托架无工程量：不计吊托支架的工程量

查《全国统一安装工程预算工程量计算规则》$GYD_{GZ}-201-2000$ 第十章　通风空调工程　第一节　管道制作安装　第 10.1.10 条：薄钢板通风管道、净化通风管道、玻璃钢通风管道的制作安装中已包括法兰、加固框和吊托支架，不得另行计算故不计算吊托架的工程量。

由以上分析可知在题中用清单计算的工程量与用定额的形式计算的工程量相同。

项目编码　030902002　　项目名称　净化通风管制作安装

【例 1-25】　计算净化通风管管道的工程量如图 1-25 所示并套用定额（$\delta=2$mm，不含主材费）。

（1）清单工程量：

$$S=2\times(0.8+0.8)\times(5.4-0.4+1.9-0.4)\text{m}^2$$
$$=2\times1.6\times6.5\text{m}^2=20.8\text{m}^2$$

查《建设工程工程量清单计价规范》（GB 50500—2008）

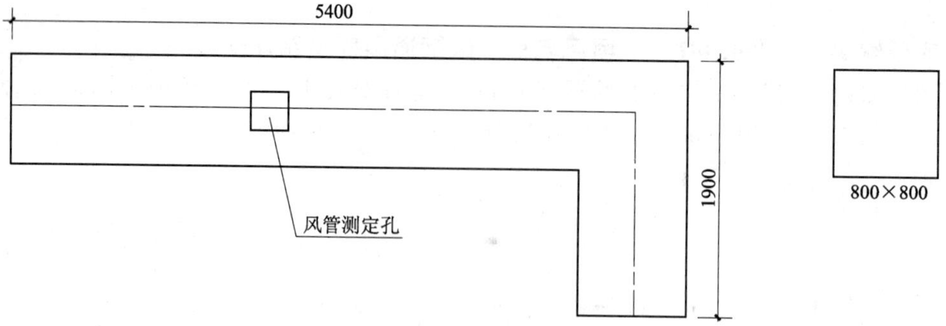

图 1-25　通风管道示意图

附录 C，安装工程工程量清单项目及计算规则，C. 9 通风空调工程，表 C. 9. 2 通风管道制作安装（编码：030902），净化通风管制作安装中的工程量计算规则可知，不扣除风管测定孔面积，故不计算风管测定孔的工程量。

清单工程量计算见下表：

清单工程量计算表

项目编码	项目名称	项目特征描述	单位	数量	计算式
030902002001	净化通风管制作安装	800×800	m^2	20. 80	2×(0. 8+0. 8)×(5. 4−0. 4+1. 9−0. 4)

（2）定额工程量：

① 800×800 净化通风管制作安装工程量

$$S=2\times(0.8+0.8)\times(5.4-0.4+1.9-0.4)\ m^2$$
$$=2\times1.6\times6.5m^2=20.8m^2$$

套用定额 9−15，基价：410. 82 元；其中人工费 179. 72 元，材料费 180. 18 元，机械费50. 92元

② 风管测定孔制作安装工程量

查《全国统一安装工程预算工程量计算规则》GYD_{GZ}−209−2000 第十章　通风空调工程　第一节　管道制作安装 第10. 1. 9 条：风管测定孔制作安装，按其型号以“个”为计量单位。

则风管测定孔工程量为 1 个。

套用定额 9−43，基价：26. 58 元；其中人工费 14. 16 元，材料费 9. 20 元，机械费3. 22 元。

定额工程量计算见表 1-19。

定额工程量计算表　　**表 1-19**

序号	项目名称规格	单位	工程量	计算式
1	800×800 净化通风管	m^2	20. 8	2×(0. 8+0. 8)×(5. 4−0. 4+1. 9−0. 4)
2	风管测定孔制作安装	个	1	

项目编码　030902003　　项目名称　不锈钢板风管制作安装

【例 1-26】　不锈钢板风管断面尺寸为 800×630，两处吊托支架，如图 1-26 示，试计算其工程量并套用定额（$\delta=2$mm，不含主材费）。

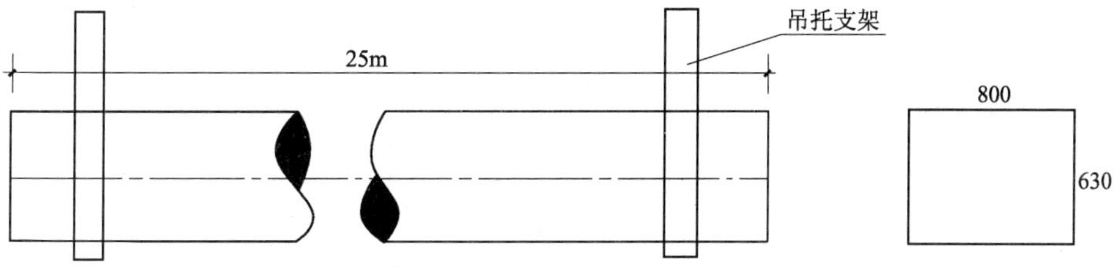

图 1-26　风管示意图

（1）清单工程量：

$$S=2\times(0.8+0.63)\times25\text{m}^2=71.5\text{m}^2$$

查《建筑工程工程量清单计价规范》（GB 50500—2008）附录 C. 安装工程工程量清单项目及计算规则，C.9 通风空调工程中表 C.9.2 通风管道制作安装（编码：030902）中 030902003 不锈钢板风管制作安装的工作内容已包括吊托支架制作、安装，故不必另行考虑吊托支架制作、安装工程量。

清单工程量计算见下表：

清单工程量计算表

项目编码	项目名称	项目特征描述	单位	数量	计算式
030902003001	不锈钢板风管制作安装	800×630	m^2	71.5	2×（0.8+0.63）×25

（2）定额形工程量：

① 800×630 不锈钢板风管工程量：

$$S=2\times(0.8+0.63)\times25\text{m}^2=71.5\text{m}^2=7.15\ (10\text{m}^2)$$

套用定额 9－15，基价：410.82 元；其中人工费 179.92 元，材料费 180.18 元，机械费50.92元

② 吊托支架工程量：

因每个吊托支架质量为 Mkg，共有两个吊托支架，所以吊托支架的工程量为 $2\times M\text{kg}=2M\text{kg}=0.02M(100\text{kg})$

套用定额 9－270，基价：975.57 元；其中人工费 183.44 元，材料费 776.36 元，机械费 15.77 元

查《全国统一安装工程预算工程量计算规则》GYD_{GZ}－201－2000 第十章　通风空调工程　第一节　管道制作安装 第 10.1.11 条，不锈钢通风管道，铝板通风管道的制作安装中不包括法兰和吊托支架，可按相应定额以“kg”为计量单位另行计算，见表 1-20。

定额工程量计算表　　**表 1-20**

序号	项目名称规格	单位	工程量	计算式
1	800×630 不锈钢板风管	m^2	71.5	2×(0.8+0.63)×25
2	吊托支架 2 处	kg	$2M$	$2\times M$

项目编码　030902004　　项目名称　铝板通风管道制作安装

【例 1-27】　计算如图 1-27 所示的工程量并套用定额（$\delta=2$mm，不含主材费）。

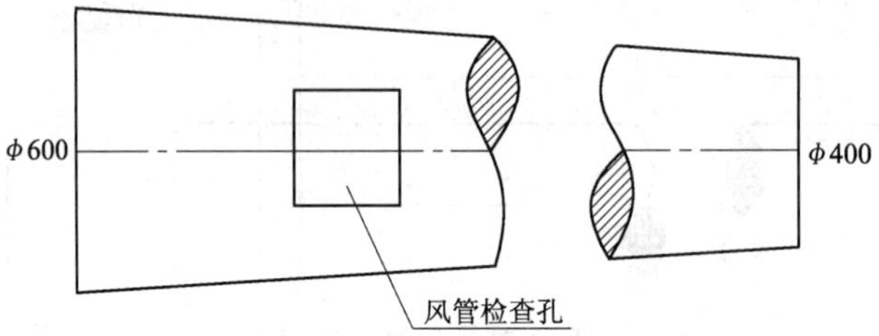

图 1-27　送风示意图

已知如图铝板渐缩管均匀送风管，大头直径为 600mm，小头直径 400mm，其上开一个 270×230 的风管检查孔孔长为 15m

【解】　（1）清单工程量：

铝板风管的工程量为：$S=L\pi(D+d)/2$

$$=15\times3.14\times\frac{(0.6+0.4)}{2}\text{m}^2$$

$$=15\times3.14\times0.5\text{m}^2$$

$$=23.55\text{m}^2$$

清单工程量计算见下表：

清单工程量计算表

项目编码	项目名称	项目特征描述	单位	数量	计算式
030902004001	铝板通风管道制作安装	$\phi_{大}$ 为 600mm，$\phi_{小}$ 为 400mm	m²	23.55	15×3.14×0.5

（2）定额工程量：

① 铝板风管的工程量为：

$$S=\pi(D+d)\times\frac{1}{2}\times L=3.14\times15\times(0.6+0.4)\times\frac{1}{2}\text{m}^2$$

$$=23.55\text{m}^2$$

套用定额 9-10，基价：634.78 元；其中人工费 348.53 元，材料费 183.66 元，机械费 102.59 元

② 270×230 的风管检查孔工作量：

查《全国统一安装工程预算工程量计算规则》GYD_{GZ}-201-2000 第十章　通风空调工程　第一节 管道制作安装　第 10.1.4 条：整个通风系统设计采用渐缩管均匀送风者，圆形风管按平均直径，矩形风管按平均周长计算。

第 10.1.8 条：风管检查孔重量，按本定额附录四“国标通风部件标准重量表”计算。

再查《全国统一安装工程预算定额》第九册　通风空调工程 GYD-209-2000 中“国标通风部件标准重量表”风管检查孔 T614，尺寸为 270×230 序号 1 所对应的单重为 1.68kg/个，故 270×230 风管检查孔工作量为 1.68×1kg=1.68kg=0.168(10kg)

套用定额 9－42，基价：1147.41 元；其中人工费 486.92 元，材料费 543.99 元，机械费 116.50 元

定额工程量计算见表 1-21。

定额工程量计算表　　　　**表 1-21**

序号	项目名称规格	单位	工程量	计算式
1	渐缩管铝板均匀送风管	m^2	23.55	3.14×15×（0.6+0.4）/2
2	270×230 风管检查孔	kg	1.68	1×1.68

项目编码　030902005　　项目名称　塑料通风管道制作安装

【例 1-28】　计算如图 1-28 所示工程量并套用定额（$\delta=4$mm，不含主材费）。

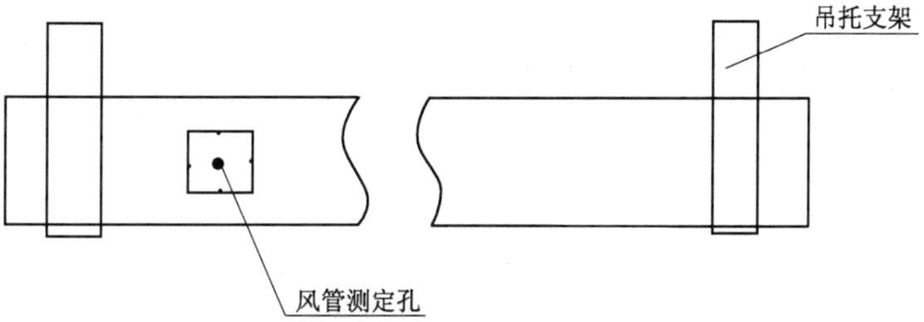

图 1-28　通风管道示意图

已知如图示塑料通风管管道长 25m，厚为 $\delta=4$mm，$\phi=400$mm，由两处吊托支架支撑且开一风管测定孔。

【解】　（1）清单工程量：

$$S=\pi DL=3.14\times25\times0.4\text{m}^2=31.4\text{m}^2$$

清单工程量计算见下表：

清单工程量计算表

项目编码	项目名称	项目特征描述	单位	数量	计算式
030902005001	塑料通风管道制作安装	直径为 0.4m，长度 25m	m^2	31.4	3.14×25×0.4

（2）定额工程量：

① $\phi400$ 的塑料通风管道的工程量为：

$$\begin{aligned}S&=\pi(D-2\delta)\times L\\&=3.14\times(0.4-2\times0.004)\times25\text{m}^2\\&=30.772\text{m}^2=3.0772(10\text{m}^2)\end{aligned}$$

（0.4－2×0.004）为塑料通风管道的内径

套用定额 9－292，基价：1120.34 元；其中人工费 535.22 元，材料费 223.12 元，机械费 362.00 元

查《全国统一安装工程预算工程量计算规则》GYD－201－2000 第十章　通风空调工程　第一节　管道制作安装第 10.1.5 条：

塑料风管，复合型材料风管制作安装定额所列规则为内径，周长为内周长，

所以计算塑料风管工程量时便以内径计算。

② 吊托支架工程量：

已知吊托支架一处的质量为 9.1kg/个，共有两个吊托支架，所以吊托支架的工程量是 2×9.1kg = 18.2kg = 0.182(100kg)

套用定额 9－270，基价：975.57 元；其中人工费 183.44 元，材料费 776.36 元，机械费 15.77 元

③ 风管测定孔制作安装工程量为 1 个。

套用定额 9－43，基价：26.58 元；其中人工费 14.16 元，材料费 9.20 元，机械费3.22 元

定额工程量计算见表 1-22。

定额工程量计算表 **表 1-22**

序号	项目名称	单位	工程量	计算式
1	ϕ400 塑料通风管道	m^2	30.772	3.14×(0.4－2×0.004)×25
2	两处吊托支架	kg	18.2	2×9.1
3	1 个风管测定孔	个	1	

项目编码 030902006 项目名称 玻璃钢通风管道

【例 1-29】 如图 1-29 所示玻璃钢通风管道尺寸为 800×800，厚是 4mm，长 30m，试计算其工程量并套用定额（δ = 2mm，不含主材费）。

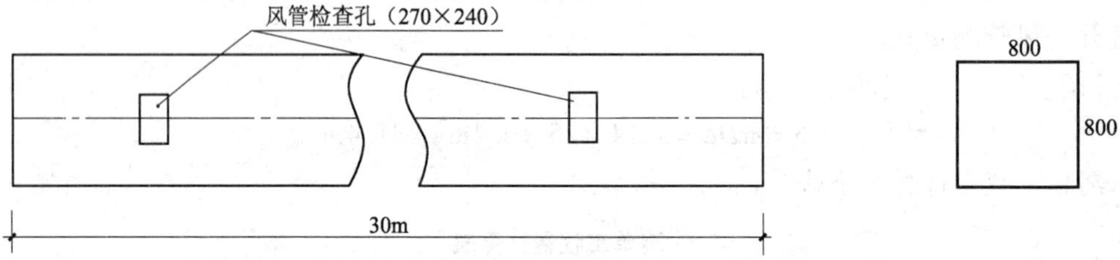

图 1-29 通风管示意图

【解】 （1）清单工程量：

玻璃钢风管：$S = 2(A+B) \times L$

$= 2 \times (0.8+0.8) \times 30m^2$

$= 96m^2$

清单工程量计算见下表：

清单工程量计算表

项目编码	项目名称	项目特征描述	单位	数量	计算式
030902006001	玻璃钢通风管道	800×800，长度 30m	m^2	96	2×（0.8+0.8）×30

（2）定额工程量：

① δ = 4mm 的玻璃钢通风管道（800×800）的工程量为：

$S = 2(A+B) \times L$

$= 2 \times (0.8+0.8) \times 30m^2 = 96m^2 = 9.6(10m^2)$

套用定额 9－338，基价：172.81 元；其中人工费 63.85 元，材料费 106.44 元，机械费2.52元

② 风管检查孔的工程量为：

因风管检查孔尺寸为 270×230，由《全国统一安装工程预算定额》第九册　通风空调工程（GYD－209－2000）中的“国标通风部件标准重量表”中“风管检查孔”（T614）序号 1 对应的尺寸：270×230 可知其单重为 1.68kg/个

因有两个风管检查孔，所以其工程量为 2×1.68kg＝3.36kg＝0.0336(100kg)

套用定额 9－42，基价：1147.41 元；其中人工费 486.92 元，材料费 543.99 元，机械费 116.50 元

定额工程量计算见表 1-23。

定额工程量计算表　　　　**表 1-23**

序号	项目名称规格	单位	工程量	计算式
1	$\delta=4$mm 的矩形玻璃钢风管	m^2	96	2×（0.8＋0.8）×30
2	风管检查孔（270×230）	kg	3.36	2×1.68

项目编码　030902007　　项目名称　复合型风管制作安装

【例 1-30】　已知复合型风管(400×400)$\delta=4$mm，长为 35m，表面除锈刷油处理，有两处吊托支架支撑，试计算其工程量并套用定额（不含主材费）。

（1）清单工程量：

$$S=2(A+B)\times L$$
$$=2\times(0.4+0.4)\times35m^2=56m^2$$

清单工程量计算见下表：

清单工程量计算表

项目编码	项目名称	项目特征描述	单位	数量	计算式
030902007001	复合型风管制作安装	400×400,$\delta=4$mm,长 35m	m^2	56	2×(0.4＋0.4)×35

（2）定额工程量：

① 复合型风管（400×400）$\delta=4$mm 的工程量

$$S=2\times(0.4-2\times0.004+0.4-2\times0.004)\times35m^2$$
$$=2\times(0.8-0.016)\times35m^2$$
$$=54.88m^2=5.488(10m^2)$$

套用定额 9－355，基价：123.35 元；其中人工费 24.15 元，材料费 63.96 元，机械费44.24元

② 除锈刷油工程量为：

$$S=2\times(A+B)\times L$$
$$=2\times(0.4+0.4)\times35m^2=56m^2=5.6(10m^2)$$

除锈：套用定额 11－1，基价：11.27 元；其中人工费 7.89 元，材料费 3.38 元

刷油：套用定额 11－51，基价：7.34 元；其中人工费 6.27 元，材料费 1.07 元

项目编码　030902008　　项目名称　柔性软风管

【例 1-31】　已知一段柔性软风管，如图 1-30 所示，尺寸为 $\phi500$，试计算此柔性软风管（无保温套）的工程量并套用定额（不含主材费）。

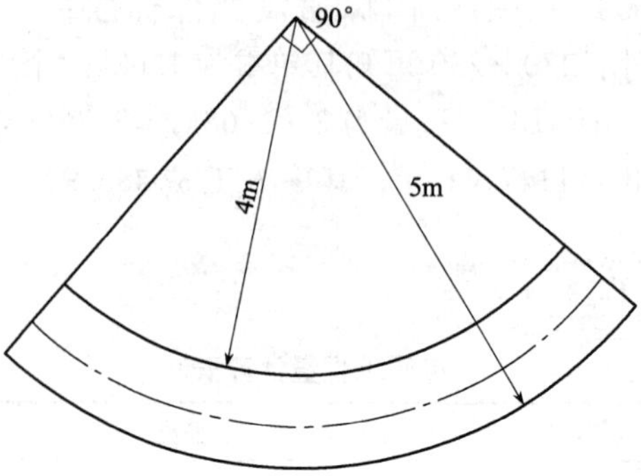

图 1-30　软风管示意图

【解】　（1）清单工程量：

$$L=\frac{1}{4}\times2\times\pi\times\frac{4+5}{2}\text{m}=\frac{1}{4}\times3.14\times9\text{m}=7.07\text{m}$$

清单工程量计算见下表：

清单工程量计算表

项目编码	项目名称	项目特征描述	单位	数量	计算式
030902008001	柔性软风管	$\phi500$	m	7.07	$\frac{1}{4}\times2\times\pi\times\frac{4+5}{2}$

以上为柔性软风管的工程量

查《建筑工程工程量清单计价规范》(GB 50500—2008)

附录 C 安装工程工程量清单项目及计算规则中的 C.9 通风空调工程表 C.9.2 通风管道制作安装（编码：030902）中柔性软风管（030902008）的工程量计算规则：

按图示中心线长度计算，包括弯头、三通、变径管、天圆地方等管件的长度，但不包括部件所占的长度

（2）定额工程量：

$$L=\frac{1}{4}\times2\times\pi\times\frac{4+5}{2}\text{m}=\frac{1}{4}\times3.14\times9\text{m}=7.065\text{m}$$

查《全国统一安装工程预算工程量计算规则》第十章　通风空调工程　第一节　管道制作安装（$GYD_{GZ}-201-2000$）

第 10.1.6 条：柔性软风管安装，按图示管道中心线长度以“m”为计量单位

如图所示 90°弧所对应的长度为$\frac{1}{4}\times2\times\pi\times r$，

又由图可知 $r=\frac{4+5}{2}\text{m}=4.5\text{m}$，

所以这段柔性软风管的工程量为 7.065m。

套用定额 9－27，基价：1.16 元；其中人工费 1.16 元。

定额工程量计算见表1-24。

定额工程量计算表　　　　表1-24

序号	项目名称规格	单位	工程量	计算式
1	ϕ500柔性软风管	m	7.065	$\frac{1}{4}\times 2\times 3.14\times(4+5)\div 2$

项目编码　030902001　030903001　　项目名称　碳钢通风管道制作安装　碳钢调节阀制作安装

【例1-32】　如图1-31所示ϕ500碳钢通风管道上安装一止回阀，总长为3m，试计算这一部分的工程量并套用定额（风管厚为1.5mm，不含主材费）。

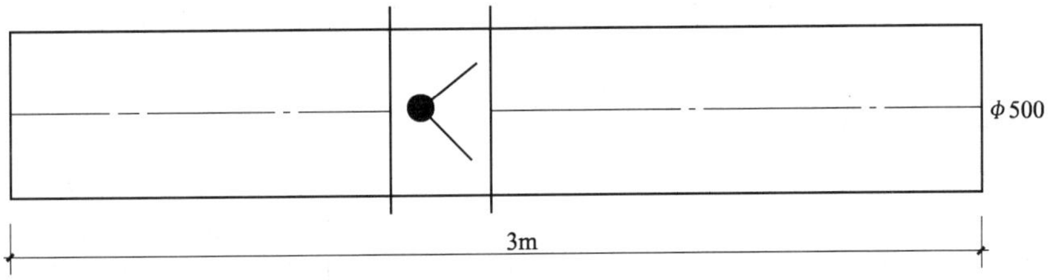

图1-31　止回阀示意图

【解】　（1）清单工程量：

① ϕ500碳钢通风管道($\delta=1.5$mm）的工程量为：

$$S=\pi DL$$
$$=3.14\times 0.5\times(3-0.3)\text{m}^2$$
$$=3.14\times 0.5\times 2.7\text{m}^2=4.24\text{m}^2$$

注：（3－0.3）是ϕ500碳钢通风管道（$\delta=1.5$mm）的长度；

3m是风管与碳钢止回阀的总长度；

0.3是碳钢止回阀的长度（由例1-17题可知：风管止回阀的长度为固定值300mm）。

② 碳钢止回阀的工程量为1个

查《建设工程工程量清单计价规范》(GB 50500—2008)

附寻C　安装工程量工程量清单项目及计算规则

C.9通风空调工程，表C.9.3通风管道部件制作安装（编码：030903）中的030903001碳钢调节阀制作安装对应的工程量计算规则：①按图示数量计算（包括空气加热器上通阀、空气加热器旁通阀、圆形瓣式启动阀、风管蝶阀、风管止回阀、密闭式斜插板阀、矩形风管三通调节阀、对开多叶调节阀、风管防火阀、各型风罩调节阀制作安装等）②若调节阀为成品时，制作不再计算。

清单工程量计算见下表：

清单工程量计算表

序号	项目编码	项目名称	项目特征描述	单位	数量	计算式
1	030902001001	碳钢风管	$\delta=1.5$mm，ϕ500	m^2	4.239	$3.14\times 0.5\times(3-0.3)$
2	030903001001	碳钢风管止回阀	ϕ500	个	1	

（2）定额工程量：

① $\phi500$ 通风碳钢管道的工程量为：

$$S = \pi DL$$

$$= 3.14 \times 0.5 \times (3 - 0.3)m^2 = 4.239m^2 = 0.4239(10m^2)$$

套用定额 9－10，基价：634.78 元；其中人工费 348.53 元，材料费 183.66 元，机械费 102.59 元

② $\phi500$ 碳钢止回阀制作工程量为：

查《全国统一安装工程预算定额》第九册通风空调工程 GYD－209－2000 中的“国标通风部件标准重量表”对应的圆形风管止回阀垂直式 T303－1 序号 8 对应 $\phi500$ 的碳钢止回阀单重为 13.69kg/个

所以工程量（制作）为 $1 \times 13.69kg = 13.69kg = 0.1369(100kg)$

套用定额 9－55，基价：1012.82 元；其中人工费 310.22 元，材料费 613.49 元，机械费 89.11 元

③ $\phi500$ 碳钢止回阀安装工程量为 1 个

套用定额 9－79，基价：24.92 元；其中人工费 9.98 元，材料费 14.94 元

注：标准部件制作安装工程计算规则查《全国统一安装工程预算工程量计算规则》GYD_{GZ}－201－2000 中第十章　通风空调工程　第二节　部件制作安装　第 10.2.1 条：标准部件的制作，按其成品重量以“kg”为计量单位，根据设计型号规格，按本册定额附录四“国标通风部件标准重量表”计算重量，非标准部件按图示成品重量计算部件的安装按图示规格尺寸（周长或直径）以“个”为计量单位，分别执行相应定额。

定额工程量计算见表 1-25。

定额工程量计算表　　　　**表 1-25**

序号	项目名称规格	单位	工程量	计算式
1	$\phi500$ 通风碳钢管道	m^2	4.239	$3.14 \times 0.5 \times (3 - 0.3)$
2	$\phi500$ 碳钢止回阀制作	kg	13.69	1×13.69
3	$\phi500$ 碳钢止回阀安装	个	1	

项目编码　030902008　030903002　　**项目名称**　**柔性软风管**　**柔性软风管阀门**

【例 1-33】　已知柔性软风管（无保温套）如图 1-32 所示尺寸为 $\phi500$，上面有一 $\phi500$ 的钢制蝶阀（手柄式），试计算其工程量并套用定额（不含主材费）。

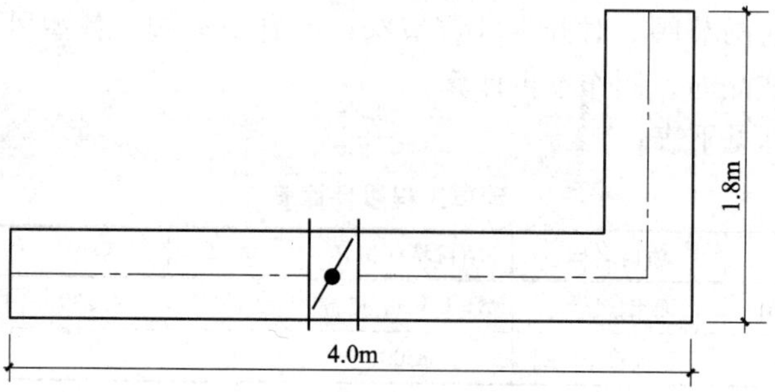

图 1-32　柔性软风管示意图

【解】　（1）清单工程量：

① 柔性软风管 ϕ500 工程量

$$L=4.0-\frac{1}{2}\times0.5+1.8-\frac{1}{2}\times0.5-0.15\text{m}$$
$$=5.15\text{m}$$

② 500×500 钢制蝶阀（手柄式）的安装工程量是 1 个

注：$\left(4.0-\frac{1}{2}\times0.5+1.8-\frac{1}{2}\times0.5-0.15\right)$是柔性软风管的中心线长度；

4.0 是柔性软风管水平方向包括蝶阀至管道最右侧外壁的距离；

$\frac{1}{2}\times0.5$ 是中心线轴线与最右侧外壁间的距离；

1.8 是竖直方向管道外壁至顶端的距离；

0.15 是蝶阀的长度。

（2）定额工程量：

定额工程量的计算与清单工程量的计算方法相同：只考虑钢制蝶阀（手柄式）的安装工程量，而不考虑它的制作工程量，因它是成品。

1）柔性软风管（500×500）工程量 $\pi\cdot D\cdot L=3.14\times0.5\times\left(4.0-\frac{1}{2}\times0.5+1.8-\frac{1}{2}\times0.5-0.15\right)=8.09\text{m}^2$；套用定额 9－27，基价：1.16 元；其中人工费 1.16 元。

2）蝶阀安装：套用定额 9－73，基价：19.24 元；其中人工费 6.97 元，材料费 3.33 元，机械费 8.94 元

项目编码　030902004　　项目名称　铝板通风管道制作安装

项目编码　030903003　　项目名称　铝蝶阀

【例 1-34】　已知长为 5m 的铝板通风管如图 1-33 所示，断面尺寸为 500×500，一处吊托支架，其上安装一 500×500 的铝蝶阀（是成品），试计算这段管段设备的工程量并套用定额（$\delta=2$mm，不含主材费）。

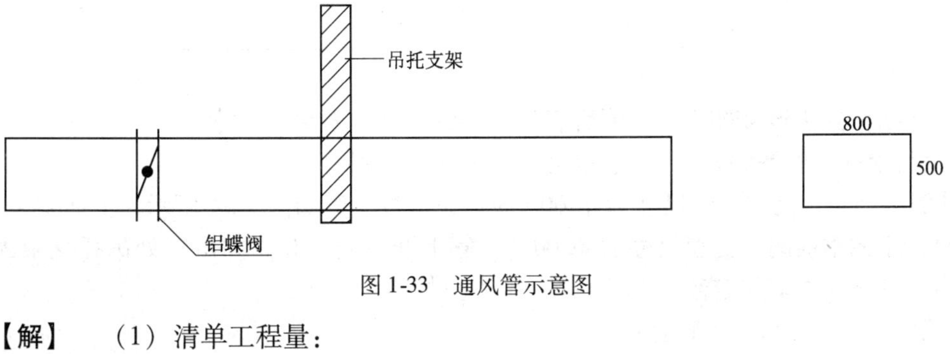

图 1-33　通风管示意图

【解】　（1）清单工程量：

① 500×500 铝板通风管道的工程量是：

$$S=2\times(0.5+0.5)\times(5.0-0.15)\text{m}^2$$
$$=2\times1\times4.85\text{m}^2=9.70\text{m}^2$$

② 500×500 铝蝶阀的工程量是 1 个。

查《建筑工程工程量清单计价规范》(GB 50500—2008)

附录C 安装工程工程量清单项目及计算规则，C.9 通风空调工程，表C.9.3 通风管道部件制作安装（编码：030903）中对应030903003的铝蝶阀工程量计算规则“按图示数量计算”。

注：(5.0－0.15) 是铝板通风管道的长度；

0.15 是表示铝蝶阀的长度。

清单工程量计算见下表：

清单工程量计算表

序号	项目编码	项目名称	项目特征描述	单位	数量	计算式
1	030902004001	铝板通风管道制作安装	500×500	m^2	9.7	2×1×4.85
2	030903003001	铝蝶阀	长度0.15	个	1	

(2) 定额工程量：

① 500×500 铝板通风管道的工程量与以清单方式计算工程量的结果相同，$S = 9.70m^2 = 0.970(10m^2)$。

套用定额9－282，基价：617.37元；其中人工费350.62元，材料费201.52元，机械费65.23元

② 500×500铝蝶阀的安装工程量为1个。

套用定额9－79，基价：24.92元；其中人工费9.98元，材料费14.94元

③ 吊托支架的工程量为：$1 \times M$kg $= M$kg。

1处吊托支架的质量为Mkg/个。

套用定额9－270，基价：975.57元；其中人工费183.44元，材料费776.36元，机械费15.77元

定额工程量计算见表1-26。

定额工程量计算表 **表1-26**

序号	项目名称规格	单位	工程量	计算式
1	500×500铝板通风管道	m^2	9.70	2×(0.5＋0.5)×(5.0－0.15)
2	500×500铝蝶阀安装	个	1	
3	吊托支架	kg	M	$1 \times M$

项目编码 030902003 项目名称 不锈钢板风管制作安装

项目编码 030903004 项目名称 不锈钢蝶阀

【例1-35】 已知干管尺寸为ϕ1000的不锈钢板风管如图1-34所示，上面安装一个ϕ1000的不锈钢蝶阀，支管尺寸为ϕ500，干管上开一测定孔，并由三处吊托支架固定，试计算其工程量并套用定额（$\delta = 3$mm，不含主材费）。

【解】 (1) 清单工程量：

① ϕ1000不锈钢风管工程量为：

$$S = \pi \times 1 \times (4.8 - 0.15 - 0.5/2)m^2$$
$$= 3.14 \times 4.4m^2$$
$$= 13.82m^2$$

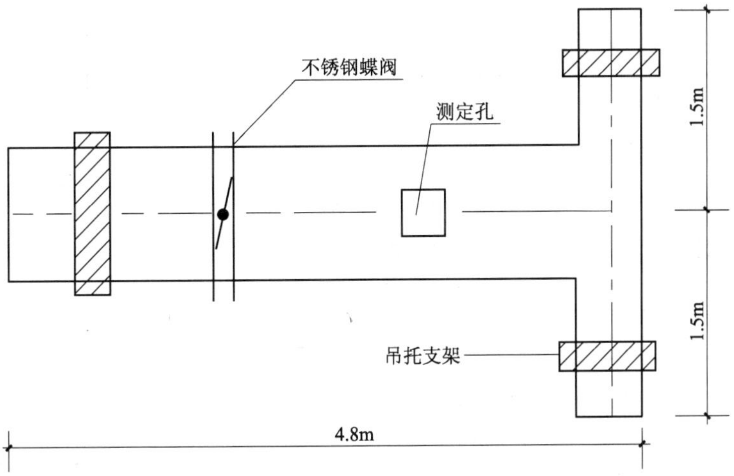

图 1-34 风管平面图

② ϕ500 不锈钢风管工程量为：

$S=\pi\times0.5\times1.5\times2m^2$（因有两段相同的风管，故乘以 2）

$=4.71m^2$

③ 不锈钢蝶阀工程量为 1 个（不锈钢蝶阀的工程量计算规则同铝蝶阀的工程量计算规则）。

清单工程量计算见下表：

清单工程量计算表

序号	项目编码	项目名称	项目特征描述	单位	数量	计算式
1	030902003001	不锈钢板风管制作安装	ϕ1000	m^2	13.82	$\pi\times1\times(4.8-0.15-0.5/2)$
2	030902003002	不锈钢板风管制作安装	ϕ500	m^2	4.71	$\pi\times0.5\times1.5\times2$
3	030903004001	不锈钢蝶阀	ϕ1000	个	1	

（2）定额工程量：

① ϕ1000 不锈钢风管工程量计算同清单形式下工程量的计算

$S=13.82m^2$

② 500×500 不锈钢风管工程量为 $S=4.71m^2$。

③ 不锈钢蝶阀安装工程量为 1 个。

④ 风管测定孔工程量为 1 个。

⑤ ϕ500 不锈钢风管吊托支架的工程量为 $2\times M$kg（因有两个）。

⑥ ϕ1000 不锈钢风管吊托支架的工程量为 Mkg。

定额工程量计算见表 1-27，工程预算表见表 1-28。

定额工程量计算表 表 1-27

序号	项目名称规格	单位	工程量	计算式
1	ϕ1000 不锈钢风管	m^2	13.82	$\pi\times1\times(4.8-0.15-0.5/2)$
2	ϕ500 不锈钢风管	m^2	4.71	$\pi\times0.5\times1.5\times2$

续表

序号	项目名称规格	单位	工程量	计算式
3	ϕ1000 不锈钢蝶阀	个	1	
4	风管测定孔	个	1	
5	ϕ500 不锈钢风管吊托支架	kg	2M	$2\times M$
6	ϕ1000 不锈钢风管吊托支架	kg	M	$1\times M$

工程预算表 表 1-28

序号	定额编号	分项工程名称	定额单位	工程量	基价（元）	其中（元）		
						人工费	材料费	机械费
1	9-266	ϕ1000 不锈钢风管	$10m^2$	1.382	1115.01	531.97	399.25	183.79
2	9-265	ϕ500 不锈钢风管	$10m^2$	0.471	1401.35	669.66	423.68	308.01
3	9-75	ϕ1000 不锈钢蝶阀	个	1	53.76	16.25	19.63	17.88
4	9-43	风管测定孔	个	1	26.58	14.16	9.20	3.22
5	9-270	ϕ500 不锈钢风管吊托支架	100kg	0.02M	975.57	183.44	776.36	15.77
6	9-270	ϕ1000 不锈钢风管吊托支架	100kg	0.01M	975.57	183.44	776.36	15.77

项目编码　030902005　　项目名称　塑料通风管道制作安装

项目编码　030903005　　项目名称　塑料风管阀门制作安装

【例 1-36】 已知一塑料通风管道（如图 1-35 所示）断面尺寸为 250×250，壁厚 $\delta=3$mm，总长为 60m，其上有两个方形塑料插板阀（250×250）为成品，试计算工程量并套用定额（不含主材费）。

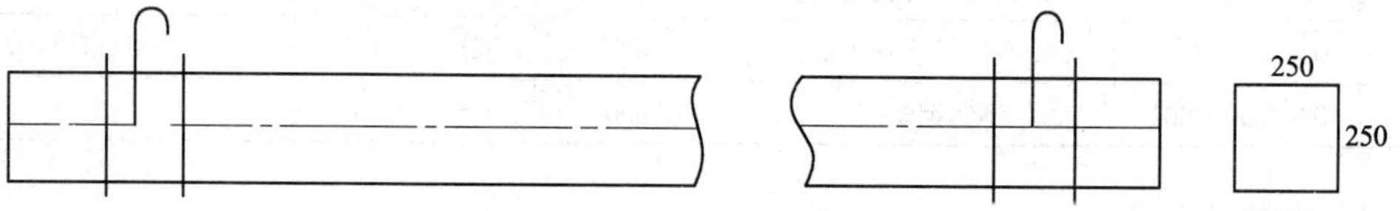

图 1-35　通风管道示意图

（1）清单工程量：

① 250×250 塑料风管的工程量为：

$$S=2\times(0.25+0.25)\times(60-0.43\times2)m^2$$
$$=2\times0.5\times59.14m^2=59.14m^2$$

② 两个方型塑料插板阀的工程量是 2 个。

清单工程量计算见下表：

清单工程量计算

序号	项目编码	项目名称	项目特征描述	单位	数量	计算式
1	030902005001	塑料通风管道制作安装	250×250	m^2	59.14	$2\times(0.25+0.25)\times(60-0.43\times2)$
2	030903005001	塑料风管阀门制作安装	250×250	个	2	

查《建设工程工程量清单计价规范》（GB 50500—2008）附录C. 安装工程工程量清单项目及计算规则，C. 9通风空调工程表C. 9. 3通风管道部件制作安装（编码：030903）中030903005塑料风管阀门制作安装的工程量计算规则："按设计图示数量计算（包括塑料蝶阀、塑料插板阀，各种型号的风罩塑料调节阀）。"

注：（60 - 0. 43 × 2）是塑料风管（250 × 250）中心线长度，60m是风管与2个方型塑料插板阀的长度之和，而每个插板阀为430mm（见例1-17）

$$D = \frac{2AB}{A+B} = \frac{2 \times 250 \times 250}{250+250}\text{mm} = 250\text{mm}$$

因有两个方型塑料插板阀所以工程量为2个

（2）定额工程量：

① 250 × 250塑料风管的工程量为：

$$S = 2 \times (0.25 - 2 \times 0.003 + 0.25 - 2 \times 0.003) \times (60 - 0.43 \times 2)\text{m}^2$$
$$= 4 \times (0.25 - 2 \times 0.003) \times 59.14\text{m}^2 = 57.721\text{m}^2 = 5.7721(10\text{m}^2)$$

套用定额9 - 295，基价：1218. 59元；其中人工费645. 05元，材料费184. 50元，机械费389. 04元。

② 250 × 250方型塑料插板阀的安装工程量为2个。

套用定额9 - 314，基价：343. 05元；其中人工费181. 12元，材料费88. 35元，机械费73. 58元。

项目编码　030902006　　项目名称　玻璃钢通风管道

项目编码　030903006　　项目名称　玻璃钢蝶阀

【例1-37】 已知某玻璃钢通风管道如图1-36所示，断面尺寸为1000 × 1000，弯头内有两导流叶片，导流叶片半径为500mm，对应角度为90°，且管上有一玻璃钢蝶阀为成品，试计算图示工程量并套用定额（不含主材费）。

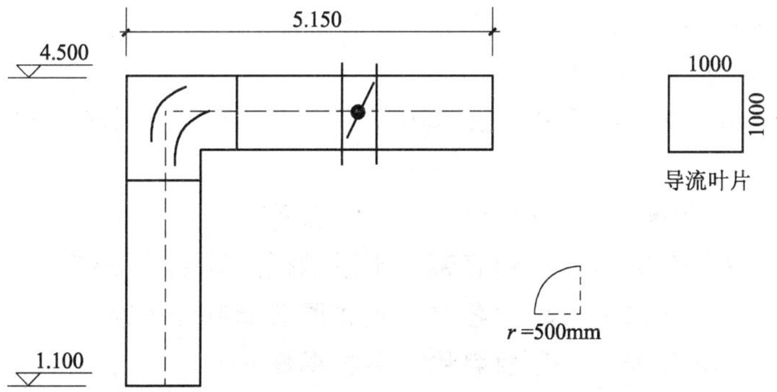

图1-36 通风管道示意图

【解】 （1）清单工程量：

① 1000 × 1000玻璃风管的工程量为：

$$S = 2 \times (1.0 + 1.0) \times (4.5 - 1.1 - 0.5 + 5.15 - 0.15 - 0.5)\text{m}^2$$
$$= 2 \times 2 \times 7.4\text{m}^2 = 29.6\text{m}^2$$

② 1000 × 1000方型玻璃蝶阀的工程量为1个

清单工程量计算见下表：

清单工程量计算表

序号	项目编码	项目名称	项目特征描述	单位	数量	计算式
1	030902006001	玻璃钢通风管道	1000×1000，导流叶片半径500mm	m^2	29.6	2×(1.0+1.0)×(4.5－1.1－0.5+5.15－0.15－0.5)
2	030903006001	玻璃钢蝶阀	1000×1000方型	个	1	

（2）定额工程量：

① 1000×1000玻璃风管的工程量为：

$$S=2\times(1.0\times1.0)\times(4.5-1.1-0.5+5.15-0.15-0.5)m^2$$
$$=2\times2\times7.4m^2=29.6m^2=2.96(10m^2)$$

套用定额9－338，基价：172.81元；其中人工费63.85元，材料费106.44元，机械费2.52元。

② 1000×1000方型玻璃蝶阀安装的工程量为1个。

套用定额9－76，基价：70.73元；其中人工费22.29元，材料费23.42元，机械费25.02元。

③ 导流叶片（r=500mm）的工程量为：

$$S=2\times\frac{1}{4}\times2\pi\times0.5\times1.0m^2=1.57m^2$$

因为有两个导流叶片所以乘以2，具体详解见例1-18导流叶片定额工程量的计算。

查《全国统一安装工程预算工程量计算规则》GYD_{GZ}－201－2000　第十章通风空调工程　第一节管道制作安装　第10.1.3条“风管导流叶片制作安装按图示叶片的面积计算”。

注：（4.5－1.1－0.5+5.15－0.15－0.5）为玻璃风管（1000×1000）中心线长度。

其中：（4.5－1.1－0.5）为竖直方向玻璃风管中心线长度；

（5.15－0.15－0.5）为水平方向玻璃风管中心线长度；

0.15为玻璃钢蝶阀的长度。

套用定额9－40，基价：79.94元；其中人工费36.69元，材料费43.25元。

项目编码　030901005　　项目名称　风机盘管
项目编码　030902003　　项目名称　不锈钢板风管制作安装
项目编码　030903001　　项目名称　碳钢调节阀制作安装
项目编码　030903004　　项目名称　不锈钢蝶阀
项目编码　030903008　　项目名称　不锈钢风口、散流器制作安装（百叶窗）

【例1-38】　已知：如图1-37所示为一新风引入系统图，新风引自室外经新风机组处理后进入各房间内的风机盘管与室内回风混合后再由不锈钢方形直片散流器（400×400）送入室内，风机盘管前后有软接头，长为200mm，干管尺寸为1000×1000且接有防火阀（碳钢制成，成品）和一个不锈钢蝶阀，试计算其工程量（吊托支架共八处）并套用定额（不含主材费）。

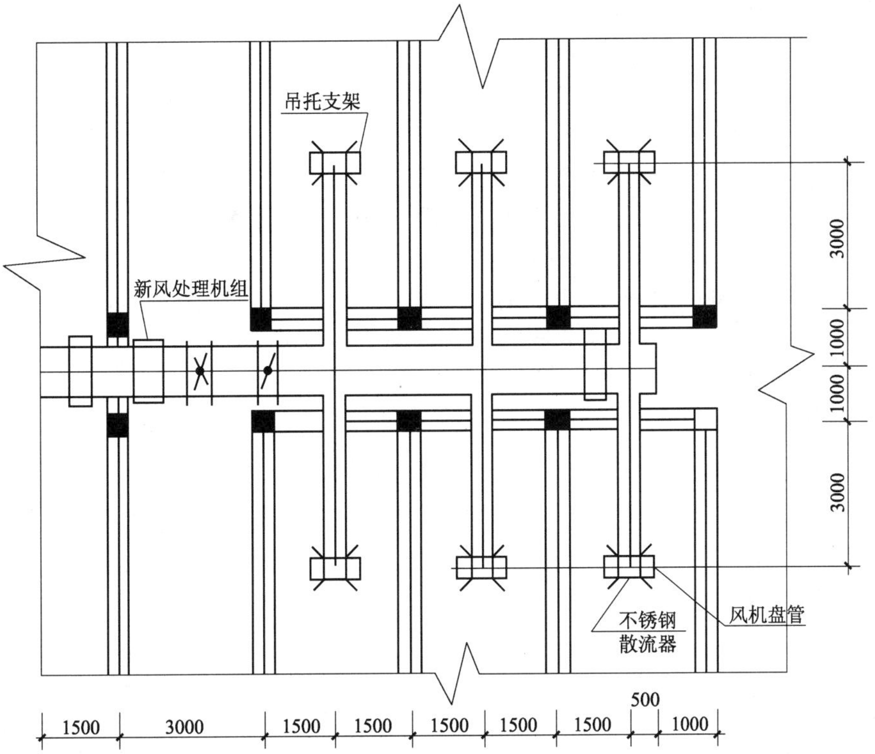

图 1-37　送风系统示意图

【解】　（1）清单工程量：

① 1000×1000 不锈钢干管工程量为：

$$S=2\times(1.0+1.0)\times\frac{(1.5+3.0+1.5+1.5+1.5+1.5+1.5+0.5-1.0-0.15-1.0-0.24)}{a}m^2$$

$$=2\times2\times(12.5-2-0.39)m^2=40.44m^2$$

② 400×400 不锈钢支管工程量为：

$$S=2\times(0.4+0.4)\times\frac{(1.0+3.0)}{b}\times6m^2$$

$$=2\times0.8\times4\times6m^2=38.4m^2$$

③ 新风机组工程量是 1 台

④ FC－630 风机盘管的工程量是 1×6 台＝6 台

因有六台所以乘以 6

查《建设工程工程量清单计价规范》(GB505000—2003)

附录 C. 安装工程工程量清单项目及计算规则　C.9 通风空调工程，表 C. 9. 1 通风及空调设备及部件制作安装（编码：030901）中项目编码 030901005 对应“风机盘管”的工程量计算规则“按设计图示数量计算”。

⑤ 1000×1000 碳钢防火阀的工程量为 1 个。

⑥ 1000×1000 不锈钢蝶阀的工程量为 1 个。

⑦ 400×400 不锈钢散流器的工程量为 6×1 个＝6 个。

因有6个所以乘以6。

查《建设工程工程量清单计价规范》(GB 50500—2003)

附录C. 安装工程工程量清单项目及计算规则C.9通风空调工程，表C.9.3通风管道部件制作安装（编码：030903）中的030903008对应不锈钢风口、散流器制作安装（百叶窗）的工程量计算规则“1. 按图示数量计算（包括风口、分布器、散流器、百叶窗）；2. 若风口、分布器、散流器、百叶窗为成品时，制作不再计算”。

⑧ 软管工程量 $L=2\times0.2\text{m}=0.4\text{m}$

注：a. 是1000×1000不锈钢干管中心线长度，其中1.0是新风机组包括软接头的长度，0.15是不锈钢蝶阀的长度，而（1.0+0.24）是矩形防火阀的长度（详解见例1-17）

b. 是一根不锈钢支管（400×400）的长度。

清单工程量见下表：

清单工程量计算表

项目编码	项目名称	项目特征描述	单位	工程量	计算式
030901005001	风机盘管	FC－630	台	6	1×6
030901005002	新风机组		台	1	
030902003001	不锈钢风管	1000×1000	m^2	40.44	2×(1.0+1.0)×(1.5+3.0+1.5+1.5+1.5+1.5+1.5+0.5−1.0−0.15−1.0−0.24)
030902003002	不锈钢风管	400×400	m^2	38.4	2×(0.4+0.4)×(1.0+3.0)×6
030903001001	碳钢防火阀	1000×1000	个	1	
030903004001	不锈钢蝶阀	1000×1000	个	1	
030903008001	方形直片不锈钢散流器	400×400	个	6	1×6
030902008001	柔性软风管		m	0.4	2×0.2

（2）定额工程量：

1000×1000不锈钢干管，400×400不锈钢支管，新风机组风机盘管（FC－630）1000×1000碳钢防火阀，1000×1000不锈钢蝶阀，400×400不锈钢方形直片式散流器的安装工程量与清单中与之对应的工程量相同。

① 吊托支架（干管）的工程量为：$2\times18.2\text{kg}=36.4\text{kg}$

每个吊托支架重量为18.2kg，因有两个，所以要乘以2。

② 吊托支架（支管）的工程量为：$6\times9.1\text{kg}=54.6\text{kg}$（因有6处支管吊托支架）。

③ 软接头工程量为：

$$S=2\times(1.0+1.0)\times0.2\times2\text{m}^2$$
$$=2\times2\times0.2\times2\text{m}^2=1.6\text{m}^2$$

因有2段故乘以2。

定额工程量计算见表1-29，工程预算表见表1-30。

定额工程量计算表 **表1-29**

序号	项目名称规格	单位	工程量	计算式
1	风机盘管（FC－630）	台	6	1×6
2	新风机组	台	1	

续表

序号	项目名称规格	单位	工程量	计算式
3	1000×1000 不锈钢风管	m^2	40.44	2×(1.0+1.0)×(1.5+3.0+1.5+1.5+1.5+1.5+1.5+0.5−1.0−0.15−1.0−0.24)
4	400×400 不锈钢风管	m^2	38.4	2×(0.4+0.4)×(1.0+3.0)×6
5	1000×1000 碳钢防火阀	个	1	
6	1000×1000 不锈钢蝶阀	个	1	
7	400×400 方形直片不锈钢散流器	个	6	1×6
8	干管吊托支架	kg	36.4	2×18.2
9	支管吊托支架	kg	54.6	6×9.1
10	软接头（1000×1000）	m^2	1.6	2×（1.0+1.0）×0.2×2

工程预算表 **表 1-30**

序号	定额编号	分项工程名称	定额单位	工程量	基价（元）	其中（元）		
						人工费	材料费	机械费
1	9−245	风机盘管安装	台	6	98.69	28.79	66.11	3.79
2	9−216	风机	台	1	34.15	19.74	14.41	—
3	9−266	1000×1000 不锈钢风管	$10m^2$	4.044	1115.01	531.97	399.25	183.79
4	9−264	400×400 不锈钢风管	$10m^2$	3.84	1372.27	781.12	276.70	314.45
5	9−90	1000×1000 碳钢防火阀	个	1	65.90	.42.03	23.87	—
6	9−76	1000×1000 不锈钢蝶阀	个	1	70.73	22.29	23.42	25.02
7	9−148	400×400 方形直片不锈钢散流器	个	6	10.94	8.36	2.58	—
8	9−270	干管吊托支架	100kg	0.364	975.57	183.44	776.36	15.77
9	9−270	支管吊托支架	100kg	0.546	975.57	183.44	776.36	15.77
10	9−41	软接头(1000×1000)	m^2	1.6	171.45	47.83	121.74	1.88

项目编码 030903001 项目名称 碳钢调节阀制作安装
项目编码 030901002 项目名称 通风机
项目编码 030901004 项目名称 空调器
项目编码 030902005 项目名称 塑料通风管道制作安装
项目编码 030903005 项目名称 塑料风管阀门制作安装
项目编码 030903009 项目名称 塑料风口、散流器制作安装（百叶窗）
项目编码 030903020 项目名称 消声器制作安装
项目编码 030903021 项目名称 静压箱制作安装

【例 1-39】 已知如图 1-38 所示为一厂房空调管路平面图，新风干管（ϕ800）经通风机将室外新风通入空调器中处理到满足室内要求时，再由静压箱消声器等送入房间，水平支管为 ϕ500，竖直送风支管为 ϕ320，并连有塑料圆形直片散流器（ϕ320），所有管道均为塑料管道，竖向支管向下延伸 1.5m 厚度均为 4mm，通风机尺寸为（1.0×0.8×1.0），空调器尺寸为 0.7×1.0×1.2，静压箱尺寸为 1.25×1.25×1.25(由 $\delta=1.5$mm 镀锌薄钢板制成)，消声器长为 315mm，吊托支架共有六处，刷红丹防锈漆一遍，软接头长 300mm，试计算此平面图的工程量并套用定额（不含主材费）。

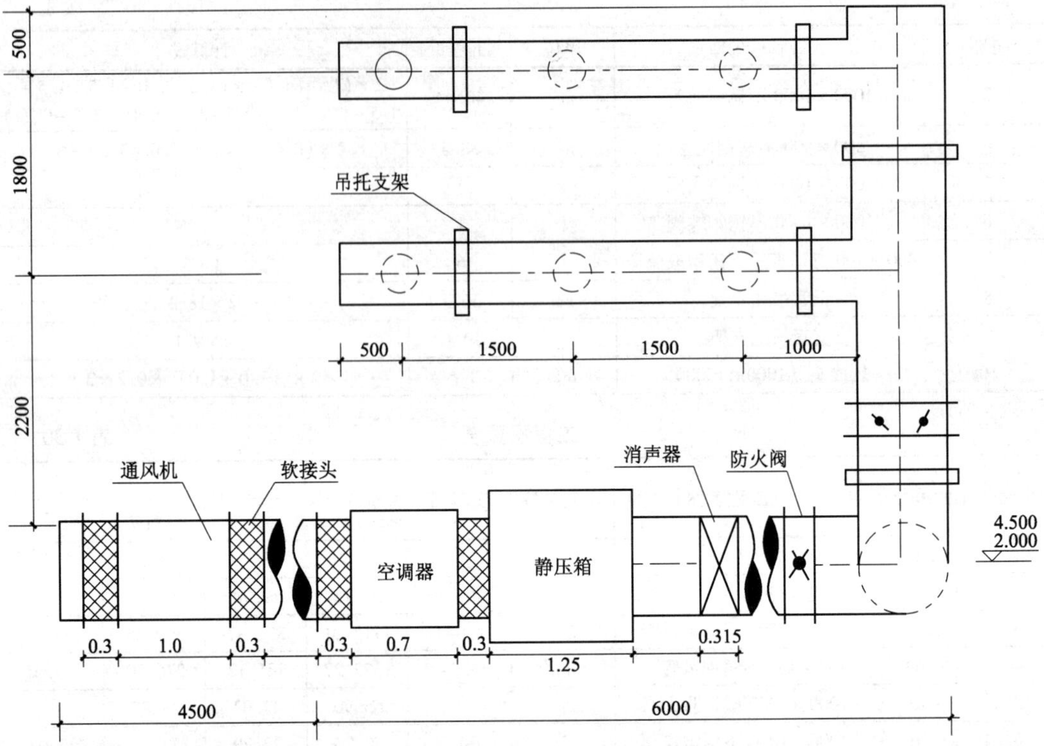

图 1-38　某厂房空调管路平面图

【解】　(1) 清单工程量:

① 通风机工程量为 1 台。

查《建设工程工程量清单计价规范》附录 C. 安装工程工程量清单项目及计划原则 C.9 通风空调工程,表 C.9.1 通风及空调设备及部件制作安装(编码 030901)中 030901002 通风机工程量计算规则“按设计图示数量计算”。

② 空调器的工程量为 1 台。

同理由 030901004 空调器的工程量计算规则按设计图示数量计算,其中分段组装式空调器按设计图纸所示质量以“kg”为计量单位。

③ 干管塑料通风管道(ϕ800)的工程量为:

$$S=\pi\times0.8\times\frac{(4.5-0.3-1.0-0.3-0.3-0.7-0.3-1.25+6-0.315-0.8-0.24}{a}$$

$$\frac{-0.8/2+4.5-2.0+0.8/2-0.21+2.2+1.8+0.5)\mathrm{m}^2}{a}$$

$$=3.14\times0.8\times11.785\mathrm{m}^2=29.604\mathrm{m}^2$$

④ 水平支管塑料通风管道(ϕ500)工程量为:

$$S=3.14\times0.5\times\frac{(0.5+1.5+1.5+1.0+0.8\div2)\times2}{b}\mathrm{m}^2$$

$$=3.14\times0.5\times4.9\times2\mathrm{m}^2=15.386\mathrm{m}^2$$

⑤ 竖向支管塑料通风管道(ϕ320)的工程量为:

$$S=\pi\times0.32\times\frac{(1.5+0.5\div2)\times6}{c}\mathrm{m}^2$$
$$=3.14\times0.32\times1.75\times6\mathrm{m}^2=10.550\mathrm{m}^2$$

⑥ 圆形防火阀（ϕ800）的工程量为 1 个。

⑦ 圆形塑料密闭式对开多叶调节阀的工程量为 1 个。

⑧ 圆形直片塑料散流器（ϕ320）的工程量为：1×6 个 =6 个（因有 6 个散流器，所以乘以 6）。

⑨ 阻抗复合式消声器（800×600）的工程量为：1×96.08kg =96.08kg。

查《建设工程工程量清单计价规范》（GB 50500—2008）附录 C　安装工程工程量清单项目及计算规则 C.9 通风空调工程中表 C.9.3 通风管道部件制作安装（编码：030903）030903020 对应消声器制作安装的工程量计算规则：按设计图示数量计算（包括片式消声器、矿棉管式消声器、聚酯泡沫管式消声器、卡普隆纤维管式消声器、弧形声流式消声器、阻抗复合消声器、微穿孔板消声器、消声弯头）。

在工程量计算规则指导下再查《全国统一安装工程预算定额》第九册通风空调工程 GYD－209－2000 中"国标通风部件标准重量表"阻抗复合式消声器（T701－6）序号 2 对应尺寸 800×600 的单重为 96.08kg/个。

⑩ 静压箱（1.25×1.25×1.25）的工程量为：

$$S=1.25\times1.25\times6\mathrm{m}^2=9.375\mathrm{m}^2$$

⑪ 软管 $L=4\times0.3\mathrm{m}=1.2\mathrm{m}$

注：a 是 ϕ800 塑料风管的总长度，其中 0.3 为软接头的长度，1.0 是通风机的长度，0.7 是空调器的长度，1.25 是静压箱的长度，0.315 是消声器的长度，（0.8＋0.24）是圆形防火阀（ϕ800）所占的长度，0.8÷2 是干管 ϕ800 管径的一半，（4.5－2.0）是竖直方向 ϕ800 风管的长度，0.21 是塑料密闭式多叶调节阀的长度。

b 是 ϕ500 塑料风管的长度，因有两段相同的长度所以乘以 2。

c 是竖直方向 ϕ320 塑料风管的长度，0.5÷2 是 ϕ500 风管管径的一半即 ϕ500 管径的中心线至 ϕ500 风管下外缘的距离，1.5 是 ϕ500 风管下边缘到 ϕ320 散流器间中心线的长度。

因有 6 段相同的支管所以要乘以 6。

清单工程量计算见下表：

清单工程量计算表

项目编码	项目名称	项目特征描述	单位	数量	计算式
030901002001	通风机	1.0×0.8×1.0	台	1	
030901004001	空调器	0.7×1.0×1.2	台	1	
030902005001	塑料圆形风管	δ=5，ϕ800	m^2	29.604	3.14×0.8×(4.5－0.3－1.0－0.3－0.3－0.7－0.3－1.25＋6－0.315－0.8－0.24－0.8÷2＋4.5－2.0＋0.8÷2－0.21＋2.2＋1.8＋0.5)
030902005002	塑料圆形风管	δ=4，ϕ500	m^2	15.386	3.14×0.5×(0.5＋1.5＋1.5＋1.0＋0.8÷2)×2
030902005003	塑料圆形风管	δ=4，ϕ320	m^2	10.550	3.14×0.32×(1.5＋0.5÷2)×6
030903001001	圆形防火阀	ϕ800	个	1	
030903005002	塑料密闭式对开多叶调节阀	圆形	个	1	

续表

项目编码	项目名称	项目特征描述	单位	数量	计算式
030903009001	塑料圆形直片散流器	$\phi320$	个	6	1×6
030903020001	阻抗复合式消声器	800×600	kg	96.08	1×96.08
030903021001	静压箱	$1.25\times1.25\times1.25$, $\delta=1.5mm$	m^2	9.375	$1.25\times1.25\times6$
030902008001	柔性软风管		m	1.2	4×0.3

(2) 定额工程量：

① 通风机

② 空调器的工程量与在清单形式下的工程量相同。

查《全国统一安装工程预算工程量计算规则》$GYD_{GZ}-201-2000$ 第十章 通风空调工程 第三节 通风空调设备安装：

第10.3.1条风机安装按设计不同型号以“台”为计量单位。

第10.3.2条整体式空调机组安装空调器按不同重量和安装方式以“台”为计量单位，分组式空调器按重量以“kg”为计量单位。

③ $\phi800$ 塑料风管的工程量为：

$$
\begin{aligned}
S &= 3.14\times(0.8-2\times0.004)\times(4.5-0.3-1.0-0.3-0.3-0.7-0.3-1.25+\\
&\quad 6-0.315-0.8-0.24-0.8\div2+4.5-2.0+\\
&\quad 0.8\div2-0.21+2.2+1.8+0.5)m^2\\
&= 3.14\times0.792\times11.785m^2=29.308m^2
\end{aligned}
$$

④ $\phi500$ 塑料风管的工程量为：

$$
\begin{aligned}
S &= 3.14\times(0.5-2\times0.004)\times(0.5+1.5+1.5+1.0+0.8\div2)\times2m^2\\
&= 3.14\times0.492\times4.9\times2m^2=15.14m^2
\end{aligned}
$$

⑤ $\phi320$ 塑料风管的工程量为：

$$
\begin{aligned}
S &= 3.14\times(0.32-2\times0.004)\times(1.5+0.5\div2)\times6m^2\\
&= 3.14\times0.312\times1.75\times6m^2\\
&= 10.287m^2
\end{aligned}
$$

⑥ 圆形防火阀（$\phi800$）的制作工程量为

$$1\times M\text{kg}=M\text{kg}$$

⑦ 圆形碳钢防火阀（$\phi800$）的安装工程量为1个。

⑧ 圆形塑料密闭式对开多叶调节阀（$\phi800$）的安装工程量为1个。

⑨ 圆形塑料直片散流器的制作工程量是 $6\times4.46\text{kg}=26.76\text{kg}$。

⑩ 圆形塑料直片散流器的安装工程量是 1×6 个 $=6$ 个。

因有6个所以乘以6。

⑪ 阻抗复合式消声器（800×600）的工程量是96.08kg。

⑫ 静压箱($1.25\times1.25\times1.25$)的制作安装工程量是：

$$1.25\times1.25\times6m^2=9.375m^2$$

⑬ 软接头的工程量为：

$$S=4\times3.14\times0.8\times0.3\text{m}^2=3.014\text{m}^2$$

因有4段所以乘以4。

⑭ 吊托支架（ϕ800）的工程量为 2×18.2kg $=36.4$kg。

因为有2处 ϕ800 吊托支架所以乘以2。

⑮ 吊托支架（ϕ500）的工程量为 4×9.1kg $=36.4$kg。

因为有4处 ϕ500 风管吊托支架所以乘以4。

⑯ 吊托支架刷一遍红丹防锈漆的工程量为：

$$(2\times18.2+4\times9.1)\text{kg}=72.8\text{kg}$$

定额工程量计算见表1-31，工程预算表见表1-32。

定额工程量计算表　　表1-31

序号	项目名称规格	单位	工程量	计算式
1	通风机	台	1	
2	空调器	台	1	
3	ϕ800 塑料风管 $\delta=5$mm	m^2	29.308	$3.14\times(0.8-2\times0.004)\times(4.5-0.3-1.0-0.3-0.3-0.7-0.3-1.25+6-0.315-0.8-0.24-0.8\div2+4.5-2.0+0.8\div2-0.21+2.2+1.8+0.5)$
4	ϕ500 塑料风管 $\delta=4$mm	m^2	15.14	$3.14\times(0.5-2\times0.004)\times(0.5+1.5+1.5+1.0+0.8\div2)\times2$
5	ϕ320 塑料风管 $\delta=4$mm	m^2	10.287	$3.14\times(0.32-2\times0.004)\times(1.5+0.5\div2)\times6$
6	圆形碳钢防火阀（ϕ800）制作	kg	M	$1\times M$
7	圆形碳钢防火阀（ϕ800）安装	个	1	
8	圆形密闭式对开多叶调节阀塑料（ϕ800）	个	1	
9	圆形直片式散流器（ϕ320）制作	kg	26.76	6×4.46
10	圆形直片散流器（ϕ320）安装	个	6	1×6
11	阻抗复合式消声器（800×600）	kg	96.08	1×96.08
12	静压箱（$1.25\times1.25\times1.25$）	m^2	9.375	$1.25\times1.25\times6$
13	软接头（ϕ800）	m^2	3.014	$4\times3.14\times0.8\times0.3$
14	吊托支架（ϕ800）	kg	36.4	2×18.2
15	吊托支架（ϕ500）	kg	36.4	4×9.1
16	吊托支架刷一遍红丹防锈漆（包括 ϕ800 风管吊托支架和 ϕ500 风管吊托支架）	kg	72.8	$2\times18.2+4\times9.1$

工程预算表 表 1-32

序号	定额编号	分项工程名称	定额单位	工程量	基价（元）	其中（元）		
						人工费	材料费	机械费
1	9-216	通风机	台	1	34.15	19.74	14.41	—
2	9-235	空调器安装	台	1	44.72	41.80	2.92	—
3	9-293	ϕ800 塑料风管 $\delta=5$mm	10m²	2.9308	1218.42	521.75	287.42	409.25
4	9-292	ϕ500 塑料风管 $\delta=4$mm	10m²	1.514	1120.34	535.22	223.12	362.00
5	9-292	ϕ320 塑料风管 $\delta=4$mm	10m²	1.0287	1120.34	535.22	223.12	362.00
6	9-64	圆形碳钢防火阀（ϕ800）制作	100kg	0.01M	759.23	228.95	417.22	113.06
7	9-89	圆形碳钢防火阀（ϕ800）安装	个	1	48.20	29.02	19.18	—
8	9-84	对开多叶调节阀安装	个	1	25.77	10.45	15.32	—
9	9-110	圆形直片式散流器（ϕ320）制作	100kg	0.2676	2119.76	1170.75	584.54	364.47
10	9-150	圆形直片散流器（ϕ320）安装	个	6	8.82	7.89	0.93	—
11	9-200	阻抗复合式消声器（800×600）	100kg	0.9608	960.03	365.71	585.05	9.27
12	9-252	静压箱（1.25×1.25×1.25）	10m²	0.9375	468.34	283.28	166.14	18.92
13	9-41	软接头（ϕ800）	m²	3.014	171.45	47.83	121.74	1.88
14	9-270	吊托支架（ϕ800）	100kg	0.364	975.57	183.44	776.36	15.77
15	9-270	吊托支架（ϕ500）	100kg	0.364	975.57	183.44	776.36	15.77
16	11-51	吊托支架刷一遍红丹防锈漆	10m²	7.28	7.34	6.27	1.07	—

项目编码 030901005 项目名称 风机盘管

项目编码 030902004 项目名称 铝板通风管道制作安装

项目编码 030903011 项目名称 铝及铝合金风口，散流器制作安装

【例 1-40】 如图 1-39 所示为一房间风机盘管风管平面布置图，风机盘管型号为 FC-630 分别由 2 个吊顶支架固定在天花板上，有 2 个回风口（400×240）和 2 个单层百叶送风口（470×285），新风干管尺寸为 400×400，铝板通风管道 $\delta=1.5$mm，支管也为铝板风管，其尺寸为 200×200，$\delta=1.5$mm，在风机盘管内新风与回风混合再送入房间，各风口均采用铝合金材料。风管保温材料采用厚度 60mm 的玻璃棉毯，防潮层采用油毡纸，保护层采用玻璃布，风机盘管的吊托支架刷两遍红丹防锈漆，计算工程量并套用定额（不含主材费）。

【解】 (1) 清单工程量：

① 风机盘管（FC-630）的工程量为 2 台

② 400×400 铝板通风管的工程量为：

$$S=2\times(0.4+0.4)\times\frac{(0.7+1.7+0.3)}{a(\text{长度})}\text{m}^2$$

$$=2\times0.8\times2.7\text{m}^2=4.32\text{m}^2$$

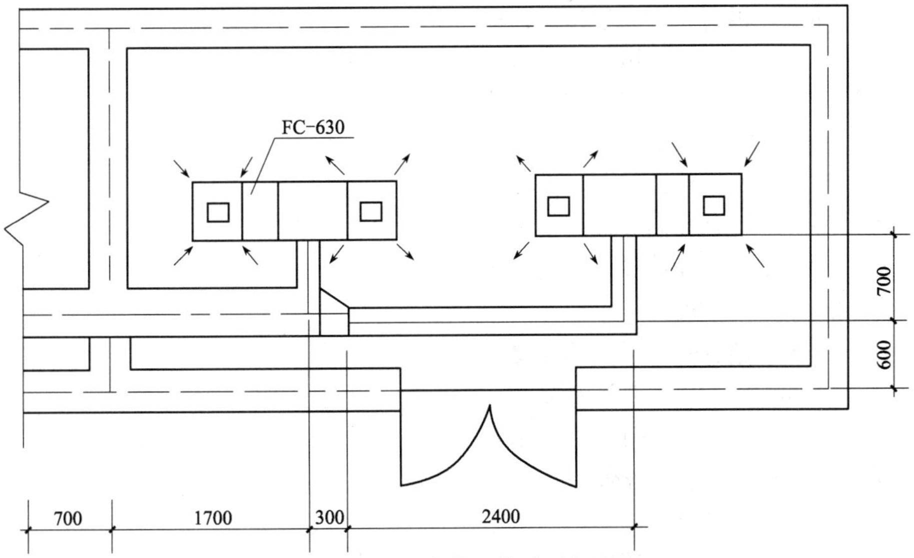

图 1-39 风机盘管风管平面布置图

③ 200×200 铝板通风管的工程量为：

$$S=2\times(0.2+0.2)\times\frac{(0.7+0.7-0.2\div2+2.4)}{b\text{（长度）}}\text{m}^2$$

$$=2\times0.4\times3.7\text{m}^2=2.96\text{m}^2$$

④ 400×240 单层百叶回风口的工程量为 2 个。

查《建设工程工程量清单计价规范》(GB 50500—2008) 中的附录 C 安装工程工程量清单项目及计算规则 C.9 通风空调工程表 C.9.3 通风管道部件制作安装（编码：030903）中的 030903011 铝及铝合金风口、散流器制作安装的工程量计算规则按设计图示数量计算。

⑤ 470×285 单层百叶送风口的工程量为 2 个。

清单工程量计算见下表：

清单工程量计算表

序号	项目编码	项目名称	项目特征描述	单位	数量	计算式
1	030901005001	风机盘管	FC-630	台	2	
2	030902004001	铝板通风管道制作安装	400×400	m^2	4.32	2×(0.4+0.4)×(0.7+1.7+0.3)
3	030902004002	铝板通风管道制作安装	200×200	m^2	2.96	2×(0.2+0.2)×(0.7+0.7−0.2÷2+2.4)
4	030903011001	铝及铝合金风口，散流器制作安装	400×240	个	2	
5	030903011002	铝及铝合金风口，散流器制作安装	470×285	个	2	

（2）定额工程量：

① 风机盘管。

② 400×400 铝板通风管。

③ 200×200 铝板通风管的工程量计算同清单中工程量的计算。

④ 400×240 单层百叶回风口的制作工程量为：

查《全国统一安装工程预算定额》第九册通风空调工程（GYD－209－2000）中“国标通风部件标准重量表”单层百叶风口 T202－2 序号 5 尺寸为 400×240 的风口单重为 1.94kg/个，故其工程量为 2×1.94kg＝3.88kg。

⑤ 400×240 单层百叶回风口的安装工程量为 2 个。

⑥ 470×285 单层百叶送风口的制作工程量为：

2×2.48kg＝4.96kg

⑦ 470×285 单层百叶送风口的安装工程量为 2 个。

⑧ 吊托支架的制作安装工程量为：

4×9.1kg＝36.4kg（因有 4 个支架所以乘以 4）。

⑨ 吊托支架刷第一遍红丹防锈漆的工程量为：

4×9.1kg＝36.4kg

⑩吊托支架刷第二遍红丹防锈漆的工程量为：

4×9.1kg＝36.4kg

⑪ 400×400 铝板风管保温层工程量为：

$$
\begin{aligned}
V &= 1.033\delta \times L \times 2 \times [(A+1.033\delta)+(B+1.033\delta)]\text{m}^3 \\
&= 1.033 \times 0.06 \times (0.7+1.7+0.3) \times 2 \times [(0.4+1.033 \times 0.06)+ \\
&\quad (0.4+1.033 \times 0.06)]\text{m}^3 \\
&= 1.033 \times 0.06 \times 2.7 \times 2 \times 2 \times (0.4+1.033 \times 0.06)\text{m}^3 \\
&= 0.309\text{m}^3
\end{aligned}
$$

⑫ 400×400 铝板风管防潮层工程量为：

$$
\begin{aligned}
S &= [(A+2.1\delta+0.0082)+(B+2.1\delta+0.0082)] \times 2 \times L\text{m}^2 \\
&= [(0.4+2.1 \times 0.06+0.0082)+(0.4+2.1 \times 006+0.0082)] \times 2 \times (0.7+1.7+0.3)\text{m}^2 \\
&= 2 \times (0.4+2.1 \times 0.06+0.0082) \times 2 \times 2.7\text{m}^2 \\
&= 5.769\text{m}^2
\end{aligned}
$$

⑬ 400×400 铝板风管保护层工程量为：

$$
\begin{aligned}
S &= [(A+2.1\delta+0.0082)+(B+2.1\delta+0.0082)] \times 2 \times L\text{m}^2 \\
&= [(0.4+2.1 \times 0.06+0.0082)+(0.4+2.1 \times 0.06+ \\
&\quad 0.0082)] \times 2 \times (0.7+1.7+0.3)\text{m}^2 \\
&= 5.769\text{m}^2
\end{aligned}
$$

⑭ 200×200 铝板风管保温层工程量为：

$$
\begin{aligned}
V &= [(A+1.033\delta)+(B+1.033\delta)] \times 2 \times 1.033\delta \times L\text{m}^3 \\
&= [(0.2+1.033 \times 0.06)+(0.2+1.033 \times 0.06)] \times 2 \times 1.033 \times 0.06 \times (0.7+ \\
&\quad 0.7-0.2 \div 2+2.4)\text{m}^3 \\
&= 2 \times (0.2+1.033 \times 0.06) \times 2 \times 1.033 \times 0.06 \times 3.7\text{m}^3 \\
&= 0.240\text{m}^3
\end{aligned}
$$

⑮ 200×200 铝板风管防潮层工程量为：

$$
S = [(2.1\delta+0.0082+A)+(2.1\delta+0.0082+B)] \times 2 \times L\text{m}^2
$$

$= [(0.2+2.1\times0.06+0.0082)+(0.2+2.1\times0.06+0.0082)]\times$
$2\times(0.7+0.7-0.2\div2+2.4)\text{m}^2$
$=2\times(0.2+2.1\times0.06+0.0082)\times2\times3.7\text{m}^2$
$=4.946\text{m}^2$

⑯ 200×200 铝板风管保护层工程量为：

$S=[(2.1\delta+0.0082+A)+(B+2.1\delta+0.0082)]\times2\times L\text{m}^2$
$=[(0.2+2.1\times0.06+0.0082)+(0.2+2.1\times0.06+0.0082)]\times$
$2\times(0.7+0.7-0.2\div2+2.4)\text{m}^2$
$=2\times(0.2+2.1\times0.06+0.0082)\times2\times3.7\text{m}^2$
$=4.946\text{m}^2$

定额工程量计算见表1-33，工程预算表见表1-34。

定额工程量计算表　　**表1-33**

序号	项目名称规格	单位	工程量	计算式
1	风机盘管 FC－630	台	2	
2	400×400 铝板通风管 $\delta=3$mm	m^2	4.32	$2\times(0.4+0.4)\times(0.7+1.7+0.3)$
3	200×200 铝板通风管 $\delta=2$mm	m^2	2.96	$2\times(0.2+0.2)\times(0.7+0.7-0.2\div2+2.4)$
4	400×240 单层百叶回风口制作	kg	3.88	2×1.94
5	400×240 单层百叶回风口安装	个	2	
6	470×285 单层百叶风口制作	kg	4.96	2×2.48
7	470×285 单层百叶风口安装	个	2	
8	吊托支架的制作安装	kg	36.4	4×9.1
9	吊托支架刷第一遍防锈漆	kg	36.4	4×9.1
10	吊托支架刷第二遍防锈漆	kg	36.4	4×9.1
11	400×400 铝板风管保温层	m^3	0.309	$2\times[(0.4+1.033\times0.06)+(0.4+1.033\times0.06)]\times1.033\times0.06\times(0.7+1.7+0.3)$
12	400×400 铝板风管防潮层	m^2	5.769	$[(0.4+2.1\times0.06+0.0082)+(0.4+2.1\times0.06+0.0082)]\times2\times(0.7+1.7+0.3)$
13	400×400 铝板风管保护层	m^2	5.769	$[(0.4+2.1\times0.06+0.0082)+(0.4+2.1\times0.06+0.0082)]\times2\times(0.7+1.7+0.3)$
14	200×200 铝板风管保温层	m^3	0.240	$[(0.2+1.033\times0.06)+(0.2+1.033\times0.06)]\times2\times1.033\times0.06\times(0.7+0.7-0.2\div2+2.4)$
15	200×200 铝板风管防潮层	m^2	4.946	$[(0.2+2.1\times0.06+0.0082)+(0.2+2.1\times0.06+0.0082)]\times2\times(0.7+0.7-0.2\div2+2.4)$
16	200×200 铝板风管保护层	m^2	4.946	$[(0.2+2.1\times0.06+0.0082)+(0.2+2.1\times0.06+0.0082)]\times2\times(0.7+0.7-0.2\div2+2.4)$

工程预算表 表1-34

序号	定额编号	分项工程名称	定额单位	工程量	基价(元)	其中（元）		
						人工费	材料费	机械费
1	9-245	风机盘管FC-630安装	台	2	98.69	28.79	66.11	3.79
2	9-284	400×400铝板通风管 $\delta=3$mm	$10m^2$	0.432	965.72	452.79	407.26	105.67
3	9-280	200×200铝板通风管 $\delta=2$mm	$10m^2$	0.296	1348.25	735.28	490.24	122.63
4	9-94	400×240单层百叶回风口制作	100kg	0.0388	2014.47	1477.95	520.88	15.64
5	9-134	400×240单层百叶回风口安装	个	2	8.64	5.34	3.08	0.22
6	9-95	470×285单层百叶风口制作	100kg	0.0496	1345.72	828.49	506.41	10.82
7	9-135	470×285单层百叶风口安装	个	2	14.97	10.45	4.30	0.22
8	9-270	吊托支架的制作安装	100kg	0.364	975.57	183.44	776.36	15.77
9	11-119	吊托支架刷第一遍防锈漆	100kg	0.364	13.11	5.34	0.81	6.96
10	11-120	吊托支架刷第二遍防锈漆	100kg	0.364	12.79	5.11	0.72	6.96
11	11-1868	400×400铝板风管保温层	m^3	0.309	192.07	112.62	72.70	6.75
12	11-2159	400×400铝板风管防潮层	$10m^2$	0.5769	20.08	11.15	8.93	—
13	11-2153	400×400铝板风管保护层	$10m^2$	0.5769	11.11	10.91	0.20	—
14	11-1868	200×200铝板风管保温层	m^3	0.240	192.07	112.62	72.70	6.75
15	11-2159	200×200铝板风管防潮层	$10m^2$	0.4946	20.08	11.15	8.93	—
16	11-2153	200×200铝板风管保护层	$10m^2$	0.4946	11.11	10.91	0.20	—

项目编码 030902001 项目名称 碳钢通风管道制作安装
项目编码 030903001 项目名称 碳钢调节阀制作安装
项目编码 030903007 项目名称 碳钢风口、散流器制作安装（百叶窗）
项目编码 030903020 项目名称 消声器制作安装

【例1-41】 如图1-40所示为一大型超市的通风平面图，风管采用优质碳素钢镀锌钢板，其厚度为：当风管周长<2000mm时，为0.75mm；风管周长<4000mm时，为1mm；风管周长>4000mm时，为1.2mm。空调末端装有400×400的方形直片散流器，在1250×800的干管上装有1200×800的阻抗复合式消声器，长为500mm，且开一520×480的风管检查孔，在干支管相接处安装500×800的非保温矩形蝶阀（拉链式）风管，保温材料采用厚度50mm的玻璃棉毡，防潮层采用油毡纸，保护层采用玻璃布，并涂以两道防腐漆。

试计算此工程的工程量并套用定额（不含主材费）。

【解】 （1）清单工程量：

①1250×800碳钢风管的工程量为：

$$S=2\times(1.25+0.8)\times\frac{(3.0-0.5)}{a}\text{m}^2$$

$$=2\times2.05\times2.5\text{m}^2=10.25\text{m}^2$$

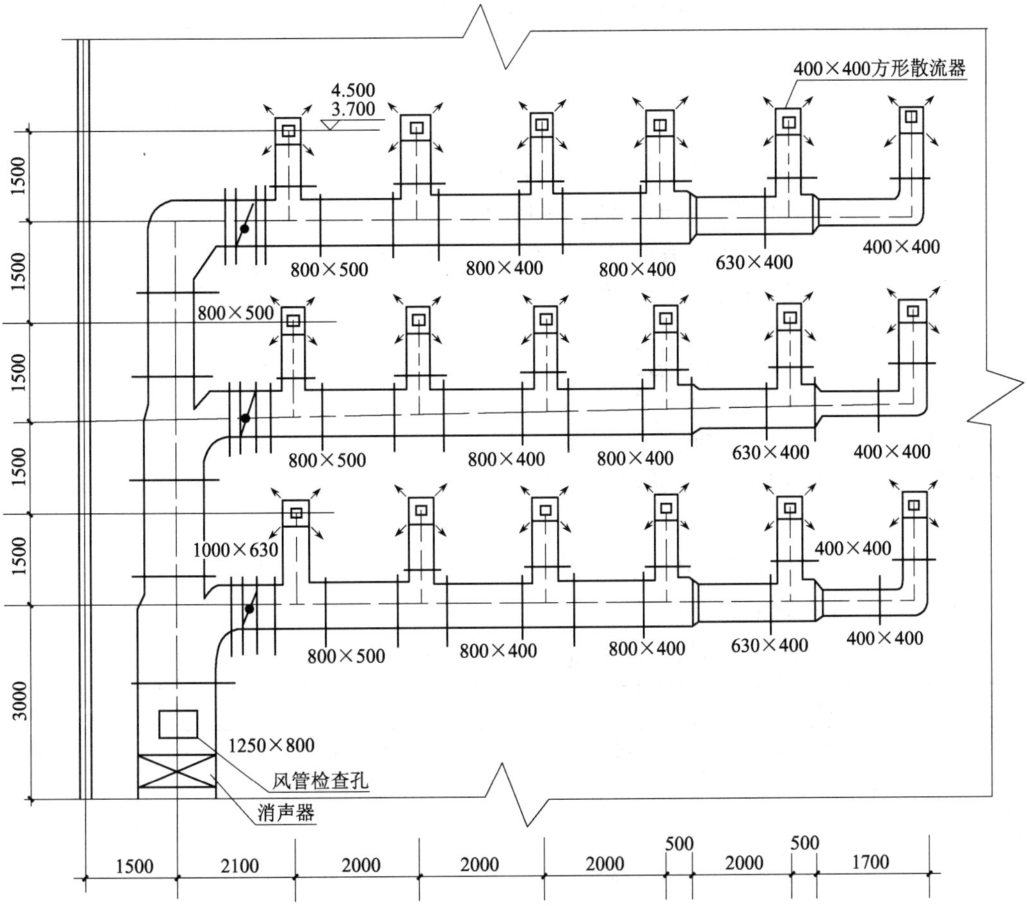

图 1-40　某大型超市通风平面图

② 1000 ×630 碳钢风管的工程量为：

$$S = 2\times(1.0+0.63)\times(1.5+1.5)\text{m}^2$$
$$=2\times1.63\times3\text{m}^2=9.78\text{m}^2$$

③ 800 ×500 碳钢风管的工程量为：

$$S = 2\times(0.8+0.5)\times\frac{[(2.1+2.0-0.15)\times3+1.5+1.5]}{b}\text{m}^2$$
$$=2\times1.3\times14.85\text{m}^2=38.61\text{m}^2$$

④ 800 ×400 的碳钢风管的工程量为：

$$S = 2\times(0.8+0.4)\times(2.0+2.0+0.5)\times3\text{m}^2$$
$$=2\times1.2\times4.5\times3\text{m}^2=32.4\text{m}^2$$

⑤ 630 ×400 碳钢风管的工程量为：

$$S = 2\times(0.63+0.4)\times(2.0+0.5)\times3\text{m}^2$$
$$=2\times1.03\times2.5\times3\text{m}^2=15.45\text{m}^2$$

⑥ 400 ×400 碳钢风管的工程量为

$$S=2\times(0.4+0.4)\times\frac{[(1.7-0.2)\times3+1.5\times6\times3+(4.5-3.7)\times6\times3]}{c}m^2$$

$$=2\times0.8\times(4.5+27+14.4)m^2$$

$$=73.44m^2$$

⑦ 500×800 非保温矩形蝶阀（拉链式）的工程量为 3 个。

⑧ 400×400 方形直片式散流器的工程量为 6×3 个 =18 个。

⑨ 1200×800 阻抗复合式消声器的工程量为 111.20kg。

注：a. 是 1250×800 碳钢通风管的长度，0.5 是 1200×800 阻抗复合式消声器的长度。

b. 是 800×500 碳钢风管的长度。

如图所示，0.15 是 500×800 非保温矩形蝶阀（拉链式）的长度，之所以乘以 3 是因为有 3 段长度相同的 800×500 碳钢风管。

c. 是 400×400 碳钢风管的长度。

如图所示（4.5 - 3.7）是竖直方向上风管的长度即散流器至标高为 4.500 之间的距离。

6×3 表示共有 6×3 段 400×400 风管。

清单工程量计算见下表：

清单工程量计算表

序号	项目编码	项目名称	项目特征描述	计量单位	工程量
1	030902001001	碳钢风管	1250×800	m^2	10.25
2	030902001002	碳钢风管	1000×630	m^2	9.78
3	030902001003	碳钢风管	800×500	m^2	38.61
4	030902001004	碳钢风管	800×400	m^2	32.4
5	030902001005	碳钢风管	630×400	m^2	15.45
6	030902001006	碳钢风管	400×400	m^2	73.44
7	030903001001	调节阀	非保温，拉链式蝶阀	个	3
8	030903007001	散流器	方形，400×400	个	18
9	030903002001	消声器	阻抗复合式	kg	111.20

（2）定额工程量：

① 1250×800 碳钢风管；②1000×630 碳钢风管；③800×500 碳钢风管；④800×400 碳钢风管；⑤630×400 碳钢风管；⑥400×400 碳钢风管；⑦500×800 非保温矩形蝶阀（拉链式）安装；⑧400×400 方形直片式散流器的安装；⑨1200×800 阻抗复合式消声器的工程量计算同以清单形式的工程量计算。

⑩ 1250×800 碳钢风管刷第一道防腐漆的工程量为：

$$S=2\times(1.25+0.8)\times(3.0-0.5)m^2=10.25m^2$$

⑪ 1250×800 碳钢风管刷第二道防腐漆的工程量为：

$$S=2\times(1.25+0.8)\times(3.0-0.5)m^2=10.25m^2$$

⑫ 1250×800 碳钢风管保温层工程量为：

$$V=2\times[(A+1.033\delta)+(B+1.033\delta)]\times1.033\delta\times Lm^3$$

$$=2\times[(1.25+1.033\times0.05)+(0.8+1.033\times0.05)]\times$$

$1.033\times0.05\times(3.0-0.5)\text{m}^3$

$=2\times2.102\times1.033\times0.05\times2.5\text{m}^3$

$=0.543\text{m}^3$

⑬ 1250×800 碳钢风管防潮层工程量为：

$S=[(A+2.1\delta+0.0082)+(B+2.1\delta+0.0082)]\times2\times L\text{m}^2$

$=[(1.25+2.1\times0.05+0.0082)+(0.8+2.1\times0.05+0.0082)]\times 2\times(3.0-0.5)\text{m}^2$

$=(2.05+2.1\times0.05\times2+0.0082\times2)\times2\times2.5\text{m}^2$

$=11.382\text{m}^2$

⑭1250×800 碳钢风管保护层工程量为：

$S=[(A+2.1\delta+0.0082)+(B+2.1\delta+0.0082)]\times2\times L\text{m}^2=11.382\text{m}^2$

⑮ 1000×630 碳钢风管刷第一道防腐漆的工程量为：

$S=2\times(1.0+0.63)\times(1.5+1.5)\text{m}^2$

$=2\times1.63\times3\text{m}^2=9.78\text{m}^2$

⑯ 1000×630 碳钢风管刷第二道防腐漆的工程量同上

⑰ 1000×630 风管保温层工程量为：

$V=2\times[(A+1.033\delta)+(B+1.033\delta)]\times1.033\delta\times L$

$=2\times[(1.0+1.033\times0.05)+(0.63+1.033\times0.05)]\times1.033\times0.05\times(1.5+1.5)\text{m}^3$

$=2\times1.682\times1.033\times0.05\times3\text{m}^3=0.521\text{m}^3$

⑱1000×630 风管防潮层工程量为：

$S=[(A+2.1\delta+0.0082)+(B+2.1\delta+0.0082)]\times2\times L$

$=[(1.0+2.1\times0.05+0.0082)+(0.63+2.1\times0.05+0.0082)]\times2\times(1.5+1.5)\text{m}^2$

$=1.856\times2\times3\text{m}^2$

$=11.138\text{m}^2$

⑲ 1000×630 风管保护层工程量同⑱。

⑳ 800×500 碳钢风管刷第一道防腐漆的工程量为：

$S=2\times(0.8+0.5)\times[(2.1+2.0-0.15)\times3+1.5+1.5]\text{m}^2$

$=2\times1.3\times14.85\text{m}^2=38.61\text{m}^2$

㉑ 800×500 碳钢风管刷第二道防腐漆的工程量同⑳。

㉒ 800×500 碳钢风管保温层工程量为：

$V=2\times[(A+1.033\delta)+(B+1.033\delta)]\times1.033\delta\times L\text{m}^3$

$=2\times[(0.8+1.033\times0.05)+(0.5+1.033\times0.05)]\times1.033\times 0.05\times[(2.1+2.0-0.15)\times3+1.5+1.5]\text{m}^3$

$=2\times(1.3+0.1033)\times1.033\times0.5\times14.85\text{m}^3$

$=21.53\text{m}^3$

㉓ 800×500 碳钢风管防潮层工程量为：

$S=[(A+2.1\delta+0.0082)+(B+2.1\delta+0.0082)]\times2\times L\text{m}^2$

$=[(0.8+2.1\times0.05+0.0082)+(0.5+2.1\times0.05+0.0082)]\times 2\times[(2.1+2.0-0.15)\times3+1.5+1.5]\text{m}^2$

$=1.5264\times2\times14.85m^2=45.334m^2$

㉔ 800×500 碳钢风管保护层工程量同㉓。

㉕ 800×400 碳钢风管刷第一道防腐漆的工程量为：

$$S=2\times(0.8+0.4)\times(2.0+2.0+0.5)\times3m^2=32.4m^2$$

㉖ 800×400 碳钢风管刷第二道防腐漆的工程量同㉕。

㉗ 800×400 风管保温层工程量为：

$$V=2\times[(A+1.033\delta)+(B+1.033\delta)]\times1.033\delta\times Lm^3$$
$$=2\times[(0.8+1.033\times0.05)+(0.4+1.033\times0.05)]\times1.033\times0.05\times(2.0+2.0+0.5)\times3m^3$$
$$=2\times1.3033\times1.033\times0.05\times4.5\times3m^3=1.818m^3$$

㉘ 800×400 风管防潮层工程量为：

$$S=[(A+2.1\delta+0.0082)+(B+2.1\delta+0.0082)]\times2\times Lm^2$$
$$=[(0.8+2.1\times0.05+0.0082)+(0.4+2.1\times0.05+0.0082)]\times2\times(2.0+2.0+0.5)\times3m^2$$
$$=1.4264\times2\times4.5\times3m^2$$
$$=38.513m^2$$

㉙ 800×400 风管保护层工程量同㉘。

㉚ 630×400 碳钢风管刷第一道防腐漆的工程量为：

$$S=2\times(0.63+0.4)\times(2.0+0.5)\times3m^2$$
$$=2\times1.03\times2.5\times3m^2=15.45m^2$$

㉛ 630×400 碳钢风管刷第二道防腐漆的工程量同㉚。

㉜ 630×400 风管保温层工程量为：

$$V=2\times[(0.63+1.033\times0.05)+(0.4+1.033\times0.05)]\times1.033\times0.05\times(2.0+0.5)\times3m^3$$
$$=2\times1.1333\times1.033\times0.05\times2.5\times3m^3=0.878m^3$$

㉝ 630×400 风管防潮层工程量为

$$S=[(0.63+2.1\times0.05+0.0082)+(0.4+2.1\times0.05+0.0082)]\times2\times(2.0+0.5)\times3m^2$$
$$=1.2564\times2\times2.5\times3m^2=18.846m^2$$

㉞ 630×400 风管保护层工程量同㉝。

㉟ 400×400 风管刷第一道防锈漆工程量为：

$$S=2\times(0.4+0.4)\times[1.7\times3+1.5\times6\times3+(4.5-3.7)\times6\times3]m^2$$
$$=2\times0.8\times(5.1+27+14.4)m^2=74.4m^2$$

㊱ 400×400 风管刷第二道防锈漆工程量同㉟。

㊲ 400×400 风管保温层工程量为：

$$V=2\times[(0.4+1.033\times0.05)+(0.4+1.033\times0.05)]\times1.033\times0.05\times[1.7\times3+1.5\times6\times3+(4.5-3.7)\times6\times3]m^3$$
$$=2\times0.9033\times1.033\times0.05\times(4.5+27+14.4)m^3$$
$$=4.283m^3$$

㊳ 400×400 风管防潮层工程量为：

$S=[(0.4+2.1\times0.05+0.0082)+(0.4+2.1\times0.05+0.0082)]\times$
$2\times[1.7\times3+1.5\times6\times3+(4.5-3.7)\times18]m^2$
$=1.0264\times2\times(4.5+27+14.4)m^2=94.224m^2$

㊴ 400×400 风管保护层工程量同㊳。

工程预算表见表 1-35。

工程预算表　　　　**表 1-35**

序号	定额编号	分项工程名称	定额单位	工程量	基价(元)	其中（元）		
						人工费	材料费	机械费
1	9-8	1250×800 碳钢风管	$10m^2$	1.025	341.15	140.71	191.90	8.54
2	9-7	1000×630 碳钢风管	$10m^2$	0.978	295.54	115.87	167.99	11.68
3	9-7	800×500 碳钢风管	$10m^2$	3.861	295.54	115.87	167.99	11.68
4	9-7	800×400 碳钢风管	$10m^2$	3.24	295.54	115.87	167.99	11.68
5	9-7	630×400 碳钢风管	$10m^2$	1.545	295.54	115.87	167.99	11.68
6	9-6	400×400 碳钢风管	$10m^2$	7.344	387.05	154.18	213.52	19.35
7	9-75	500×800 非保温矩形蝶阀安装	个		353.76	16.25	19.63	17.88
8	9-148	400×400 方形直片式散流器安装	个	18	10.94	8.36	2.58	—
9	9-200	阻抗复合式消声器	100kg	1.1120	960.03	365.71	585.05	9.27
10	11-331	1250×800 碳钢风管刷第一道防腐漆	$10m^2$	1.025	47.52	36.22	11.30	—
11	11-332	1250×800 碳钢风管刷第二道防腐漆	$10m^2$	1.025	20.57	17.88	2.69	—
12	11-1867	1250×800 碳钢风管保温层	m^3	0.543	214.13	134.68	72.70	6.75
13	11-2159	1250×800 碳钢风管防潮层	$10m^2$	1.1382	20.08	11.15	8.93	—
14	11-2153	1250×800 碳钢风管保护层	$10m^2$	1.1382	11.11	10.91	0.20	—
15	11-331	1000×630 碳钢风管刷第一道防腐漆	$10m^2$	0.978	47.52	36.22	11.30	—
16	11-332	1000×630 碳钢风管刷第二道防腐漆	$10m^2$	0.978	20.57	17.88	2.69	—
17	11-1867	1000×630 风管保温层	m^3	0.521	214.13	134.68	72.70	6.75
18	11-2159	1000×630 风管防潮层	$10m^2$	1.1382	20.08	11.15	8.93	—
19	11-2153	1000×630 风管保护层	$10m^2$	1.1382	11.11	10.91	0.20	—
20	11-331	800×500 碳钢风管刷第一道防腐漆	$10m^2$	3.861	47.52	36.22	11.30	—
21	11-332	800×500 碳钢风管刷第二道防腐漆	$10m^2$	3.861	20.57	17.88	2.69	—
22	11-1867	800×500 碳钢风管保温层	m^3	21.53	214.13	134.68	72.70	6.75
23	11-2159	800×500 碳钢风管防潮层	$10m^2$	4.5334	20.08	11.15	8.93	—

续表

序号	定额编号	分项工程名称	定额单位	工程量	基价（元）	其中（元）		
						人工费	材料费	机械费
24	11－2153	800×500 碳钢风管保护层	$10m^2$	4.5334	11.11	10.91	0.20	—
25	11－331	800×400 碳钢风管刷第一道防腐漆	$10m^2$	3.24	47.52	36.22	11.30	—
26	11－332	800×400 碳钢风管刷第二道防腐漆	$10m^2$	3.24	20.57	17.88	2.69	—
27	11－1867	800×400 风管保温层	m^3	1.818	214.13	134.68	72.70	6.75
28	11－2159	800×400 风管防潮层	$10m^2$	3.8513	20.08	11.15	8.93	—
29	11－2153	800×400 风管保护层	$10m^2$	3.8513	11.11	10.91	0.20	—
30	11－331	630×400 碳钢风管刷第一道防腐漆	$10m^2$	1.545	47.52	36.22	11.30	—
31	11－332	630×400 碳钢风管刷第二道防腐漆	$10m^2$	1.545	20.57	17.88	2.69	—
32	11－1867	630×400 风管保温层	m^3	0.878	214.13	134.68	72.70	6.75
33	11－2159	630×400 风管防潮层	$10m^2$	1.8846	20.08	11.15	8.93	—
34	11－2153	630×400 风管保护层	$10m^2$	1.8846	11.11	10.91	0.20	—
35	11－331	400×400 风管刷第一道防锈漆	$10m^2$	7.44	47.52	36.22	11.30	—
36	11－332	400×400 风管刷第二道防锈漆	$10m^2$	7.44	20.57	17.88	2.69	—
37	11－1867	400×400 风管保温层	m^3	4.283	214.13	134,68	72.70	6.75
38	11－2159	400×400 风管防潮层	$10m^2$	9.4224	20.08	11.15	8.93	—
39	11－2153	400×400 风管保护层	$10m^2$	9.4224	11.11	10.91	0.20	—

项目编码　030901001　　项目名称　空气加热器（冷却器）

【例 1-42】　一台空气加热器（冷却器）规格是 ICCDX；重量 205kg/个，支架 8 号槽钢8.041kg/m×3m，金属支架刷防锈油漆一遍，刷调合漆二遍，如图 1-41 所示，计算工程量并套用定额。

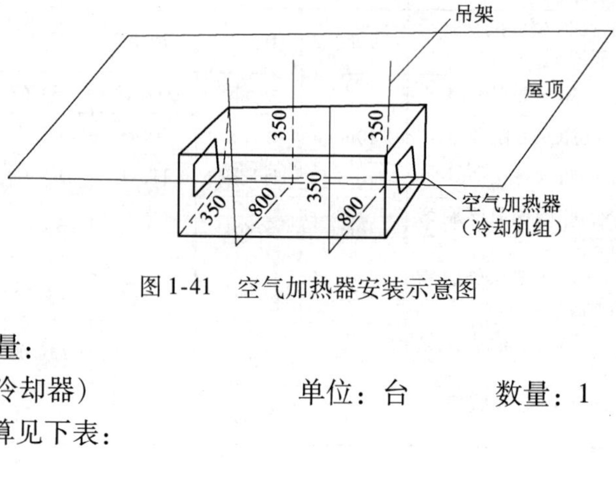

图 1-41　空气加热器安装示意图

（1）清单工程量：

空气加热器（冷却器）　　　　　单位：台　　　数量：1

清单工程量计算见下表：

清单工程量计算表

项目编码	项目名称	项目特征描述	计量单位	工程量
030901001001	空气加热器（冷却器）	ICCDX	台	1

（2）定额工程量：

① 空气加热器（冷却器制作安装）　100kg　2.05

② 设备的吊托架　100kg　$\frac{8.041\times3}{100}=0.24123$

③ 金属支架刷防锈底漆一遍　100kg　0.24123

④ 刷灰调合漆二遍　100kg　0.24123

工程预算表见表1-36。

工程预算表　**表1-36**

序号	定额编号	分项工程名称	定额单位	工程量	基价/元	其中/元		
						人工费	材料费	机械费
1	9－215	空气加热器	台	1	164.53	59.68	91.63	13.22
2	9－270	吊托架	100kg	0.24123	975.57	183.44	776.36	15.77
3	11－7	金属支架刷防锈底漆一遍	100kg	0.24123	17.35	7.89	2.50	6.96
4	11－126	刷灰调合漆第一遍	100kg	0.24123	12.33	5.11	0.26	6.96
5	11－127	刷灰调合漆第二遍	100kg	0.24123	12.30	5.11	0.23	6.96

项目编码　030901002　　项目名称　通风机

【例1-43】　离心式塑料通风机6号，通风机基础采用钢支架，用8号槽钢和C50×5角钢焊接制成，钢架下垫ϕ100×40橡皮防震，共4套，每套3块，下面再做素混凝土基础及软木一层。在安放钢架时，基础必须校正水平。钢支架除锈后刷红丹防锈漆一遍，灰调合漆两遍。通风机减振台座55kg/个，如图1-42，图1-43，图1-44所示，计算工程量并套用定额。

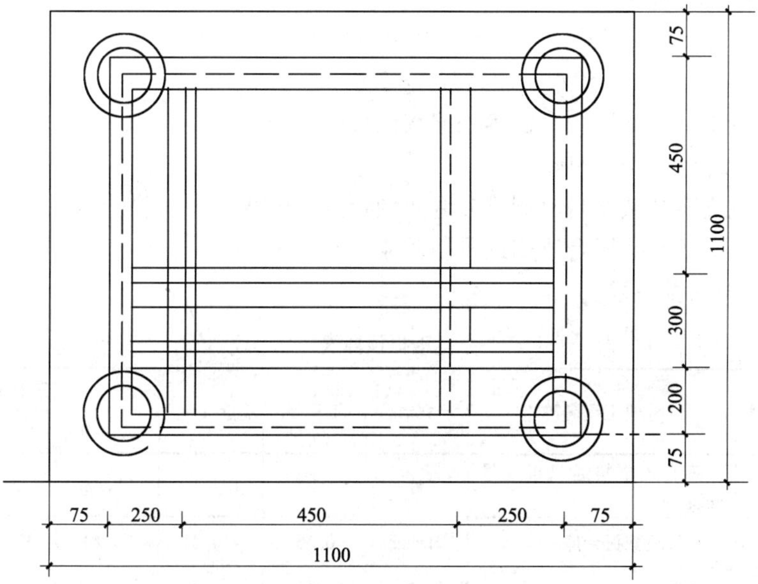

图1-42　风机减振台座平面图

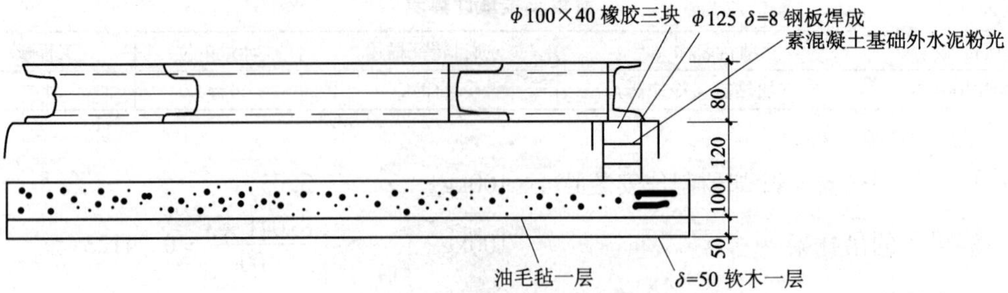

图1-43　风机减振台座剖面图

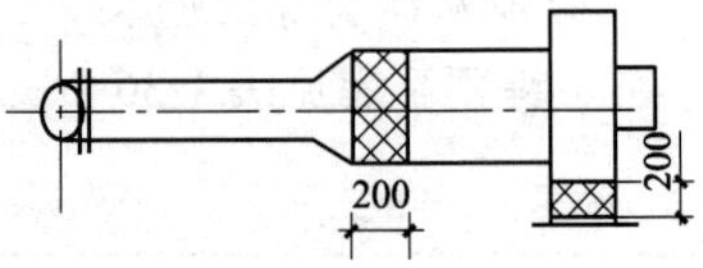

图1-44　通风机平面图

（1）清单工程量：

	单位	数量
离心式塑料通风机6号	台	1

清单工程量计算见下表：

清单工程量计算表

项目编码	项目名称	项目特征描述	计量单位	工程数量
030901002001	通风机	离心式，塑料，6号	台	1

（2）定额工程量：

1）离心式通风机安装　台　1

2）离心式通风机　台　1

3）通风机减振台座　100kg　0.55

4）通风机支架：8号槽钢8.041kg/m

$l=[(1.1-0.15)\times4+1.1\times2]\text{m}=6\text{m}$

$8.041\times6\text{kg}=48.24\text{kg}$　100kg　0.4824

5）帆布连接短管　m^2　2.95

工程量计算：$S=[\pi\times0.6\times0.2+(0.48+0.42)\times2\times0.2]\times4\text{m}^2$

$=(1.5072+1.44)\text{m}^2=2.95\text{m}^2$

6）通风机支架及减振台座刷第一遍灰调合漆　100kg　1.0324

$(48.24+55)\text{kg}=103.24\text{kg}$

7）通风机支架及减振台座刷第二遍灰调合漆　100kg　1.0324

8）通风机支架及减振台座刷红丹防锈漆　100kg　1.0324

工程预算表见表1-37。

工程预算表　　表1-37

序号	定额编号	分项工程名称	定额单位	工程量	基价（元）	其中（元）		
						人工费	材料费	机械费
1	9-217	离心式塑料通风机6号安装	台	1	104.10	78.48	25.62	—
2	9-212	通风机减振台座	100kg	0.55	414.38	75.23	330.52	8.63
3	9-211	通风机支架	100kg	0.4824	523.29	159.75	348.27	15.27

续表

序号	定额编号	分项工程名称	定额单位	工程量	基价（元）	其中（元）		
						人工费	材料费	机械费
4	9－41	帆布接口	m^2	2.95	171.45	47.83	121.74	1.88
5	11－126	通风机支架及减振台座刷第一遍灰调合漆	100kg	1.0324	12.33	5.11	0.26	6.96
6	11－127	通风机支架及减振台座刷第二遍灰调合漆	100kg	1.0324	12.30	5.11	0.23	6.96
7	11－117	通风机支架及减振台座刷红丹防锈漆	100kg	1.0324	13.17	5.34	0.87	6.96

项目编码　030901003　　项目名称　除尘设备

【例1-44】　根据图纸要求安装一台CLS型水膜除尘器，直径在3.5mm之内，试计算其工程量。采用的标准图为T5003，查定额附录，该除尘器重量为83kg/个，查标准图T5003－1，支架重7.7kg/个，计算工程量并套用定额。

（1）清单工程量：

	单位	数量
除尘设备	台	1

清单工程量计算见下表：

清单工程量计算表

项目编码	项目名称	项目特征描述	计量单位	工程数量
030901003001	除尘设备	CLS型	台	1

（2）定额工程量：

1）除尘设备的制作、安装	100kg	0.83
2）设备支架制作、安装	100kg	0.077
3）除尘设备支架刷第一遍灰调合漆	100kg	0.077
4）除尘设备支架刷第二遍灰调合漆	100kg	0.077

工程预算表见表1-38。

工程预算表　　**表1-38**

序号	定额编号	分项工程名称	定额单位	工程量	基价（元）	其中（元）		
						人工费	材料费	机械费
1	9－231	除尘设备的安装	台	1	76.92	68.27	5.08	3.57
2	9－211	设备支架制作、安装	100kg	0.077	523.29	159.75	348.27	15.27
3	11－126	除尘设备支架刷第一遍灰调合漆	100kg	0.077	12.33	5.11	0.26	6.96
4	11－127	除尘设备支架刷第二遍灰调合漆	100kg	0.077	12.30	5.11	0.23	6.96

项目编码 030901005 项目名称 风机盘管

【例1-45】 风机盘管采用卧式暗装（吊顶式），如图1-45所示，计算工程量并套用定额。

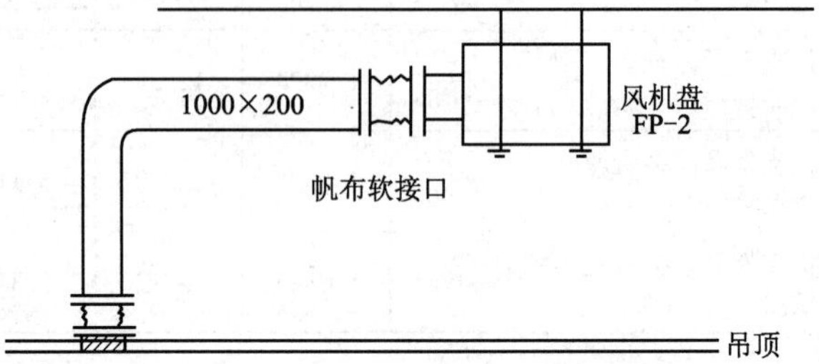

图1-45 风机盘管安装示意图

（1）清单工程量：

	单位	数量
风机盘管	台	1

清单工程量计算见下表：

清单工程量计算表

项目编码	项目名称	项目特征描述	计量单位	工程量
030901005001	风机盘管	吊顶式	台	1

（2）定额工程量：

1）风机盘管的安装　台　1

2）2001《全国统一安装工程预算定额》

吊顶式风机盘管安装子目“9－245”中已包括支吊架制作安装，因此支吊架制作安装不需另外计价。

3）风机盘管支架重量＝19.75kg/台（定额含量）÷1.04×1台＝18.99kg　100kg　0.1899

4）风机盘管支架除锈及刷油工程　100kg　0.1899

5）软管接口制作、安装 $2\times(0.2+1)\times0.3\text{m}^2$　m^2　0.72

工程预算表见表1-39。

工程预算表 **表1-39**

序号	定额编号	分项工程名称	定额单位	工程量	基价（元）	其中（元）		
						人工费	材料费	机械费
1	9－245	风机盘管安装	台	1	98.69	28.79	66.11	3.79
2	9－211	设备支架	100kg	0.1899	523.29	159.75	348.27	15.27
3	11－7	设备支架除锈	100kg	0.1899	17.35	7.89	2.50	6.96
4	11－117	设备支架刷油	100kg	0.1899	13.17	5.34	0.87	6.96
5	9－41	软管接口	m^2	0.72	171.45	47.83	121.74	1.88

项目编码　030903018　　项目名称　塑料罩类制作安装

【例 1-46】　一槽边吹风罩，尺寸 B×C300×120，如图 1-46 所示，计算工程量并套用定额。

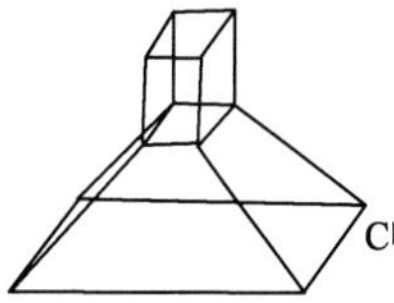

图 1-46　吹风罩示意图

（1）清单工程量：

	单位	数量
槽边吹风罩	kg	13.61

清单工程量计算见下表：

清单工程量计算表

项目编码	项目名称	项目特征描述	计量单位	工程量
030903018001	槽边吹风罩	300×120	kg	13.61

（2）定额工程量：

槽边吹风罩的制作安装　　100kg　　0.1361

套用定额 9－186，基价：800.32 元；其中人工费 289.55 元，材料费 481.14 元，机械费 29.63 元。

查国标通风部件标准重量表

槽边吹风罩 T403－2　　300×120　　13.61kg/个

项目编码　030903020　　项目名称　消声器制作安装

【例 1-47】　阻抗复合式消声器 1800mm×1330mm，如图 1-47 所示，计算工程量并套用定额。

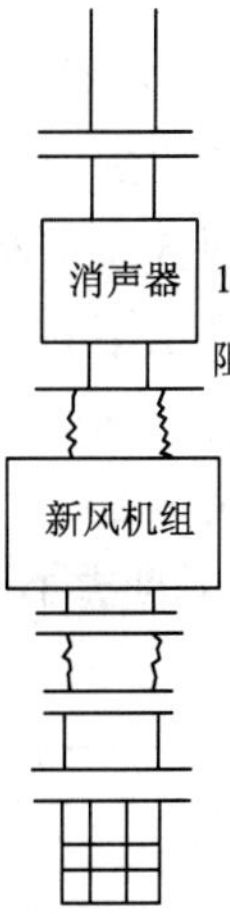

图 1-47　消声器平面图

（1）清单工程量：

	单位	数量
阻抗复合式消声器查国标通用部件标准重量表 252.54kg/个	kg	252.54

清单工程量计算见下表：

清单工程量计算表

项目编码	项目名称	项目特征描述	计量单位	工程量
030903020001	消声器	阻抗复合式，1800×1330	kg	252.54

（2）定额工程量：

阻抗复合式消声器制作、安装　　100kg　　2.5254

套用定额 9－200，基价：960.03 元；其中人工费 365.71 元，材料费 585.05 元，机械费9.27元。

项目编码　030903021　　项目名称　静压箱制作安装

【例 1-48】　一静压箱其尺寸为 2.0×0.9×1.5，$\delta=1.5$mm，镀锌钢板，支架需除锈、刷油、防腐，其图形如图 1-48 所示支架为 8 号槽钢，8.041kg/m，静压箱单重 150kg/个，计算工程量并套用定额。

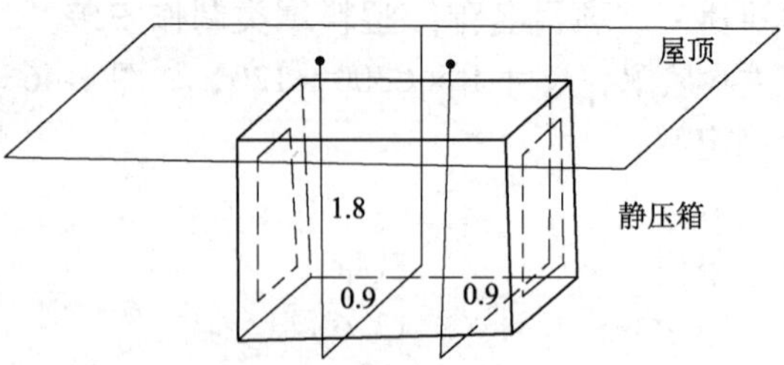

图1-48 静压箱安装示意图

(1) 清单工程量:

	单位	数量
静压箱$(2\times0.9+2\times1.5+0.9\times1.5)\times2m^2=12.3m^2$	m^2	12.3

清单工程量计算见下表:

清单工程量计算表

项目编码	项目名称	项目特征描述	计量单位	工程量
030903021001	静压箱制作安装	$2.0\times0.9\times1.5$，$\delta=0.5$mm	m^2	12.3

(2) 定额工程量:

	单位	数量
1) 静压箱		
	$10m^2$	1.23
2) 吊托架	100kg	0.7237
$8.041\times(1.8\times4+1.8)$ kg $=72.37$kg		
3) 金属支架刷防锈底漆一遍	100kg	0.7237
4) 刷灰调合漆二遍	100kg	0.7237
静压箱：静压箱的制作安装	100kg	1.5
静压箱：镀锌钢板1.2	m^2	$0.87\times11.49=9.9963$
静压箱：角钢L60	kg	$0.87\times21=18.27$

工程预算表见表1-40。

工程预算表 **表1-40**

序号	定额编号	分项工程名称	定额单位	工程量	基价（元）	其中（元）		
						人工费	材料费	机械费
1	9-252	静压箱	$10m^2$	1.23	468.34	283.28	166.14	18.92
2	9-270	吊托架	100kg	0.7237	975.57	183.44	776.36	15.77
3	11-117	支架刷防锈底漆一遍	100kg	0.7237	13.17	5.34	0.87	6.96
4	11-126	支架刷灰调合漆一遍	100kg	0.7237	12.33	5.11	0.26	6.96
5	11-127	支架刷灰调合漆二遍	100kg	0.7237	12.30	5.11	0.23	6.96

项目编码 030903008 项目名称 不锈钢风口散流器制作（安装）百叶窗

【例1-49】 如图1-49一活动百叶风口，尺寸$A\times B=500\times250$，共10个，其风口带调节板，计算工程量并套用定额。

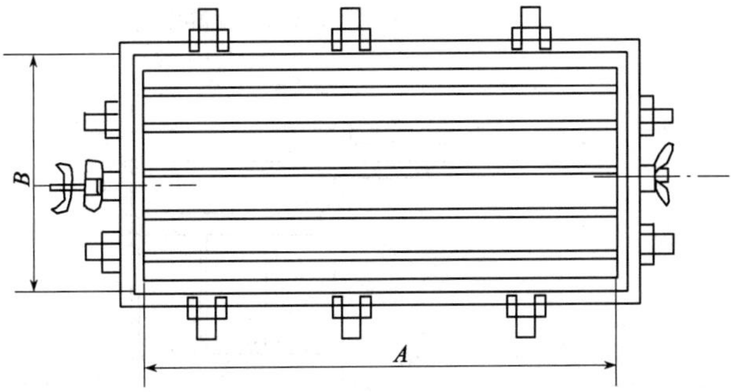

图 1-49　带调节活动百叶风口平面图

（1）清单工程量：

	单位	数量
带调节板活动百叶风口	个	10

清单工程量计算见下表：

清单工程量计算表

项目编码	项目名称	项目特征描述	单位	数量	计算式
030903008001	百叶风口	不锈钢，500×250，带调节板	个	10	

（2）定额工程量：

1）带调节板活动百叶风口制作　　100kg　　0.294

查国际通风部件标准重量表

500×250，2.94kg/个

2.94×10kg=29.4kg

套用定额 9－93，基价：2050.83 元；其中人工费 1230.89 元，材料费 626.21 元，机械费 193.73 元。

2）带调节板活动百叶风口的安装　　个　　10

套用定额 9－135，基价：14.97 元；其中人工费 10.45 元，材料费 4.30 元，机械费0.22 元。

【例 1-50】　一方形直片散流器，尺寸为 160×160，共 10 个，查国标通风部件标准重量表，单重为 2.73kg，如图 1-50 所示。

（1）清单工程量：

	单位	数量
方形直片散流器	台	10

清单工程量计算见下表：

清单工程量计算表

项目编码	项目名称	项目特征描述	单位	数量	计算式
030903008001	不锈钢风口散流器	160×160	个	10	

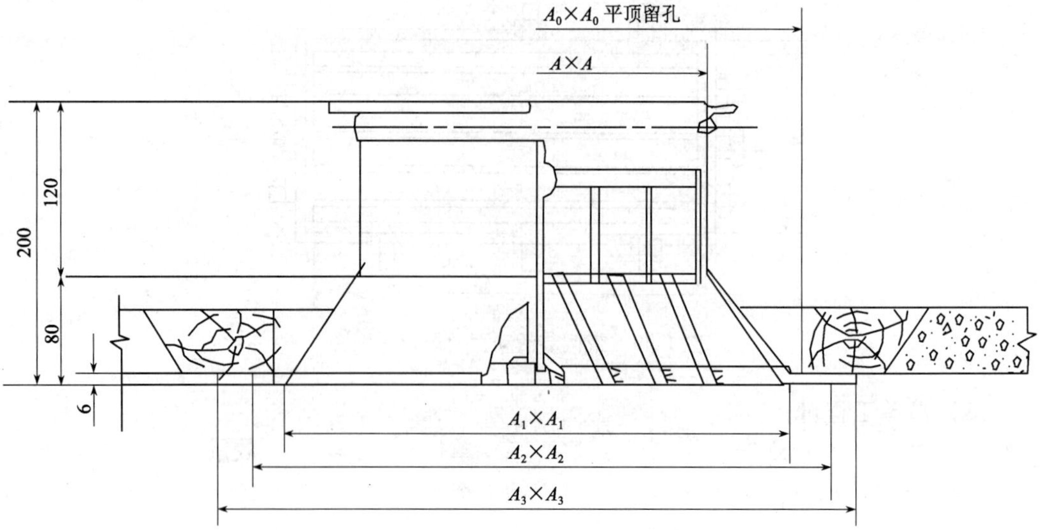

图 1-50 散流器示意图

（2）定额工程量：

1）方形直片散流器制作 100kg 0.273

2.73kg/个 ×10 个 =27.3kg

套用定额 9－112，基价：2022.96 元；其中人工费 1155.66 元，材料费 551.57 元，机械费 315.73 元。

2）方形直片散流器的安装 个 10

套用定额 9－147，基价：7.56 元；其中人工费 5.80 元，材料费 1.76 元。

项目编码 030903013 项目名称 不锈钢风帽的制作安装

【例 1-51】 一圆伞形风帽，其尺寸 $D=250$mm，其示意图如 1-51 所示，计算其工程量并套用定额。

查国标通风部件标准重量表，单重为 4.28kg/个。

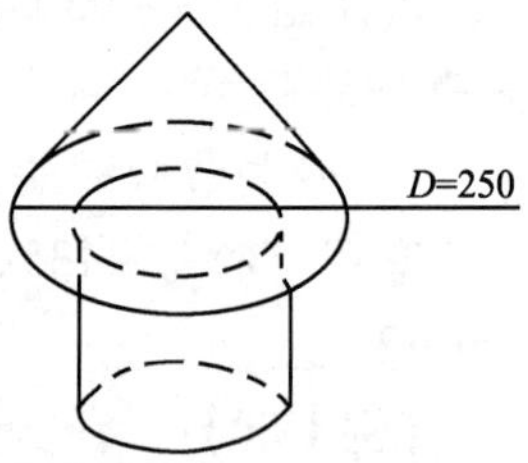

图 1-51 风帽示意图

	单位	数量
（1）清单工程量：	个	1

清单工程量计算见下表：

清单工程量计算表

项目编码	项目名称	项目特征描述	单位	数量	计算式
030903013001	不锈钢风帽制作安装	圆伞形，$D=250$mm	个	1	

（2）定额工程量：

1）圆伞形风帽制作 100kg 0.0428

套用定额 9－166，基价：752.04 元；其中人工费 296.06 元，材料费 437.86 元，机械费 18.18 元。

2）圆伞形风帽的安装　　个　　　　　1

套用定额 9－166，基价：208.33 元；其中人工费 98.68 元，材料费 109.47 元，机械费0.18元。

说明：若风帽为成品时，制作不再计算。

3）风帽的除锈刷油

风帽刷红丹防锈漆　　100kg　　　　0.0428

套用定额 11－117，基价：13.17 元；其中人工费 5.34 元，材料费 0.87 元，机械费 6.96元。

说明：风帽的滴水盘、筝绳、冷水未考虑。

项目编码　030902001　　项目名称　碳钢矩形风管

【例 1-52】　一个碳钢矩形风管如图 1-52 可知尺寸：500×400，L＝2000mm，防潮风管剖面图如图 1-53 所示，计算工程量并套用定额（δ＝2mm）。

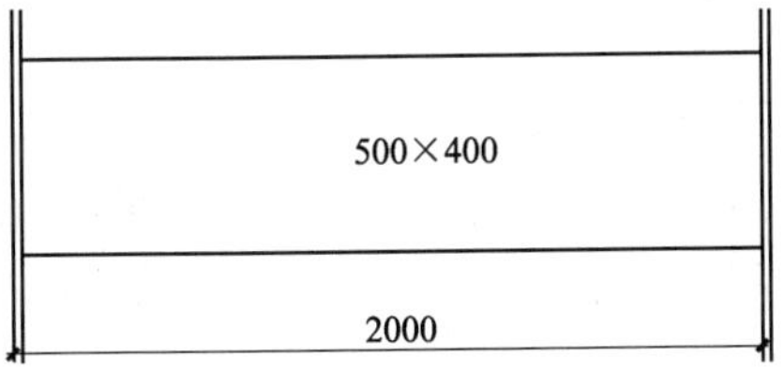

图 1-52　风管平面图

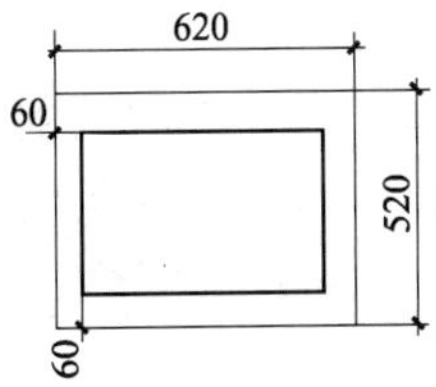

图 1-53　防潮风管剖面图

（1）清单工程量：

	单位	数量
碳钢矩形风管	m^2	3.6

周长 2×（0.5＋0.4）m＝1.8m

展开面积为 1.8×2m^2＝3.6m^2

清单工程量计算见下表：

清单工程量计算表

项目编码	项目名称	项目特征描述	单位	数量	计算式
030902001001	碳钢矩形风管	500×400	m^2	3.6	2×（0.5＋0.4）×2

（2）定额工程量：

	单位	数量
1）镀锌板矩形风管	$10m^2$	0.36
2）镀锌钢板 δ＝0.75	m^2	4.0968
3）角钢∟60	kg	12.8376
4）玻璃棉毡保温 δ＝60mm	m^3	0.0216×10＝0.216

10×0.36×0.06

5）玻璃棉毡安装 0.216×1.03	m^3	0.22248

6）油毡纸防潮层　　　　　　　　$10m^2$　　　　0.456

7）玻璃布保护层　　　　　　　　$10m^2$　　　　0.456

2×（0.62+0.52）×$2m^2$

工程预算表见表1-41。

工程预算表　　　　**表1-41**

序号	定额编号	分项工程名称	定额单位	工程量	基价（元）	其中（元）		
						人工费	材料费	机械费
1	9－14	镀锌板矩形风管	$10m^2$	0.36	533.38	254.72	196.63	82.03
2	9－6	镀锌钢板 $\delta=0.75$	$10m^2$	0.40968	387.05	154.18	213.52	19.35
3	5－2219	角钢∟60	t	0.0128376	1239.66	559.37	182.34	497.95
4	11－1868	玻璃棉毡保温 $\delta=60mm$	m^3	0.216	192.07	112.62	72.70	6.75
5	11－2159	油毡防潮层	$10m^2$	0.456	20.08	11.15	8.93	—
6	11－2153	玻璃布保护层	$10m^2$	0.456	11.11	10.91	0.20	—

项目编码　030903004　　项目名称　不锈钢蝶阀

【例1-53】　拉链式9－18号矩形钢制保温蝶阀安装外形尺寸为320×400，由国标通风部件标准重量表可得单重为11.19kg，具体示意图如图1-54所示计算工程量并套用定额。

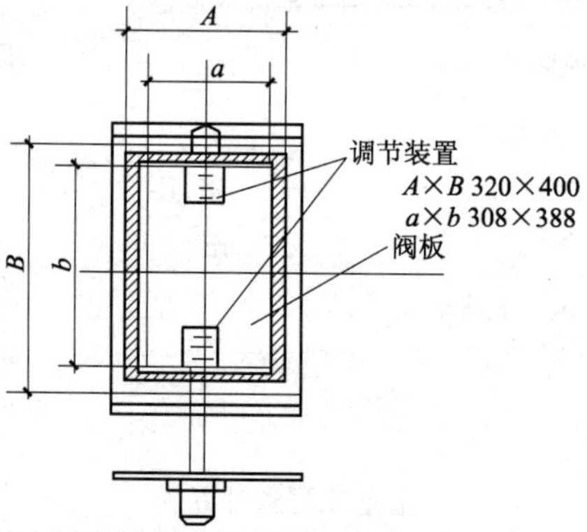

图1-54　蝶阀示意图

（1）清单工程量：

　　　　　　　　　　　　单位　　　　数量

拉链式矩形钢制保温蝶阀　　个　　　　1

清单工程量计算见下表：

清单工程量计算表

项目编码	项目名称	项目特征描述	计量单位	工程量
030903004001	不锈钢蝶阀	拉链式9－18号，320×400，保温	个	1

（2）定额工程量：

1）拉链式矩形钢制保温蝶阀制作　　100kg　　　0.1119

套用定额 9－50，基价：656.70 元；其中人工费 146.05 元，材料费 425.18 元，机械费 85.47 元。

2）拉链式矩形钢制保温蝶阀安装　　个　　1

套用定额 9－73，基价：19.24 元；其中人工费 6.97 元，材料费 3.33 元，机械费 8.94 元。

项目编码　030902008　　项目名称　柔性软风管

【例 1-54】　柔性软风管材质帆布长 300mm，示意图如图 1-55 所示：

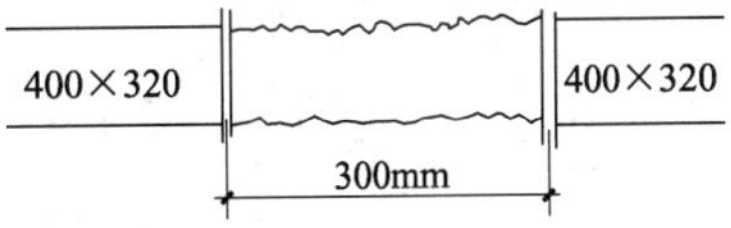

图 1-55　柔性软风管平面图

（1）清单工程量：

	单位	数量
柔性软风管	m	0.3

清单工程量计算见下表：

清单工程量计算表

项目编码	项目名称	项目特征描述	计量单位	工程量
030902008001	柔性软风管	$l=0.3$m	m	0.3

（2）定额工程量：

柔性软风管的制作安装　　m^2　　0.432

周长 $2\times(0.4+0.32)\text{m}=1.44\text{m}$

$l=0.3\text{m}$

展开面积 $F=1.44\times0.3\text{m}^2=0.432\text{m}^2$

套用定额 9－27，基价：1.16 元；其中人工费 1.16 元。

项目编码　030902001　　项目名称　碳钢通风管道制作

【例 1-55】　如图 1-56 一圆形通风管道 $D=400$mm，$l=2000$mm，导流叶片的个数为 3 片，叶片的厚度为 $b=320$mm，$r=200$mm，计算工程量并套用定额（$\delta=2$mm）。

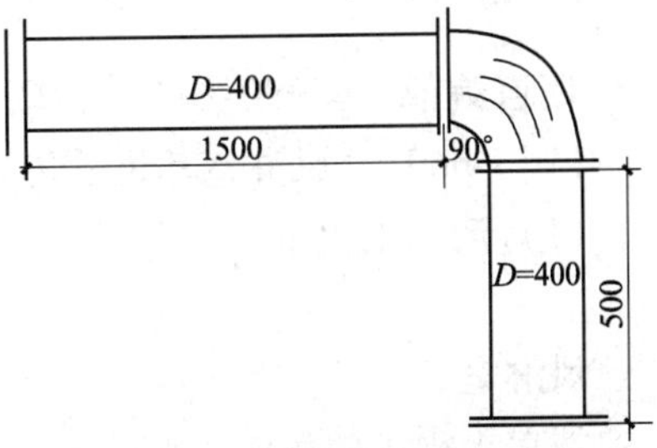

图 1-56　带导流叶片风管平面图

（1）清单工程量：

	单位	数量
碳钢矩形风管		
$\pi\times0.4\times(1.5+0.5)+\pi\times2\times0.4\times\frac{\pi}{4}\times0.4\text{m}^2$		
$=(2.512+0.788)\text{m}^2=3.3$	m^2	3.3

清单工程量计算见下表：

清单工程量计算表

项目编码	项目名称	项目特征描述	计量单位	工程数量
030902001001	碳钢通风管道制作	1500×500	m^2	3.3

（2）定额工程量：

1）镀锌钢板风管	$10m^2$	0.33
2）镀锌钢板 $\delta=0.75$	m^2	3.7565
3）角钢∟60	kg	$31.6\times0.2906=9.18$
4）玻璃棉毡保温 $\delta=60mm$	m^3	$3.3\times0.06=0.198$
5）玻璃棉毡安装	m^3	$0.1744\times1.03=0.1796$
6）油毡纸防潮层	$10m^2$	0.34104
7）玻璃布保护层	$10m^2$	0.34104

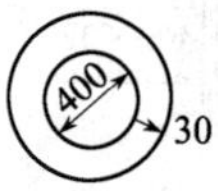

$$(\pi\times0.46\times2+\pi\times0.46\times\frac{\pi}{4}\times0.46)m^2$$
$$=(2.8888+0.5216)m^2$$
$$=3.4104m^2$$

8）导流叶片的制作、安装　　m^2　　0.301

$$F=\frac{\pi}{2}\times0.2\times0.32\times3m^2=0.301m^2$$

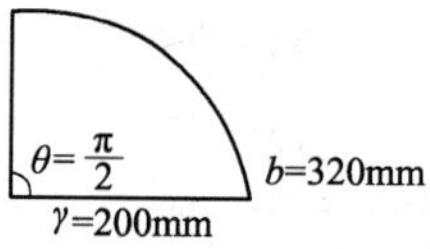

工程预算表见表1-42。

工程预算表　　**表1-42**

序号	定额编号	分项工程名称	定额单位	工程量	基价(元)	其中（元）		
						人工费	材料费	机械费
1	9－10	镀锌钢板风管	$10m^2$	0.33	634.78	348.53	183.66	102.59
2	9－6	镀锌钢板 $\delta=0.75$	$10m^2$	0.37565	387.05	154.18	213.52	19.35
3	5－2219	角钢∟60	t	0.00918	1239.66	559.37	182.34	497.95
4	11－1868	玻璃棉毡保温 $\delta=60mm$	m^3	0.198	192.07	112.62	72.70	6.75
5	11－2159	油毡纸防潮层	$10m^2$	0.34104	20.08	11.15	8.93	—
6	11－2153	玻璃布保护层	$10m^2$	0.34104	11.11	10.91	0.20	—
7	9－40	导流叶片的制作、安装	m^2	0.301	79.94	36.69	43.25	—

项目编码　030901012　　项目名称　风淋室

【例1-56】 风淋室其尺寸为800×400×2150，其示意图如1-57、图1-58所示。

（1）清单工程量：

	单位	数量
风淋室	台	1

清单工程量计算见下表：

清单工程量计算表

项目编码	项目名称	项目特征描述	计量单位	工程量
030901012001	风淋室	800×400×2150	台	1

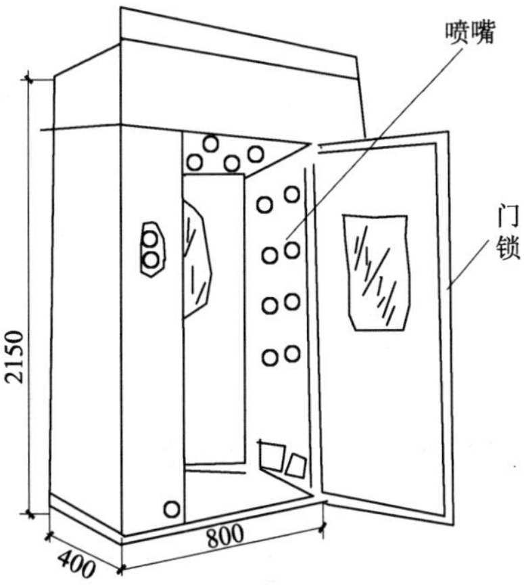

图 1-57　风淋室外形图

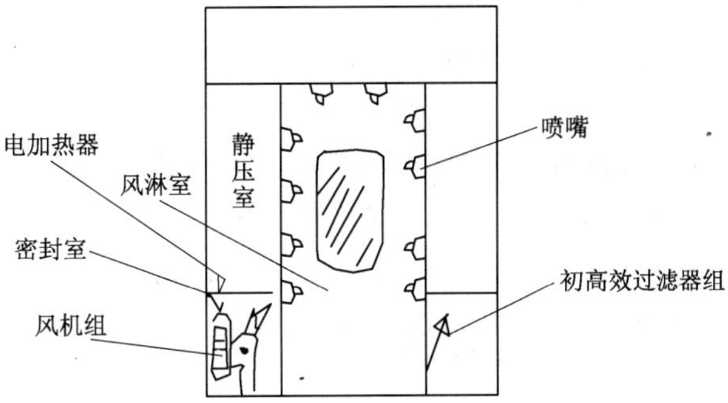

图 1-58　风淋室剖面图

（2）定额工程量：

风淋室制作、安装　　100kg　　20

套用定额 9－260，基价：538.94 元；其中人工费 538.94 元。

因为风淋室为非标准件，根据供货商提供其重量为 2000kg。

项目编码　030901011　　项目名称　净化工作台

【例 1-57】　SZX－ZP 型一净化工作台，其重量为 1500kg，其示意图如 1-59、图 1-60 所示。

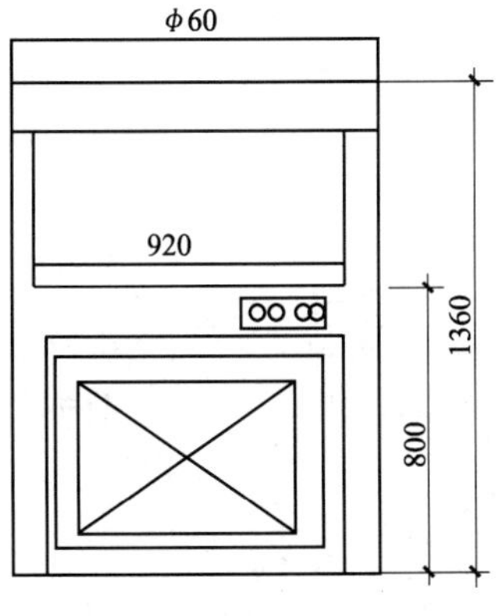

图 1-59　净化台示意图

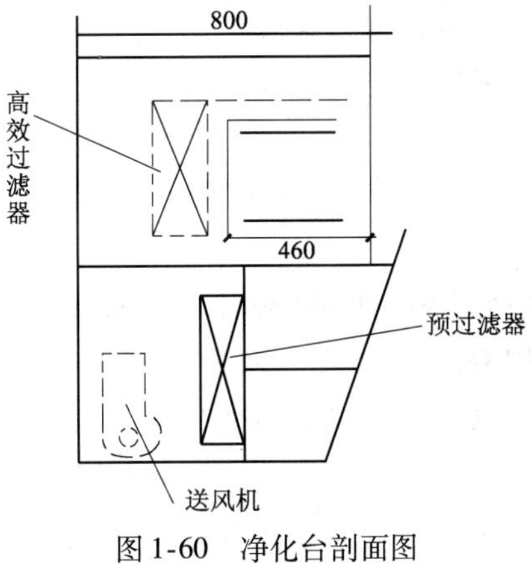

图 1-60　净化台剖面图

（1）清单工程量：

	单位	数量
净化工作台	台	1

清单工程量计算见下表：

清单工程量计算表

项目编码	项目名称	项目特征描述	计量单位	工程量
030901011001	净化工作台	SZX－ZP 型	台	1

（2）定额工程量：

1）净化工作台制作　　台　　1

套用定额9－257，基价：111.46元；其中人工费111.46元。

2）净化工作台安装　　100kg　　15

套用定额9－257，基价：74.3元；其中人工费74.3元。

项目编码　030904001　　项目名称　通风工程检测、调试

【例1-58】　一通风系统的检测，调试其中管道漏光试验2次，漏风试验3次，通风管道风量测定3次，风压测定2次，温度测量2次，各系统风口阀门调整8次。

【解】　（1）清单工程量：

	单位	数量
通风工程检测调试	系统	1

清单工程量计算见下表：

清单工程量计算表

项目编码	项目名称	项目特征描述	计量单位	工程量
030904001001	通风工程检测、调试	检测调试	系统	1

（2）定额工程量：	单位	数量
1）管道漏光试验	次	2
2）漏风试验	次	3
3）通风管道风量测定	次	3
4）风压测定	次	2
5）温度测定	次	2
6）各系统风口阀门调整	次	8

项目编码　030903001　　项目名称　碳钢调节阀制作安装

【例1-59】　圆形风管防火阀，其标准件重量为1.5kg/个，其示意图如图1-61、图1-62、图1-63、图1-64所示。

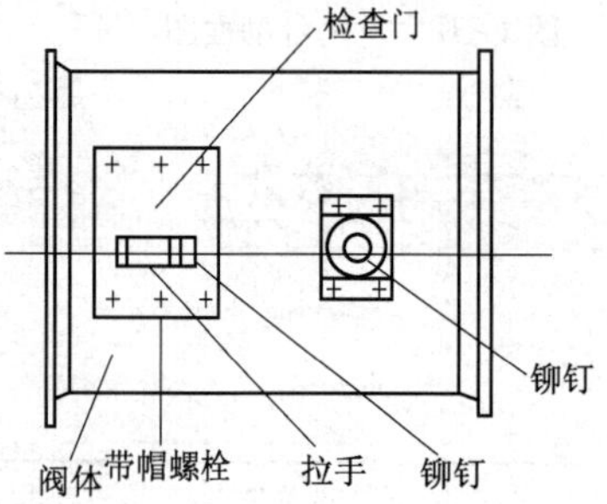

图1-61　防火阀示意图

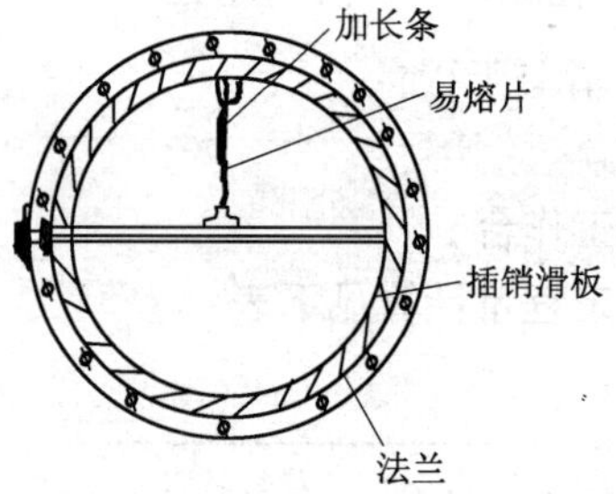

图1-62　防火阀剖面图

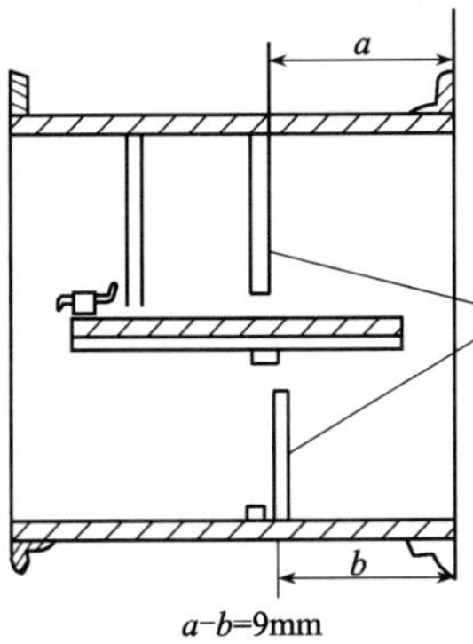

图 1-63　1－1 剖面图

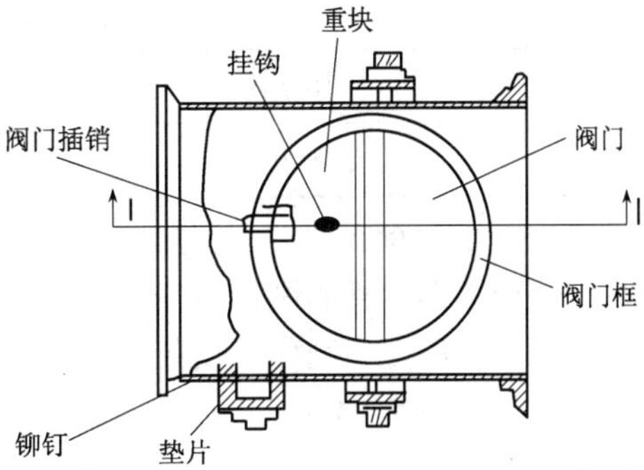

图 1-64　防火阀剖面图

【解】　（1）清单工程量：

	单位	数量
圆形风管防火阀	个	1

清单工程量计算见下表：

清单工程量计算表

项目编码	项目名称	项目特征描述	计量单位	工程量
030903001001	碳钢调节阀制作安装	碳钢，圆形	个	1

（2）定额工程量：

1）圆形风管防火阀制作　100kg　0.015

套用定额 9－64，基价：759.23 元；其中人工费 228.95 元，材料费 417.22 元，机械费 113.06 元。

2）圆形风管防火阀安装　个　1

按尺寸套用定额的相应子目。

项目编码　030902007　　项目名称　复合型风管制作安装

【例 1-60】　复合型圆形风管，直径为 500mm，长度 2000mm 风管的吊支架是非标准件，其单重为 2.97kg，共 2 个。如图 1-65 所示。

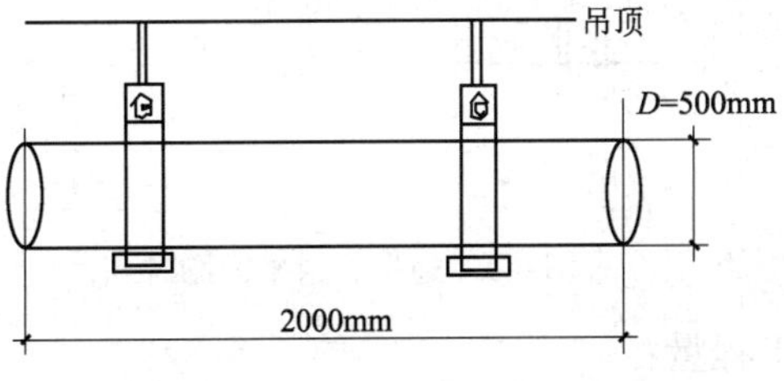

图 1-65　复合型风管安装示意图

【解】　（1）清单工程量：

	单位	数量
复合型圆形风管 $\pi DL = 3.14 \times 0.5 \times 2m^2 = 3.14m^2$	m^2	3.14

清单工程量计算见下表：

清单工程量计算表

项目编码	项目名称	项目特征描述	计量单位	工程量
030902007001	复合型风管	$D=500$m	m^2	3.14

（2）定额工程量：

1）复合型圆形风管的制作、安装　$10m^2$　0.314

2）圆形风管吊支架制作、安装　100kg　0.0594

2×2.97kg/个 $=5.94$kg

3）复合型板材

查全国统一安装工程预算定额

未计价材料 $0.314\times11.6m^2=3.6424m^2$　m^2　3.6424

4）热敏铝箔胶带　m^2　2.67

查《全国统一安装工程预算定额》

未计价材料

$0.314\times8.49m^2=2.67m^2$

5）金属支架刷防锈底漆一遍　100kg　0.0594

6）刷灰调合漆两遍　100kg　0.0594

工程预算表见表1-43。

工程预算表　　表1-43

序号	定额编号	分项工程名称	定额单位	工程量	基价（元）	其中（元）		
						人工费	材料费	机械费
1	9-362	复合型圆形风管的制作、安装	$10m^2$	0.314	101.62	21.59	38.77	41.26
2	9-270	圆形风管吊支架制作、安装	100kg	0.0594	975.57	183.44	776.36	15.77
3	11-117	金属支架刷防锈底漆一遍	100kg	0.0594	13.17	5.34	0.87	6.96
4	11-126	刷灰调合漆一遍	100kg	0.0594	12.33	5.11	0.26	6.96

【例1-61】 实例分析如图1-66所示：

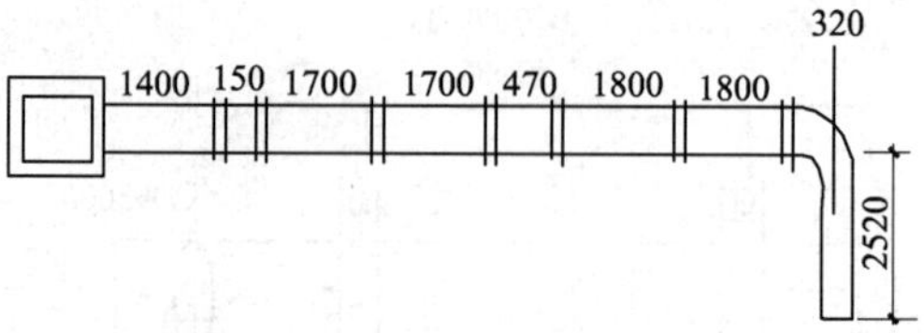

图1-66　通风管道平面图

【解】　（1）风管工程量：

矩形风管尺寸 320×320，即周长为 $320\times4mm=1280mm=1.28m$

该矩形风管长度为 $1.4+0.15+1.7+1.7+0.47+1.8+1.8+0.32+2.52+0.16=12.02$（风口垂直部分）

工程量为 $1.28\times12.02m^2=15.39m^2$

套用定额 9－14，基价：533.38 元；其中人工费 254.72 元，材料费 196.63 元，机械费82.03元。

（2）帆布短管工程量：

两台离心式通风机共设 4 个帆布短管，长度为 300mm，尺寸分别为 400×400（1个），直径 600（1 个），500×500（1 个），直径 660（1 个）

工程量为$(0.4\times4+0.6\times3.14+0.5\times4+0.66\times3.14)\times0.4\text{m}^2=7.56\text{m}^2$

其中 0.3m 展开量为 0.4m。

套用定额 9－28，基价：1.63 元；其中人工费 1.63 元。

【例 1-62】　如图 1-67 所示，计算其工程量并套用定额（$\delta=2$mm）。

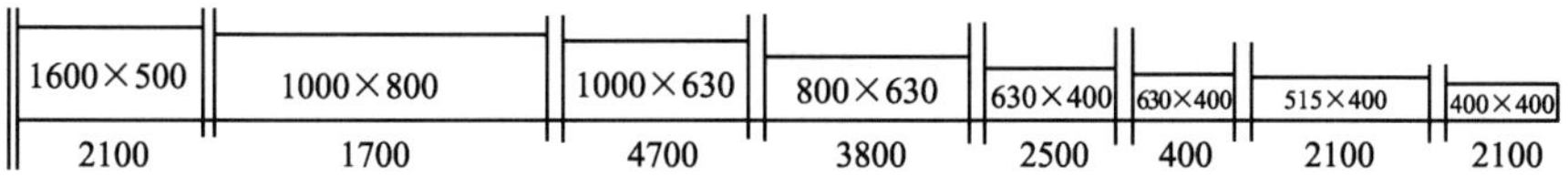

图 1-67　通风管道平面图

【解】　工程量：

$$F_1=2\times(1.6+0.5)\times2.1\text{m}^2=8.82\text{m}^2$$
$$F_2=2\times(1.0+0.8)\times1.7\text{m}^2=6.12\text{m}^2$$
$$F_3=2\times(1.0+0.63)\times4.7\text{m}^2=15.32\text{m}^2$$
$$F_4=2\times(0.8+0.63)\times3.8\text{m}^2=10.07\text{m}^2$$
$$F_5=2\times(0.63+0.63)\times2.5\text{m}^2=6.30\text{m}^2$$
$$F_6=2\times(0.63+0.4)\times0.4\text{m}^2=0.82\text{m}^2$$
$$F_7=2\times(0.515+0.4)\times2.1\text{m}^2=3.84\text{m}^2$$
$$F_8=2\times(0.4+0.4)\times2.1\text{m}^2=3.36\text{m}^2$$

清单工程量计算见下表：

清单工程量计算表

序号	项目编码	项目名称	项目特征描述	计量单位	工程量
1	030902001001	碳钢通风管道制作安装	1600×500	m^2	8.82
2	030902001002	碳钢通风管道制作安装	1000×800	m^2	6.12
3	030902001003	碳钢通风管道制作安装	1000×630	m^2	15.32
4	030902001004	碳钢通风管道制作安装	800×630	m^2	10.07
5	030902001005	碳钢通风管道制作安装	630×630	m^2	6.30
6	030902001006	碳钢通风管道制作安装	630×400	m^2	0.82
7	030902001007	碳钢通风管道制作安装	515×400	m^2	3.84
8	030902001008	碳钢通风管道制作安装	400×400	m^2	3.36

工程预算表见表 1-44。

工程预算表　　**表 1-44**

序号	定额编号	分项工程名称	定额单位	工程量	基价(元)	其中（元）		
						人工费	材料费	机械费
1	9－16	薄钢板矩形风管(1600×500)	10m^2	0.882	380.69	157.43	180.83	42.43
2	9－15	薄钢板矩形风管(1000×800)	10m^2	0.612	410.82	179.92	180.18	50.92

续表

序号	定额编号	分项工程名称	定额单位	工程量	基价(元)	其中（元）		
						人工费	材料费	机械费
3	9－15	薄钢板矩形风管(1000×630)	$10m^2$	1.532	410.82	179.92	180.18	50.92
4	9－15	薄钢板矩形风管(800×630)	$10m^2$	1.007	410.82	179.92	180.18	50.92
5	9－15	薄钢板矩形风管(630×630)	$10m^2$	0.630	410.82	179.92	180.18	50.92
6	9－15	薄钢板矩形风管(630×400)	$10m^2$	0.082	410.82	179.92	180.18	50.92
7	9－14	薄钢板矩形风管(515×400)	$10m^2$	0.384	533.38	254.72	196.63	82.03
8	9－14	薄钢板矩形风管(400×400)	$10m^2$	0.336	533.38	254.72	196.63	82.03

【例 1-63】 如图 1-68 所示，计算工程量并套用定额（$\delta=2$mm）。

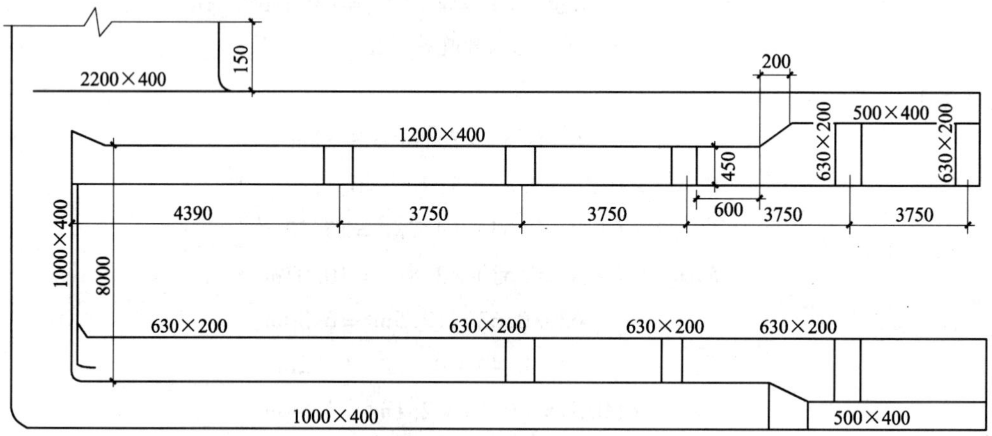

图 1-68 通风管道平面图

工程量：$2\times(2.2+0.4)\times(0.15+1.2)+(4.39+3.75+3.75+0.6+0.315)\times(1.2+0.4)\times2+(3.75+3.75+0.315-0.2-0.6-0.315)\times(0.5+0.4)\times2+(1+0.4)\times2\times(8+1)+(4.39+3.75+3.75+0.315+0.6)\times(1+0.4)\times2+(3.75+3.75+0.315-0.315-0.2-0.6)\times(0.5+0.4)\times2m^2$

$=(7.02+40.976+12.06+25.2+35.85+12.06)m^2$

$=133.17m^2$

变径管工程量如图 1-69 所示

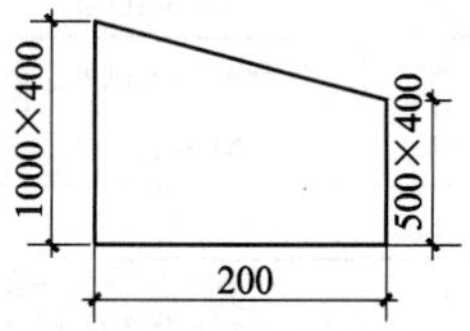

图 1-69 变径管尺寸示意图

$(1+0.4+0.5+0.4)\times0.2m^2=0.46m^2$，$(1.2+0.4+0.5+0.4)\times0.2m^2=0.5m^2$

总的工程量：$(133.17+0.46+0.5)m^2=134.13m^2$

竖直管的工程量：$[(0.63+0.2)\times2\times0.45\times3+(0.63+0.2)\times2\times0.65\times2+(1.2+0.45-0.5)\times(0.63+0.2)\times2\times2+(1+0.65-0.5)\times(0.63+0.2)\times2\times2]m^2=(2.241+2.158+3.818+3.818)m^2=12.04m^2$

总的工程量$=(134.13+12.035)m^2=146.17m^2$

清单工程量计算见下表：

清单工程量计算表

序号	项目编码	项目名称	项目特征描述	计量单位	工程量
1	030902001001	镀锌钢管	2200×400	m^2	7.02
2	030902001002	镀锌钢管	1200×400	m^2	40.98
3	030902001003	镀锌钢管	500×400	m^2	24.12
4	030902001004	镀锌钢管	1000×400	m^2	61.05
5	030902001005	镀锌钢管	1000×400～500×400	m^2	0.46
6	030902001006	镀锌钢管	630×200	m^2	12.04
7	030902001007	镀锌钢管	1200×400～500×400	m^2	0.50

工程预算表见表1-45。

工程预算表　　**表1-45**

序号	定额编号	分项工程名称	定额单位	工程量	基价（元）	其中（元）		
						人工费	材料费	机械费
1	9－16	薄钢板矩形风管(2200×400)	$10m^2$	0.702	380.69	157.43	180.83	42.43
2	9－15	薄钢板矩形风管(1200×400)	$10m^2$	4.0976	410.82	179.72	180.18	50.92
3	9－14	薄钢板矩形风管(500×400)	$10m^2$	2.412	533.38	254.72	196.63	82.03
4	9－15	薄钢板矩形风管(1000×400)	$10m^2$	6.105	410.82	179.72	180.18	50.92
5	9－15	变径管	$10m^2$	0.096	410.82	179.72	180.18	50.92
6	9－14	薄钢板矩形风管(630×200)	$10m^2$	1.204	533.38	254.72	196.63	82.03

【例1-64】　如图1-70所示，共4个系统计算工程量并套用定额。

离心式塑料通风机6号　　1×4台＝4台

塑料圆形瓣式启动阀$\phi600$，1×4（每台风机一个）＝4个，查《国标通风部件重量表》单重为9.1kg/个

塑料圆形蝶阀$\phi250$，(2×3＋1)×4(4个系统)＝28个，查《国标通风部件重量表》单重为2.35kg/个

塑料圆形风管$\delta=3mm$，$\phi250$

$1.2\times3\times0.25\times3.14\times4$

$=11.30m^2$

塑料圆形风管$\delta=3mm$，$\phi300$

$[(0.6+0.48)\times3+6.85-3.90+3.90-2.95]\times0.3\times3.14\times4m^2=26.90m^2$

塑料圆形风管$\delta=3mm$，$\phi350$

$(10.75-7.8+14.65+7.8-10.75-6.85)\times0.35\times3.14\times4m^2$

$=7.8\times0.35\times3.14\times4m^2=34.29m^2$

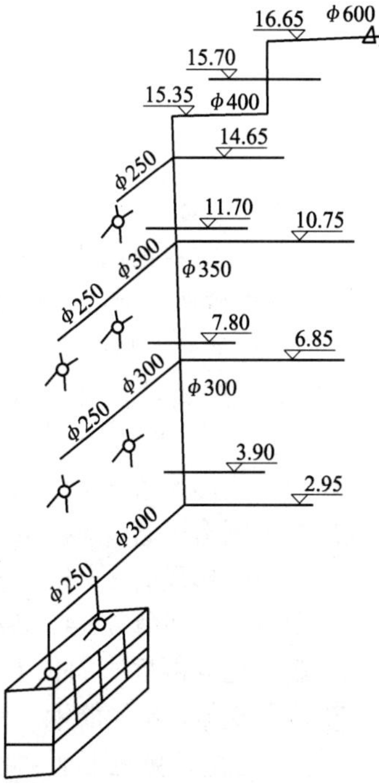

图1-70　通风系统图

塑料圆形风管 $\delta=3mm$，$\phi400$

$[(15.35-14.65+16.65-15.35+1.8)\times0.4\times3.14\times4]m^2$

$=19.09m^2$

此处例题错误：

错在 0.15 多加 3，应该把这一段看成变径管来处理。

$$\frac{\pi(0.4+0.6)}{2}\times0.3m^2=0.471m^2\times4=1.88m^2$$

塑料圆形风管 $\delta=3mm$，$\phi600$，$\pi\times0.6\times0.2\times4m^2=1.5072m^2$

塑料矩形风管 $\delta=4mm$，480×420

工程量计算：$1.2\times(0.48+0.42)\times2\times4m^2=8.64m^2$

工程量计算：$[\pi\times0.6\times0.2+(0.48+0.42)\times2\times0.2]\times4m^2=(1.5072+1.44)m^2=2.95m^2$

风机减振台：个　1×4 个（每个 55kg）$=4$ 个

矩形尼龙网框周长 1.800m

$0.48\times0.42\times4m^2=0.8064m^2$

设备支架：8 号槽钢：$5.5m\times8.04kg/m\times4=176.88kg$

需考虑刷漆去锈。

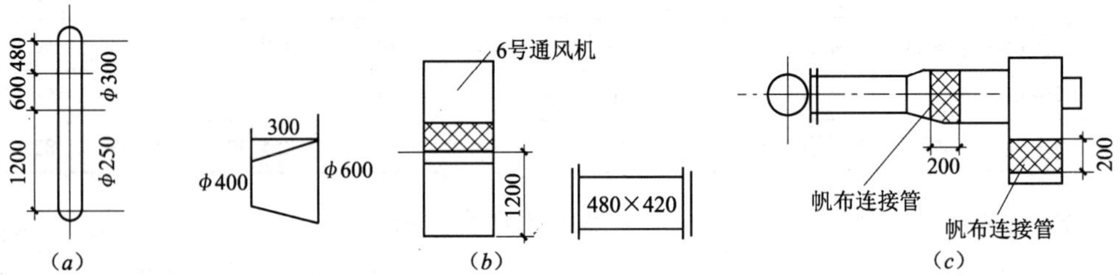

图 1-71　风管示意图

（a）圆形风管；（b）矩形风管；（c）帆布连接管

清单工程量如下：

① 离心式塑料通风机 6 号　1 台　1×4 个系统

风机减振台座：55kg/个　55kg/个 $\times4$ 个系统

风机吊托架：9.1kg/个　9.1kg/个 $\times4$

塑料圆形瓣式启动阀 $\phi600$　9.1kg/个　9.1kg/个 $\times4$

帆布连接管　单位 m^2　工程量为 2.95

② 塑料圆形风管 $\delta=4$，$\phi250$　单位 m^2　工程量为 21.29

③ 塑料圆形风管 $\delta=4$，$\phi300$　单位 m^2　工程量为 23.32

④ 塑料圆形风管 $\delta=4$，$\phi350$　单位 m^2　工程量为 34.29

⑤ 塑料圆形风管 $\delta=4$，$\phi400$　单位 m^2　工程量为 28.13

⑥ 矩形尼龙网框　周长 1.800m　单位 m^2　工程量为 0.8064

⑦ 设备支架　8 号槽钢　$8.04kg/m\times5.5m\times4$ 个系统 $=176.88kg$

清单工程量计算见下表：

清单工程量计算表

序号	项目编码	项目名称	项目特征描述	计量单位	工程量
1	030901002001	通风机	塑料，离心式，6号	台	4
2	030903005001	塑料阀门	圆形，瓣式，$\phi600$	个	4
3	030902005001	塑料风管	$\delta=4mm$，$\phi250$	m^2	11.30
4	030902005002	塑料风管	$\delta=4mm$，$\phi300$	m^2	26.90
5	030902005003	塑料风管	$\delta=4mm$，$\phi350$	m^2	34.29
6	030902005004	塑料风管	$\delta=4mm$，$\phi400$	m^2	19.09
7	030903005002	塑料阀门	圆形，瓣式，$\phi250$	个	28

以上是清单中的各项，它与定额所不同的是，清单中的一项可能包括定额中的 N 项，清单的优点是比较清晰、明朗也比较方便。

工程预算表见表 1-46。

工程预算表　　**表 1-46**

序号	定额编号	分项工程名称	定额单位	工程量	基价（元）	其中（元）		
						人工费	材料费	机械费
1	9-217	离心式塑料通风机6号	台	4	104.10	78.48	25.62	—
2	9-68	塑料圆形瓣式启动阀 $\phi600$	个	4	38.47	23.68	14.57	0.22
3	9-311	塑料圆形蝶阀 $\phi250$	100kg	0.658	4087.15	1246.91	1983.72	856.52
4	9-291	塑料圆形风管 $\phi250$	$10m^2$	1.130	1734.77	863.78	267.98	603.01
5	9-291	塑料圆形风管 $\phi300$	$10m^2$	2.69	1734.77	863.78	267.98	603.01
6	9-291	塑料圆形风管 $\phi350$	$10m^2$	3.429	1734.77	863.78	267.98	603.01
7	9-291	塑料圆形风管 $\phi400$	$10m^2$	1.909	1734.77	863.78	267.98	603.01
8	9-291	变径管	$10m^2$	1.88	1734.77	863.78	267.98	603.01
9	9-291	塑料圆形风管 $\phi600$	$10m^2$	0.15072	1734.77	863.78	267.98	603.01
10	9-296	塑料圆形风管 480×420	$10m^2$	0.864	1265.79	614.40	236.51	414.88
11	9-41	帆布连接管	$10m^2$	0.295	171.45	47.83	121.74	1.88
12	9-212	风机减振台	100kg	2.20	414.38	75.23	330.52	8.63
13	9-41	矩形尼龙网框	$10m^2$	0.08064	171.45	47.83	121.74	1.88
14	9-211	设备支架	100kg	1.7688	523.29	159.75	348.27	15.27

【例 1-65】　如图 1-72 所示，计算工程量并套用定额（$\delta=2mm$）。

工程介绍：通风平面图上看，该通风系统有一台空调器，空调器是用冷（热）水冷却（加热）空气的。空气从进风口进入空调器经冷却（加热）后，由空调器内风机从顶部送出，空气出机后分为两路送往各用风点。风管总长度约为48m，再从系统图上得矩形风管的尺寸为600×1000。风管上装6号蝶阀2个，图号为T302-J。

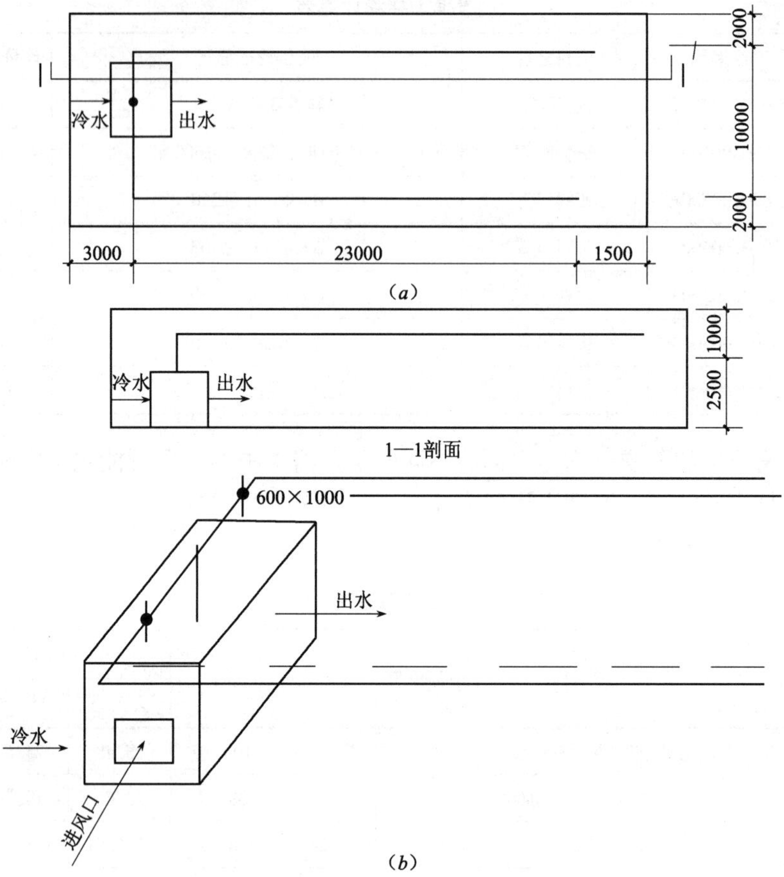

图 1-72　通风系统的系统图
(a) 平面图；(b) 立面图

【解】　矩形风管的制作、安装：

周长 = 2 × (0.6 + 1) m = 3.2m

长度 l = (23 × 2 + 10 + 1) m = (56 + 1) m（其中减去 2 个蝶阀长 0.15 × 2m = 0.3m）

工程量计算 = 57 × 3.2m^2 = 182.4m^2

(182.4 − 0.3 × 3.2) m^2 = (182.4 − 0.96) m^2 = 181.44m^2 = 18.144(10m^2)

套用定额 9 − 15，基价：410.82 元；其中人工费 179.72 元，材料费 180.18 元，机械费50.92元。

7 号送风口单重根据国标通风部件标准重量表得出。

根据重量套用定额相应子目。

空调器：制作、安装 1 台。

套用定额 9 − 240，基价：541.62 元；其中人工费 538.70 元，材料费 2.92 元。

1 个进风口的制作、安装单重（单重 × 个数/计量单位 100kg = 工程量），根据国标通风部件标准重量表可以查出每个风口的单重。

蝶阀 2 个，风口 2 个（1 个送风口，1 个进风口）

清单工程量计算见下表：

清单工程量计算表

项目编码	项目名称	项目特征描述	计量单位	工程量
030902001001	镀锌钢管	600×1000	m^2	181.44
030901004001	空调器		台	1
030903001001	碳钢调节阀制作安装	蝶阀	个	2
030903007001	碳钢风口		个	2

【例 1-66】 如图 1-73 ~ 图 1-79 所示，计算工程量并套用定额。

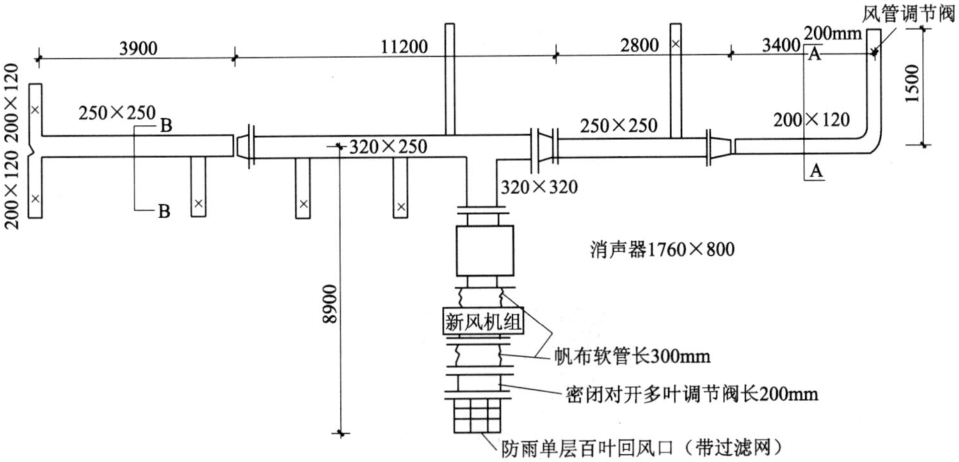

图 1-73　风管平面图

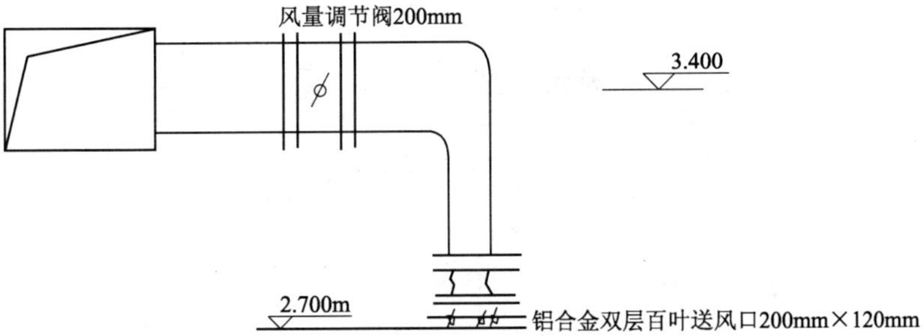

图 1-74　新风支管安装示意图

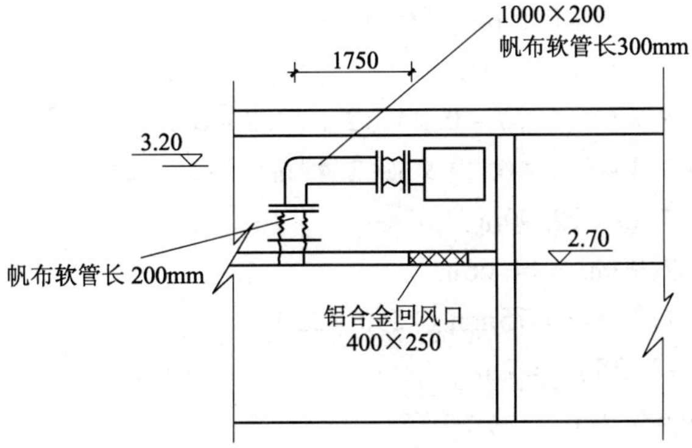

图 1-75　风机盘管连接管安装示意图

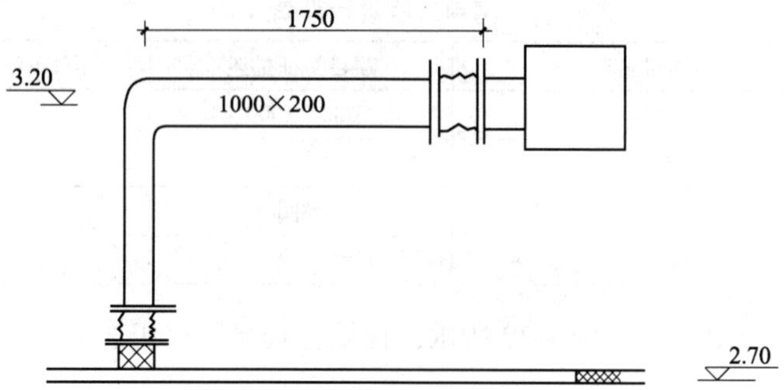

图 1-76　连接管尺寸图

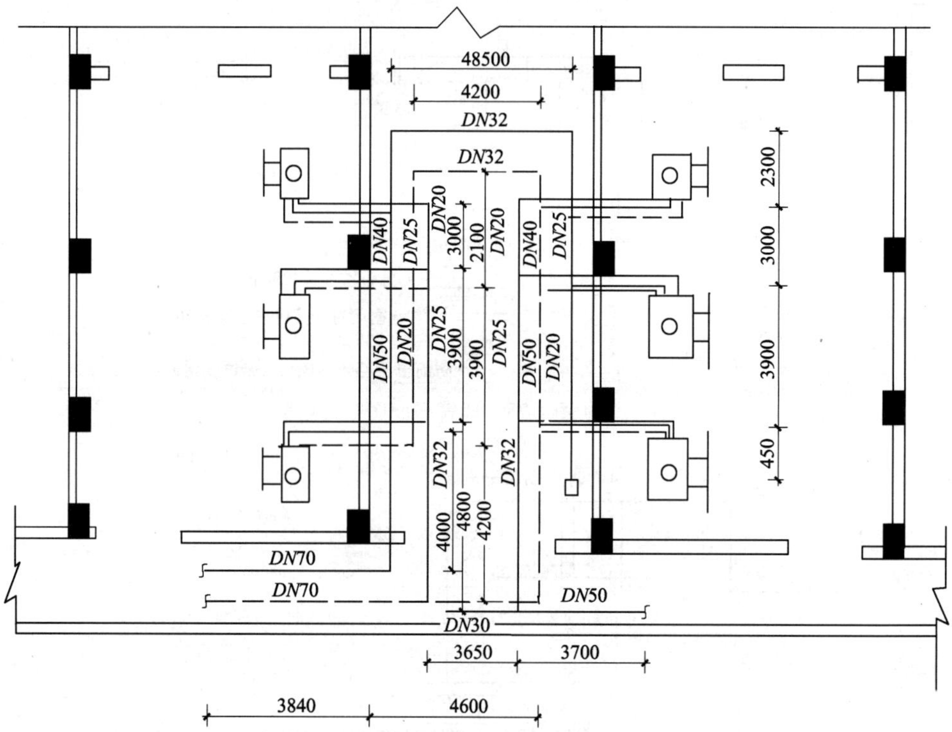

图 1-77　空调平面图

【解】　工程量：

① 镀锌钢板（咬口）$\delta=0.5\text{mm}$，200×120

周长 $=2\times(0.2+0.12)\text{m}=0.64\text{m}$

$l=[(1.5-0.2+3.4-2.7-0.2)\times2+(3.2-0.2+3.4-2.7-0.2)\times3+$
$(1.5-0.2+3.4-2.7-0.2)\times3+3.4]\text{m}$
$=(19.5+3.4)\text{m}=22.90\text{m}$

工程量 $=0.64\times22.90\text{m}^2=14.66\text{m}^2$

② 镀锌钢板（咬口）$\delta=0.75\text{mm}$　250×250

周长：$2\times(0.25+0.25)\text{m}=1\text{m}$

$L=(3.9+2.8)\text{m}=6.7\text{m}$

工程量 $=1\times6.7\text{m}^2=6.7\text{m}^2$

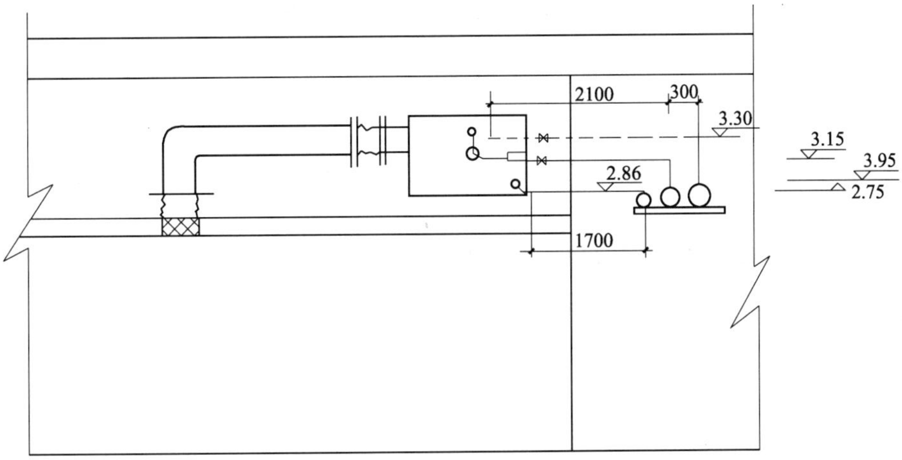

图 1-78　风盘安装示意图

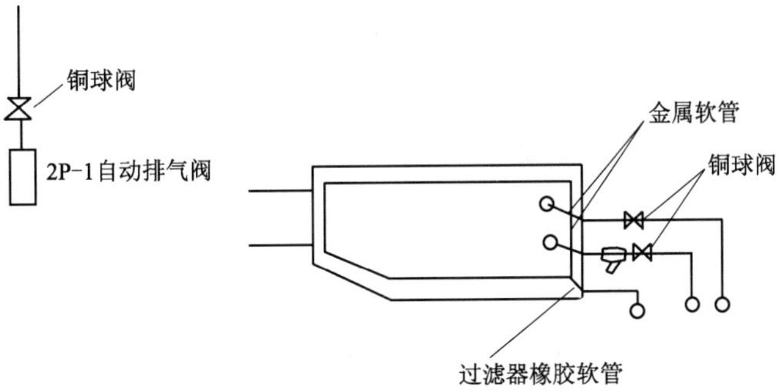

图 1-79　风盘安装大样图

③ 镀锌钢板（咬口）$\delta=1.0$mm　320×250

周长：$2\times(0.32+0.25)$m $=1.14$m

$L=11.2$m

工程量：$1.14\times11.2\text{m}^2=12.768\text{m}^2$

④ 镀锌钢板（咬口）$\delta=1.2$mm　320×320

周长：$2\times(0.32+0.32)$m $=1.28$m

$l=(8.9-1.76-0.3-1-0.3-0.2)$m $=5.34$m

工程量：$1.28\times5.34\text{m}^2=6.84\text{m}^2$

⑤ 风机盘管连接管

周长：$2\times(1+0.2)$m $=2.4$m

$l=(1.75+3.2-2.7-0.3-0.2)\times7$m $=12.25$m

工程量：$2.4\times12.5\text{m}^2=29.4\text{m}^2$

⑥ 阻抗复合式消声器安 T－701－6 型号 1 个，查国标通风部件标准重量表，单重为82.68kg/个

DBK 型新风机组（5000m^3/h）/0.4t，1 台。

风机盘管暗装吊顶式 7 台。

密闭对开多叶调节阀安装（周长2500mm）1个，查国标通风部件标准重量表，单重为22.4kg/个

风量调节阀安装（周长640mm）8个，查国标通风部件标准重量表，单重为3.97kg/个

铝合金百叶送风口安装（周长640mm）7个，查国标通用部件标准重量表单重为9.88kg/个

防雨百叶回风口（带过滤网）安装（周长200mm）1个，查国标通风部件标准重量表，单重为4.46kg/个

帆布软管制作安装

200×120×200

周长：$2\times(0.2+0.12)\text{m}=0.64\text{m}$

$l=0.2\text{m}$

工程量：$0.64\times0.2\times8\text{m}^2=0.128\times8\text{m}^2=1.024\text{m}^2$

1000×200×200

周长：$2\times(1+0.2)\text{m}=2.4\text{m}$

$l=0.2\text{m}$

工程量$=2.4\times0.2\times7\text{m}^2=0.48\times7\text{m}^2=3.36\text{m}^2$

1000×200×300

周长：$2\times(1+0.2)\text{m}=2.4\text{m}$

$l=0.3\text{m}$

工程量为$2.4\times0.3\times7\text{m}^2=0.72\times7\text{m}^2=5.04\text{m}^2$

清单工程量计算见下表：

清单工程量计算表

序号	项目编码	项目名称	项目特征描述	计量单位	工程量
1	030902001001	镀锌钢管	$\delta=0.5\text{mm}$，200×120	m^2	14.66
2	030902001002	镀锌钢管	$\delta=0.75\text{mm}$，250×250	m^2	6.7
3	030902001003	镀锌钢管	$\delta=1.0\text{mm}$，320×250	m^2	12.77
4	030902001004	镀锌钢管	$\delta=1.2\text{mm}$，320×320	m^2	6.84
5	030902001005	镀锌钢管	1000×200	m^2	29.4
6	030903020001	消声器	阻抗复合式，3号	kg	82.68
7	030901005001	新风机组	DBK型	台	1
8	030901005002	风机盘管	暗装吊顶式	台	7
9	030903001001	调节阀	密闭对开多叶	个	1
10	030903001002	调节阀	风量调节阀	个	8
11	030903011001	百叶风口	铝合金	个	7
12	030903011002	百叶风口	带过滤网	个	1
13	030902008001	软管	200×120×200	m	0.2
14	030902008002	软管	1000×200×200	m	0.5

工程预算表见表 1-47。

工程预算表　　**表 1-47**

序号	定额编号	分项工程名称	定额单位	工程量	基价（元）	其中（元）		
						人工费	材料费	机械费
1	9-5	镀锌钢板 200×120	$10m^2$	1.3504	441.65	211.77	196.98	32.90
2	9-6	镀锌钢板 250×250	$10m^2$	0.67	387.05	154.18	213.52	19.35
3	9-6	镀锌钢板 300×250	$10m^2$	1.2768	387.05	154.18	213.52	19.35
4	9-6	镀锌钢板 320×320	$10m^2$	0.684	387.05	154.18	213.52	19.35
5	9-7	连接管 1000×200	$10m^2$	2.94	295.54	115.87	167.99	11.68
6	9-200	阻抗复合式消声器	100kg	2.4804	960.03	365.71	585.05	9.27
7	9-216	新风机组	台	1	34.15	19.74	14.41	—
8	9-245	风机盘管	台	7	98.69	28.79	66.11	3.79
9	9-85	密闭对开多叶调节阀安装	个	1	30.79	11.61	19.18	—
10	9-84	风量调节阀	个	8	25.77	10.45	15.32	—
11	9-93	百叶风口	个	8	2050.83	1230.89	626.21	193.73
12	9-26	帆布软管 200×120	m	0.2	0.93	0.93	—	—
13	9-29	帆布软管 1000×200	m	0.2	2.09	2.09	—	—
14	9-29	帆布软管 1000×200	m	0.3	2.09	2.09	—	—
15	9-43	温度测定孔	个	1	26.58	14.16	9.20	3.22
16	9-43	风量测定孔	个	1	26.58	14.16	9.20	3.22

【例 1-67】　如图 9-1-77～图 9-1-79 所示，办公室空调水管路施工图预算。

【解】　① 铜球阀 *DN*20

工程量为(2×6+1)个=13 个

② Y 型过滤器 *DN*20　6×1 个=6 个

③ 自动放气阀 *DN*20　1 个

④ 金属软管　2×6 个=12 个

⑤ 橡胶软管　6×1 个=6 个

⑥ 一般穿墙套管制作、安装 *DN*70　1 个供水管

⑦ 一般穿墙套管制作、安装 *DN*20　6 个供水管　6 个回水管　6 个凝水管

风管工程量：

① 镀锌钢管：*DN*70

供水管长：(3.84+4)m=7.84m

回水管长：(3.84+4.6+4.2)m=12.64m

总长：(7.84+12.64)m=20.48m

工程量：20.48m

② 镀锌钢管：*DN*50

供水管长：3.9m

回水管长：3.9m

凝水管长：3.7m

工程量：(3.9 +3.9 +3.7)m =11.5m

③ 镀锌钢管 *DN*40

供水管长：3.0m

回水管长：3m

工程量：(3 +3) m =6m

④ 镀锌钢管 *DN*32

供水管长：(4.85 +2.3) ×2m

回水管长：(4.2 +2.1) m

工程量：(4.85 +4.2 +6.7)m =(9.05 +6.7)m =15.75m

⑤ 镀锌钢管 *DN*30

凝水管长：(4.8 ×2 +3.65)m =13.25m

⑥ 镀锌钢管 *DN*25

供水管长：3m

回水管长：3.9m

凝水管长：3.9 ×2m

工程量：(3.9 ×2 +3.9 +3)m =14.7m

⑦ 镀锌钢管 *DN*20

供水管长：(0.45 +3.9) m

回水管长：3.9m

凝水管长：(3 +3) m

支管：供水管长：(2.1 +3.15 −2.75) ×6m =15m

回水管长：(2.4 +3.3 −2.75) ×6m =17.7m

凝水管长：(1.7 +2.86 −2.75) ×6m =10.86m

工程量为57.81m

清单工程量计算见下表：

清单工程量计算表

序号	项目编码	项目名称	项目特征描述	计量单位	工程量
1	030801001001	镀锌钢管	*DN*70	m	20.48
2	030801001002	镀锌钢管	*DN*50	m	11.5
3	030801001003	镀锌钢管	*DN*40	m	6
4	030801001004	镀锌钢管	*DN*32	m	15.75
5	030801001005	镀锌钢管	*DN*30	m	13.25
6	030801001006	镀锌钢管	*DN*25	m	14.7
7	030801001007	镀锌钢管	*DN*20	m	57.81
8	030803005001	自动排气阀	排气阀	个	1
9	030901010001	过滤器		台	6

工程预算表见表1-48。

工程预算表　　　　　　　　　　　　　　**表 1-48**

序号	定额编号	分项工程名称	定额单位	工程量	基价（元）	其中（元）		
						人工费	材料费	机械费
1	8－93	镀锌钢管 *DN*70	10m	2. 048	124. 29	63. 62	56. 56	4. 11
2	8－92	镀锌钢管 *DN*50	10m	1. 15	111. 93	62. 23	46. 84	2. 86
3	8－91	镀锌钢管 *DN*40	10m	0. 6	93. 85	60. 84	31. 98	1. 03
4	8－90	镀锌钢管 *DN*32	10m	1. 575	86. 16	51. 08	34. 05	1. 03
5	8－89	镀锌钢管 *DN*25	10m	1. 47	83. 51	51. 08	31. 40	1. 03
6	8－88	镀锌钢管 *DN*20	10m	5. 781	66. 72	42. 49	24. 23	—
7	8－304	铜球阀 *DN*20	个	13	3. 49	2. 32	1. 17	—
8	9－255	Y 型过滤器 *DN*20	个	6	11. 61	11. 61	—	—
9	8－300	自动放气阀 *DN*20	个	1	11. 58	5. 11	6. 47	—
10	8－175	*DN*100 镀锌铁皮套管	个	1	4. 34	2. 09	2. 25	—
11	8－170	*DN*32 镀锌铁皮套管	个	18	2. 89	1. 39	1. 50	—
12	8－90	镀锌钢管 *DN*30	10m	1. 325	86. 16	51. 08	34. 05	1. 03

【例 1-68】　如图 1-80 ~ 图 1-83 所示，计算工程量并套用定额。

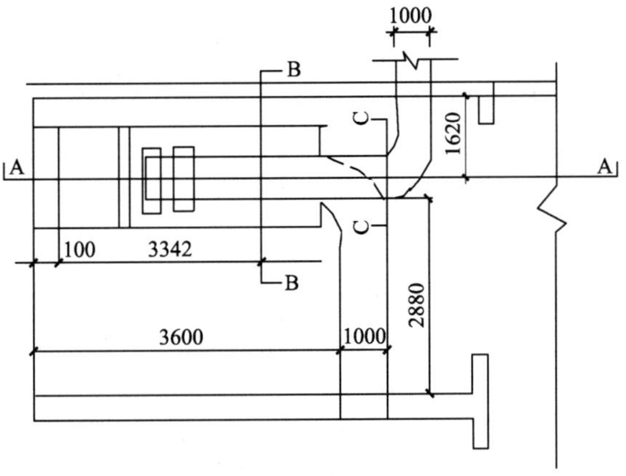

图 1-80　机房平面图

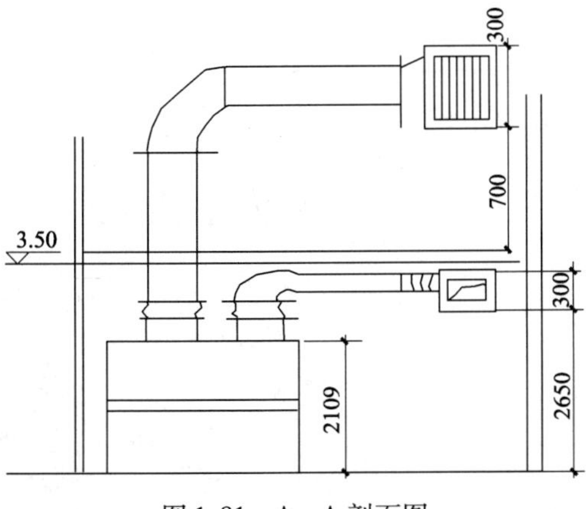

图 1-81　A－A 剖面图

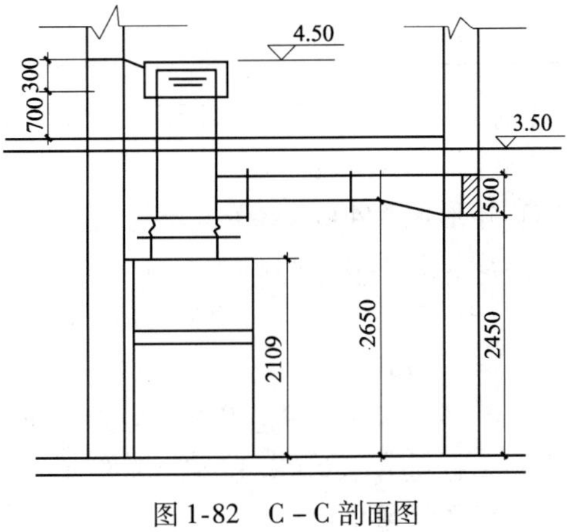

图 1-82　C－C 剖面图

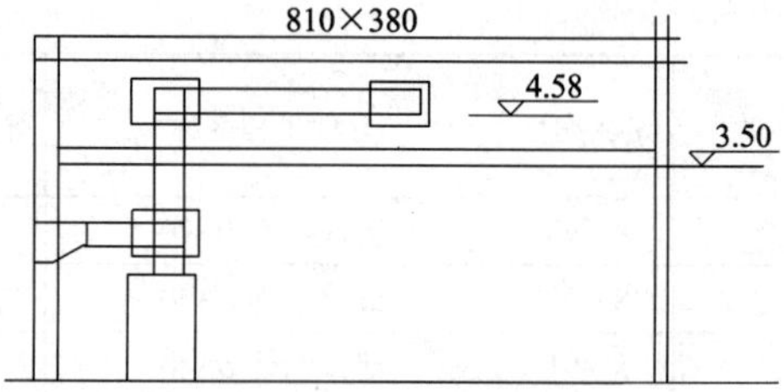

图1-83 B－B剖面图

【解】 工程量：

① 镀锌钢板矩形风管 $\delta=1\text{mm}$ 1000×300

周长 $2\times(1+0.3)\text{m}=2.6\text{m}$

$L=[(4.5-2.109-0.2)+(2.45-2.109-0.2)+(2.88+1.62+3.342-0.1+3.342-0.1+1)]\text{m}$

$=14.816\text{m}$

工程量为 $2.6\times14.816\text{m}^2=38.52\text{m}^2$

② 叠式金属空气调节器 1台

③ 帆布接头（100×300） $2\times(1.0+0.3)\times0.2\times2=1.04\text{m}^2$

④ 强度检测孔制作、安装 1个

⑤ 矩形风管三通调节阀安装，根据国标通风部件标准重量表可查得矩形风管三通调节阀的单装。

清单工程量计算见下表：

清单工程量计算表

项目编码	项目名称	项目特征描述	单位	数量
030902001001	镀锌风管	$\delta=1\text{mm}$，1000×300	m^2	38.52
030903001001	空气调节阀	叠式	台	1
030902008001	软管	1000×300	m	0.04

工程预算表见表1-49。

工程预算表 **表1-49**

序号	定额编号	分项工程名称	定额单位	工程量	基价（元）	其中（元）		
						人工费	材料费	机械费
1	9－7	镀锌钢板矩形风管(1000×300)	10m^2	3.852	295.54	115.87	167.99	11.68
2	9－235	叠式金属空气调节器	台	1	44.72	41.80	2.92	—
3	9－41	帆布接头	m^2	1.04	171.45	47.83	121.74	1.88
4	9－42	检测孔制作、安装	个	1	1147.41	486.92	543.99	116.50
5	9－61	三通调节阀安装	个	1	1711.55	1022.14	352.51	336.90

【例1-69】 如图1-84所示，计算工程量并套用定额（$\delta=2\text{mm}$）。

【解】 工程量：

① 矩形风管400×400

周长 $2\times(0.4+0.4)\text{m}=1.6\text{m}$

$L=(5.28-1.8-0.9-0.15)\text{m}$

$=2.43\text{m}$

0.15为蝶阀长度，0.9为矩形风罩。

工程量为 $1.6\times2.43\text{m}^2=3.89\text{m}^2$

定额计量单位为 10m^2，工程量为0.3888（10m^2）。

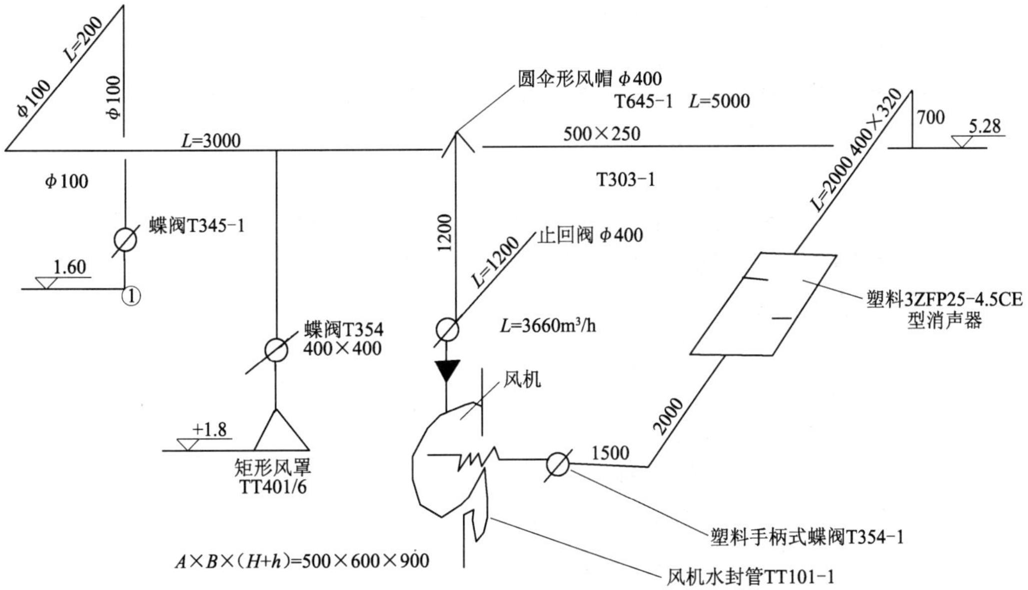

图1-84　风管系统图

② 矩形风管 500×250

周长为 2×(0.5+0.25)m=1.5m

l=5m 展开面积为 1.5×5m^2=7.5m^2

定额计量单位为 10m^2，工程量为 0.75（10m^2）。

③ 圆形风管 ϕ400

周长为 πD=3.14×0.4m=1.256m

l=1.2m　展开面积为 πDL=1.256×1.2m^2=1.5072m^2

定额计量单位为 10m^2，工程量为 0.15072（10m^2）。

④ 圆形风管 ϕ100

周长为 πD=3.14×0.1m=0.314m

l=(3+2+5.28−1.6)m=8.68m

展开面积为 0.314×8.68m^2=2.7255m^2

定额计量单位为 10m^2，工程量为 0.27255（10m^2）。

⑤ 矩形风管 400×320

周长：(0.4+0.32)×2m=1.44m

L=(2+2+0.7+1.5)m=6.2m

展开面积为 1.44×6.2=8.928m^2

定额计量单位为 10m^2，工程量为 1.03968（10m^2）。

⑥ 离心风机的安装 8 号　　　1 台

⑦ 风管止回阀 T303−1，ϕ400 查国标通风部件标准重量表单重为 9.97kg/个

定额计量单位 100kg，工程量为 0.0997（100kg）。

以清单计算，工程量为 1 个。

⑧ 圆伞形风帽 ϕ400 查国标通风部件标准重量表单重为 9.24kg/个

定额计量单位为100kg，工程量为0.0924（100kg）。

以清单计算，工程量为1个。

⑨ 蝶阀400×320查国标通风部件标准重量表：蝶阀400×320，单重为7.21kg/个。

定额计量单位100kg，工程量为0.0721（100kg）。

以清单计算，工程量为1个。

⑩ 蝶阀ϕ100，查国标通风部件标准重量表单重为0.80kg/个。

定额计量单位为100kg，工程量为0.0086（100kg）。

以清单计算，工程量为1个。

⑪ 塑料消声器1.0个×82kg/个=82kg

⑫ 空气过滤器　1台

⑬ 风机支架5.5m×8.04kg/m=44.22kg

⑭ 支架刷红丹防护漆一遍100kg，工程量为1.05（100kg）。

⑮ 风管吊托支架，6副×10kg（估）=60kg，

定额计量单位为100kg，工程量为0.6（100kg）。

蝶阀400×400　9.90kg/个，工程量9.90kg，以清单计算，工程量为1个。

清单工程量计算见下表：

清单工程量计算表

序号	项目编码	项目名称	项目特征描述	计量单位	工程量
1	030902001001	镀锌风管	400×400	m^2	3.98
2	030902001002	镀锌风管	500×250	m^2	7.5
3	030902001003	镀锌风管	ϕ400	m^2	1.51
4	030902001004	镀锌风管	ϕ100	m^2	2.73
5	030902001005	镀锌风管	400×320	m^2	8.93
6	030901002001	通风机	离心式，8号	台	1
7	030903001001	调节阀	止回阀，ϕ400	个	1
8	030903001002	调节阀	蝶阀，400×320	个	1
9	030903001003	调节阀	蝶阀，ϕ100	个	1
10	030904012001	风帽	圆伞形，ϕ400	个	1
11	030903020001	消声器	塑料，3ZFP25－4.5CE型	kg	82
12	030901010001	过滤器		台	1
13	030903001004	调节阀	蝶阀，400×400	个	1

工程预算表见表1-50。

工程预算表　　　　**表1-50**

序号	定额编号	分项工程名称	定额单位	工程量	基价（元）	其中（元）		
						人工费	材料费	机械费
1	9－14	矩形风管(400×400)	$10m^2$	0.3888	533.38	254.72	196.63	82.03
2	9－14	矩形风管(500×250)	$10m^2$	0.75	533.38	254.72	196.63	82.03
3	9－10	圆形风管（ϕ400）	$10m^2$	0.15072	634.78	348.53	183.66	102.59
4	9－9	圆形风管（ϕ100）	$10m^2$	0.27255	943.26	615.56	157.02	170.68

续表

序号	定额编号	分项工程名称	定额单位	工程量	基价（元）	其中（元）		
						人工费	材料费	机械费
5	9-14	矩形风管（400×320）	$10m^2$	1.03968	533.38	254.72	196.63	82.03
6	9-218	离心风机8号安装	台	1	202.73	172.99	29.74	—
7	9-55	风管止回阀	100kg	0.0997	1012.82	310.22	613.49	89.11
8	9-166	圆伞形风帽（ϕ400）	100kg	0.0924	960.43	394.74	547.33	18.36
9	9-53	蝶阀（400×320）	100kg	0.0721	1188.62	344.35	402.58	441.69
10	9-51	蝶阀（ϕ100）	100kg	0.0086	1580.21	700.55	416.87	462.79
11	9-195	塑料消声器	100kg	0.82	660.07	160.68	448.78	50.61
12	9-255	空气过滤器	台	1	11.61	11.61	—	—
13	9-211	风机支架	100kg	0.4422	523.29	159.75	348.27	15.27
14	11-117	支架刷红丹防护漆	100kg	1.05	13.17	5.34	0.87	6.96
15	9-270	风管吊托支架	100kg	0.6	975.57	183.44	776.36	15.77
16	9-53	蝶阀（400×400）	100kg	0.99	1188.62	344.35	402.58	441.69

【例1-70】 如图1-85所示为矩形风管制作安装，计算工程量并套用定额（$\delta=2mm$）。

【解】 800×500矩形风管长度 $L=8m$，周长为 $(0.8+0.5)\times2m=2.6m$

展开面积 $F=8\times(0.8+0.5)\times2m^2=8\times2.6m^2=20.8m^2=2.08(10m^2)$

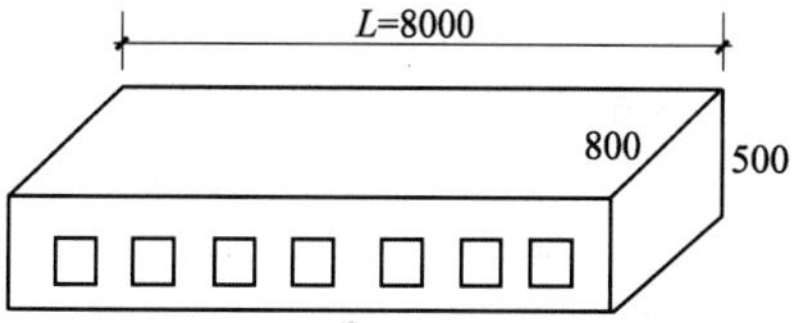

图1-85　矩形风管示意图

套用定额9-15，基价：410.82元；其中人工费179.72元，材料费180.18元，机械费50.92元。

清单工程量计算见下表：

清单工程量计算表

项目编码	项目名称	项目特征描述	计量单位	工程量
030902001001	镀锌风管	800×500	m^2	20.8

【例1-71】 如图1-86所示为矩形均匀渐缩风管制作安装，计算工程量并套用定额。

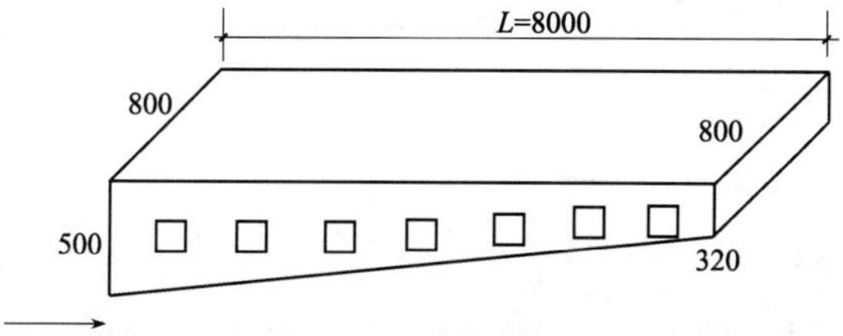

图1-86　渐缩风管示意图

【解】 大口断面周长为 $(0.8+0.5)\times2m=2.6m$

小口断面周长为 $(0.8+0.32)\times2m=2.24m$

平均周长为 $(2.6+2.24)\div2m=2.42m$

展开面积 $F=8\times2.42m^2=19.36m^2=1.936(10m^2)$

清单工程量计算见下表：

清单工程量计算表

项目编码	项目名称	项目特征描述	计量单位	工程量
030902001001	镀锌风管	渐缩风管 800×500～800×320	m^2	19.36

套用定额 9－15，基价：410.82 元；其中人工费 179.72 元，材料费 180.18 元，机械费50.92元。

【例 1-72】 如图 1-87 所示为薄钢板圆形钢管制作安装，计算工程量并套用定额（$\delta=2mm$）。

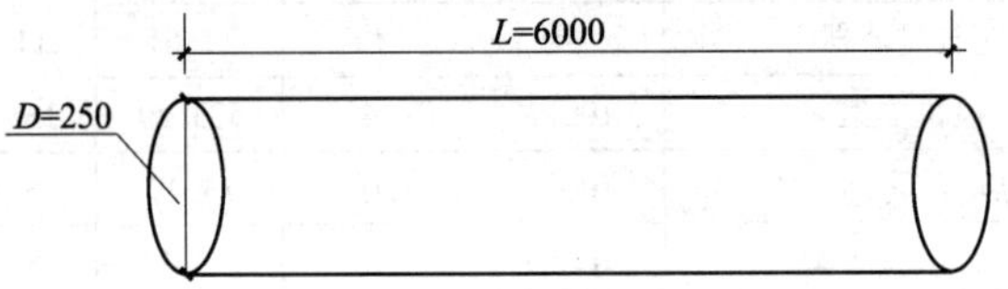

图 1-87 钢管尺寸示意图

【解】 ϕ250 圆形风管长度 $L=6m$，断面周长 $\pi D=3.14\times0.25m=0.785m$

展开面积 $F=\pi DL=3.14\times0.25\times6m^2=4.71m^2=0.471(10m^2)$

清单工程量计算见下表：

清单工程量计算表

项目编码	项目名称	项目特征描述	计量单位	工程量
030902001001	镀锌风管	ϕ250	m^2	4.71

套用定额 9－10，基价：634.78 元；其中人工费 348.53 元，材料费 183.66 元，机械费 102.59 元。

【例 1-73】 如图 1-88 所示为薄钢板圆形渐缩风管制作安装，计算工程量并套用定额（$\delta=2mm$）。

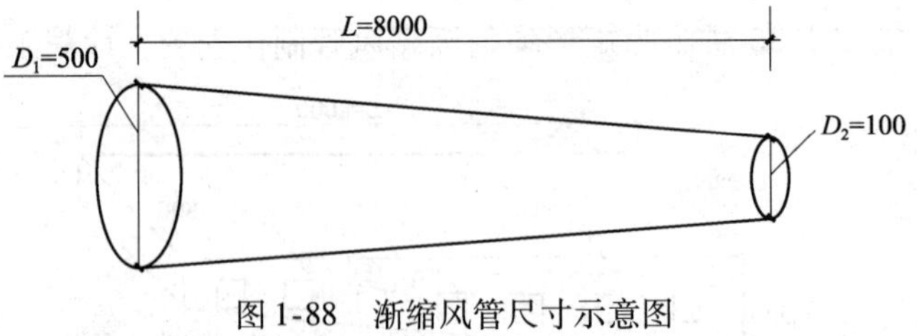

图 1-88 渐缩风管尺寸示意图

【解】 管长 8m，大头直径 $D_1=500mm$，小头直径 $D_2=100mm$

首先求出平均直径，即$(500+100)\div2mm=300mm$

平均断面周长为 $\pi(D_1+D_2)\div2=3.14\times0.3m=0.942m$

计算工程量为 $\pi L(D_1+D_2)\div2=8\times0.942m^2=7.54m^2=0.754(10m^2)$

清单工程量计算见下表：

清单工程量计算表

项目编码	项目名称	项目特征描述	计量单位	工程量
030902001001	镀锌风管	渐缩风管 $D_{大}=500mm$，$D_{小}=100mm$	m^2	7.54

套用定额 9－14，基价：533.38 元；其中人工费 254.72 元，材料费 196.63 元，机械费82.03元。

【例 1-74】　如图 1-89 所示为单层百叶风口制作安装，计算工程量并套用定额。

【解】　单层百叶风口安装 2 个，5 号，400×240

单个风口周长为 $2\times(0.4+0.24)m=1.28m$

查标准重量表 T202－2 可知尺寸为 400×240 的单层百叶风口 1.94kg/个

则单层百叶风口的制作安装工程量为 $1.94\times2kg=3.88kg=0.0388(100kg)$

1）制作　套用定额 9－94，基价：2014.47 元，其中：人工费 1477.95 元，材料费 520.88 元，机械费 15.64 元。

2）安装　套用定额 9－134，基价：8.64 元，其中：人工费 5.34 元，材料费 3.08 元，机械费 0.22 元

清单工程量计算见下表：

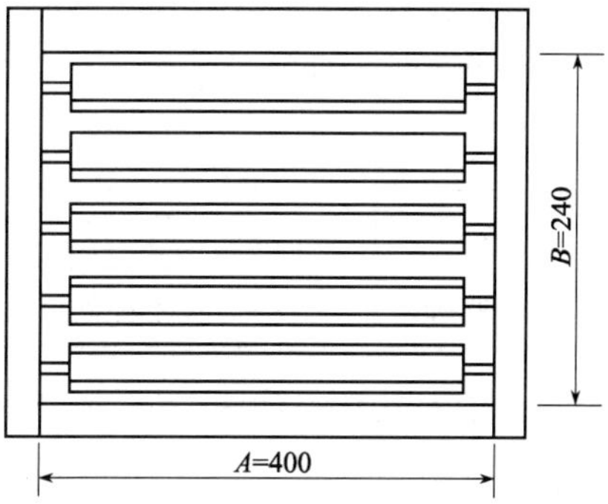

图 1-89　单层百叶风口尺寸示意图

清单工程量计算表

项目编码	项目名称	项目特征描述	计量单位	工程量
030903007001	百叶风口	单层，5 号，400×240	个	2

【例 1-75】　如图 1-90 双层百叶风口制作安装，计算工程量并套用定额。

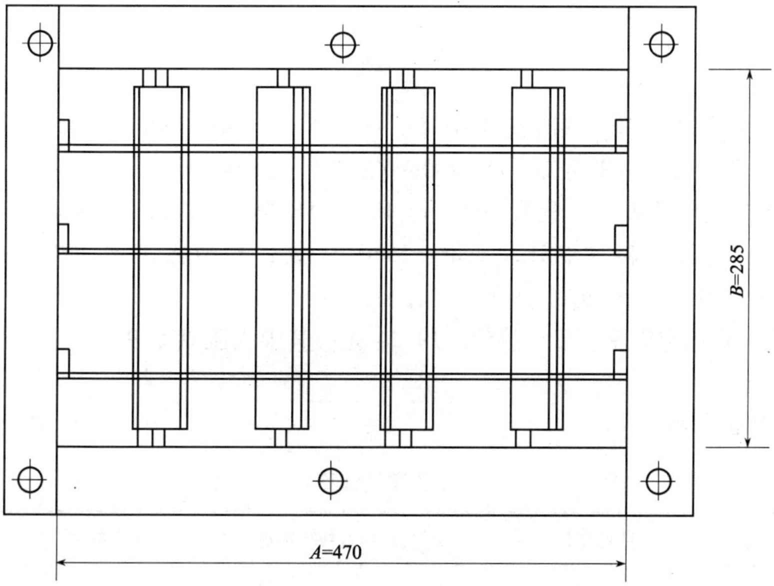

图 1-90　双层百叶风口尺寸示意图

【解】　双层百叶风口安装4个，6号，470×285

单个风口周长为2×(0.47+0.285)m=0.755×2m=1.51m

查标准重量表T202-2可知，尺寸为470×285的双层百叶风口5.66kg/个

则双层百叶风口的制作安装工程量为5.66×4kg=22.64kg

1）制作　套用定额9-97，基价：1086.70元；其中人工费575.62元，材料费496.61元，机械费14.47元

2）安装　套用定额9-135，基价：14.97元；其中人工费10.45元，材料费4.30元，机械费0.22元

清单工程量计算见下表：

清单工程量计算表

项目编码	项目名称	项目特征描述	计量单位	工程量
030903007001	百叶风口	双层，6号，470×285	个	4

【例1-76】　如图1-91所示为手柄式圆形9-16号钢制蝶阀制作安装，计算工程量并套用定额。

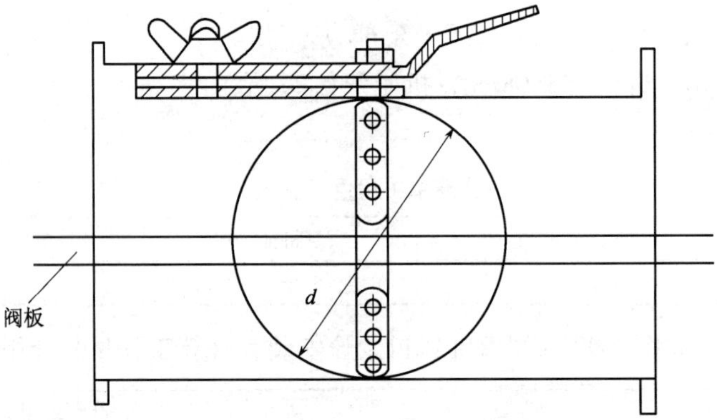

图1-91　蝶阀示意图

【解】　圆形12号钢制蝶阀安装10个，$D=400$mm，$d=390$mm

查标准重量表T302-T可知：$D=400$mm的蝶阀8.86kg/个

所以钢制蝶阀制作安装工程量为8.86×10kg=88.6kg=0.886(100kg)

1）制作　套用定额9-51，基价：1580.21元；其中人工费700.55元，材料费416.87元，机械费462.79元

2）安装　套用定额9-73，基价：19.24元；其中人工费6.97元，材料费3.33元，机械费8.94元

清单工程量计算见下表：

清单工程量计算表

项目编码	项目名称	项目特征描述	计量单位	工程量
030903001001	蝶阀	$D=400$mm	个	10

【例 1-77】 如图 1-92 所示为圆伞形风帽制作安装，计算工程量并套用定额。

【解】 圆伞形风帽安装 3 个，$D=280\text{mm}$

查标准重量表 T609 可知，$D=280\text{mm}$ 的圆伞形风帽 5.09kg/个

则圆伞形风帽制作安装工程量为 $5.09\times3\text{kg}=15.27\text{kg}=0.1527(100\text{kg})$

套用定额 9－166，基价：960.43 元；其中人工费 394.14 元，材料费 547.33 元，机械费 18.36 元

清单工程量计算见下表；

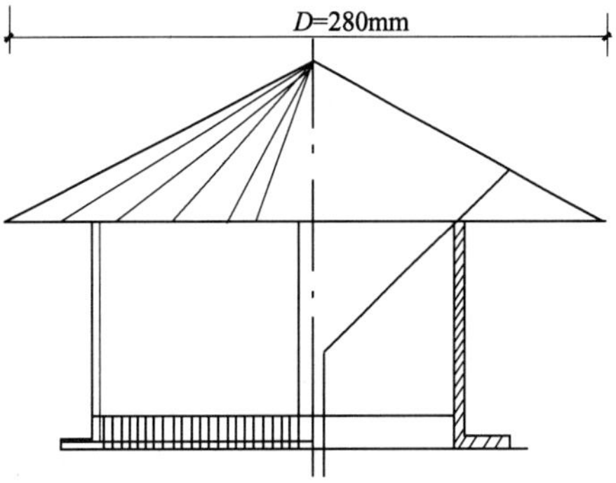

图 1-92 圆伞形风帽示意图

清单工程量计算表

项目编码	项目名称	项目特征描述	计量单位	工程量
030903012001	风帽	圆伞形，$D=280\text{mm}$	个	3

【例 1-78】 如图 1-93、图 1-94 所示为消声器的制作安装，计算工程量。(单位：mm)

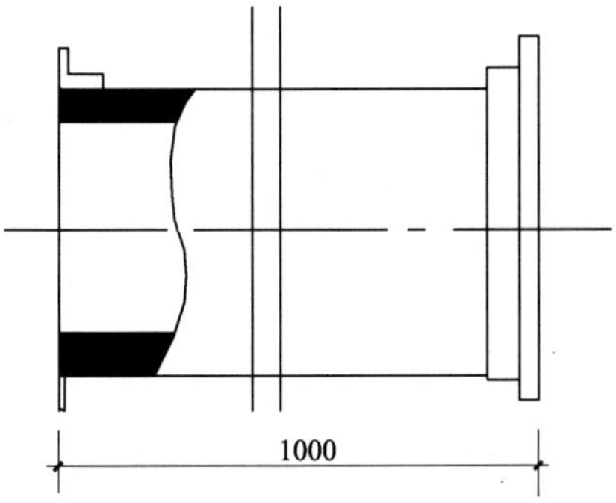

图 1-93 消声器立面图

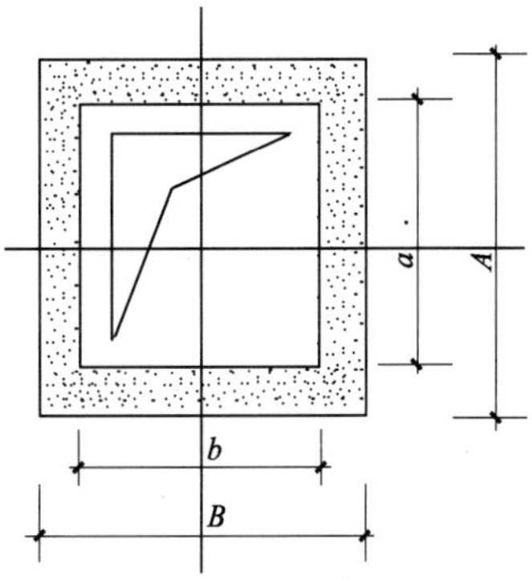

图 1-94 消声器平面图

【解】 管式消声器吸声材料采用矿棉 $A=320\text{mm}$，$B=420\text{mm}$，安装 2 个，尺寸为 320×420

查标准重量表 T701－2 可知：尺寸为 320×420 的矿棉管式消声器 38.91kg/个

则矿棉管式消声器制作安装工程量为 $38.91\times2\text{kg}=77.82\text{kg}=0.7782(100\text{kg})$

套用定额 9－196，基价：712.44 元；其中人工费 261.69 元，材料费 399.02 元，机械费 51.73 元

清单工程量计算见下表：

清单工程量计算表

项目编码	项目名称	项目特征描述	计量单位	工程量
030903020001	消声器	矿棉管式，320×420	kg	77.82

【例 1-79】 如图 1-95，图 1-96 散流器的制作安装，计算工程量并套用定额。

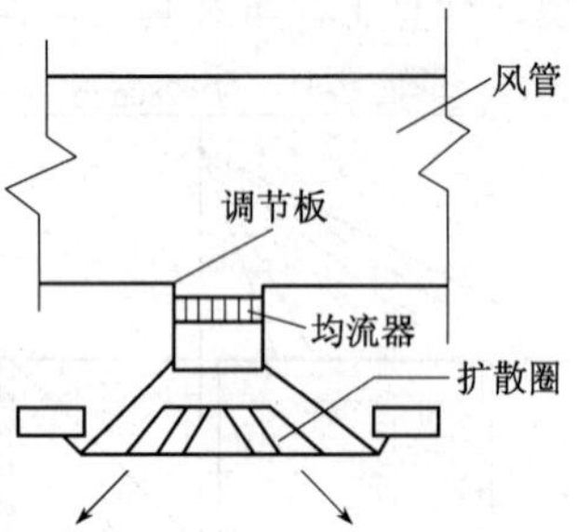

图1-95 直片式散流器示意图

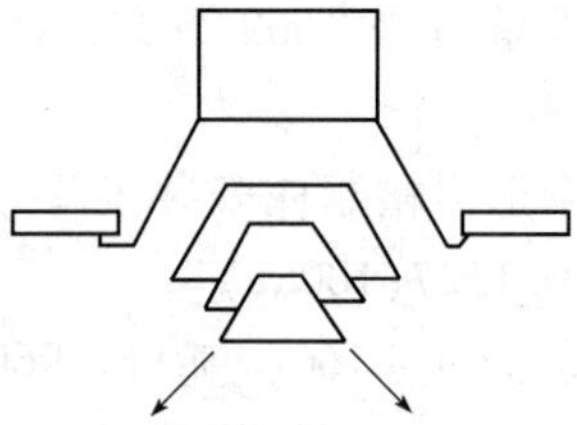

图1-96 流线型散流器示意图

【解】 直片式散流器采用200×200的尺寸安装10个

流线型散流器采用$D=250$的尺寸安装20个

查标准重量表CT211－2可知尺寸为200×200的方形直片散流器3.91kg/个

查标准重量表CT211－4可知尺寸为D＝250的流线型散流器7.94kg/个

则散流器的制作安装工程量为：(3.91×10＋7.94×20)kg＝(39.1＋158.8)kg

＝197.9kg＝1.979(100kg)

方形直片散流器：① 制作 套用定额9－112，基价：2022.96元；其中人工费1155.66元，材料费551.57元，机械费315.73元

② 安装 套用定额9－147，基价：7.56元；其中人工费5.80元，材料费1.76元

流线型散流器：① 制作 套用定额9－114，基价：2215.22元；其中人工费1293.82元，材料费556.93元，机械费364.47元

② 安装 套用定额9－150，基价：8.82元；其中人工费7.89元，材料费0.93元

清单工程量计算见下表：

清单工程量计算表

序号	项目编码	项目名称	项目特征描述	计量单位	工程量
1	030903007001	散流器	直片式，200×200	个	10
2	030903007002	散流器	流线型，$D-250$	个	20

【例1-80】 旋转吹风口的制作安装，计算工程量并套用定额。

【解】 旋转吹风口采用$D=250$mm的尺寸安装8个，

查标准重量表T209－1可知尺寸为$D=250$mm的旋转吹风口10.09kg/个，

则旋转吹风口的制作安装工程量为10.09×8kg＝80.72kg＝0.8072(100kg)

(1) 制作 套用定额9－109，基价：961.86元；其中人工费306.27元，材料费524.06元，机械费131.53元

(2) 安装 套用定额9－144，基价：20.53元；其中人工费10.91元，材料费9.62元

清单工程量计算见下表：

清单工程量计算表

项目编码	项目名称	项目特征描述	计量单位	工程量
030903007001	吹风口	$D=250$mm	个	8

【例 1-81】　如图 1-97 所示为矩形网式回风口的制作安装，计算工程量并套用定额。

【解】　矩形网式回风口采用 250×200 的尺寸安装 6 个，

查标准重量表 T262 可知尺寸为 250×200 的矩形网式回风口 0.73kg/个，

则矩形网式回风口的制作安装工程量为 0.73×6kg＝4.38kg＝0.0438(100kg)

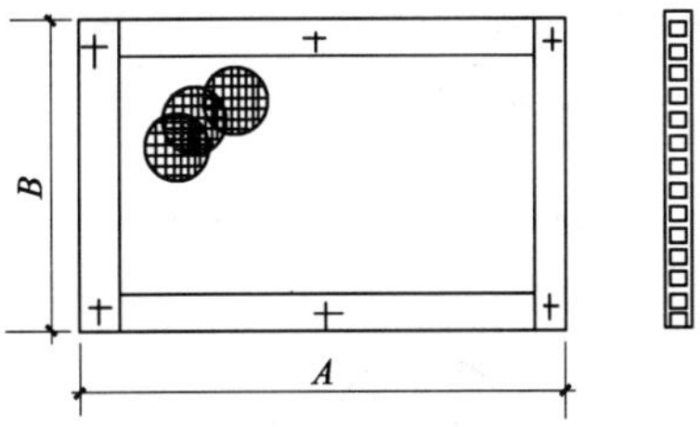

图 1-97　回风口示意图

（1）制作　套用定额 9－121，基价：1233.99 元；其中人工费 586.30 元，材料费 561.73 元，机械费 85.96 元

（2）安装　套用定额 9－158，基价：3.56 元；其中人工费 3.02 元，材料费 0.54 元

清单工程量计算见下表：

清单工程量计算表

项目编码	项目名称	项目特征描述	计量单位	工程量
030903007001	吹风口	网式，250×200	个	6

【例 1-82】　如图 1-98 塑料槽边吸风罩的制作安装，计算工程量并套用定额。

【解】　塑料槽边吸风罩采用 370×150 的尺寸安装 8 个，

查标准重量表 T451－2 可知尺寸为 370×150 的塑料槽边吸风罩 8.07kg/个，

则塑料槽边吸风罩的制作安装工程量为 8.07×8kg＝64.56kg＝0.6456(100kg)

套用定额 9－186，基价：800.32 元；其中人工费 289.55 元，材料费 481.14 元，机械费 29.63 元

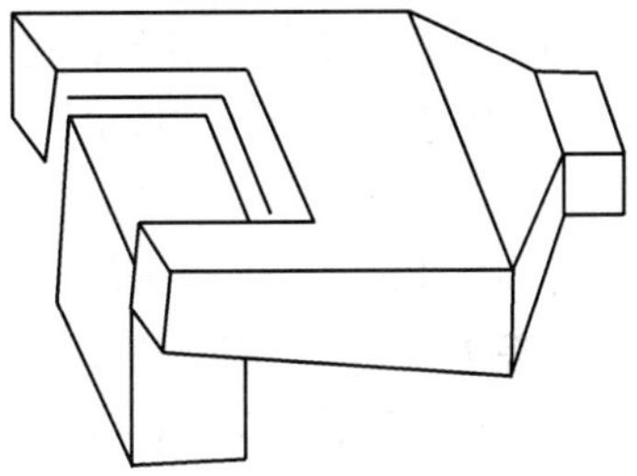

图 1-98　吸风罩示意图

清单工程量计算见下表：

清单工程量计算表

项目编码	项目名称	项目特征描述	计量单位	工程量
030903018001	塑料槽边吸风罩	370×150	kg	64.56

【例 1-83】　条缝槽边抽风罩的制作安装工程量并套用定额。

【解】　条缝槽边抽风罩采用 500×120×140 的尺寸安装 4 个，

查标准重量表单侧Ⅰ型 86T414 可知：

尺寸为 500×120×140 的条缝槽边抽风罩 11.65kg/个，

则条缝槽边抽风罩的制作安装工程量为 11.65×4kg＝46.6kg＝0.466(100kg)。

套用定额 9－188，基价：849.19 元；其中人工费 290.02 元，材料费 527.54 元，机械费 29.63 元

清单工程量计算见下表：

清单工程量计算表

项目编码	项目名称	项目特征描述	计量单位	工程量
030903017001	抽风罩	条缝槽边，500×120×140	kg	46.6

【例1-84】 如图1-99，图1-100所示为风管检查孔的制作安装，计算工程量并套用定额。

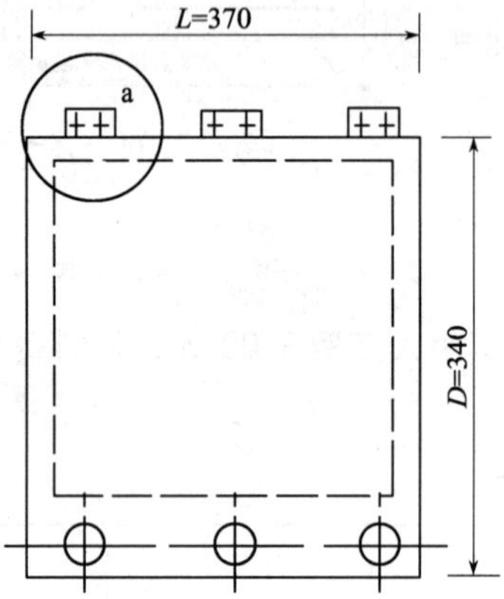

图1-99 检查孔尺寸示意图

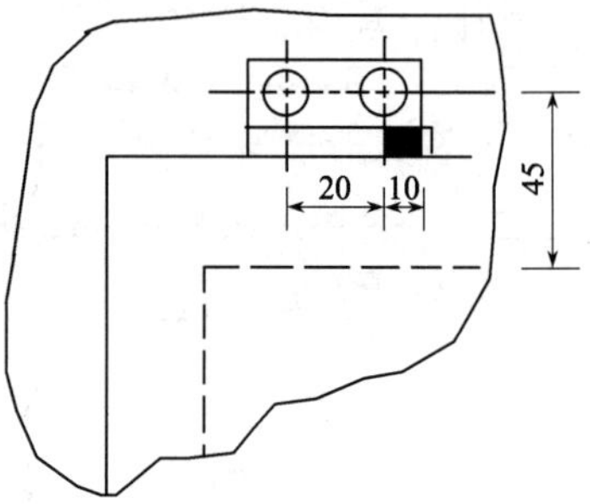

图1-100 a处大样图

【解】 风管检查孔采用Ⅱ型，370×340的尺寸安装5个，

查标准重量表T614可知尺寸 $B \times D$ 为370×340的风管检查孔2.89kg/个，

则风管检查孔的制作安装工程量为2.89×5kg=14.45kg=0.1445(100kg)。

套用定额9－42，基价：1147.41元；其中人工费486.92元，材料费543.99元，机械费116.50元

【例1-85】 手动密闭式对开多叶调节阀的制作安装工程量并套用定额。

【解】 手动密闭式对开多叶调节阀采用型号15号800×400的尺寸安装10个，

查标准重量表T308－1可知尺寸 $A \times B$ 为800×400的对开多叶调节阀19.10kg/个，

则手动密闭式对开多叶调节阀的制作安装工程量为19.10×10kg=191kg=1.91(100kg)

1）制作 套用定额9－62，基价：1103.29元；其中人工费344.58元，材料费546.37元，机械费212.34元

2）安装 套用定额9－84，基价：25.77元；其中人工费10.45元，材料费15.32元

清单工程量计算见下表：

清单工程量计算表

项目编码	项目名称	项目特征描述	计量单位	工程量
030903001001	调节阀	手动密闭式，800×400	个	10

【例1-86】 如图1-101，图1-102所示为通风机的安装，计算工程量并套用定额。

【解】 通风机选用TZ1系列机6号的轴流风机安装4台，其外形尺寸如表1-51所示

外形尺寸表（mm） **表1-51**

机号	D_1	D_2	D_3	L	P_1	P_2	L_1	L_2	H	$n \times \phi_1$	$4 \times \phi_2$
6	605	660	694	580	360	420	400	500	395	$12 \times \phi 12$	$\phi 14.5$

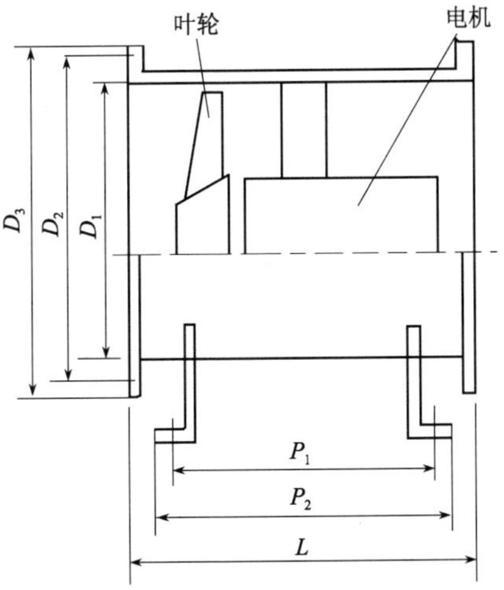

图 1-101 通风机尺寸示意图

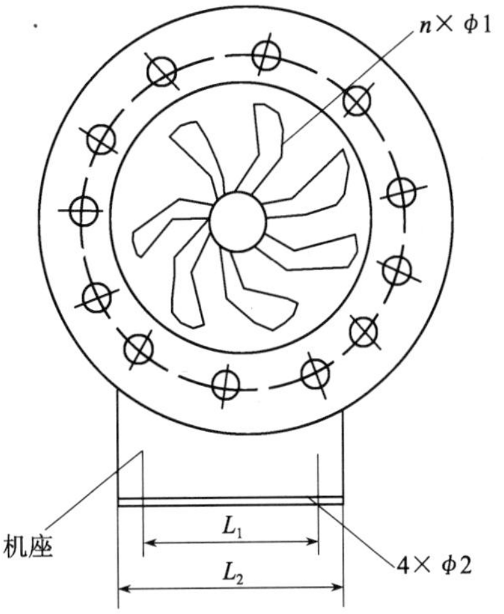

图 1-102 通风机断面图

套用定额 9－222，基价：37.23 元；其中人工费 34.83 元，材料费 2.40 元

清单工程量计算见下表：

清单工程量计算表

项目编码	项目名称	项目特征描述	计量单位	工程量
030901002001	通风机	TZ1 系列，轴流式	台	4

【例 1-87】 如图 1-103，图 1-104 所示为风机盘管的安装，计算工程量并套用定额。

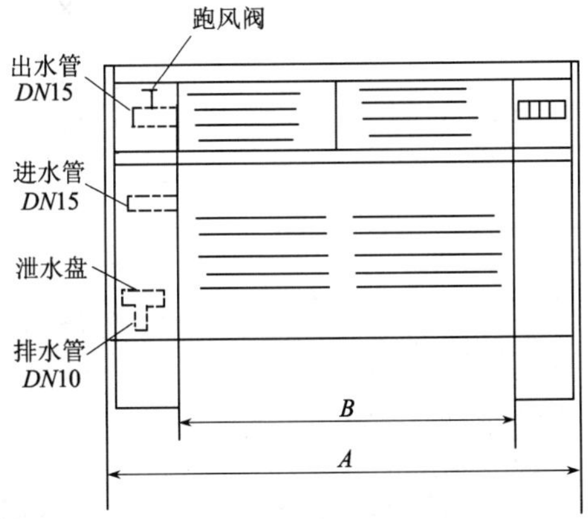

图 1-103 风机盘管示意图

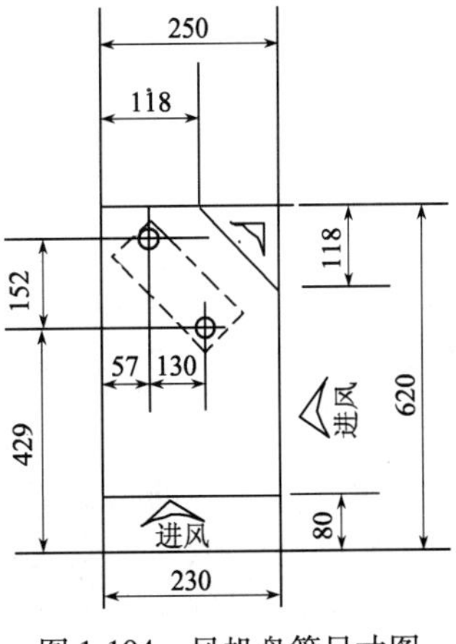

图 1-104 风机盘管尺寸图

注：出风口百叶角度可调

【解】 风机盘管选用 MLX 型立式明装，安装 20 台，其中型号 FP3.5－MLX10 台和型号 FP8－MLX10 台的外形尺寸表见表 1-52。

外形尺寸表 **表 1-52**

型号	A（mm）	B（mm）	重量（kg）
FP3.5－MLX	920	580	33
FP8－MLX	1110	770	42

套用定额9－246，基价：26.26元；其中人工费23.45元，材料费2.81元

清单工程量计算见下表：

清单工程量计算表

序号	项目编码	项目名称	项目特征描述	计量单位	工程量
1	030901005001	风机盘管	FP3.5－MLX	台	10
2	030901005002	风机盘管	FP8－MLX	台	10

【例1-88】 如图1-105、图1-106空气过滤器的安装，计算工程量并套用定额。

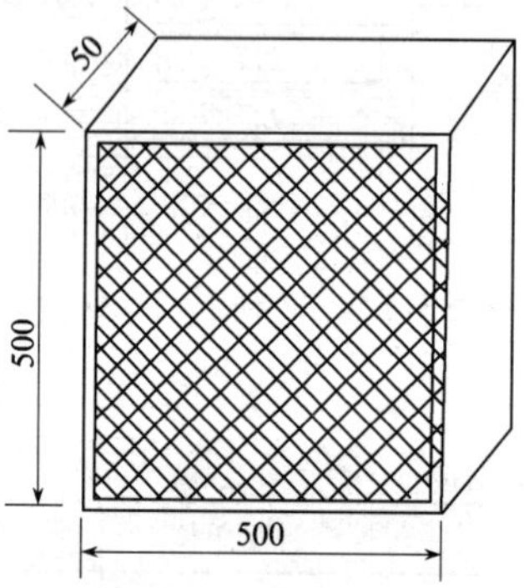

图1-105 过滤器尺寸图

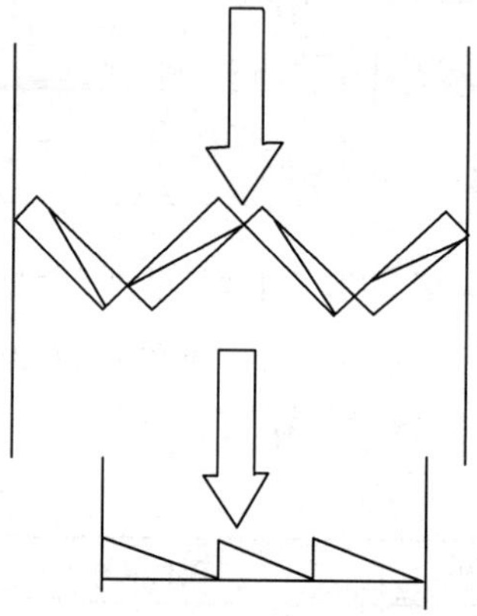

图1-106 过滤器工作示意图

【解】 空气过滤器选用LWP型初效过滤器，安装4台，包括框架的制作安装。

查标准重量表立式，匣式T521－2可知，选用框架为528×588，其重量为8.99kg/个，需要制作四个框架。

则空气过滤器的安装工程量为8.99×4kg＝35.96kg

清单工程量计算见下表：

清单工程量计算表

项目编码	项目名称	项目特征描述	计量单位	工程量
030901010001	过滤器	LWP型初效	台	4

【例1-89】 空气过滤器支架的制作安装工程量并套用定额。

【解】 LWP型空气过滤器支架选用晾干架Ⅰ型，制作4个支架，

查标准重量表T521－1.5可知，型号为晾干架Ⅰ型的LWP型空气过滤器支架59.02kg/个，

则空气过滤器支架的制作安装工程量为59.02×4kg＝236.08kg＝2.3608(100kg)

套用定额9－212，基价：414.38元；其中人工费75.23元，材料费330.52元，机械费8.63元

【例1-90】 如图1-107空气加热器的安装，计算工程量并套用定额。

【解】 选用SRZ型肋片管空气加热器安装2台，

套用定额9－213，基价：87.59元；其中人工费29.49元，材料费51.45元，机械费6.65元

清单工程量计算见下表：

清单工程量计算表

项目编码	项目名称	项目特征描述	计量单位	工程量
030901001001	空气加热器	SRZ 型肋片管	台	2

【例 1-91】　空气加热器旁通阀的制作安装。

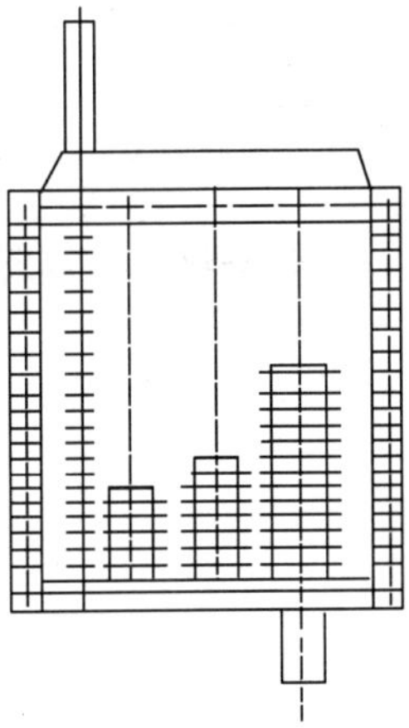

图 1-107　SRZ 型肋片管空气加热器示意图

【解】　选用型号为 SRZ　$10\times G\begin{matrix}D\\Z\\X\end{matrix}2$ 型空气加热器旁通阀安装 6 个，

查标准重量表 T101－2 可知：型号为 SRZ　$10\times 6\begin{matrix}D\\Z\\X\end{matrix}2$ 型空气加热器旁通阀 22.45kg/个，

则空气加热器旁通阀的制作安装工程量为 22.45×6kg＝134.7kg

1）制作　套用定额 9－44，基价：609.23 元；其中人工费 204.57 元，材料费 371.46 元，机械费 33.20 元

2）安装　套用定额 9－67，基价：26.53 元；其中人工费 17.42 元，材料费 9.12 元

清单工程量计算见下表：

清单工程量计算表

项目编码	项目名称	项目特征描述	计量单位	工程量
030903001001	调节阀	旁通阀，SRZ	个	6

【例 1-92】　风机减振台座的制作安装。

【解】　选用型号为 5A 的风机减振台座安装 4 个。

查标准重量表 CG327 可知型号为 5A 的风机减振台座 47.80kg/个。

则风机减振台座的制作安装工程量为 47.80×4kg＝191.2kg＝1.912（100kg）

套用定额 9－211，基价：523.29 元；其中人工费 159.75 元，材料费 348.27 元，机械费 15.27 元

【例 1-93】　滤水器及溢水盘的制作安装。

【解】　选用滤水器型为 *DN*100 Ⅱ型安装 5 个。

选用溢水盘型号为 *DN*150 Ⅰ型安装 5 个。

查标准重量表 T704－11 可知：

型号为 *DN*100 Ⅱ型的滤水器 13.68kg/个，型号为 *DN*150 Ⅰ型的溢水盘 14.76kg/个

则滤水器及溢水盘的制作安装工程量为（13.68×5＋14.76×5）kg＝142.2kg＝1.422（100kg）

滤水器　套用定额 9－207，基价：1287.98 元；其中人工费 523.15 元，材料费 722.26 元，机械费 42.57 元

溢水盘　套用定额9－208，基价：918.18元；其中人工费437.23元，材料费469.52元，机械费11.43元

清单工程量计算见下表：

清单工程量计算表

序号	项目编码	项目名称	项目特征描述	计量单位	工程量
1	030901008001	滤水器制作安装	*DN*100 Ⅱ型	个	5
2	030901008002	溢水盘制作安装	*DN*150 Ⅰ型	个	5

【例1-94】　如图1-108所示为除尘器的控制作安装装，计算工程量并套用定额。

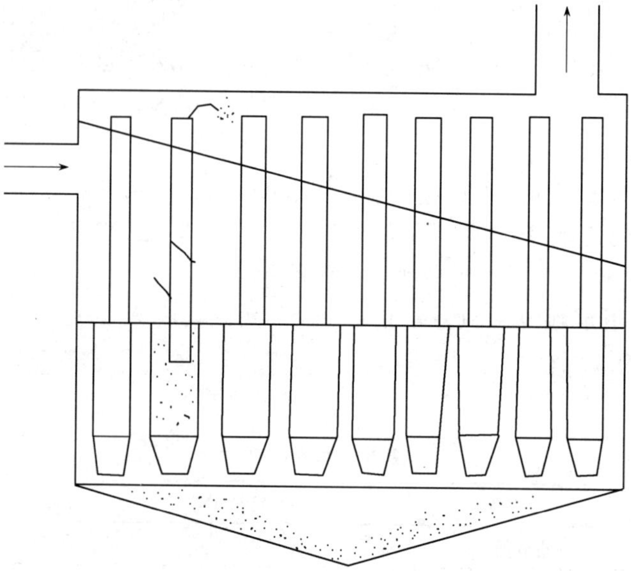

图1-108　除尘器示意图

【解】　选用CLG型多管（管）除尘器安装1台。

查标准重量表T501可知：型号为CLG的多管除尘器300kg/个。

套用定额9－232，基价：152.38元；其中人工费143.73元，材料费5.08元，机械费3.57元

管数为9管，则除尘器的制作安装工程量为300×1kg＝300kg。

清单工程量计算见下表：

清单工程量计算表

项目编码	项目名称	项目特征描述	计量单位	工程量
030901003001	除尘器	CLG，多管	台	1

【例1-95】　计算帆布软接头制作安装工程量并套用定额。

【解】　在风机吸入口处设直径$\phi600$，长度为200mm的等径帆布软管，风机出口设400×600～500×640，长度为400mm的帆布软管，

则帆布软接头的制作安装工程量为

$$F=\left[3.14\times0.6\times0.2+\frac{2\times(0.4+0.6)+2\times(0.5+0.64)}{2}\times0.4\right]m^2$$
$$=(0.3768+0.856)m^2=1.2328m^2$$

套用定额 9－41，基价：171.45 元；其中人工费 47.83 元，材料费 121.74 元，机械费1.88元

清单工程量计算见下表：

清单工程量计算表

序号	项目编码	项目名称	项目特征描述	计量单位	工程量
1	030902008001	软管	φ600	m	0.2
2	030902008002	软管	400×600～500×640	m	0.4

【例 1-96】 计算圆形管道的刷油工程量并套用定额。

【解】 圆形薄钢板风管，直径 $D=800mm$，长度 $L=6000mm$

则内外壁刷油面积 $S_1=2\pi DL=2\times3.14\times0.8\times6m^2=30.144m^2=3.0144(10m^2)$

外壁刷油面积 $S_2=\frac{S_1}{2}=\frac{30.144}{2}m^2=15.072m^2=1.5072(10m^2)$

套用定额 11－51，基价：7.34 元；其中人工费 6.27 元，材料费 1.07 元

【例 1-97】 矩形管道刷油工程量并套用定额。

【解】 矩形风管尺寸为 800×600，长度 $L=8000mm$

则内、外壁刷油工程量 $S_1=L\times2(a+b)\times2=8\times2(0.8+0.6)\times2m^2$
$=8\times4\times1.4m^2=44.8m^2=4.48(10m^2)$

外壁刷油工程量 $S_2=\frac{S_1}{2}=\frac{44.8}{2}m^2=22.4m^2=2.24(10m^2)$

套用定额 11－51，基价：7.34 元；其中人工费 6.27 元，材料费 1.07 元

【例 1-98】 计算圆矩形风管的除锈工程量并套用定额。

【解】 圆形薄钢板风管直径 $D=600mm$，长度 $L=5000mm$

矩形风管尺寸规格为 600×400，长度 $L=6000mm$

则圆矩形风管的除锈工程量为

$$2\pi DL+2L\times2(a+b)=[2\times3.14\times0.6\times5+2\times6\times2\times(0.6+0.4)]m^2$$
$$=(18.84+24)m^2=42.84m^2=4.284(10m^2)$$

套用定额 11－1，基价：11.27 元；其中人工费 7.89 元，材料费 3.38 元

【例 1-99】 计算通风部件的除锈刷油工程量并套用定额。

【解】 （1）风口与蝶阀的重量为其单个重量（从标准图查得）×个数，其刷油工程量如下：

单层百叶风口单个重×个数＝1.94×2kg＝3.88kg

双层百叶风口单个重×个数＝5.66×4kg＝22.64kg

*DN*250 旋转吹风口单个重 × 个数 = 10.09 × 8kg = 80.72kg
矩形网式回风口单个重 × 个数 = 0.73 × 6kg = 4.38kg
*DN*400 钢制蝶阀单个重 × 个数 = 8.86 × 10kg = 88.6kg
800 × 400 手动密闭式对开多叶调节阀单个重 × 个数 = 19.10 × 10kg = 191kg
合计总工程量为(3.88 + 22.64 + 80.72 + 4.38 + 88.6 + 191)kg = 391.22kg
（2）吸气罩、风帽的除锈刷油工程量为其制作安装工程量
[15.27 + (64.56 + 23.3)]kg = 103.13kg
15.27kg 为风帽工程量，（64.56 + 23.3）kg 为吸气罩工程量。
（3）空气过滤器框架除锈刷油工程量同其制作安装工程量：35.96kg
（4）进风过滤段金属壳体除锈刷油的工程量
给出进风过滤段金属壳体外表面积 $S_1 = 12.98\text{m}^2$
则内、外壁刷油、除锈工程量 $S_2 = 2S_1 = 2 \times 12.98\text{m}^2 = 25.96\text{m}^2$
外壁刷油、除锈工程量 $S_3 = S_1 = 12.98\text{m}^2$
工程预算表见表 1-53。

工程预算表 **表 1-53**

序号	定额编号	分项工程名称	定额单位	工程量	基价（元）	其中（元）		
						人工费	材料费	机械费
1	11－117	单层百叶风口刷油	100kg	0.0388	13.17	5.34	0.87	6.96
2	11－117	双层百叶风口刷油	100kg	0.2264	13.17	5.34	0.87	6.96
3	11－117	*DN*250 旋转吹风口刷油	100kg	0.8072	13.17	5.34	0.87	6.96
4	11－117	矩形网式回风口刷油	100kg	0.0438	13.17	5.34	0.87	6.96
5	11－117	*DN*400 钢制蝶阀刷油	100kg	0.886	13.17	5.34	0.87	6.96
6	11－117	对开多叶调节阀刷油	100kg	1.91	13.17	5.34	0.87	6.96
7	11－7	吸气罩除锈	100kg	0.8786	17.35	7.89	2.50	6.96
8	11－117	吸气罩刷油	100kg	0.8786	13.17	5.34	0.87	6.96
9	11－7	风帽除锈	100kg	0.1527	17.35	7.89	2.50	6.96
10	11－117	风帽刷油	100kg	0.1527	13.17	5.34	0.87	6.96
11	11－7	空气过滤器框架除锈	100kg	0.3596	17.35	7.89	2.50	6.96
12	11－117	空气过滤器框架刷油	100kg	0.3596	13.17	5.34	0.87	6.96
13	11－4	金属壳体除锈	10m^2	2.596	11.74	8.36	3.38	—
14	11－84	金属壳体刷油	10m^2	2.596	6.87	5.80	1.07	—

【例 1-100】 某商务中心通风空调工程，用 $\delta = 2\text{mm}$ 镀锌钢板制作，安装 $\phi = 800$ 的通风管 30m（直管），弯头 5 个、三通 2 个，长度均为 1m，风管采用咬口连接，超细玻璃棉保温 $\delta = 80\text{mm}$，外缠塑料布一道，玻璃丝布二道，刷调合漆二道。计算该项目的工程量并套用定额。

【解】　（1）风管制作、安装的工程量为

$$\pi DL = 3.14 \times 0.8 \times (30+5+2)\text{m}^2 = 92.94\text{m}^2$$

注：风管长度应包括弯头、三通等管件长度，但不包括阀门、消音器等部件长度。

（2）风管保温的工程量

根据 $V = \pi(D+1.033\delta) \times 1.033\delta \times L$

$= 3.14 \times (0.8+1.033 \times 0.08) \times 1.033 \times 0.08 \times 37\text{m}^2$

$= 3.14 \times 0.88264 \times 1.033 \times 0.08 \times 37\text{m}^2 = 8.47\text{m}^3$

（3）防潮层的工程量

根据 $S_1 = \pi(D+2.1\delta+0.0082) \times L$

$= 3.14 \times (0.8+2.1 \times 0.08+0.0082) \times 37 = 113.41\text{m}^2$

（4）保护层的工程量

根据 $S_2 = \pi(D+2.1\delta+0.0082) \times L \times 2 = 226.82\text{m}^2$

（5）保护层刷漆的工程量

$S_3 = S_1 \times 2 = 113.41\text{m}^2 \times 2 = 226.82\text{m}^2$

工程预算表见表 1-54。

工程预算表　　**表 1-54**

序号	定额编号	分项工程名称	定额单位	工程量	基价（元）	其中（元）		
						人工费	材料费	机械费
1	9－11	风管制作、安装	10m^2	9.2944	541.81	256.35	211.04	74.42
2	11－2086	风管保温	m^3	8.47	87.39	43.19	37.45	6.75
3	11－2157	防潮层	10m^2	11.341	11.11	10.91	0.20	—
4	11－2153	保护层	10m^2	22.682	11.11	10.91	0.20	—
5	11－51	保护层刷漆	10m^2	22.682	7.34	6.27	1.07	—

【例 1-101】　某办公楼通风工程需安装玻璃钢风道（带保温夹层，$\delta = 30\text{mm}$）截面尺寸 1000mm × 300mm，风道长度 18.5m，风道由发包方供应。落地支架两处，一处 56kg，一处 78kg，计算该项目的工程量并套用定额。

【解】　（1）玻璃钢风管安装工程量

$$2(a+b) \times L = 2 \times (1+0.3) \times 18.5\text{m}^2 = 48.1\text{m}^2 = 4.81(10\text{m}^2)$$

套用定额9－346，基价：196.98；其中人工费83.13 元，材料费111.33 元，机械费2.52 元

（2）落地支架制作安装工程量

$$(56+78)\text{kg} = 134\text{kg}$$

套用定额9－212，基价：414.38；其中人工费75.23 元，材料费330.52 元，机械费8.63 元

清单工程量计算见下表：

清单工程量计算表

项目编码	项目名称	项目特征描述	计量单位	工程量
030902006001	玻璃钢风管	带保温夹层，$\delta = 30\text{mm}$，1000 × 300	m^2	48.1

【例 1-102】 某车间安装两套排风系统（P－1 系统和 P－2 系统）图 1-109 为某车间排风平面图、图 1-110 为 P－1 及 P－2 通风系统图，设备部件数量及规格：

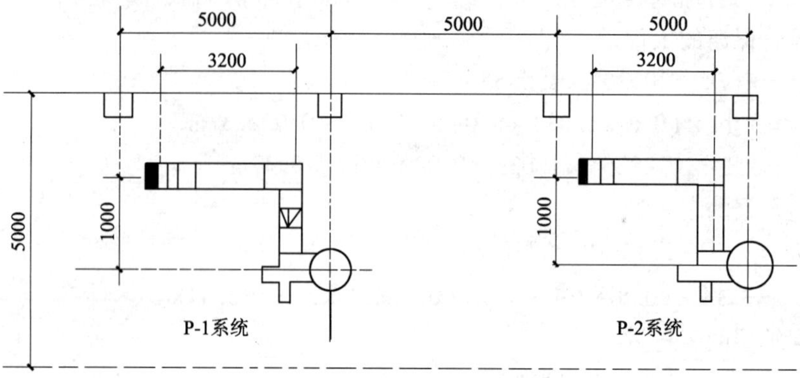

图 1-109 某车间排风平面图

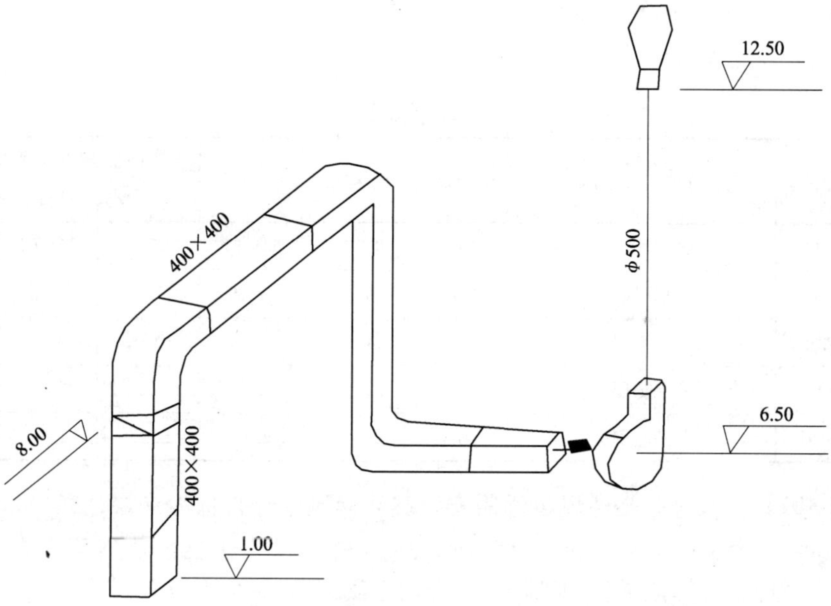

图 1-110 P－1 及 P－2 通风系统图

（1）离心通风机、型号 4－T2 型 N_0. 2. 8－6A　　2 台

（2）拉链式钢制蝶阀：型号为 10 号　　320×500，2 个

（3）锥形风帽：ϕ500，2 个

请计算该系统的工程量并套用定额

【解】 （1）风管制作安装的工程量

薄钢板镀锌风管 δ＝1. 2mm 以内，两个系统尺寸相同

只计算一个系统乘 2 即可

1）圆形风管

立管（ϕ500mm），最高点标高减去离心风机接口处（帆布管接口）标高，即(12. 50－

6.50－0.4）m＝5.6m，则圆形风管的工程量为 $2\pi DL=2\times3.14\times0.5\times5.6\text{m}^2=17.58\text{m}^2$

2）矩形风管（400×400）

风管长度 $L=[8-1+3.2+1+8-6.50-(0.4+0.15)]\text{m}=12.15\text{m}$

其中0.4为帆布接头长度，0.15为蝶阀长度

则矩形风管的工程量为 $2L\times2(a+b)=2\times12.15\times2\times(0.4+0.4)\text{m}^2=2\times12.15\times2\times0.8\text{m}^2=38.88\text{m}^2$

（2）离心通风机安装工程量

选用4－72型NO.2.8－6A离心通风机安装2台

（3）帆布接口制作安装工程量

风机吸入口设400×400，长度为400mm的帆布软管风机出口处设直径 $\phi500$，长度为400mm的帆布软管，则工程量为

$$F=[3.14\times0.5\times0.4+2\times(0.4+0.4)\times0.4]\text{m}^2$$
$$=(0.628+0.64)\text{m}^2=1.204\text{m}^2$$

（4）拉链式蝶阀制作安装工程量

选用10号320×500，拉链式钢制蝶阀2个，

查标准重量表保温T302－6，可知10号钢制蝶阀12.64kg/个，

则工程量为 $12.64\times2\text{kg}=25.28\text{kg}$

（5）锥形风帽制作安装工程量

选用 $\phi500$ 的锥形风帽安装2个，

查标准重量表T610，可知 $\phi500$ 锥形风帽48.26kg/个，

则工程量为 $48.26\times2\text{kg}=96.52\text{kg}$

清单工程量计算见下表：

清单工程量计算表

序号	项目编码	项目名称	项目特征描述	计量单位	工程量
1	030902001001	镀锌风管	$\phi500$	m^2	17.58
2	030902001002	镀锌风管	400×400	m^2	38.88
3	030901002001	通风机	离心式，4－72型号 NO.2.8－6A	台	2
4	030902008001	软管	400×400	m	0.4
5	030902008002	软管	$\phi500$	m	0.4
6	030903001001	蝶阀	拉链式，320×500	个	2
7	030903012001	风帽	锥形，$\phi500$	个	2

工程预算表见表1-55。

工程预算表

表 1-55

序号	定额编号	分项工程名称	定额单位	工程量	基价（元）	其中（元）		
						人工费	材料费	机械费
1	9－2	圆形风管制作安装	$10m^2$	1.7584	378.10	208.75	145.40	23.95
2	9－6	矩形风管(400×400)制作安装	$10m^2$	3.888	387.05	154.18	213.52	19.35
3	9－216	离心通风机安装	台	2	34.15	19.74	14.41	—
4	9－41	帆布接口制作安装	m^2	1.204	171.45	47.83	121.74	1－88
5	9－52	拉链式蝶阀制作	100kg	0.2528	872.86	265.64	418.17	189.05
6	9－74	拉链式蝶阀安装	个	2	40.98	12.07	15.32	13.59
7	9－170	链形风帽制作安装	100kg	0.9652	736.78	171.83	552.51	12.44

【例 1-103】 某通风空调工程，需要完成的部分制作安装项目有：水平式风机盘管（HFCA04，风量 $800m^3/h$）30 台，在吊顶内安装，矩形镀锌薄钢板通风管道：800×500，净长 60m，板厚 1.0mm，风管检查孔 12 个（270×230，T614，1.68kg/个）；630×320 长 200m（包括调节阀所占长度），板厚 0.75mm，风管检查孔 40 个（270×230，1.68kg/个）手动密闭对开多叶调节阀 40 个（630×320，镀锌钢板制 T308－1，14.70kg/个）铝合金方形散流器 72 个（FK－20，200×200），请计算该工程的工程量。

【解】 （1）水平式风机盘管

水平式风机盘管吊顶安装 30 台，型号 HFCA04，风量 $800m^3/h$。

（2）矩形镀锌薄钢板风管

1）800×500　$F_1=(0.8+0.5)\times2\times60m^2=156m^2$

2）630×320　$F_2=(0.63+0.32)\times2\times(200-0.21\times40)m^2$

$=1.9\times191.6m^2=364.04m^2$

（3）风管检查孔

270×230　$F=(12+40)\times1.68kg=52\times1.68kg=87.36kg$

（4）手动密闭对开多叶调节阀制作安装

选用镀锌钢板制作 630×320 手动密闭对开多叶调节阀 40 个，

则工程量 14.70×40kg＝588kg。

（5）铝合金方形散流器

铝合金方形散流器安装 72 个，型号 FK－20 ，200×200

（6）通风工程检测、调试

通风工程检测调试安装系统 1 个。

清单工程量计算见下表：

清单工程量计算表

序号	项目编码	项目名称	项目特征描述	计量单位	工程量
1	030901005001	风机盘管	水平式，HFCA04	台	30
2	030902001001	镀锌风管	800×500	m^2	156
3	030902001002	镀锌风管	630×320	m^2	364.04

续表

序号	项目编码	项目名称	项目特征描述	计量单位	工程量
4	030903001001	调节阀	手动密闭式对开多叶，630×320	个	40
5	030903011001	散流器	FK－20，200×200，铝合金	个	72
6	030904001001	通风工程检测、调试		系统	1

工程预算表见表1-56。

工程预算表　　**表1-56**

序号	定额编号	分项工程名称	定额单位	工程量	基价（元）	其中（元）		
						人工费	材料费	机械费
1	9－245	水平式风机盘管	台	30	98.69	28.79	66.11	3.79
2	9－15	矩形镀锌薄钢板风管(800×500)	$10m^2$	15.6	410.82	179.72	180.18	50.92
3	9－14	矩形镀锌薄钢板风管(630×320)	$10m^2$	36.404	533.38	254.72	196.63	82.03
4	9－42	风管检查孔(270×230)	100kg	0.8736	1147.41	486.92	543.99	116.50
5	9－62	手动密闭对开多叶调节阀制作	100kg	5.88	1103.29	344.58	546.37	212.34
6	9－84	手动密闭对开多叶调节阀安装	个	40	25.77	10.45	15.32	—
7	9－147	铝合金方形散流器安装	个	72	7.56	5.80	1.76	—

第二节　综合实例

【例1-104a】　某建筑物的浴室、卫生间、厕所、更衣室等安设一组排风系统，该系统由离心风机、风口、调节阀、蝶阀、伞形风帽等组成，如图1-111、1-112所示。

设备与部件数量规格如下：

（1）离心式通风机：4－134－T2型　8号　1台

（2）帆布接口：$1.5m^2$

（3）连动百叶风口：T202－4　300×240　2.35kg/个　2个

（4）连动百叶风口：T202－4　500×330　4.07kg/个　2个

（5）连动百叶风口：T202－4　500×375　4.50kg/个　4个

（6）圆伞形风帽：T609　11号　ϕ630　21.32kg/个　1个

（7）手动密闭式对开多叶调节阀：T308－1　4号　320×320　10.50kg/个　1个

（8）手动密闭式对开多叶调节阀：T308－1　7号　630×320　14.7kg/个　1个

（9）圆形拉链式蝶阀：保温T302－2　ϕ200　1号　3.85kg/个　2个

（10）玻璃钢风管若干m^2，$\delta=4mm$以内。

图1-111为某建筑一层通（排）风安装平面图。

图1-112为某建筑一层通（排）风系统图。

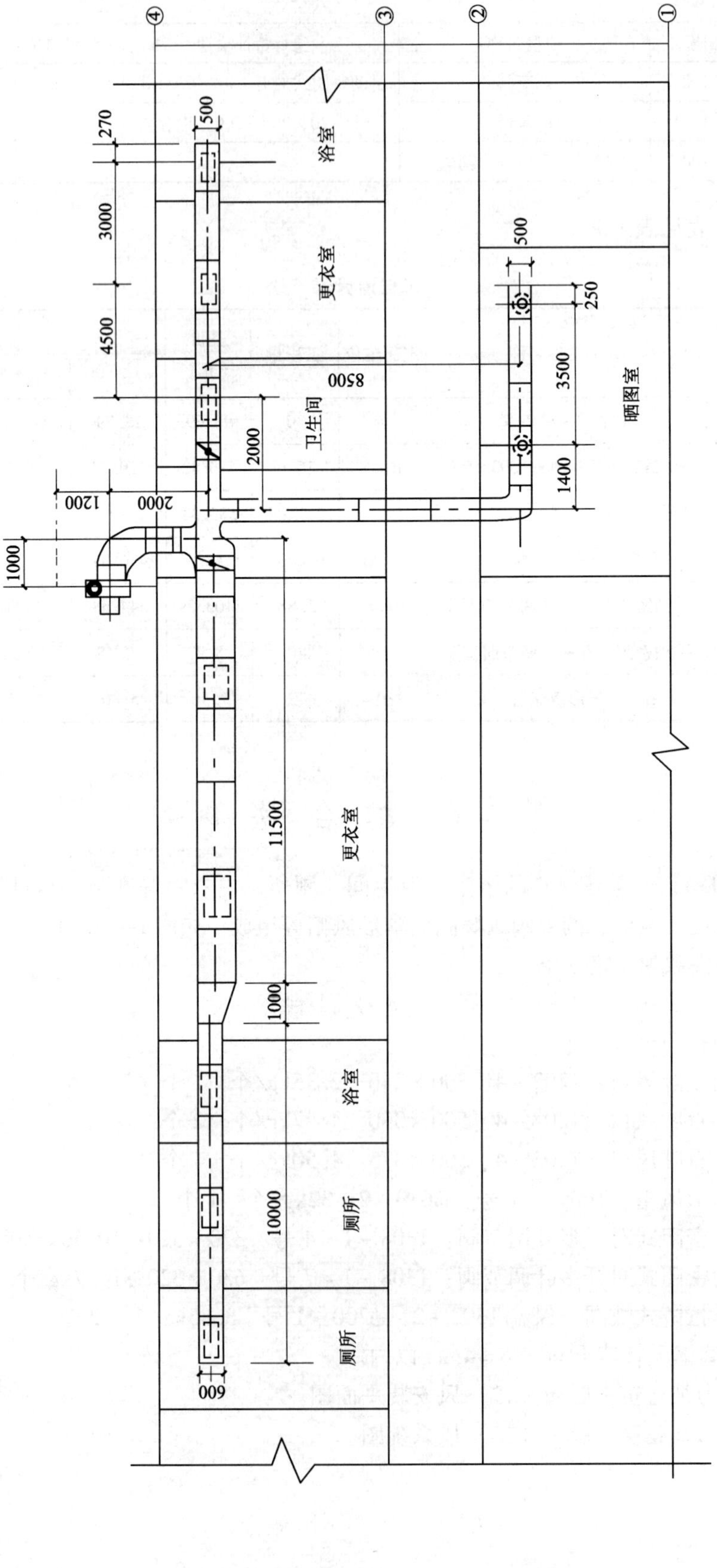

图1-111 某建筑一层通（排）风安装平面图

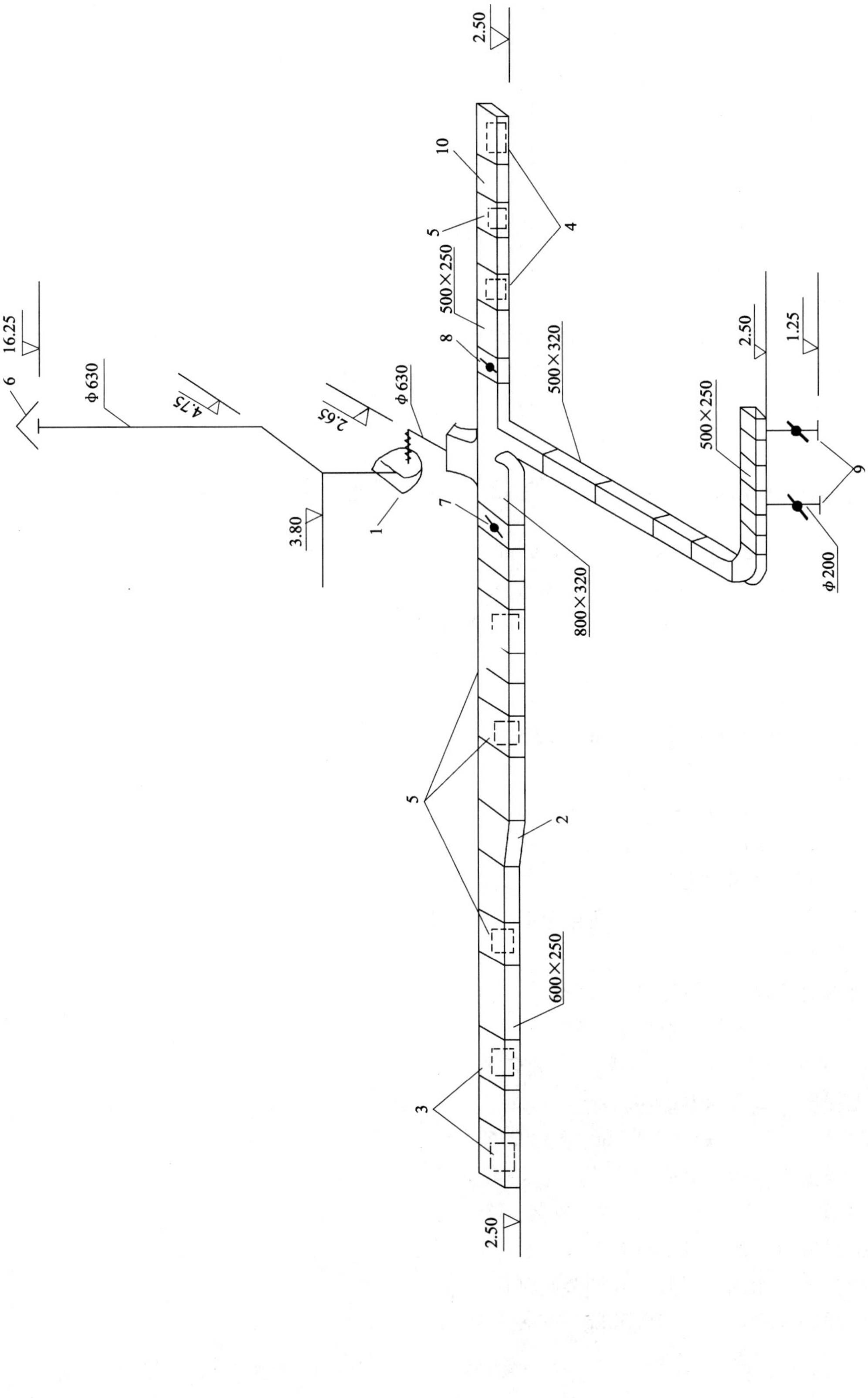

图 1-112　某建筑一层通（排）风系统图

【解】 (1) 玻璃钢风管制作安装

1) 500×250 长度 $L=(2+4.5+3+0.27+1.4+3.5+0.25)\text{m}=14.92\text{m}$（平面图上）

减去调节阀长度0.21m，即 $(14.92-0.21)\text{m}=14.71\text{m}$

展开周长 $2\times(0.5+0.25)\text{m}=1.5\text{m}$

工程量为 $1.5\times14.71\text{m}^3=22.07\text{m}^2$

2) 500×320 长度 $L=8.5\text{m}$（平面图上）

展开周长 $2\times(0.5+0.32)\text{m}=1.64\text{m}$

工程量为 $1.64\times8.5\text{m}^2=13.94\text{m}^2$

3) 600×250 长度 $L=10\text{m}$（平面图上）

展开周长 $2\times(0.6+0.25)\text{m}=1.7\text{m}$

工程量为 $10\times1.7\text{m}^2=17\text{m}^2$

4) 800×320 长度 $L=11.5\text{m}$（平面图上）

减去多叶调节阀占位置长度0.21m，即 $(11.5-0.21)\text{m}=11.29\text{m}$

展开周长 $2\times(0.8+0.32)\text{m}=2.24\text{m}$

工程量为 $2.24\times11.29\text{m}^2=25.30\text{m}^2$

5) 圆风管 $\phi630$ 长度 $L=(\underset{\text{标高}}{\underline{16.25-4.75}}+1.2+\underset{\text{标高}}{\underline{3.80-2.65}}-\underset{\text{帆布软管}}{\underline{0.2}}+2)\text{m}=15.65\text{m}$

展开周长 $\pi d=3.14\times0.63\text{m}=1.98\text{m}$

工程量为 $1.98\times15.65\text{m}^2=30.99\text{m}^2$

6) 圆风管 $\phi200$ 长度
$$\begin{aligned}L&=(2.50-1.25+0.25\div2)\times2\text{m}\\&=(1.25+0.125)\times2\text{m}\\&=2.75\text{m}\end{aligned}$$

减去两个蝶阀长度 $2\times0.5\text{m}=0.3\text{m}$

则长度为 $(2.75-0.3)\text{m}=2.45\text{m}$

展开周长 $\pi d=3.14\times0.2\text{m}=0.628\text{m}$

工程量为 $0.628\times2.45\text{m}^2=1.54\text{m}^2$

(2) 离心通风机安装

离心式通风机安装1台，型号为4-134-T2 8号

(3) 帆布短管

帆布短管制作安装工程量 1.5m^2

(4) 连动百叶风口制作、安装

1) 300×240 每个2.35kg 安装2个

工程量为 $2.35\times2\text{kg}=4.7\text{kg}$

2) 500×330 每个4.07kg 安装2个

工程量为 $4.07\times2\text{kg}=8.14\text{kg}$

3) 500×375 每个4.50kg 安装4个

工程量为 $4.50\times4\text{kg}=18\text{kg}$

(5) 手动密闭式对开多叶调节阀制作安装

1) 320×320 每个10.50kg 安装1个

工程量为 $10.50 \times 1kg = 10.50kg$

2）630×320 每个 14.70kg 安装 1 个

工程量为 $14.70 \times 1kg = 14.70kg$

（6）圆形拉链式蝶阀制作安装

1 号 $\phi200$ 每个 3.85kg 安装 2 个

工程量为 $3.85 \times 2kg = 7.7kg$

（7）圆伞形风帽制作安装

11 号 $\phi630$ 每个 21.32kg 安装 1 个

工程量为 $21.32 \times 1kg = 21.32kg$

清单工程量计算见下表：

清单工程量计算表

序号	项目编码	项目名称	项目特征描述	计量单位	工程量
1	030902006001	玻璃钢风管	500×250	m^2	22.07
2	030902006002	玻璃钢风管	500×320	m^2	13.94
3	030902006003	玻璃钢风管	600×250	m^2	17
4	030902006004	玻璃钢风管	800×320	m^2	25.30
5	030902006005	玻璃钢风管	$\phi630$	m^2	30.99
6	030902006006	玻璃钢风管	$\phi200$	m^2	1.54
7	030901002001	通风机	离心式，4-134-T2，8 号	台	1
8	030903010001	百叶风口	连动，300×240，玻璃	个	2
9	030903010002	百叶风口	连动，500×330，玻璃	个	2
10	030903010003	百叶风口	连动，500×375，玻璃	个	4
11	030903001001	调节阀	手动密闭式，320×320	个	1
12	030903001002	调节阀	手动密闭式，630×320	个	1
13	030903001003	蝶阀	圆形拉链式，1 号，$\phi200$	个	2
14	030903012001	风帽	圆伞形，11 号，$\phi630$	个	1

工程预算表见表 1-57。

工程预算表 **表 1-57**

序号	定额编号	分项工程名称	定额单位	工程量	基价（元）	其中（元）		
						人工费	材料费	机械费
1	9-337	玻璃钢风管制作安装（500×250）	$10m^2$	2.2065	232.35	84.75	142.64	4.96
2	9-337	玻璃钢风管制作安装（500×320）	$10m^2$	1.394	232.35	84.75	142.64	4.96
3	9-337	玻璃钢风管制作安装（600×250）	$10m^2$	1.7	232.35	84.75	142.64	4.96
4	9-338	玻璃钢风管制作安装（800×320）	$10m^2$	2.52896	172.81	63.85	106.44	2.52
5	9-334	圆风管 $\phi630$	$10m^2$	3.0987	208.14	85.91	117.90	4.33
6	9-332	圆风管 $\phi200$	$10m^2$	0.15386	374.51	220.13	133.07	21.31

续表

序号	定额编号	分项工程名称	定额单位	工程量	基价（元）	其中（元）		
						人工费	材料费	机械费
7	9-218	离心通风机安装	台	1	202.73	172.99	29.74	—
8	9-41	帆布短管	m^2	1.5	171.45	47.83	121.74	1.88
9	9-100	连动百叶风口制作安装（300×240）	100kg	0.047	2169.56	1190.49	539.07	440.00
10	9-101	连动百叶风口制作安装（500×330）	100kg	0.0814	1770.77	972.45	506.61	291.71
11	9-101	连动百叶风口制作安装（500×375）	100kg	0.18	1770.77	972.45	506.61	291.71
12	9-62 9-84	手动密闭式对开多叶调节阀制作安装（320×320）	100kg 个	0.1050 1	1103.29 25.77	344.58 10.45	546.37 15.32	212.34 —
13	9-62 9-84	手动密闭式对开多叶调节阀制作安装(630×320)	100kg 个	0.1470 1	1103.29 25.77	344.58 10.45	546.37 15.32	212.34 —
14	9-51	圆形拉链式蝶阀制作安装（1号 $\phi200$）	100kg	0.077	1580.21	700.55	416.87	462.79
15	9-167	圆伞形风帽制作安装（11号 $\phi630$）	100kg	0.2132	697.95	159.75	529.86	8.34

【例1-104b】 某车间送风系统，通风管道采用镀锌钢板制成，其中1000×800，800×800段采用1.2mm厚镀锌钢板；400×400段采用0.75mm厚镀锌钢板。

部件有：矩形送风口（400×400）共42个。

方形直片散流器（400×400）共3个。

图1-113为某车间通风管道平面图，图1-114为某车间通风管道1-1剖视图。

【解】 （1）镀锌钢板风管制作安装

1）风管（1000×800）

长度 $L=(17.5+4.5)\text{m}=22\text{m}$，展开周长 $2\times(1+0.8)\text{m}=3.6\text{m}$

工程量为 $22\times3.6\text{m}^2=79.2\text{m}^2$

2）风管（800×800）

长度 $L=(29-4.5+2)\text{m}=26.5\text{m}$，展开周长 $2\times(0.8+0.8)\text{m}=3.2\text{m}$

工程量为 $26.5\times3.2\text{m}^2=84.8\text{m}^2$

3）渐缩风管

长度 $L=(4.5+63.4)\text{m}=67.9\text{m}$

平均展开周长 $\dfrac{2\times(0.8+0.8)+2\times(0.4+0.8)}{2}\text{m}=2.8\text{m}$

工程量为 $67.9\times2.8\text{m}^2=190.12\text{m}^2$

4）风管（400×400）

标高为（7-3）m=4m

长度 $L=[4+0.4+1+(4+0.4)\times2]\text{m}$

$=(5.4+8.8)\text{m}=14.2\text{m}$

展开周长 $2\times(0.4+0.4)\text{m}=1.6\text{m}$

工程量为 $14.2\times1.6\text{m}^2=22.72\text{m}^2$

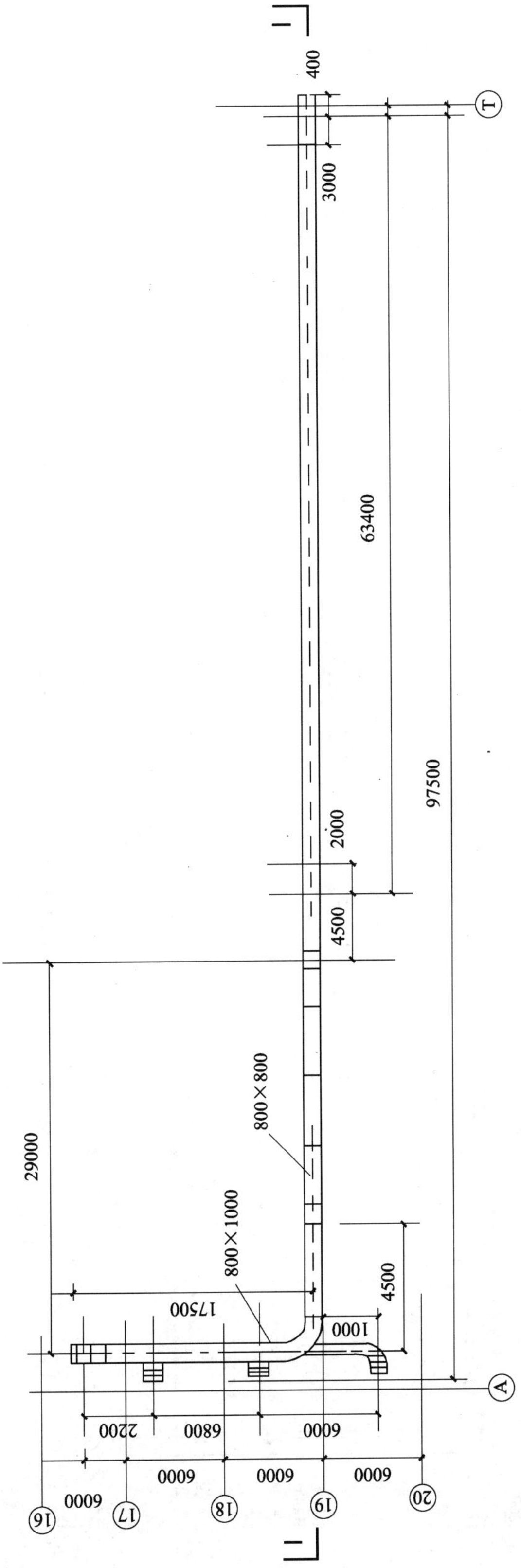

图 1-113　通风管道平面图

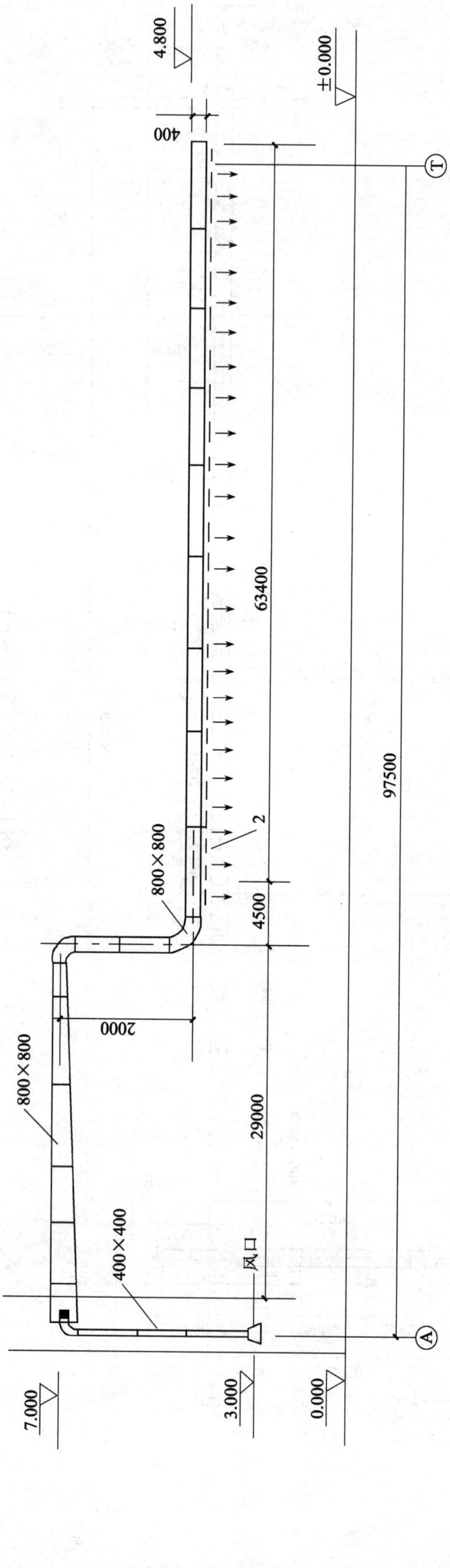

图 1-114　通风管道 1－1 剖视图

（2）矩形送风口的制作安装

矩形送风口单面 400×400，安装 42 个

查标准重量表 I 型 T212－1 可知 400×400 单面送风口 15.68kg/个

则工程量为 15.68×42kg＝658.56kg

（3）方形直片散流器的制作安装

方形直片散流器 400×400，安装 3 个。

查标准重量表 CT211－2 可知方形直片散流器 400×400　8.89kg/个

则工程量为 8.89kg/个×3 个＝26.67kg

清单工程量计算见下表：

清单工程量计算表

序号	项目编码	项目名称	项目特征描述	计量单位	工程量
1	030902001001	镀锌风管	1000×800	m^2	79.2
2	030902001002	镀锌风管	800×800	m^2	84.8
3	030902001003	镀锌风管	800×800～400×800	m^2	190.12
4	030902001004	镀锌风管	400×400	m^2	22.72
5	030903007001	碳钢风口	单面，400×400	个	42
6	030903007002	散流器	方形，400×400	个	3

工程预算见表 1-58。

工程预算表　　**表 1-58**

序号	定额编号	分项工程名称	定额单位	工程量	基价（元）	其中（元）		
						人工费	材料费	机械费
1	9－7	镀锌钢板风管制作安装（1000×800）	$10m^2$	7.92	295.54	115.87	167.99	11.68
2	9－7	镀锌钢板风管制作安装（800×800）	$10m^2$	8.48	295.54	115.87	167.99	11.68
3	9－7	渐缩风管	$10m^2$	19.012	295.54	115.87	167.99	11.68
4	9－6	风管（400×400）	$10m^2$	2.274	387.05	154.18	213.52	19.35
5	9－103 9－140	矩形送风口的制作安装	100kg 个	6.5856 42	893.09 10.36	392.19 5.57	463.16 4.79	37.74 —
6	9－113 9－148	方形直片散流器的安装	100kg 个	0.2667 3	1700.64 10.94	811.77 8.36	584.07 2.58	304.80 —

【例 1-105】　某办公楼空调风管路施工图，试计算工程量。

（1）本工程风管采用镀锌薄钢板，咬口连接，其中：矩形风管 200×150，镀锌薄钢板 $\delta=0.50$，矩形风管 320×200，镀锌薄钢板 $\delta=0.75$，矩形风管 630×200，800×200，800×250，镀锌薄钢板 $\delta=1.00$mm。

（2）图中风机盘管采用卧式暗装（吊顶式），主风管（800×250）上均设温度测定孔和风量测定孔各 1 个，7 台。

（3）手动密闭对开多叶调节阀 T308－1　500×320　12.70kg/个　1 个

（4）风量调节阀，矩形 T302－9　250×320　6.26kg/个　8 个

（5）铝合金双层百叶送风口 T202－2 300×150 2.52kg/个 8个
530×330 7.22kg/个 7个
（6）铝合金单层百叶回风口 T202－2 400×240 1.94kg/个 7个
（7）防雨百叶进风口（带过滤网）安装 T202－2 470×285 2.48kg/个 1个
（8）帆布软管制作安装
（9）阻抗复合消声器 T701－6 2号 800×600 96.08kg/个 1台
（10）DBK型新风机组（5000m^3/h）/0.4t 1台 1000×700
本例题图如图1-115、1-116、1-117所示。
图1-115为某办公楼部分房间空调风管路平面图；
图1-116为新风支管安装示意图；
图1-117为风机盘管连接管安装示意图。
【解】 工程量：
（1）镀锌风管（咬口）$\delta=0.50mm$ 200×150
干管长度 $L_1=3.4m$，新风水平长支管
$L_2=[3.20-0.20(\text{调节阀长度})]m=3m$
新风竖直长支管长度为 $L_3=\left(\underset{\text{标高}}{3.40-2.70}-\underset{\text{帆布软管长度}}{0.20}\right)m=0.5m$
新风水平短支管 $L_4=(1.50-0.20)m=1.30m$
新风竖直短支管 $L_5=(3.4-2.7-0.2)m=0.5m$
由图可知新风短支管为5根，长支管为3根，

$$
\begin{aligned}
\text{则总长度}\ L &= L_1+(L_2+L_3)\times3+(L_4+L_5)\times5\\
&=[3.4+(3+0.5)\times3+(1.3+0.5)\times5]m\\
&=(3.4+10.5+9)m\\
&=22.90m
\end{aligned}
$$

展开周长为 $2\times(0.2+0.15)m=0.7m$
则工程量为 $22.90\times0.7m^2=16.03m^2$
（2）镀锌风管（咬口）$\delta=0.75mm$ 320×200
长度 $L=(2.8+3.9)m=6.7m$
展开周长 $2\times(0.32+0.2)m=1.04m$
则工程量为 $1.04\times6.7m^2=6.97m^2$
（3）镀锌风管（咬口）$\delta=1.00mm$
1）630×200
长度 $L=11.2m$，展开周长 $2\times(0.63+0.2)m=1.66m$
则工程量为 $11.2\times1.66m^2=18.59m^2$
2）800×250

$$
\begin{aligned}
\text{长度}\ L &= \left(8.9-\underset{\text{调节阀长度}}{0.2}-\underset{\text{两个帆布接管长度}}{0.3\times2}-\underset{\text{消声器长度}}{0.8}-\underset{\text{新风机组长度}}{1}\right)m\\
&=(8.9-0.2-0.6-0.8-1)m\\
&=6.3m
\end{aligned}
$$

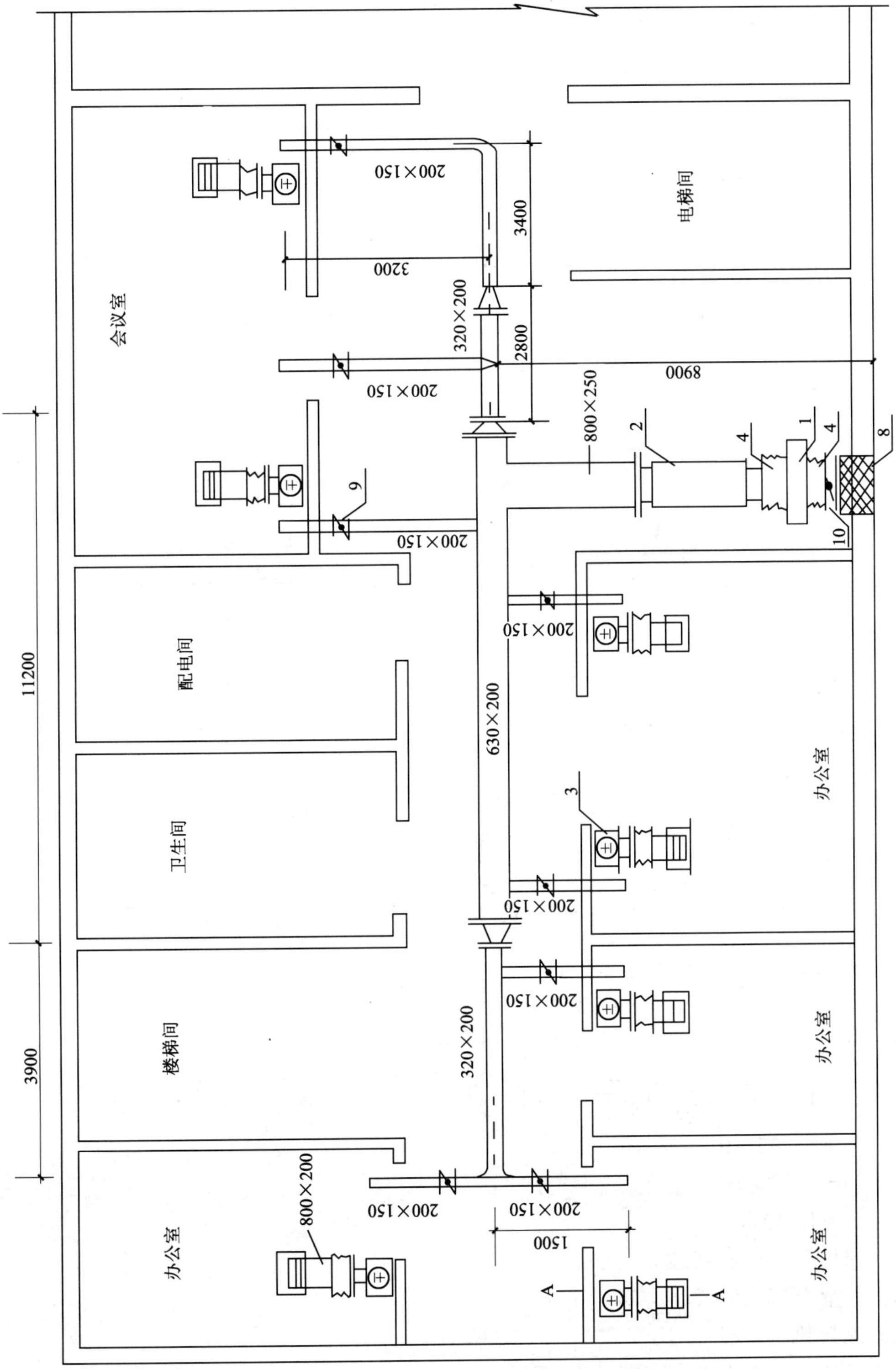

图1-115　某办公楼部分房间空调风管路平面图

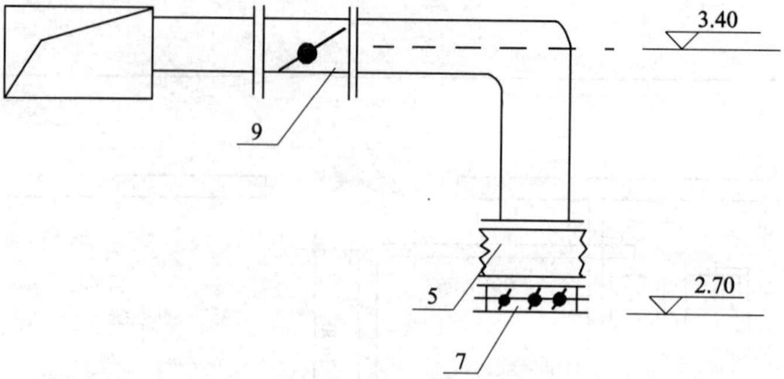

图1-116　新风支管安装示意图

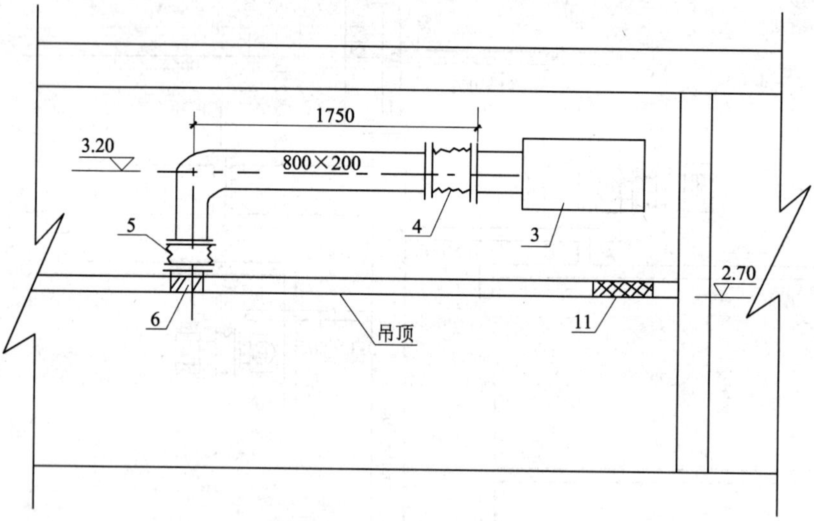

图1-117　风机盘管连接管安装示意图（A-A）

1—新风机组DBK型1000×700；2—消声器800×600；3—风机盘管连接管；
4—帆布软管长300mm；5—帆布软管长200mm；6—铝合金双层百叶送风口300×150；
7—铝合金双层百叶送风口530×330；8—防雨单层百叶进风口（带过滤网）470×285；
9—风量调节阀长200mm；10—密闭对开多叶调节阀长200mm；11—铝合金回风口400×240

展开周长 $2\times(0.8+0.25)\mathrm{m}=2.1\mathrm{m}$

则工程量为 $2.1\times6.3\mathrm{m}^2=13.23\mathrm{m}^2$

（4）风机盘管连接管（咬口）$\delta=1.00\mathrm{mm}$　800×200

$$长度L=\left[\left(1.75-\frac{0.30}{帆布软管长度}\right)+\left(\frac{3.20-2.70}{标高差}-\frac{0.20}{帆布软管长度}\right)\right]\times\frac{7}{个数}\mathrm{m}$$
$$=(1.45+0.3)\times7\mathrm{m}$$
$$=1.75\times7\mathrm{m}$$
$$=12.25\mathrm{m}$$

展开周长 $2\times(0.8+0.2)\mathrm{m}=2\mathrm{m}$

则工程量为 $12.25\times2\mathrm{m}^2=24.5\mathrm{m}^2$

（5）新风机组安装

选用DBK型新风机组$(5000\mathrm{m}^3/\mathrm{h})/0.4\mathrm{t}$　安装1台

（6）风机盘管安装

风机盘管选用 FP50WD 卧式暗装（吊装式）安装 7 台

（7）温度测定孔安装

在风机盘管主风管（800mm×250mm）上安装 1 个

（8）风量测定孔安装

在风机盘管主风管（800mm×250mm）上安装 1 个

（9）手动密闭式对开多叶调节阀的制作安装

查 T308－1　500×320　安装 1 个　12.70kg/个

周长 2×(0.5＋0.32)m＝1.64m

则工程量为 12.70×1kg＝12.70kg

（10）风量调节阀的制作安装

查矩形 T302－9　250×320　安装 8 个　6.26kg/个

周长 2×(0.25＋0.32)m＝1.14m

则工程量为 6.26×8kg＝50.08kg

（11）铝合金双层百叶送风口制作安装

1）查 T202－2　300×150　安装 8 个　2.52kg/个

周长为 2×(0.3＋0.15)m＝0.9m

工程量为 2.52×8kg＝20.16kg

2）查 T202－2　530×330　安装 7 个　7.22kg/个

周长为 2×(0.53＋0.33)m＝1.72m

工程量为 7.22×7kg＝50.54kg

（12）铝合金单层百叶回风口制作安装

查 T202－2　400×240　安装 7 个　1.94kg/个

周长为 2×(0.4＋0.24)m＝1.28m

工程量为 1.94×7kg＝13.58kg

（13）防雨百叶进风口（带过滤网）制作安装

查 T202－2　470×285　安装 1 个　2.48kg/个

周长为 2×(0.47＋0.285)m＝1.51m

工程量为 2.48×1kg＝2.48kg

（14）帆布软管的制作安装

1）主干管 800×250　长度为 0.3m 的两段

$$S_1=[(0.8+0.25)\times2\times0.3]\times2\text{m}^2=1.26\text{m}^2$$

2）风机盘管连接管 800×200 长度为 0.5m，一段长 0.3m，

另一段长 0.2m，总共 7 个管段

$$S_2=[(0.8+0.2)\times2\times0.5]\times7\text{m}^2=7\text{m}^2$$

3）新风机垂直支管上　200×150 长度为 0.2m 的一段，总共 8 个支管

$$S_3=[(0.2+0.15)\times2\times0.20]\times8\text{m}^2=1.12\text{m}^2$$

则工程量为 $S_1+S_2+S_3=(1.26+7+1.12)\text{m}^2=9.38\text{m}^2$

（15）阻抗复合消声器的制作安装

选用 2 号　800×600 阻抗复合消声器安装 1 台

查 T701－6，可知 800×600 的阻抗复合消声器　96.08kg/个

则工程量为 96.08×1kg＝96.08kg

清单工程量计算见下表：

清单工程量计算表

序号	项目编码	项目名称	项目特征描述	计量单位	工程量
1	030902001001	镀锌风管	δ＝0.50mm，200×150	m^2	16.03
2	030902001002	镀锌风管	δ＝0.75mm，320×200	m^2	6.97
3	030902001003	镀锌风管	δ＝1.00mm，630×200	m^2	18.59
4	030902001004	镀锌风管	δ＝1.00mm，800×250	m^2	13.23
5	030902001005	镀锌风管	δ＝1.00mm，800×200	m^2	24.5
6	030901005001	新风机组	($5000m^3/h$)/0.4t	台	1
7	030901005002	风机盘管	FP50WD，吊装式	台	7
8	030903001001	调节阀	手动密闭式，500×320	个	1
9	030903001002	调节阀	250×320	个	8
10	030903011001	百叶风口	铝合金，双层，300×150	个	8
11	030903011002	百叶风口	铝合金，双层，530×330	个	7
12	030903011001	百叶风口	铝合金，单层，400×240	个	1
13	030903007001	百叶风口	带过滤网，470×285	个	1
14	030902008001	软管	800×250	m	0.6
15	030902008002	软管	800×200	m	3.5
16	030902008003	软管	200×150	m	1.6
17	030903020001	消声器	阻抗复合式，2 号，800×600	kg	96.08

工程预算表见表 1-59。

工程预算表　　　　**表 1-59**

序号	定额编号	分项工程名称	定额单位	工程量	基价（元）	其中（元）		
						人工费	材料费	机械费
1	9－5	镀锌风管(咬口) δ＝0.5mm200×150	$10m^2$	1.603	441.65	211.77	196.98	32.90
2	9－6	镀锌风管（咬口） δ＝0.75mm320×200	$10m^2$	0.6968	387.05	154.18	213.52	19.35
3	9－6	镀锌风管（咬口） δ＝1.00mm630×200	$10m^2$	1.8592	387.05	154.18	213.52	19.35
4	9－7	镀锌风管（咬口） δ＝1.00mm800×250	$10m^2$	1.323	295.54	115.87	167.99	11.68
5	9－6	风机盘管连接管（咬口） δ＝1.00mm　800×200	$10m^2$	2.45	387.05	154.18	213.52	19.35
6	9－216	新风机组安装	台	1	34.15	19.74	14.41	—
7	9－245	风机盘管安装	台	7	98.69	28.79	66.11	3.79
8	9－43	温度测定孔安装	个	1	26.58	14.16	9.20	3.22
9	9－43	风量测定孔安装	个	1	26.58	14.16	9.20	3.22

续表

序号	定额编号	分项工程名称	定额单位	工程量	基价（元）	其中（元）		
						人工费	材料费	机械费
10	9-62 9-74	手动密闭式对开多叶调节阀的制作安装（500×320）	100kg 个	0.1270 1	1103.29 40.98	344.58 12.07	546.37 15.32	212.34 13.59
11	9-53 9-73	风量调节阀的制作安装（250×320）	100kg 个	0.5008 8	1188.62 19.24	344.35 6.97	402.58 3.30	441.69 8.94
12	9-96 9-133	铝合金双层百叶送风口制作安装（300×150）	100kg 个	0.2016 8	1727.72 0.87	1201.63 4.18	507.30 2.47	18.79 0.22
13	9-97 9-135	铝合金双层百叶送风口制作安装（530×330）	100kg 个	0.5054 7	1086.70 14.97	575.62 10.45	496.61 4.30	14.47 0.22
14	9-94 9-134	铝合金单层百叶回风口制作安装（400×240）	100kg 个	0.1358 7	2014.47 8.64	1477.95 5.34	520.88 3.08	15.64 0.22
15	9-95 9-135	防雨百叶进风口（带过滤网）制作安装（470×285）	100kg 个	0.0248 1	1345.72 14.97	828.49 10.45	506.41 4.30	10.82 0.22
16	9-41	帆布软管的制作安装（主干管800×250）	m^2	1.26	171.45	47.83	121.74	1.88
17	9-41	帆布软管的制作安装（风机盘管连接管800×250）	m^2	7	171.45	47.83	121.74	1.88
18	9-41	帆布软管的制作安装（新风机垂直支管上）	m^2	1.12	171.45	47.83	121.74	1.88
19	9-200	阻抗复合消声器的制作安装	100kg	0.9608	960.03	365.71	585.05	9.27

【例1-106】 以某车间通风工程为例，结合实际具体地介绍通风空调工程施工图预算工程量计算。

（一）某车间通风工程主要施工图介绍

1. 施工图文字说明

（1）送排风系统的风管均采用普通薄钢板咬口制作，法兰连接。风管直径或最大边≤200时，$\delta=0.5$mm；风管直径或最大边=220～500时，$\delta=0.75$mm；风管直径或最大边=530～800时，$\delta=1.0$mm。法兰垫片采用$\delta=5$mm的橡胶板。

（2）风管及进风室金属壳体内外壁（包括其法兰、支架）均刷红丹防锈漆两遍，风管及进风室金属壳体、法兰、支架的外表面再刷调合漆两遍。

2. 设备和部件明细表见表1-60。

设备和部件明细表 **表1-60**

序号	设备或部件名称	型号及规格	单位	数量	备注
1	单层百叶风口	5号 400×240	个	4	详见T202-2
2	滤尘器	LWP型 1400×1100	台	6	安装详见T521-3
3	进风过滤段金属壳体	钢板厚$\delta=2.5$mm	kg	202.5	自制
4	离心通风机	4-72-11，NO.8C	台	1	风机基础见T103
5	电动机	JO_2-51-4，75kW	台	1	
6	风管检查孔	370×340	个	5	详见T614
7	钢制蝶阀（送风系统）	ϕ220	个	7	详见T302-7
8	钢制蝶阀（排风系统）	ϕ140	个	6	详见T302-7

续表

序号	设备或部件名称	型号及规格	单位	数量	备注
9	轴流通风机	30K4－11，NO. 5	台	3	T116－2 甲型
10	轴流通风机	30K4－11，NO. 7	台	1	T116－2 甲型
11	旋转吹风口	1号　ϕ250	个	7	详见 T209－1
12	圆伞形风帽	5号　ϕ320	个	1	详见 T609
13	吸气罩	钢板厚 δ=1.5mm	个	6	单个 8.78kg

3. 通风系统平面图

如图 1-118 所示为某车间的通风系统平面图，从图中可见该车间通风系统为机械送排风系统，设有离心通风机的送风系统和轴流通风机的排风系统。

4. 剖面图

图 1-119 所示为某车间通风系统的主要剖面图。

（二）施工图预算的工程量

1. 送风系统的工程量

（1）设备安装工程量

1）进风过滤段金属壳体的制作安装重量：

查设备和部件明细表为 202.5kg

2）低效过滤器安装台数为 6 台

3）过滤器框架选用尺寸为 1051×2157

查标准重量表立式匣式 T521－2 可知 1051×2157 的框架重 31.32kg/个

则过滤器框架制作安装工程量为 31.32×6kg＝187.92kg

4）离心通风机安装台数 8 号风机 1 台

（2）部件制作安装工程量

查设备和部件明细表可知：

1）单层百叶风口安装 4 个，尺寸为 400×240

单个风口周长为 2×(400＋240)mm＝1280mm，

查标准重量表 T202－2 可知 400×240 的单层百叶风口 1.94kg/个

则工程量为 1.94×4kg＝7.76kg

2）ϕ220 钢制蝶阀安装 7 个

查标准重量表圆形 T302－7 可知 ϕ220 钢制蝶阀 0.15m/个，3.72kg/个

则工程量为 3.72×7kg＝26.04kg

3）ϕ250 的旋转吹风口安装 7 个

查标准重量表 T209－1 可知 1 号 ϕ250 旋转吹风口 0.697m/个，10.09kg/个

则工程量为 10.09×7kg＝70.63kg

（3）薄钢板风管的制作安装工程量

1）薄钢板矩形风管（$\delta\leq$1.2mm 咬口）制作安装

由图可见，送风系统中的矩形风管有 800×320、800×500、800×600 三种规格，各种规格管长及工程量计算如下：

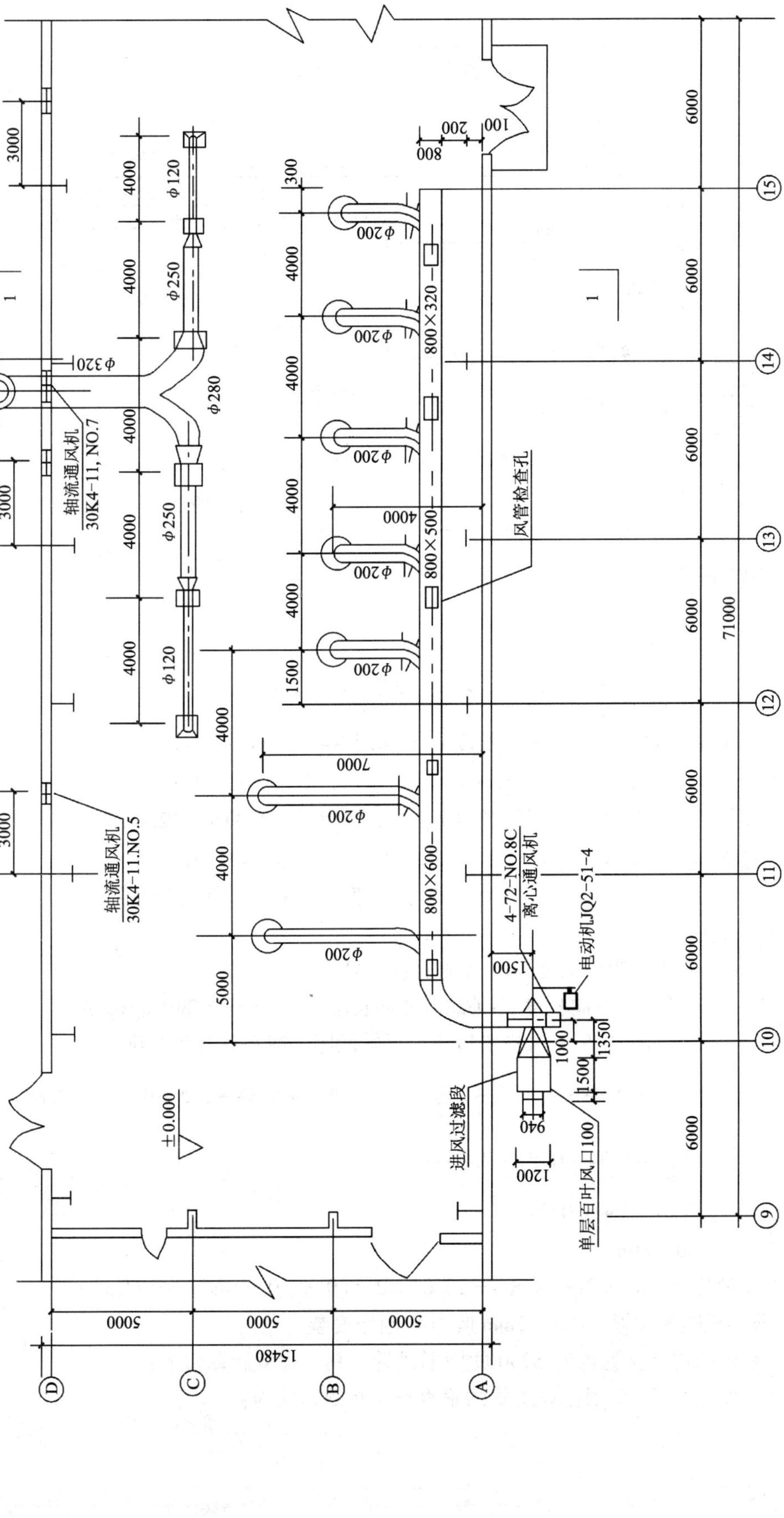

图1-118　某车间通风系统平面图（单位：mm）

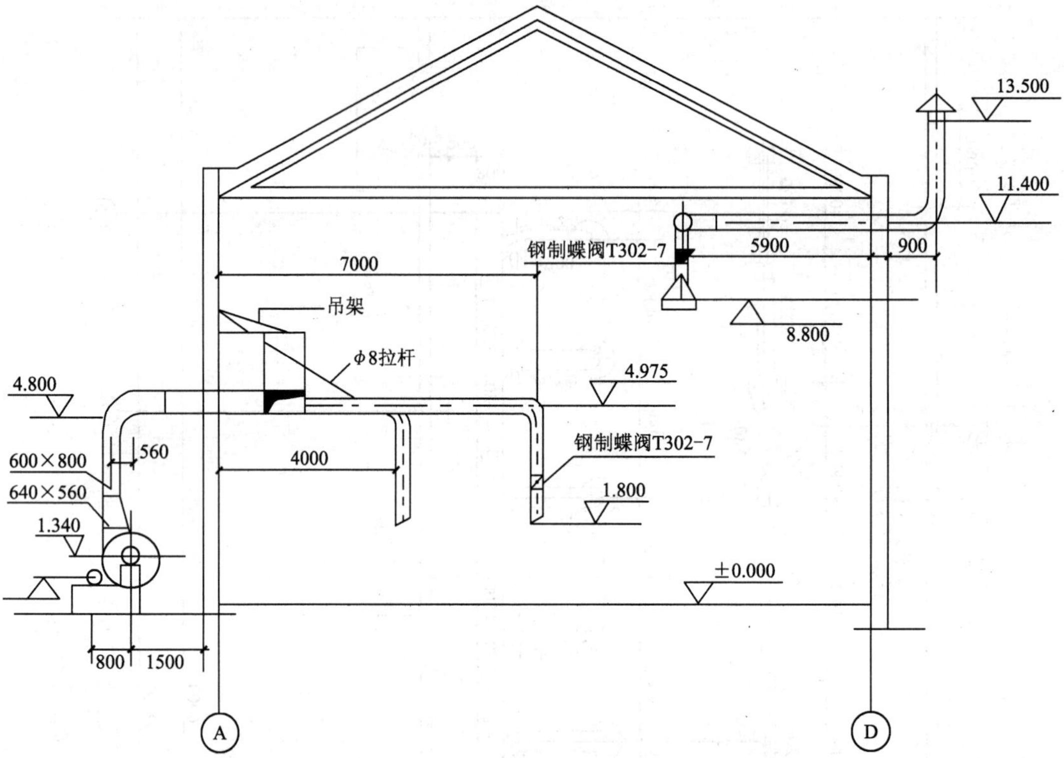

图 1-119　某车间通风系统 1－1 剖面图

从平面图知，800×320 的风管长度 $L_1=(0.3+4+2)\text{m}=6.3\text{m}$

工程量 $F_1=L_1\times2(a_1+b_1)=6.3\times2\times(0.8+0.32)\text{m}^2=14.11\text{m}^2$

从平面图知，800×500 的风管长度 $L_2=(2.0+4.0+2.0)\text{m}=12.0\text{m}$

工程量 $F_2=L_2\times2(a_2+b_2)=12.0\times2\times(0.8+0.5)\text{m}^2=31.2\text{m}^2$

2）从平面图和剖面图可见：800×600 的风管有水平和垂直的两部分。

其总长度为：

L_3 ＝[水平管段长度]＋[垂直管段长度]

＝[（左右方向长度）＋（前后方向长度）]＋[（管上端中心标高－风机轴标高－风机出口法兰至轴间距－帆布软接头长度）]

$$=[(2+4+4+5-1)+(\frac{0.8}{2}+0.2+0.1+0.24+1.5+0.56)+4.80+\frac{0.8}{2}-1.34-0.52-0.3]\text{m}$$

$$=(14+3+3.04)\text{m}$$

$$=20.04\text{m}$$

则工程量为 $F_3=L_3\times2(a_3+b_3)=20.04\times2\times(0.8+0.6)\text{m}^2=56.11\text{m}^2$

3）薄钢板圆形风管（$\delta\leqslant1.2$mm 咬口）制作安装

送风系统的送风支管均为 $\phi200$ 的圆形风管，其工程量计算如下：

从剖面图上可见，7 根送风支管的垂直长度相等，均为：

$$4.975-1.80-\text{蝶阀长度}$$
$$=(4.975-1.80-0.15)\text{m}$$
$$=3.025\text{m}$$

从平剖面图上均可见，送风支管的水平长度不同，有 2 根较长，有 5 根较短，较长者和较短者的具体长度分别为：

较长水平支管长度 $=(7.00-0.10-0.20-0.80/2)\text{m}=6.30\text{m}$

较短水平支管长度 $=(4.00-0.10-0.20-0.80/2)\text{m}=3.30\text{m}$

所以，$\phi200$ 送风支管总长度为：

L_4 = 较长支管长度 ×2 根 + 较短支管长度 ×5 根

= (较长水平支管长度 + 垂直长度) ×2 + (较短水平支管长度 + 垂直长度) ×5

$=[(6.30+3.025)\times2+(3.3+3.025)\times5]\text{m}$

$=(18.65+31.63)\text{m}$

$=50.28\text{m}$

送风支管工程量为 $F_4=\pi DL_4=3.14\times0.2\times50.28\text{m}^2$

$=31.58\text{m}^2$

4）风管检查孔制作安装

从平面图上可见，有 5 个 370×340 的风管检查孔，

查标准重量表 T614 可知，370×340 的风管检查孔 2.89kg/个

则工程量为 2.89×5kg = 14.45kg

5）帆布软接头制作安装

风机吸入处设直径 $\phi800$，长度为 300mm 的等径帆布软管，风机出口设 600×800～640×560，长度为 300mm 的帆布软管，两段软管的制作安装工程量为：

$$F=\left[3.14\times0.8\times0.3+\frac{2\times(0.6+0.8)+2\times(0.64+0.56)}{2}\times0.3\right]\text{m}^2$$
$$=(0.7536+0.78)\text{m}^2$$
$$=1.53\text{m}^2$$

2. 排风系统工程的工程量

（1）设备安装工程量

从平面图及设备部件明细表上可知，排风系统有 5 号轴流风机 3 台，7 号轴流风机 1 台。

（2）部件的制作安装工程量

1）吸气罩制作安装

从设备部件明细表及平剖面图上知，有单个重量为 8.78kg 的吸气罩 6 个，则其总制作安装工程量为 8.78×6kg = 52.68kg

（在制作详图上查得吸气罩高度为 0.3m）

2）钢制蝶阀制作安装

排风支管上共设 $\phi140$ 蝶阀 6 个，

查标准重量表圆形 T302－7 可知 $\phi140$ 蝶阀 2.52kg/个、0.15m/个。

则工程量为 2.52×6kg = 15.12kg

3）圆伞形风帽制作安装

以设备部件明细表及剖面图上可见，有5号 $\phi320$ 圆伞形风帽1个，

查标准重量表T609，可知 $\phi320$ 圆伞形风帽6.27kg/个，

则工程量为 $6.27\times1\text{kg}=6.27\text{kg}$

（3）薄钢板圆形风管（$\delta\leq1.2$ 咬口）制作安装工程量

从平、剖面图上可见，排风管道有 $\phi120$、$\phi250$、$\phi280$、$\phi320$ 四种规格，各种规格管道的工程量计算如下：

1）$\phi120$ 风管的工程量

长度 L_5 = 垂直部分长度 + 水平部分长度

= (标高差 − 蝶阀长度 − 吸气罩高) ×6 + (4.00 + 0.30) ×2m

$=[(11.40-8.80-0.15-0.30)\times6+(4.00+0.30)\times2]\text{m}$

$=(12.9+8.6)\text{m}$

$=21.5\text{m}$

工程量 $F_5=\pi DL_5=3.14\times0.12\times21.5\text{m}^2=8.10\text{m}^2$

2）$\phi250$ 风管的工程量

长度 L_6 = 水平部分长度（从平面图上看）

$=(4.00+0.30-0.30)\times2\text{m}$

$=8.00\text{m}$

工程量 $F_6=\pi DL_6=3.14\times0.25\times8\text{m}^2=6.28\text{m}^2$

3）$\phi280$ 风管的工程量

长度 L_7 = 水平部分长度（从平面图上看）

$=(4.00-0.3-0.3)\text{m}$

$=3.4\text{m}$

工程量 $F_7=\pi DL_7=3.14\times0.28\times3.4\text{m}^2=2.99\text{m}^2$

4）$\phi320$ 风管的工程量

长度 L_8 = 水平部分长度 + 垂直部分长度 − 轴流风机长度

$=[(5.9+0.9+0.24)+(13.50-11.40)-0.17]\text{m}$

$=(7.04+2.10-0.17)\text{m}$

$=8.97\text{m}$

工程量 $F_8=\pi DL_8=3.14\times0.32\times8.97\text{m}^2=9.01\text{m}^2$

3. 送、排风系统除锈、刷油的工程量

（1）薄钢板风管及其法兰、支架的除锈刷油工程量

1）圆形管道的刷油工程量

内外壁刷油面积 $S_1=2(F_4+F_5+F_6+F_7+F_8)$

$=2\times(31.58+8.1+6.28+2.99+9.01)\text{m}^2$

$=2\times57.96\text{m}^2$

$=115.92\text{m}^2$

外壁刷油面积 $S_2=\dfrac{S_1}{2}=57.96\text{m}^2$

2）矩形管道的刷油工程量

内外壁刷油面积 $S_3 = 2(F_1 + F_2 + F_3 + \text{软管接头面积})$

$= 2 \times (14.11 + 31.2 + 56.11 + 1.53)\text{m}^2$

$= 2 \times 102.95\text{m}^2$

$= 205.9\text{m}^2$

外壁刷油面积 $S_4 = \frac{S_3}{2} = 102.95\text{m}^2$

3）圆矩形风管的除锈工程量

圆矩形风管的除锈面积 $S_5 = S_1 + S_3 - 2 \times \text{软管接头面积}$

$= (115.92 + 205.9 - 2 \times 1.53)\text{m}^2$

$= 318.76\text{m}^2$

（2）薄钢板通风部件的除锈刷油工程量

1）风口与蝶阀的除锈刷油工程量

工程量为其制作安装工程量，即

$(7.76 + 70.63 + 26.04 + 15.12)\text{kg} = 119.55\text{kg}$

2）吸气罩、风帽的除锈、刷油工程量

工程量为其制作安装工程量，即

$[52.68(\text{吸气罩}) + 6.27(\text{风帽})]\text{kg} = 58.95\text{kg}$

（3）滤尘器框架除锈刷油工程量

滤尘器框架除锈刷油重量同其制作安装重量 187.92kg。

（4）进风过滤段金属壳体除锈刷油的工程量

进风过滤段金属壳体体积较大，除锈刷油按设备考虑，刷油面积如下：

内、外壁刷油面积 $S_6 = \text{金属壳体外表面积} \times 2 = 10.98 \times 2\text{m}^2 = 21.96\text{m}^2$

外壁刷油面积 $S_7 = 10.98\text{m}^2$

除锈面积 $S_8 = S_6 = 21.96\text{m}^2$

清单工程量计算见下表：

清单工程量计算表

序号	项目编码	项目名称	项目特征描述	计量单位	工程量
1	030901003001	过滤器	LWP 型，1400×1100	台	6
2	030901002001	通风机	离心式，8 号	台	1
3	030901002002	通风机	轴流式，5 号	台	3
4	030901002003	通风机	轴流式，7 号	台	1
5	030903007001	百叶风口	单层，400×240，5 号	个	4
6	030903017001	吸气罩	$\delta = 1.5\text{mm}$	kg	52.68
7	030903001001	蝶阀	钢制，ϕ220	个	7
8	030903001002	蝶阀	钢制，ϕ140	个	6
9	030903007001	吹风口	旋转，ϕ250，1 号	个	7
10	030903012001	风帽	5 号，ϕ320	个	1

续表

序号	项目编码	项目名称	项目特征描述	计量单位	工程量
11	030902001001	钢板矩形风管	800×320	m^2	14.11
12	030902001002	钢板矩形风管	800×500	m^2	31.2
13	030902001003	钢板矩形风管	800×600	m^2	56.11
14	030902001004	钢板圆形风管	$\delta\leq1.2$，ϕ200	m^2	31.58
15	030902001005	钢板圆形风管	ϕ120	m^2	8.10
16	030902001006	钢板圆形风管	ϕ250	m^2	6.28
17	030902001007	钢板圆形风管	ϕ280	m^2	2.99
18	030902001008	钢板圆形风管	ϕ320	m^2	9.01
19	030902008001	软接头	ϕ800，长度为300mm	m	0.3
20	030902008002	软接头	600×800～640×560	m	0.3

工程预算表见表1-61。

工程预算表 **表1-61**

序号	定额编号	分项工程名称	定额单位	工程量	基价（元）	其中（元）		
						人工费	材料费	机械费
1	9－209	进风过滤段金属壳体的制作安装	100kg	2.025	2647.88	1473.08	1063.13	111.67
2	9－256	低效过滤器安装	台	6	1.86	1.86	—	—
3	9－254	过滤器框架(1051×2157)	100kg	1.8792	1031.08	130.03	888.89	12.16
4	9－218	离心通风机安装	台	1	202.73	172.99	29.74	—
5	9－134	单层百叶风口安装（400×240）	个	4	8.64	5.34	3.08	0.22
6	9－72	ϕ220钢制蝶阀安装	个	7	7.32	4.88	2.22	0.22
7	9－72	ϕ250的旋转吹风口安装	个	7	7.32	4.88	2.22	0.22
8	9－7	薄钢板矩形风管（$\delta\leq1.2$咬口）制作安装（800×320）	$10m^2$	1.4112	295.54	115.87	167.99	11.68
9	9－7	薄钢板矩形风管（$\delta\leq1.2$咬口）制作安装（800×500）	$10m^2$	3.12	295.54	115.87	167.99	11.68
10	9－7	薄钢板矩形风管（$\delta\leq1.2$咬口）制作安装（800×600）	$10m^2$	5.6112	295.54	115.87	167.99	11.68
11	9－1	薄钢板圆形风管（$\delta\leq1.2$咬口）制作安装ϕ200	$10m^2$	3.158	480.92	338.78	107.34	34.80
12	9－42	风管检查孔制作安装	100kg	0.1445	1147.41	486.92	543.99	116.50
13	9－41	帆布软接头制作安装	m^2	1.5336	171.45	47.83	121.74	1.88
14	9－222	5号轴流风机	台	3	37.23	34.83	2.40	—
15	9－223	7号轴流风机	台	1	52.79	50.39	2.40	—
16	9－182	吸气罩制作安装	100kg	0.5268	678.79	206.89	460.12	11.78
17	9－52	钢制蝶阀ϕ140制作安装	100kg	0.1512	872.86	265.64	418.17	189.05
18	9－166	圆伞形风帽制作安装	100kg	0.0627	960.43	394.74	547.33	18.36
19	9－1	薄钢板圆形风管（$\delta\leq1.2$喷口）制作安装（ϕ120）	$10m^2$	0.81012	480.92	338.78	107.34	34.80

续表

序号	定额编号	分项工程名称	定额单位	工程量	基价（元）	其中（元）		
						人工费	材料费	机械费
20	9-2	薄钢板圆形风管（δ≤1.2 喷口）制作安装（ϕ250）	$10m^2$	0.628	378.10	208.75	145.40	23.95
21	9-2	薄钢板圆形风管（δ≤1.2 喷口）制作安装（ϕ280）	$10m^2$	0.299	378.10	208.75	145.40	23.95
22	9-2	薄钢板圆形风管（δ≤1.2 喷口）制作安装（ϕ320）	$10m^2$	0.901	378.10	208.75	145.40	23.95
23	11-55	圆形管道的刷油	$10m^2$	11.592	7.31	6.27	1.04	—
24	11-55	矩形管道的刷油	$10m^2$	20.59	7.31	6.27	1.04	—
25	11-1	圆矩形风管的除锈	$10m^2$	31.876	11.27	7.89	3.38	—
26	11-7 11-121	风口与蝶阀的除锈刷油	100kg 100kg	1.1955 1.1955	17.35 13.05	7.89 5.34	2.50 0.75	6.96 6.96
27	11-7 11-121	吸气罩、风帽的除锈刷油	100kg 100kg	0.5895 0.5895	17.35 13.05	7.89 5.34	2.50 0.75	6.96 6.96
28	11-7 11-121	滤尘器框架除锈刷油	100kg 100kg	1.8792 1.8792	17.35 13.05	7.89 5.34	2.50 0.75	6.96 6.96
29	11-4 11-88	进风过滤段金属壳体除锈刷油	$10m^2$ $10m^2$	2.196 2.196	11.74 6.61	8.36 5.57	3.38 1.04	— —

【例 1-107】 山东省济南市市区某办公楼（部分房间）空调水管路施工图预算的工程量计算。

（一）工程概况

（1）本工程空调供水，回水及凝结水管均采用镀锌管，丝扣连接。

（2）阀门采用铜球阀，穿墙均加一般钢套管，进、出风机盘管的供、回水支管均装金属软管（丝接）各一个，凝结水管与风机盘管连接需装橡胶软管（丝接）一个。

（3）管道安装完毕后要求试压，空调系统试验压力为 1.3Mpa，凝结水管做灌水试验。

（4）本题暂不计算管道除锈、刷油、保温的工程量。

（二）工程量：

本例题图如图 1-120 所示，为某办公楼空调水管路平面图，图 1-121 所示为空调水管路系统图，图 1-122 所示为风机盘管安装大样图，图 1-123 所示为风机盘管水管路安装示意图。

1. 镀锌钢管（丝接）$DN80$

供水管 $L_1=(3.8+4.0)m=7.8m$

回水管 $L_2=(3.8+4.7+4.2)m=12.7m$

工程量为 $L_1+L_2=(7.8+12.7)m=20.5m$

2. 镀锌钢管（丝接）$DN70$

供水管 $L_1=3.9m$

回水管 $L_2=3.9m$

凝水管 $L_3=3.8m$

工程量为 $L_1+L_2+L_3=(3.9+3.9+3.8)m=11.6m$

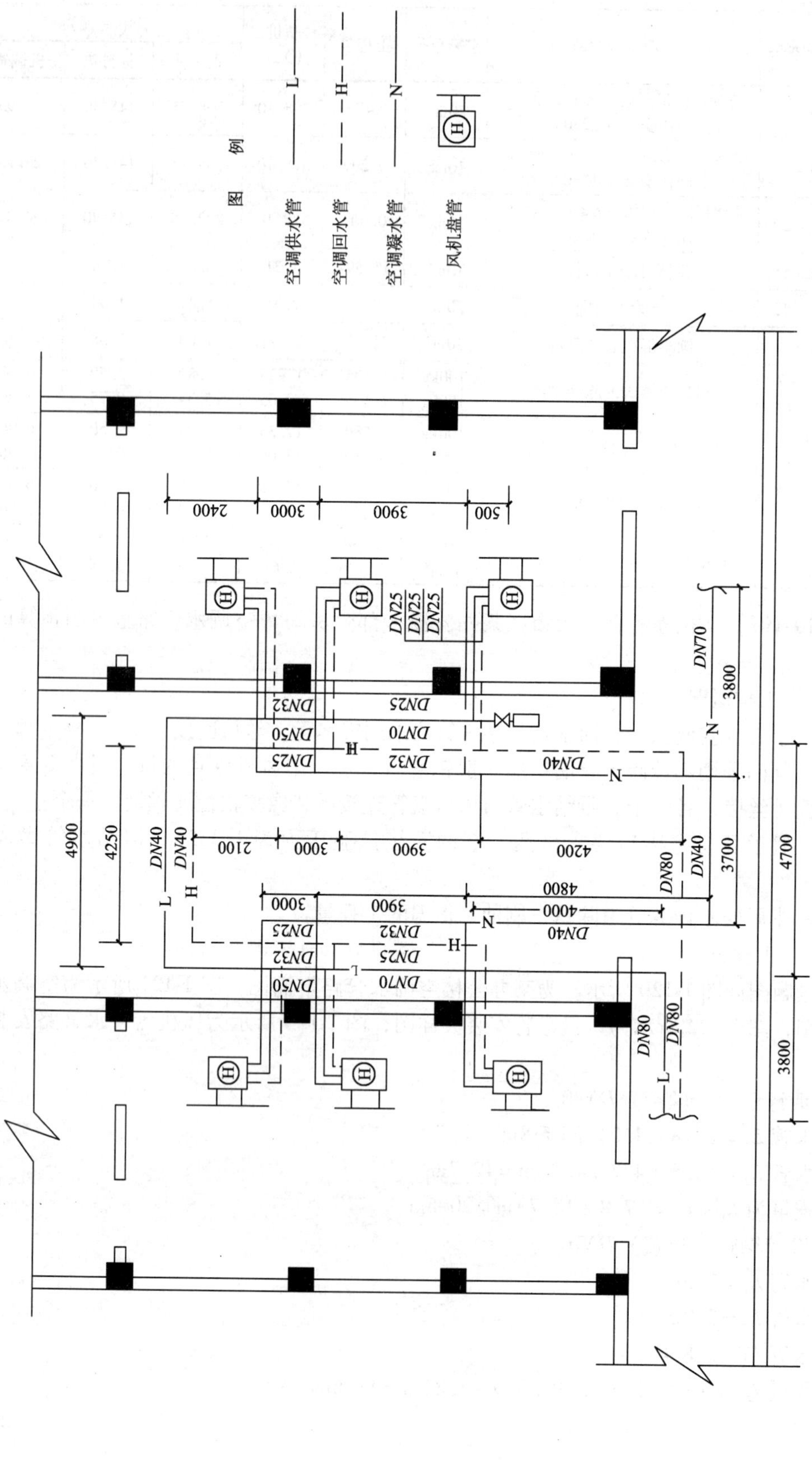

图1-120 某办公楼空调水管路平面图

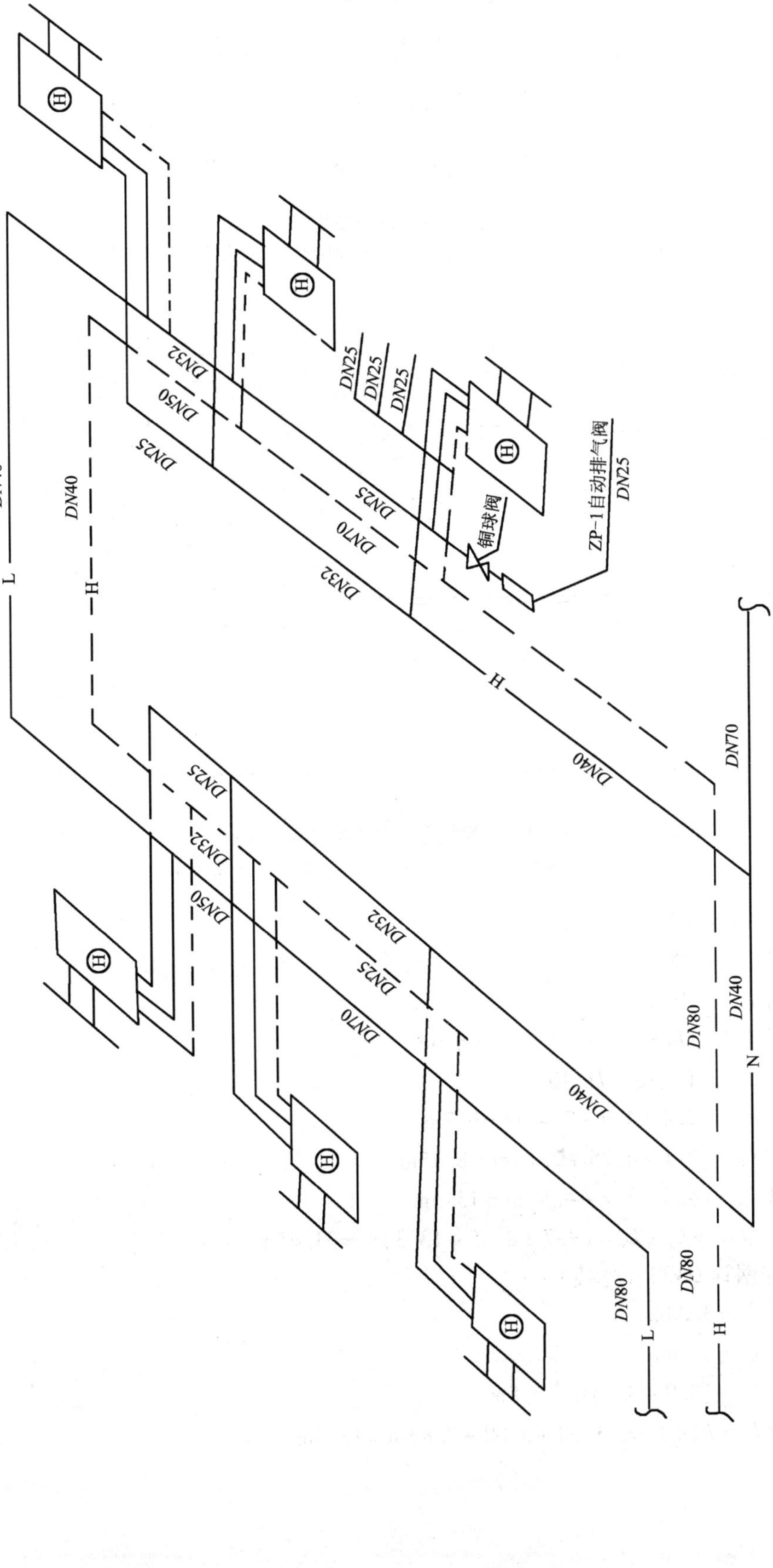

图1-121　空调水管路系统图

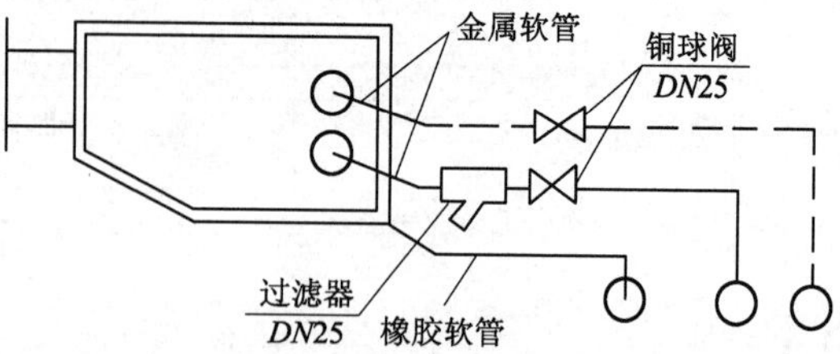

图 1-122　风机盘管安装大样图

注：进出风机盘管的供回水支管均装金属软管一个，凝结水与风机盘管连接需装橡胶软管一个。

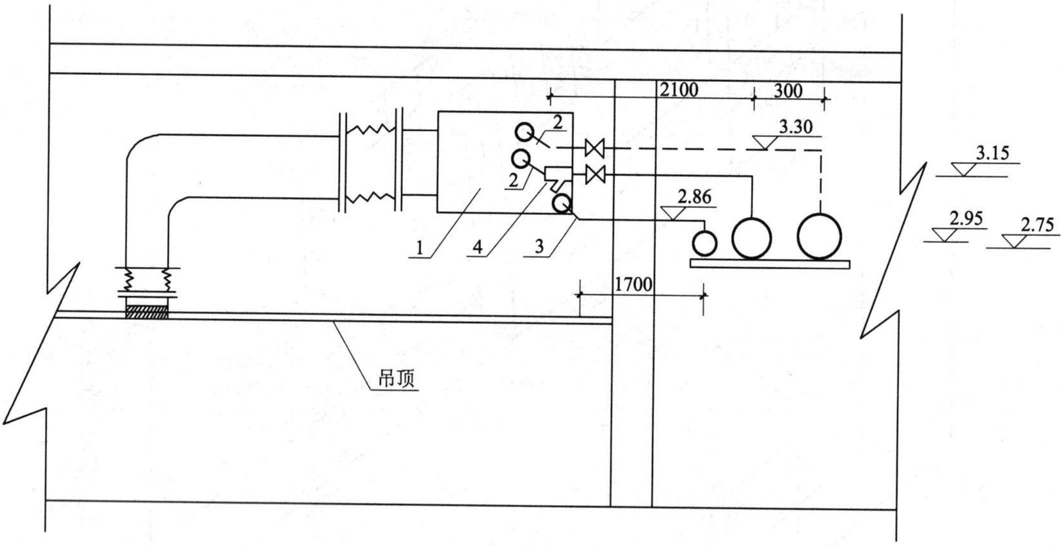

图 1-123　风机盘管水管路安装示意图

1—风机盘管　2—金属软管　3—橡胶软管　4—过滤器

3. 镀锌钢管（丝接）*DN*50

供水管 $L_1 = 3.00$m

回水管 $L_2 = 3.00$m

工程量为 $L_1 + L_2 = (3.0 + 3.0)$m $= 6.0$m

4. 镀锌钢管（丝接）*DN*40

供水管 $L_1 = (2.4 + 4.9 + 2.4)$m $= 9.7$m

回水管 $L_2 = (2.1 + 4.25 + 2.1)$m $= 8.45$m

凝水管 $L_3 = (4.8 + 3.7 + 4.8)$m $= 13.3$m

工程量为 $L_1 + L_2 + L_3 = (9.7 + 8.45 + 13.3)$m $= 31.45$m

5. 镀锌钢管 *DN*32（丝接）

供水管 $L_1 = 3.00$m

回水管 $L_2 = 3.00$m

凝水管 $L_3 = (3.9 + 3.9)$m $= 7.8$m

工程量 $L_1 + L_2 + L_3 = (3.00 + 3.00 + 7.8)$m $= 13.8$m

6. 镀锌钢管 *DN*25（丝接）

供水管 $L_1=(3.90+0.5)m=4.4m$

回水管 $L_2=3.90m$

凝水管 $L_3=(3.00+3.00)m=6.00m$

支管：供水管 $L_4=(2.1+3.15-2.95)m=2.3m$

回水管 $L_5=(2.1+0.3+3.30-2.95)m=2.75m$

凝水管 $L_6=(1.7+2.86-2.75)m=1.81m$

工程量为：$L_1+L_2+L_3+(L_4+L_5+L_6)\times 6$

$=[4.4+3.9+6.0+(2.3+2.75+1.81)\times 6]m$

$=(14.3+41.16)m$

$=55.46m$

7. 风机盘管的安装

选用 DI 型吊装式风机盘管安装 6 台，其主要性能参数为：

风量：2000m^3/h　冷量：11000W　热量：15600W　余压：50～100Pa

8. 铜球阀 *DN*25

铜球阀 *DN*25 安装　13 个

9. Y 型过滤器 *DN*25

Y 型过滤器 *DN*25 安装　6 个

10. 金属软管

金属软管安装　12 个

11. 橡胶软管

橡胶软管安装　6 个

12. 自动排气阀 *DN*25

自动排气阀 *DN*25 安装　1 个

13. 一般穿墙套管 *DN*80

供水管上安装 1 个，回水管上安装 1 个

14. 一般穿墙套管 *DN*25

供水管上安装 6 个，回水管上安装 6 个，凝水管上安装 6 个

清单工程量计算见下表：

清单工程量计算表

序号	项目编码	项目名称	项目特征描述	计量单位	工程量
1	030801001001	镀锌钢管	丝接，*DN*80	m	20.5
2	030801001002	镀锌钢管	丝接，*DN*70	m	11.6
3	030801001003	镀锌钢管	丝接，*DN*50	m	6.0
4	030801001004	镀锌钢管	丝接，*DN*40	m	31.45
5	030801001005	镀锌钢管	丝接，*DN*32	m	13.8

续表

序号	项目编码	项目名称	项目特征描述	计量单位	工程量
6	030801001006	镀锌钢管	丝接，DN25	m	55.46
7	030801001007	风机盘管	DI 型吊装式	台	6
8	030803001001	铜球阀	DN25	个	13
9	030901010001	过滤器	Y 型，DN25	个	6
10	030803005001	排气阀	自动，DN25	个	1

工程量预算表见表 1-62。

工程预算表 **表 1-62**

序号	定额编号	分项工程名称	定额单位	工程量	基价（元）	其中（元）		
						人工费	材料费	机械费
1	8－94	镀锌钢管（丝接）DN80	10m	2.05	135.50	67.34	63.83	4.33
2	8－94	镀锌钢管（丝接）DN70	10m	1.16	135.50	67.34	63.83	4.33
3	8－92	镀锌钢管（丝接）DN50	10m	0.6	111.93	62.23	46.84	2.86
4	8－91	镀锌钢管（丝接）DN40	10m	3.145	93.85	60.84	31.98	1.03
5	8－90	镀锌钢管 DN32（丝接）	10m	1.38	86.16	51.08	34.05	1.03
6	8－89	镀锌钢管 DN25（丝接）	10m	5.546	83.51	51.08	31.40	1.03
7	9－245	风机盘管的安装	台	6	98.69	28.79	66.11	3.79
8	8－241	钢球阀 DN25	个	13	4.43	2.32	2.11	—
9	9－255	Y 型过滤器 DN25	台	6	11.61	11.61	—	—
10	8－301	自动排气阀 DN25	个	1	14.37	6.27	8.10	—
11	8－174	一般穿墙套管 DN80	个	1	4.34	2.09	2.25	—
12	8－169	一般穿墙套管 DN25	个	18	1.70	0.70	1.00	—

【例 1-108】 某厂职工俱乐部的通风空调安装工程的工程量计算。

（一）工程概况

如图 1-124、图 1-125 所示为某厂职工俱乐部的通风空调安装工程的平面图，图 1-126、图 1-127 所示为该厂职工俱乐部通风空调安装工程的剖面图。

从图上我们了解到，在通风空调系统中，集中空调机处理过的空气，由地下混凝土水平风道送到舞台前的两个混凝土竖风道再送风到顶部，然后在两条竖风道上接出 3 条薄钢板风管，一条为在舞台前上方的水平风管，另两条分布在舞台上两侧，在观众厅大挑台吊顶内有一根薄钢板风管由后墙内的静压箱接出薄钢板风口。

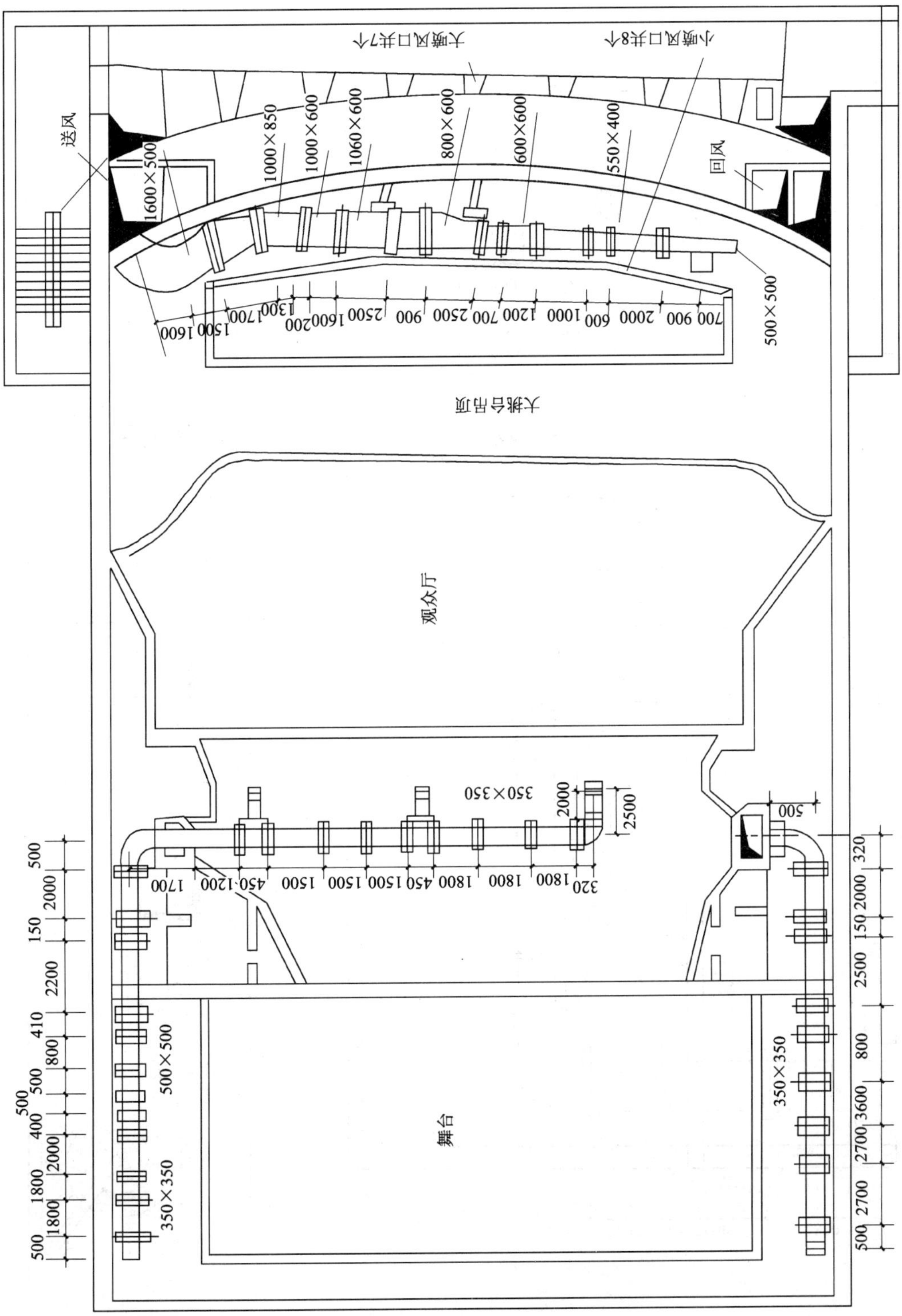
送风
回风
大喷风口共7个
小喷风口共8个
1600×500
1000×850
1000×600
1060×600
800×600
600×600
550×400
500×500
大挑台吊顶
观众厅
350×350
舞台
500×500
350×350
350×350

图 1-124　送风平面图

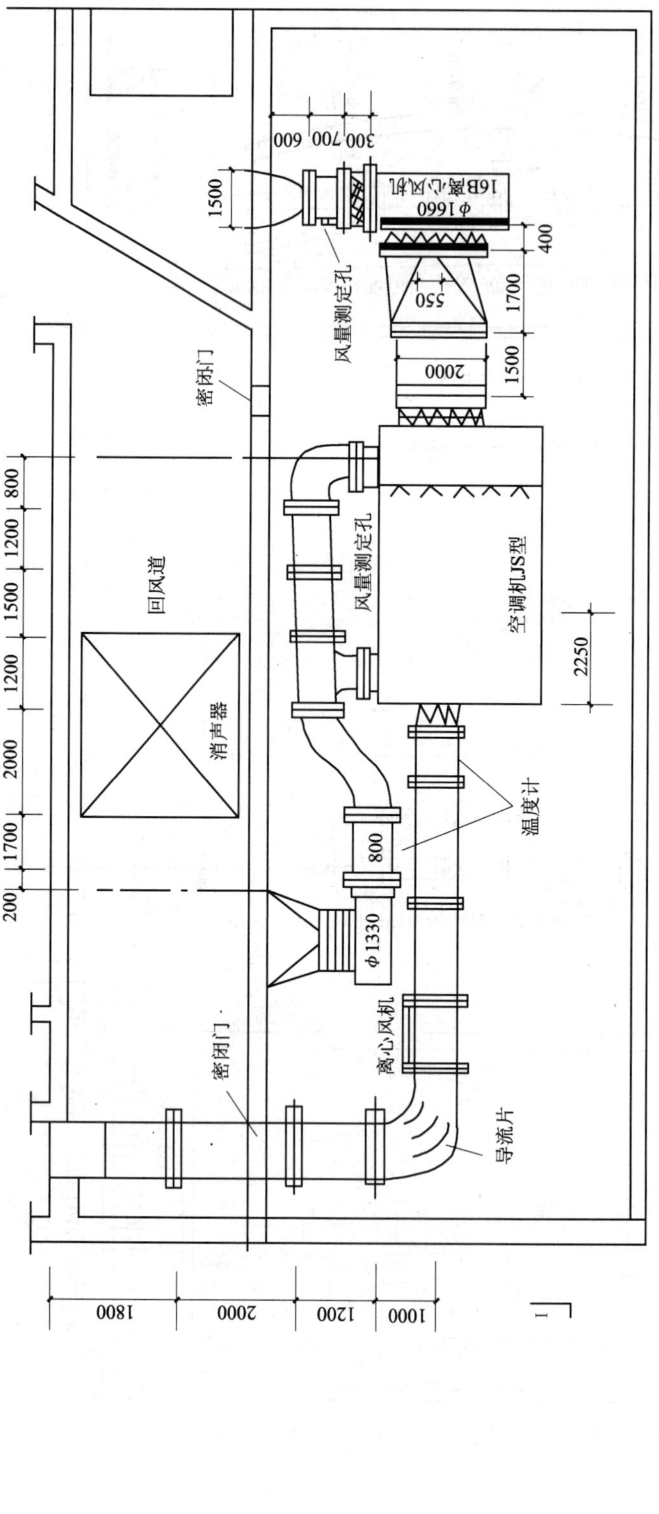

图 1-125　空调平面图

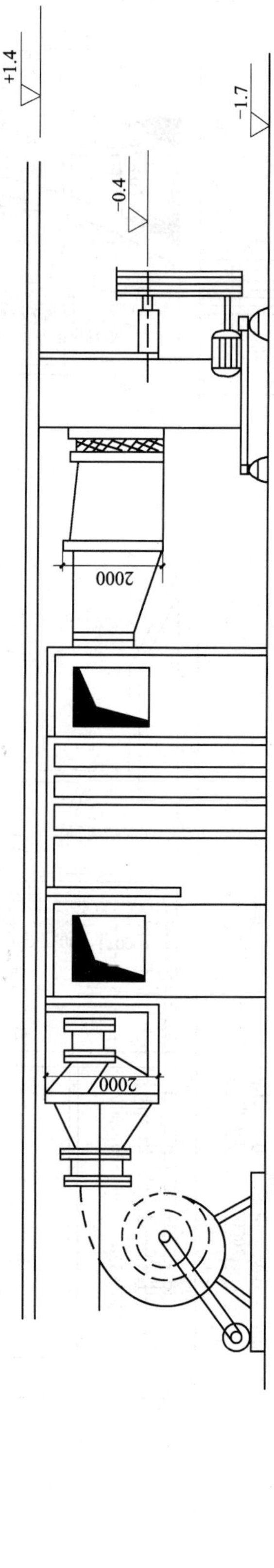

图 1-126　空调剖面图

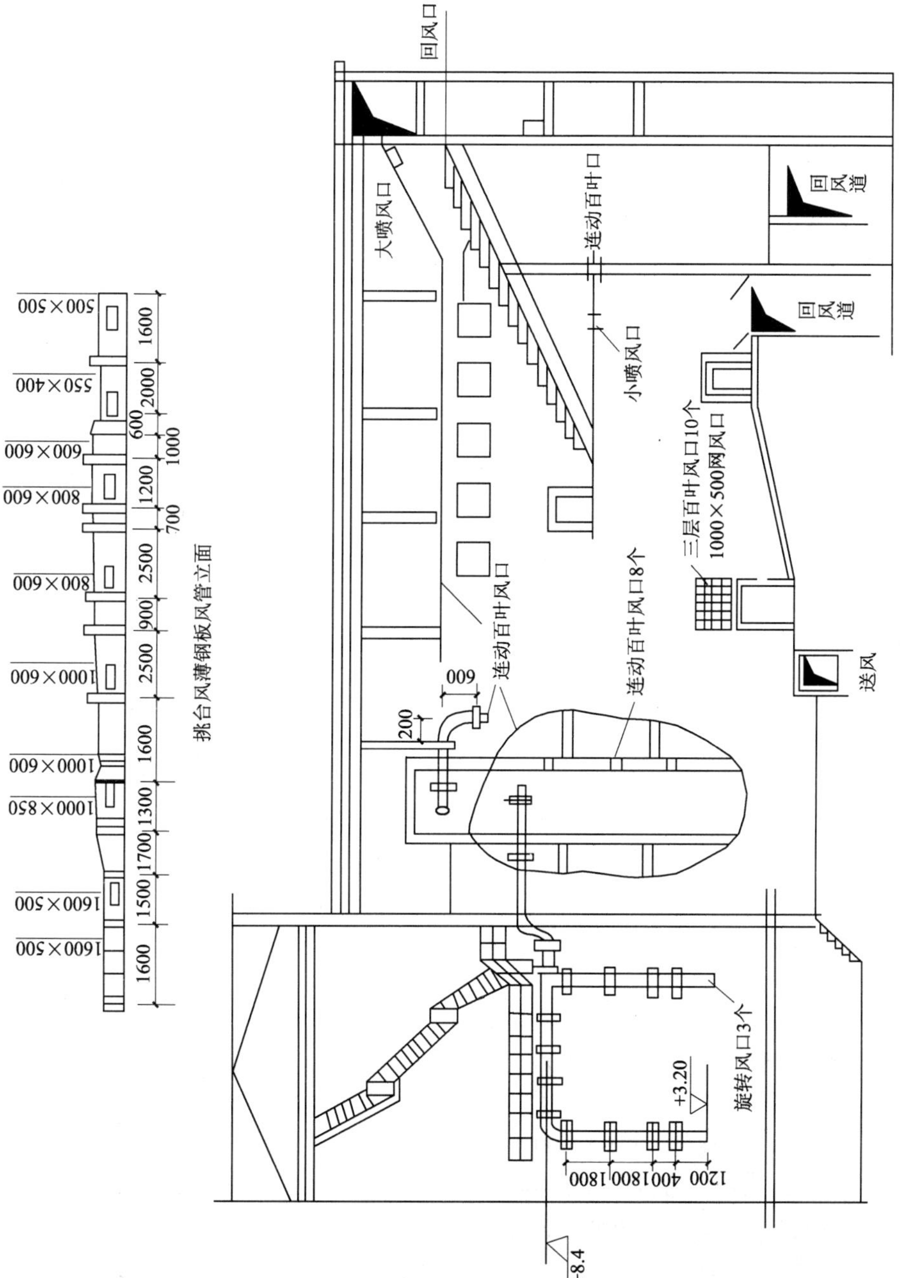
回风口
大喷风口
连动百叶口
回风道
回风道
小喷风口
三层百叶风口10个
1000×500网风口
连动百叶风口8个
连动百叶风口
送风
旋转风口3个
+3.20
+8.4
挑台风薄钢板风管立面

图 1-127　送风剖面图

（二）项目划分

根据施工图纸和施工方法，将该单项工程的分项工程划分如下：

1. 风管的制作安装；
2. 进出风口部件的安装；
3. 检查口、测定口、导流片、软接口的制作安装；
4. 阀门的制作安装；
5. 消声器的制作安装；
6. 空调设备和部件的制作安装；
7. 风机安装；
8. 设备支架制作安装；
9. 刷油、保温（绝热）；
10. 其他。

（三）工程量：

1. 薄钢板风管的制作安装工程量

（1）镀锌薄钢板风管：350×350，$\delta=10$mm

水平部分：(0.5+0.5+1.8+1.8+2+2.7×2+3.6+0.8+2.5+0.15+2+0.32+0.5)m=21.87m

舞台前水平部分：(1.7+1.2+0.45+1.5×3+0.45+1.8×3+0.32+2.5×3)m=21.52m

垂直部分：(8.4−3.2)×3m=15.6m

长度 L=(21.87+21.5+15.6)m=58.97m

工程量为2×(0.35+0.35)×58.97m^2=82.56m^2

（2）镀锌板矩形风管：500×500，$\delta=1.0$mm

舞台两侧水平部分(0.4+0.5+0.5+0.8+0.41+2.2+0.15+2+0.5)m=7.46m

挑台水平部分：(0.7+0.9)m=1.6m

工程量为2×(0.5+0.5)×(7.46+1.6)m^2=18.12m^2

（3）镀锌板矩形风管：550×400

挑台水平部分长 L=2.0m

工程量为2×(0.55+0.4)×2m^2=3.8m^2

（4）镀锌板矩形风管：600×600

工程量为2×(0.6+0.6)×(1.2+1.0+0.6)m^2=2.4×2.8m^2=6.72m^2

（5）镀锌板矩形风管：800×600，$\delta=1.0$mm

工程量为2×(0.8+0.6)×(0.9+2.5+0.7)m^2=2.8×4.1m^2=11.48m^2

（6）镀锌板矩形风管：1000×600，$\delta=1.0$mm

工程量为2×(1+0.6)×(2.5+1.6+0.2)m^2=3.2×4.3m^2=13.76m^2

（7）镀锌板矩形风管：1000×850，$\delta=1.0$mm

工程量为2×(1+0.85)×1.3m^2=3.7×1.3m^2=4.81m^2

（8）镀锌板矩形风管：1600×500，$\delta=2.0$mm

挑台水平部分工程量：(1.6+0.5)×2×(1.6+1.5)m^2=4.2×3.1m^2=13.02m^2

挑台水平渐缩部分工程量：$1.70\times[(1.6+0.5)\times2+(1+0.85)\times2]\times\frac{1}{2}m^2=6.715m^2$

总工程量为$(13.02+6.715)m^2=19.74m^2$

2. 导流片制作安装

$\delta=1.0mm$ 钢板，T606　8 号，安装 7 个　400×860

工程量为$(0.4\times0.86)\times7m^2=2.41m^2$

3. 帆布接口制作安装（通风机 $L=400mm$）

$[(0.8+0.8)\times2+1.33\times3.14+(1.3+1.3)\times2+1.66\times3.14]\times0.40m^2$

$=17.788\times0.4m^2$

$=7.11m^2$

4. 风管检查孔制作安装

查 T614　可知尺寸为 520×480 的风管检查孔　4.95kg/个　安装 7 个

工程量为 $4.95\times7kg=34.65kg$

5. 风量测定孔

查 T605　风量测定孔安装 3 个

6. 保温手柄式钢制蝶阀

参见矩形 T302－9　200×250　安装 1 个　4.98kg/个

250×320　安装 1 个　6.26kg/个

320×400　安装 1 个　12.13kg/个

则工程量为$(4.98+6.26+12.13)kg=23.37kg$

7. 三层百叶风口制作安装

三层百叶风口　450×280 安装 10 个

参见 T202－3　可知　450×280 的三层百叶风口 8.01kg/个

工程量为 $8.01\times10kg=80.1kg$

8. 连动百叶风口制作安装

连动百叶风口 300×240　安装 15 个

参见 T202－4　可知　连动百叶风口 300×240　2.35kg/个

工程量为 $2.35\times15kg=35.25kg$

9. 喷风口制作安装

非标准制作安装大喷风口 7 个，小喷风口 8 个

工程量估值为 510kg

10. 旋转风口制作安装

旋转吹风口 $\phi360$ 安装 3 个

参见 T209－1 可知旋转吹风口　$\phi360$　旋转吹风口　17.86kg/个

工程量为 $17.86\times3kg=53.58kg$

11. 网式回风口制作安装

网式回风口 250×200　安装 60 个

查矩形 T262 可知，250×200 的网式回风口 0.73kg/个

则工程量为 $0.73\times60kg=43.8kg$

12. 片式消声器制作安装

片式消声器 $A=2500mm^2$，安装4台

查T701－1，可知 $A=2500mm^2$，4号片式消声器2544kg/个

则工程量为 $2544\times4kg=10176kg$

13. 钢密闭门安装

尺寸为 800×500 的钢密闭门安装2个

14. 离心通风机

型号为4－T2　16B，右180°　离心通风机安装1台

型号为4－T2　12C，右180°　离心通风机安装1台

15. 分段组装空调机安装

型号为JS－6的空调机安装1台5200kg/台　工程量为 $5200\times1kg=5200kg$

16. 离心风机台座支架制作安装

型号为CG32T支架安装2个　375kg/个　工程量为 $375\times2kg=750kg$

17. 减振器的安装

型号为G4A的减振器安装6个

清单工程量计算见下表：

清单工程量计算表

序号	项目编码	项目名称	项目特征描述	计量单位	工程量
1	030902001001	镀锌风管	$\delta=1.0mm$，350×350	m^2	82.56
2	030902001002	镀锌风管	$\delta=1.0mm$，500×500	m^2	18.12
3	030902001003	镀锌风管	550×400	m^2	3.8
4	030902001004	镀锌风管	600×600	m^2	6.72
5	030902001005	镀锌风管	$\delta=1.0mm$，800×600	m^2	11.48
6	030902001006	镀锌风管	$\delta=1.0mm$，1000×600	m^2	13.76
7	030902001007	镀锌风管	$\delta=1.0mm$，1000×850	m^2	4.81
8	030902001008	镀锌风管	$\delta=2.0mm$，1600×500	m^2	19.74
9	030903019001	柔性接口	帆布	m^2	7.11
10	030903001001	蝶阀	保温手柄式，T302－9，200×250	个	1
11	030903007001	百叶风口	三层，450×280，T202－3	个	10
12	030903007002	百叶风口	连动，300×240，T202－4	个	15
13	030903007003	喷风口	大喷口7个，小喷口8个	个	15
14	030903007004	风口	旋转，$\phi360$	个	3
15	030903007005	回风口	网式，250×200	个	60
16	030903020001	消声器	$A=2500mm^2$，4号片式	kg	10176
17	030901006001	密闭门	800×500	个	2
18	030901004001	空调器	JS－6	台	1
19	030901002001	通风机	4－T2，16B	台	1
20	030901002002	通风机	4－T2，12C	台	1

工程预算表见表1-63。

工程预算表　　　　**表 1-63**

序号	定额编号	分项工程名称	定额单位	工程量	基价（元）	其中（元）		
						人工费	材料费	机械费
1	9－6	镀锌薄钢板风管（350×350）制作安装	$10m^2$	8.256	387.05	154.18	213.52	19.35
2	9－6	镀锌板矩形风管（500×500）制作安装	$10m^2$	1.812	387.05	154.18	213.52	19.35
3	9－6	镀锌板矩形风管（550×400）制作安装	$10m^2$	0.38	387.05	154.18	213.52	19.35
4	9－7	镀锌板矩形风管（600×600）制作安装	$10m^2$	0.672	295.54	115.87	167.99	11.68
5	9－7	镀锌板矩形风管（800×600）制作安装	$10m^2$	1.148	295.54	115.87	167.99	11.68
6	9－7	镀锌板矩形风管（1000×600）制作安装	$10m^2$	1.376	295.54	115.87	167.99	11.68
7	9－7	镀锌板矩形风管（1000×850）制作安装	$10m^2$	0.481	295.54	115.87	167.99	11.68
8	9－8	镀锌板矩形风管（1600×500）制作安装	$10m^2$	1.974	341.15	140.71	191.90	8.54
9	9－40	导流片制作安装	m^2	2.41	79.94	36.69	43.25	—
10	9－41	帆布接口制作安装（通风机 $L=400mm$）	m^2	7.11	171.45	47.83	121.74	1.88
11	9－42	风管检查孔制作安装	100kg	0.3465	1147.41	486.92	543.99	116.50
12	9－43	风量测定孔安装	个	3	26.58	14.16	9.20	3.22
13	9－49	保温手柄式钢制蝶阀（200×250）	100kg	0.0498	1098.72	417.96	429.32	251.44
14	9－49	保温手柄式钢制蝶阀（250×320）	100kg	0.0626	1098.72	417.96	429.32	251.44
15	9－50	保温手柄式钢制蝶阀（320×400）	100kg	0.1213	656.70	146.05	425.18	85.47
16	9－99 9－135	三层百叶风口制作安装	100kg 个	0.801 10	1121.18 14.97	609.99 10.45	479.25 4.30	31.94 0.22
17	9－100 9－134	连动百叶风口制作安装	100kg 个	0.3525 15	2169.56 8.64	1190.49 5.34	539.07 3.08	440.00 0.22
18		喷风口制作安装	100kg	5.10				
19	9－109 9－145	旋转风口制作安装	100kg 个	0.5358 3	961.86 30.54	306.27 18.11	524.06 12.43	131.53 —
20	9－121 9－158	网式回风口制作安装	100kg 个	0.438 60	1233.99 3.56	588.30 3.02	561.73 0.54	85.96 —
21	9－113	片式消声器制作安装	100kg	101.76	1700.64	811.77	584.07	304.80
22	9－201	钢密闭门安装（800×500）	m^2	5.2	449.50	166.02	219.80	63.68
23	9－216	离心通风机（16B，右 180°）	台	1	34.15	19.74	14.41	—
24	9－216	离心通风机（12C，右 180°）	台	1	34.15	19.74	14.41	—
25	9－247	分段组装空调机安装	100kg	52	45.05	45.05	—	—
26	9－212	离心风机台座支架制作安装	个	2	414.38	75.23	330.52	8.63

【例1-109】 一、工程概况

（一）设计内容

本设计为新乡市一办公楼，地上三层，本施工图设计内容包括空调、通风系统的设计。如图1-128、图1-129、图1-130所示。

（二）空调水系统

1. 空调水系统为一次泵定水量双管制系统。

2. 空调冷热水系统采用膨胀水箱定压，则膨胀水箱浮球阀控制液位。

（三）空调风系统

办公房间采用风机盘管无新风的空调方式。

（四）防火及排烟

1. 所有进出空调机房的风管；穿过防火墙的风管（排烟管除外）穿越楼板的主立风管与支风管相连处的支风管上均设70°C防炎调节阀。

2. 一旦发生火灾，消防中心应能立即停止所有运行中的空调。

（五）施工安装

1. 所有设备，基础均应在设备到货且校核其尺寸无误后方可施工，基础施工时，应按设备的要求，预留地脚螺栓孔（二次浇注）。

2. 尺寸较大的设备应在其机房墙未砌之前先放入机房内。

3. 冷水机组由厂家配橡胶减振垫，离心风机由厂家配弹簧减振器，空调机的减振采用TJ1－1型橡胶减振垫，减振垫数量，布置方式见厂家样本，水泵由厂家配减振器，吊装风机减振采用TJ10弹簧减振器。

4. 本设计图中所注的散流器风口尺寸均指其颈口接管尺寸，风口材质除装修要求外，本工程所有风口均采用铝合金风口。

5. 本设计按装修吊顶为可拆卸的吊顶考虑，防火阀采用FV型。

6. 风管与空调机和进排风机出口连接处应采用复合铝箔柔性玻纤软管，设于负压侧时，长度为200mm，设于正压侧时，长度为300mm，凡用于空调送风的软管均要求配带外保温（25mm）。

7. 消声器采用阻抗复合消声器的接口尺寸与所接风管尺寸相同。

8. 风机盘管冷热水进出水管采用铜截止阀，回水管口处设置手动跑风，凝结水管口与水管相连时，设200mm长的透明塑料软管。

9. 水路软接头采用橡胶软接头。

10. 空气凝结水管采用PPR管，其他水管当管径 $< DN100$ 时采用焊接钢管， $> DN100$ 时水管采用无缝钢管。

11. 本工程空调风管采用GR－1，水管应做保温，保温采用难燃B1级聚乙烯管壳，厚度：管径为 $DN100$ 时，用30mm；管径为 $DN250$ 时，用40mm；管径 $> DN250$ 时，用50mm；凝结水管保温厚度为15mm，室外冷却水管保温完后应用0.5mm的镀锌钢板做保护外壳。

12. 水管保温前应先除锈和清洁表面，然后刷防锈漆两道，再做保温。

二、计算工程量：

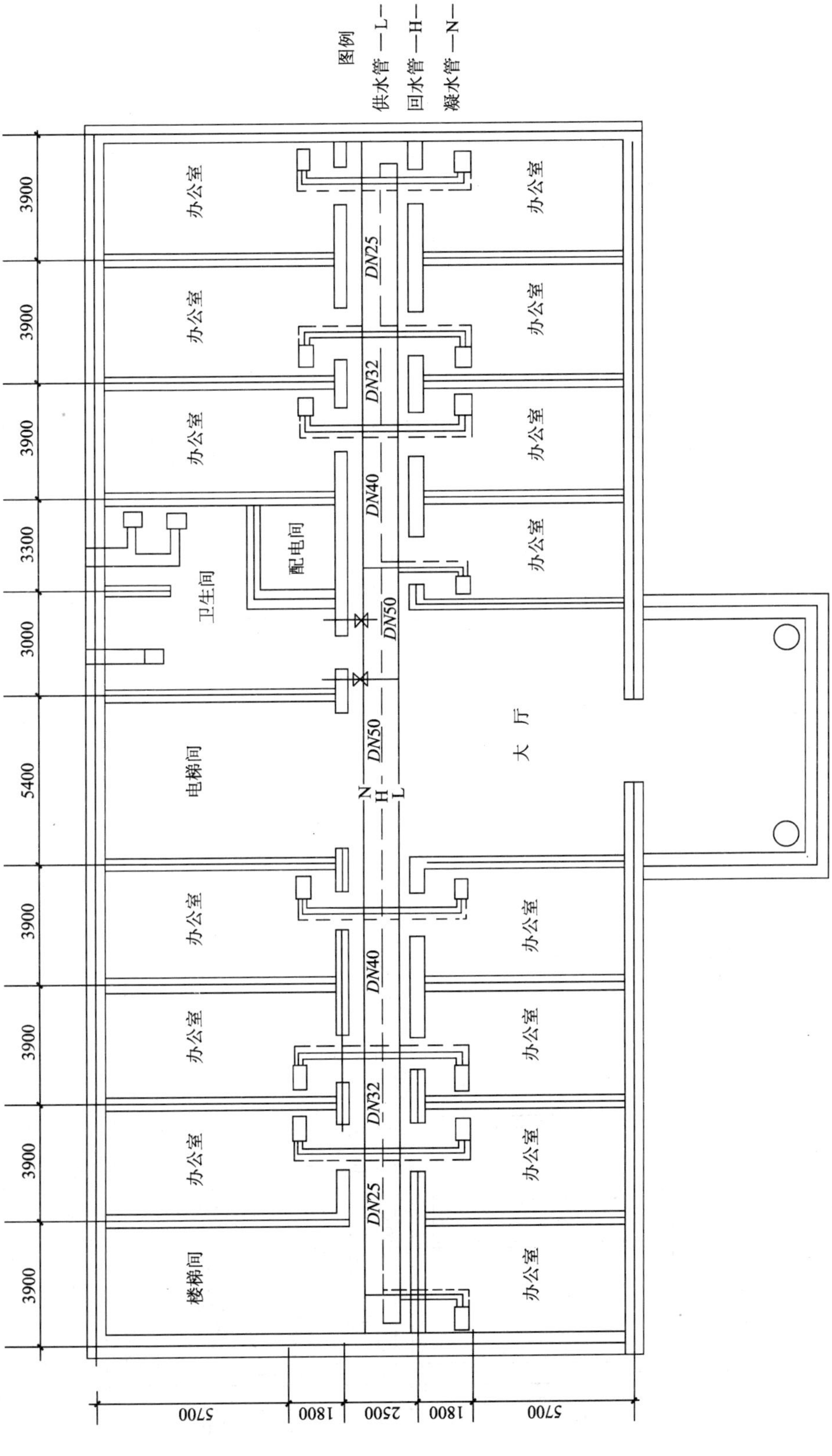

图 1-128　一层空调平面图

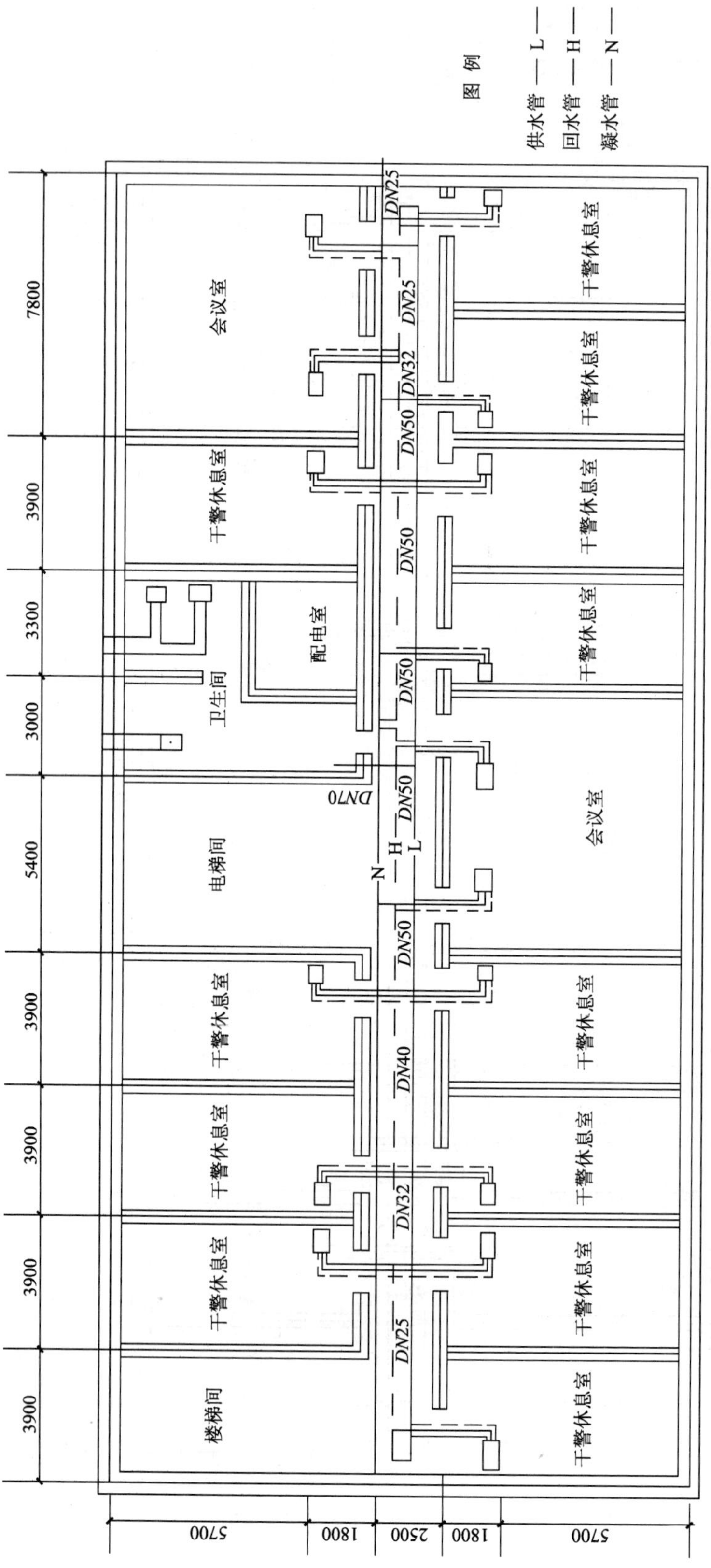

图 1-129 二~三层空调平面图

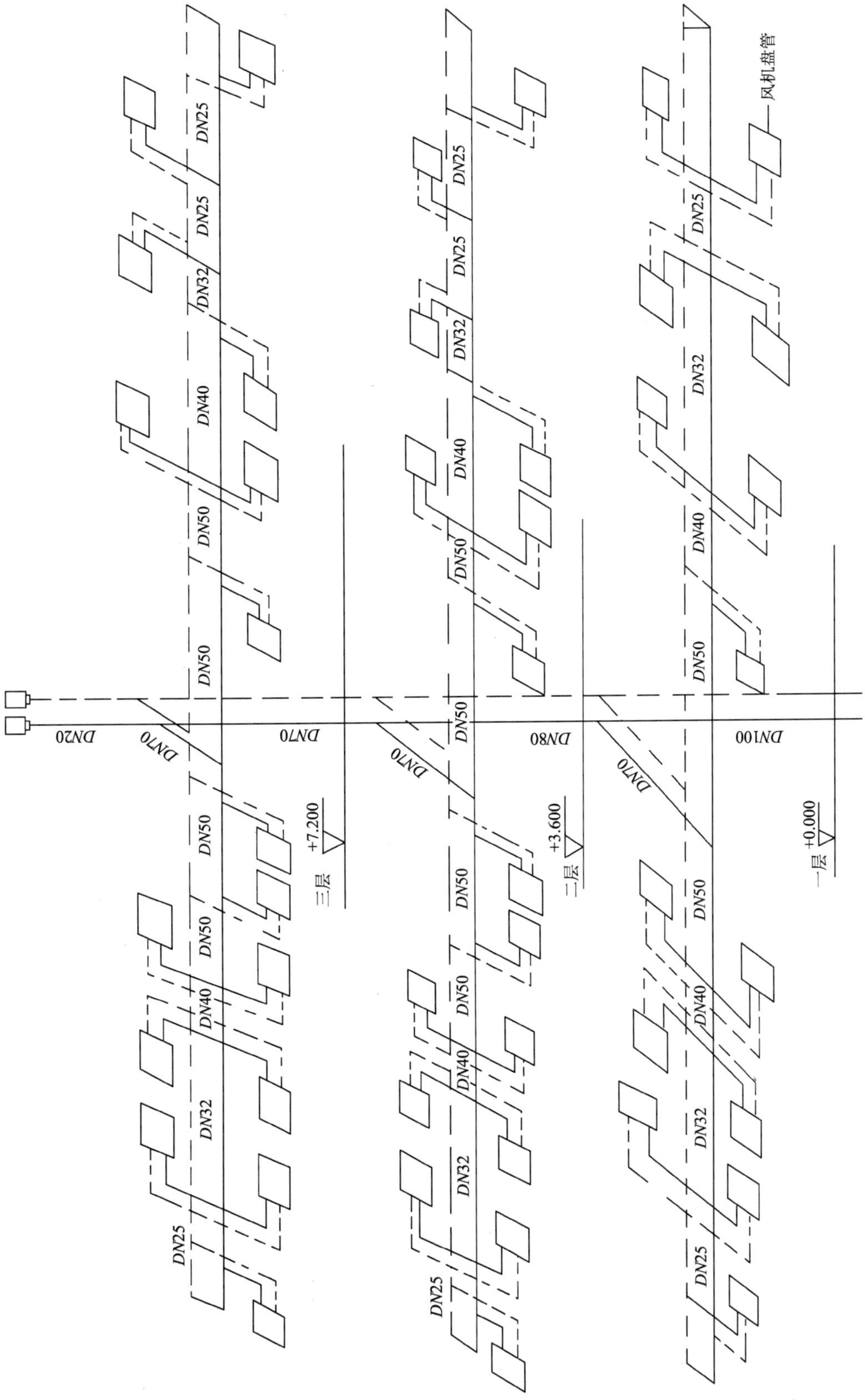

图 1-130　空调、通风系统原理图

工程量计算书

工程名称：新乡市某三层办公楼通风空调工程

年 月 日 共 页 第 页

序号	分部分项工程名称	单位	工程量	计算公式
1	焊接钢管 *DN*100	m	7.2	供水立管 3.600m 回水立管 3.600m 合计：（3.600 + 3.600） m = 7.200m
2	焊接钢管 *DN*80	m	7.2	供水立管 3.600m 回水立管 3.600m 合计：（3.600 + 3.600） m = 7.200m
3	焊接钢管 *DN*70	m	14.95	供水立管 2m 回水立管 2m 供水干管：2.15 × 3m = 6.45m 回水干管：1.5 × 3m = 4.5m 合计：（2 + 2 + 6.45 + 4.5） m = 14.95m
4	焊接钢管 *DN*50	m	120.6	一层供水干管：（7 + 3.4） m = 10.4m 一层回水干管：（8 + 1.8） m = 9.8m 二层供水干管：(10.4 + 4.8) m = 15.2m 二层回水干管：(9.8 + 4.8) m = 14.6m 一层凝水干管：(7 + 3.4) m = 10.4m 二层凝水干管：(10.4 + 4.8) m = 15.2m 合计：[10.4 + 9.8 + (15.2 + 14.6) × 2 + 10.4 + 15.2 × 2] m = 120.6m
5	焊接钢管 *DN*40	m	75.6	一层供水干管：（5 + 5） m = 10m 一层回水干管：（5 + 5） m = 10m 二层供水干管：（5 + 2.6） m = 7.6m 二层回水干管：（5 + 2.6） m = 7.6m 一层凝水干管：（5 + 5） m = 10m 二层凝水干管：（5 + 2.6） m = 7.6m 合计：[10 + 10 + （7.6 + 7.6） × 2 + 10 + 7.6 × 2] m = 75.6m
6	焊接钢管 *DN*32	m	37.2	一层供水干管：（2.6 + 2.6） m = 5.2m 一层回水干管：（2.6 + 2.6） m = 5.2m 二层供水干管：（2.6 + 1） m = 3.6m 二层回水干管：（2.6 + 1） m = 3.6m 一层凝水干管：（2.6 + 2.6） m = 5.2m 二层凝水干管：（2.6 + 1） m = 3.6m 合计：[5.2 + 5.2 + （3.6 + 3.6） × 2 + 5.2 + 3.6 × 2] m = 37.2m

续表

序号	分部分项工程名称	单位	工程量	计算公式
7	焊接钢管 *DN*25	m	474	一层供水干管：(6+6) m=12m 一层回水干管：(6+6) m=12m 一层供水支管：(2.2×2+6.1×6) m=41m 一层回水支管：(2.2×2+6.1×6) m=41m 二层供水干管：(6+4.5) m=10.5m 二层回水干管：(6+4.5) m=10.5m 二层供水支管：(2.2×4+6.1×4+1.8×2+2.6×2) m=42m 二层回水支管：(2.2×4+6.1×4+.8×2+2.6×2) m=42m 一层凝水干管：(6+6) m=12m 一层凝水支管：(2.2×2+6.1×6) m=41m 二层凝水干管：(6+4.5) m=10.5m 二层凝水支管：(2.2×4+6.1×4+1.8×2+2.6×2) m=42m 合计：[12+12+41+41+(10.5+10.5+42+42)×2+12+41+(10.5+42)×2] m=474m
8	焊接钢管 *DN*20	m	3.2	供水立管 1.6m 回水立管 1.6m 合计：(1.6+1.6) m=3.2m
9	方形直片散流器 CT211-2	kg	30.87	3.430kg/个×9个=30.87kg
10	风机盘管 FP-68	台	46	(14+16×2) 台=46台
11	铜球阀 *DN*25	个	52	外购成品
12	Y型过滤器 *DN*25	台	6	外购成品
13	金属软管	个	10	外购成品
14	橡胶软管	个	8	外购成品
15	自动排气阀 *DN*25	个	3	外购成品
16	离心通风机 4-T2	台	1	外购成品
17	减振器 G4A	个	2	外购成品
18	阻抗式复合消声器	kg	82.68	尺寸800×500　82.68kg/个 安装1个　则82.68×1kg=82.68kg

清单工程量计算见下表：

清单工程量计算表

序号	项目编码	项目名称	项目特征描述	计量单位	工程量
1	030801002001	钢管	*DN*100，焊接	m	7.2
2	030801002002	钢管	*DN*80，焊接	m	7.2
3	030801002003	钢管	*DN*70，焊接	m	14.95
4	030801002004	钢管	*DN*50，焊接	m	120.6
5	030801002005	钢管	*DN*40，焊接	m	75.6
6	030801002006	钢管	*DN*32，焊接	m	37.2
7	030801002007	钢管	*DN*25，焊接	m	474
8	030801002008	钢管	*DN*20，焊接	m	3.2
9	030903007001	散流器	方形，CT211－2	个	9
10	030901005001	风机盘管	FP－68	台	46
11	030903001001	铝球阀	*DN*25	个	52
12	030901010001	过滤器	Y 型，*DN*25	台	6
13	030803005001	排气阀	自动，*DN*25	个	3
14	030901002001	通风机	离心式，4－T2	台	1
15	030903020001	消声器	阻抗式复合型	kg	82.68

工程预算表见表 1-64。

工程预算表 **表 1-64**

序号	定额编号	项目名称	计量单位	工程量	基价（元）	人工费（元）	材料费（元）	机械费（元）
1		焊接钢管	m	739.95				
	8－106	*DN*100	10m	0.72	169.50	76.39	85.28	7.83
	8－105	*DN*80	10m	0.72	122.03	67.34	50.80	3.89
	8－105	*DN*70	10m	1.495	122.03	67.34	50.80	3.89
	8－103	*DN*50	10m	12.06	101.55	62.23	36.06	3.26
	8－102	*DN*40	10m	7.56	93.39	60.84	31.16	1.39
	8－101	*DN*32	10m	3.72	87.41	51.08	35.30	1.03
	8－100	*DN*25	10m	47.4	81.37	51.08	29.26	1.03
	8－99	*DN*20	10m	0.32	63.11	42.49	20.62	—
2		方形直片散流器 CT211－2	kg	30.87				

续表

序号	定额编号	项目名称	计量单位	工程量	基价（元）	人工费（元）	材料费（元）	机械费（元）
2	9－113	方形直片散流器制作	100kg	0.3087	1700.64	811.77	584.07	304.80
	9－146	方形直片散流器安装	个	9	5.57	4.64	0.93	—
3		风机盘管 FP－68	台	46				
	9－245	风机盘管安装	台	46	98.69	28.79	66.11	3.79
4		铜球阀 *DN*25	个	6				
	8－241	铜球阀安装	个	6	4.43	2.32	2.11	—
5		Y 型过滤器 *DN*25	个	6				
	9－255	高效过滤器安装	台	6	11.61	11.61	—	—
6		金属软管						
	8－301	自助排气阀安装	个	3	14.37	6.27	8.10	—
7		离心通风机	台	1				
	9－216	离心通风机安装	台	1	34.15	19.74	14.41	—
8		阻抗式复合消声器	kg	82.68				
	9－200	阻抗式复合消声器安装	100kg	0.8268	960.03	365.71	585.05	9.27

1. 柜式离心送风机（$L=12363\text{m}^3/\text{h}$，$H=350\text{Pa}$，$N=2.4\text{kW}$）DT20－3。
2. 天圆地方管（1250×400，ϕ1000）。
3. 600×500×600 帆布软接。
4. 矩形变径管（600×500，1250×400）。
5. 1250×400 矩形防火阀（70°C 时融断）。
6. 250×250 方形散流器。
7. 风机盘管 FCU12（1200×500）。
8. 回风口（1200×300）。
9. 800×400 矩形电动防火调节阀。
10. 矩形变径管（1500×400，800×500）。
11. 柜式离心排风风机 DT22－3（$L=16400\text{m}^3/\text{h}$，$H=350\text{Pa}$，$N=7.5\text{kW}$）。
12. ϕ800 帆布软接。
13. 天圆地方管（ϕ800，1500×400）。
14. 500×288 Ⅱ型 T236－1 塑料插板式侧面风口。
15. 1500×400 矩形防火阀（70°C 时融断）。

【例 1-110】 如图 1-131 所示，为一办公区的送排风空调系统，送风管为碳钢风管由送风管井内引入，排风管为不锈钢风管由排烟管井引出室外，新风引入室内与回风混合经风机排管处理后达到空气要求再由散流器送入会议室，试计算此工程量。

送排风管刷两遍红丹防锈漆，其中送风管保温层采用玻璃丝毡厚度为 35mm，防潮层是一层玻璃布，保护层是塑料布，排风管不保温，风管厚度均为 1.0mm。

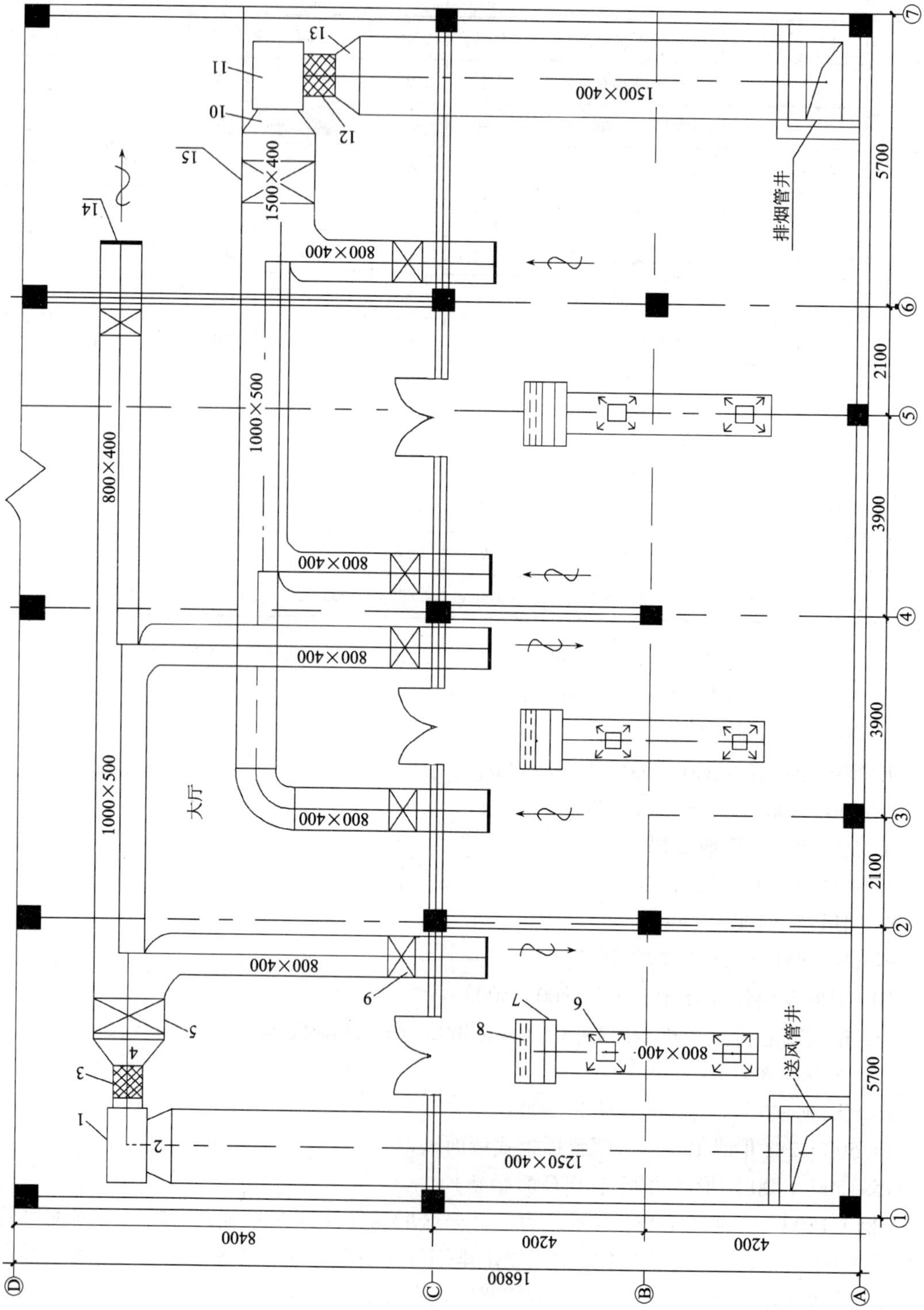

图1-131　送排风空调系统平面图

【解】（1）清单工程量：

① 柜式离心送风机 DT20－3（$L=12363m^3/h$，$H=350Pa$，$N=2.4kW$）的工程量为1台。

② 柜式离心排风风机 DT22－3（$L=16400m^3/h$，$H=350Pa$，$N=7.5kW$）的工程量为1台。

③ 风机盘管 FCU12 的工程量为1×3台=3台。

因为图示有3台相同的风机盘管，所以乘以3。

④ 1250×400 碳钢风管的工程量为：

$$S=2\times(1.25+0.4)\times\frac{[12.3+1.7-(0.4+0.24)]}{a}m^2$$
$$=2\times1.65\times13.36m^2$$
$$=44.088m^2$$

⑤ 1000×500 碳钢风管的工程量为：

$$S=2\times(1.0+0.5)\times\frac{5.0}{b}m^2$$
$$=2\times1.5\times5m^2$$
$$=15m^2$$

⑥800×400 碳钢风管的工程量为：

$$S=2\times(0.8+0.4)\times\frac{[7.8-(0.4+0.24)+7.3-(0.4+0.24)+7.4-(0.4+0.24)]m^2}{c}$$
$$=2\times1.2\times[7.8+7.3+7.4-3\times(0.4+0.24)]m^2$$
$$=2\times1.2\times(22.5-1.92)m^2$$
$$=49.392m^2$$

⑦ 1500×400 不锈钢矩形风管的工程量为：

$$S=2\times(1.5+0.4)\times\frac{[9.2+2.5-(0.4+0.24)]m^2}{d}$$
$$=2\times1.9\times11.06m^2$$
$$=42.028m^2$$

⑧ 1000×500 不锈钢矩形风管的工程量为：

$$S=2\times(1.0+0.5)\times\frac{5.0m^2}{e}$$
$$=2\times1.5\times5m^2$$
$$=15m^2$$

⑨ 800×400 不锈钢矩形风管的工程量为：

$$S=2\times(0.8+0.4)\times\frac{[4.3-(0.4+0.24)+4.6-(0.4+0.24)+4.8+\frac{1}{4}\pi\times0.8+3.8-(0.4+0.24)]}{f}m^2$$
$$=2\times1.2\times16.208m^2$$
$$=38.899m^2$$

⑩ 天圆地方管（碳钢）（1250×400，ϕ1000）的工程量为：

$$S=(3.14\times1.0\div2+1.25+0.4)\times0.5m^2$$
$$=(1.57+1.25+0.4)\times0.5m^2$$

$=1.61m^2$

⑪ 矩形变径管（碳钢）的制作安装工程量为：(600×500，1250×400)。

$$S=(1.25+0.4+0.6+0.5)\times0.5m^2$$
$$=2.75\times0.5m^2$$
$$=1.375m^2$$

⑫ 600×500碳钢矩形风管的制作安装工程量为：

$$S=2\times(0.6+0.5)\times0.2m^2$$
$$=2\times1.1\times0.2m^2$$
$$=0.44m^2$$

⑬不锈钢天圆地方管（ϕ800，1500×400）的制作安装工程量为：

$$S=(3.14\times0.8\div2+1.5+0.4)\times0.5m^2$$
$$=3.156\times0.5m^2$$
$$=1.578m^2$$

⑭ 不锈钢矩形变径管的工程量（1500×400，800×500）为：

$$S=(1.5+0.4+0.8+0.5)\times0.5m^2$$
$$=(1.9+1.3)\times0.5m^2$$
$$=1.6m^2$$

⑮ 1500×400矩形防火阀（70°C时融断）的制作安装工程量为1个。

⑯ 1250×400矩形防火阀（70°C时融断）的制作安装工程量为1个。

⑰ 800×400矩形电动防火调节阀的制作安装工程量为6个。

由图示可查得此型号的电动防火调节阀为6个。

⑱ 250×250方形散流器的制作安装工程量为6个。

由图上可查得共6个250×250方形散流器。

⑲ 1200×300单层百叶回风口的制作安装工程量为3个。

⑳ 500×288Ⅱ型T236－1塑料插板式侧面风口的制作安装工程量为6个（其中，3个送风口，3个排风口）。

㉑ 600×500×600帆布软接工程量：$L=0.6m$

㉒ ϕ800帆布软接工程量：$L=0.6m$

清单工程量计算见下表：

清单工程量计算表

项目编码	项目名称	项目特征描述	单位	数量	计算式
030901002001	柜式离心送风机	DT20－3，$L=12363m^3/h$，$H=350Pa$，$N=2.4kW$ 出口接600×500×600帆布软接	台	1	
030901002002	柜式离心排风机	DT22－3，$L=16400m^3/h$，$H=350Pa$，$N=7.5kW$ 出口接ϕ800帆布软接	台	1	

续表

项目编码	项目名称	项目特征描述	单位	数量	计算式
030901005001	风机盘管	FCU12（1200×500）	台	3	
030902001001	碳钢矩形风管	刷两道红丹防锈漆，δ=1.0mm，玻璃丝毡保温层δ=35mm，玻璃布防潮层，保护层是塑料布，1250×400	m^2	44.088	2×(1.25+0.4)×[12.3+1.7−(0.4+0.24)]
030902001002	碳钢矩形风管	刷两道红丹防锈漆，δ=1.0mm，玻璃丝毡保温层δ=35mm，玻璃布防潮层，保护层是塑料布，1000×500	m^2	15	2×(1.0+0.5)×5.0
030902001003	碳钢矩形风管	刷两道红丹防锈漆，δ=1.0mm，玻璃丝毡保温层δ=35mm，玻璃布防潮层，保护层是塑料布，800×400	m^2	49.392	2×(0.8+0.4)×[7.8−(0.4+0.24)+7.3−(0.4+0.24)+7.4+(0.4+0.24)]
030902001004	天圆地方碳钢风管	（1250×400，ϕ1000）刷两道红丹防锈漆，δ=1.0mm，玻璃丝毡保温层δ=35mm，玻璃布防潮层，保护层采用塑料布	m^2	1.61	(3.14×1.0÷2+1.25+0.40)×0.5
030902001005	碳钢矩形变径管	（600×500，1250×400）刷两道红丹防锈漆，δ=1.0mm，玻璃丝毡保温层δ=35mm，玻璃布防潮层，塑料布保护层	m^2	1.375	(1.25+0.4+0.6+0.5)×0.5
030902001006	碳钢矩形风管	刷两道红丹防锈漆，δ=1.0mm，玻璃丝毡保温层δ=35mm，玻璃布防潮层，塑料布保护层，600×500	m^2	0.44	2×(0.6+0.5)×0.2
030902003001	不锈钢矩形风管	刷两道红丹防锈漆，1500×400	m^2	42.028	2×(1.5+0.4)×[9.2+2.5−(0.4+0.24)]
030902003002	不锈钢矩形风管	刷两道红丹防锈漆，1000×500	m^2	15	2×(1.0+0.5)×5.0
030902003003	不锈钢矩形风管	刷两道红丹防锈漆，800×400	m^2	38.899	$2\times(0.8+0.4)\times[4.3-(0.4+0.24)+4.6-(0.4+0.24)+4.8+\frac{1}{4}\times3.14\times0.8+3.8-(0.4+0.24)]$

续表

项目编码	项目名称	项目特征描述	单位	数量	计算式
030902003004	不锈钢天圆地方管	（ϕ800，1500×400）刷两道红丹防锈漆	m^2	1.578	(3.14×0.8÷2+1.5+0.4)×0.5
030902003005	不锈钢矩形变径管	(1500×400,800×500)刷两道红丹防锈漆	m^2	1.6	(1.5+0.4+0.8+0.5)×0.5
030903001001	矩形防火阀（70°C时融断）的制作安装	1500×400	个	1	
030903001002	矩形防火阀（70°C时融断）的制作安装	1250×400	个	1	
030903001003	矩形电动防火调节阀的制作安装	800×400	个	6	
030903007001	方形散流器的制作安装	250×250	个	6	
030903007002	单层百叶风口的制作安装	1200×300	个	3	
030903009001	塑料插板式侧面风口的制作安装	500×288 Ⅱ型 T236-1	个	6	
030902008001	柔性软风管	600×500	m	0.6	
030902008002	柔性软风管	ϕ800	m	0.6	

注：a 是 1250×400 碳钢矩形风管的长度，其中：

12.3 是由送风管井至天圆地方管（1250×400，ϕ1000）连接处的长度，1.7 是矩形变径管（600×500，1250×400）至三通处 1250×400 碳钢矩形风管的长度。

0.4+0.24 是 1250×400 矩形防火阀的长度。

b 是 1000×500 碳钢矩形风管的长度。

c 是 800×400 碳钢矩形风管的长度，其中：

7.8 是平行于Ⓓ轴线方向上 800×400 风管的长度。

7.3 是紧贴②轴线方向上 800×400 风管的长度。

7.4 是紧贴④轴线方向上 800×400 碳钢风管的长度。

0.4+0.24 是 800×400 碳钢风管上防火阀的长度。

d 是 1500×400 不锈钢矩形风管的长度，其中：

9.2 是从排烟管井至天圆地方管（1500×400，ϕ800）之间的长度。

2.5 是矩形变径管（1500×400，800×500）至三通之间的长度。

0.4+0.24 是 1500×400 矩形防火阀的长度。

e 是 1000×500 不锈钢矩形风管的长度，即两个三通间的长度。

f 是 800×400 不锈钢矩形风管的长度，其中：

4.3 是紧贴轴线⑥的 800×400 不锈钢矩形风管的长度。

4.6 是紧贴④轴线的 800×400 不锈钢矩形风管的长度。

4.8 是平行于Ⓓ轴线上 800×400 不锈钢矩形风管的长度。

$\frac{1}{2}\times3.14\times0.8$ 是弯头中心线的长度。

3.8 是③轴线上 800×400 不锈钢矩形风管的长度。

0.4+0.24 是 800×400 矩形防火阀的长度。

（2）定额工程量：

① 柜式离心送风机 DT20－3（$L=12363\text{m}^3/\text{h}$，$H=350\text{Pa}$，$N=2.4\text{kW}$）的安装工程量为1台。

② 柜式离心排风机 DT22－3（$L=16400\text{m}^3/\text{h}$，$H=350\text{Pa}$，$N=7.5\text{kW}$）的安装工程量为1台。

③ 风机盘管 FCU12 的安装工程量为3台。

④ 1250×400 碳钢矩形风管的制作安装工程量为：

$$S=2\times(1.25+0.4)\times[12.3+1.7-(0.4+0.24)]\text{m}^2$$
$$=2\times1.65\times13.36\text{m}^2$$
$$=44.088\text{m}^2$$

⑤ 1250×400 碳钢矩形风管保温层工程量为：

$$V=2\times[(A+1.033\delta)+(B+1.033\delta)]\times1.033\delta\times L$$
$$=2\times[(1.25+1.033\times0.035)+(0.4+1.033\times0.35)]\times1.033\times0.035\times[12.3+1.7-(0.4+0.24)]\text{m}^3$$
$$=2\times(1.65+0.07231)\times1.033\times0.035\times13.36\text{m}^3$$
$$=2\times0.832\text{m}^3$$
$$=1.664\text{m}^3$$

⑥ 1250×400 碳钢矩形风管防潮层工程量为：

$$S=[(A+2.1\delta+0.0082)+(B+2.1\delta+0.0082)]\times L\times2$$
$$=[(1.25+2.1\times0.035+0.0082)+(0.4+2.1\times0.035+0.0082)]\times[12.3+1.7-(0.4+0.24)]\times2\text{m}^2$$
$$=(1.65+2\times2.1\times0.035+2\times0.0082)\times13.36\times2\text{m}^2$$
$$=(1.65+0.147+0.0164)\times13.36\times2\text{m}^2$$
$$=48.454\text{m}^2$$

⑦ 1250×400 碳钢矩形风管保护层工程量为：

$$S=[(A+2.1\delta+0.0082)+(B+2.1\delta+0.0082)]\times2\times L$$
$$=[(1.25+2.1\times0.035\times0.0082)+(0.4+2.1\times0.035+0.0082)]\times2\times[12.3+1.7-(0.4+0.24)]\text{m}^2$$
$$=(1.65+2\times2.1\times0.035+2\times0.0082)\times13.36\times2\text{m}^2$$
$$=(1.65+0.147+0.0164)\times13.36\times2\text{m}^2$$
$$=48.454\text{m}^2$$

⑧ 1250×400 碳钢矩形风管刷第一道红丹防锈漆的工程量为：

$$S=2\times(1.25+0.4)\times[12.3+1.7-(0.4+0.24)]\text{m}^2$$
$$=2\times1.65\times13.36\text{m}^2$$
$$=44.088\text{m}^2$$

⑨ 1250×400 碳钢矩形风管刷第二道红丹防锈漆的工程量为：

$$S=2\times(1.25+0.4)\times[12.3+1.7-(0.4+0.24)]\text{m}^2$$
$$=2\times1.65\times13.36\text{m}^2$$
$$=44.088\text{m}^2$$

⑩ 1000×500 碳钢矩形风管的制作安装工程量为：

$$S=2\times(1.0+0.5)\times5\text{m}^2$$
$$=2\times1.5\times5\text{m}^2$$
$$=15\text{m}^2$$

⑪ 1000×500 碳钢矩形风管保温层工程量为：

$$V=2\times[(A+1.033\delta)+(B+1.033\delta)]\times1.033\delta\times L$$
$$=2\times[(1.0+1.033\times0.035)+(0.5+1.033\times0.035)]\times1.033\times0.035\times5.0\text{m}^3$$
$$=2\times(1.5+2\times1.033\times0.035)\times1.033\times0.035\times5\text{m}^3$$
$$=2\times1.57231\times1.033\times0.035\times5\text{m}^3$$
$$=0.568\text{m}^3$$

⑫ 1000×500 碳钢矩形风管防潮层工程量为：

$$S=2\times[(A+2.1\delta+0.0082)+(B+2.1\delta+0.0082)]\times L$$
$$=2\times[(1.0+2.1\times0.035+0.0082)+(0.5+2.1\times0.035+0.0082)]\times5\text{m}^2$$
$$=2\times(1.5+2\times2.1\times0.035+2\times0.0082)\times5\text{m}^2$$
$$=2\times(1.5+0.147+0.0164)\times5\text{m}^2$$
$$=2\times1.6634\times5\text{m}^2$$
$$=16.634\text{m}^2$$

⑬ 1000×500 碳钢矩形风管保护层工程量为：

$$S=2\times[(A+2.1\delta+0.0082)+(B+2.1\delta+0.0082)]\times L$$
$$=2\times[(1.0+2.1\times0.035+0.0082)+(0.5+2.1\times0.035+0.0082)]\times5\text{m}^2$$
$$=2\times1.6634\times5\text{m}^2$$
$$=16.634\text{m}^2$$

⑭ 1000×500 碳钢矩形风管刷第一道红丹防锈漆的工程量为：

$$S=2\times(1.0+0.5)\times5.0\text{m}^2$$
$$=2\times1.5\times5\text{m}^2$$
$$=15\text{m}^2$$

⑮ 1000×500 碳钢矩形风管刷第二道红丹防锈漆的工程量为：

$$S=2\times(1.0+0.5)\times5.0\text{m}^2$$
$$=2\times1.5\times5\text{m}^2$$
$$=15\text{m}^2$$

⑯ 800×400 碳钢矩形风管的制作安装工程量：

$$S=2\times(0.8+0.4)\times[7.8-(0.4+0.24)+7.3-(0.4+0.24)+7.4-(0.4+0.24)]\text{m}^2$$
$$=2\times1.2\times[7.8+7.3+7.4-3\times(0.4+0.24)]\text{m}^2$$
$$=2\times1.2\times(22.5-1.92)\text{m}^2$$
$$=49.392\text{m}^2$$

⑰ 800×400 碳钢矩形风管保温层工程量为：

$$S=2\times[(A+1.033\delta)+(B+1.033\delta)]\times1.033\delta\times L$$
$$=2\times[(0.8+1.033\times0.035)+(0.4+1.033\times0.035)]\times1.033\times0.035\times[7.8-(0.4+0.24)+7.3-(0.4+0.24)+7.4-(0.4+0.24)]\text{m}^3$$
$$=2\times(1.2+2\times1.033\times0.035)\times[7.8+7.3+7.4-3\times(0.4+0.24)]\text{m}^3$$
$$=2\times1.27231\times(22.5-1.92)\times1.033\times0.035\text{m}^3$$
$$=1.893\text{m}^3$$

⑱ 800×400 碳钢矩形风管防潮层工程量为：

$$S=2\times[(A+2.1\delta+0.0082)+(B+2.1\delta+0.0082)]\times L$$
$$=2\times[(0.8+2.1\times0.035+0.0082)+(0.4+2.1\times0.035+0.0082)]\times[7.8-(0.4+0.24)+7.3-(0.4+0.24)+7.4-(0.4+0.24)]\text{m}^2$$
$$=2\times(1.2+2.1\times0.035\times2+0.0082\times2)\times(22.5-1.92)\text{m}^2$$
$$=2\times(1.2+0.147+0.0164)\times20.58\text{m}^2$$
$$=56.118\text{m}^2$$

⑲ 800×400 碳钢矩形风管保护层工程量为：

$$S=2\times[(A+2.1\delta+0.0082)+(B+2.1\delta+0.0082)]\times L$$
$$=2\times[(0.8+2.1\times0.035+0.0082)+(0.4+2.1\times0.035+0.0082)]\times[7.8-(0.4+0.24)+7.3-(0.4+0.24)+7.4-(0.4+0.24)]\text{m}^2$$
$$=2\times(1.2+0.147+0.0164)\times20.58\text{m}^2$$
$$=56.118\text{m}^2$$

⑳ 800×400 碳钢矩形风管刷第一道红丹防锈漆的工程量为：

$$S=2\times(0.8+0.4)\times[7.8-(0.4+0.24)+7.3-(0.4+0.24)+7.4-(0.4+0.24)]\text{m}^2$$
$$=2\times1.2\times[7.8+7.3+7.4-3\times(0.4+0.24)]\text{m}^2$$
$$=49.392\text{m}^2$$

㉑ 800×400 碳钢管刷第二道红丹防锈漆的工程量为：

$$S=2\times(0.8+0.4)\times[7.8-(0.4+0.24)+7.3-(0.4+0.24)+7.4-(0.4+0.24)]\text{m}^2$$
$$=2\times1.2\times[7.8+7.3+7.4-3\times(0.4+0.24)]\text{m}^2$$
$$=49.392\text{m}^2$$

㉒ 天圆地方碳钢风管的工程量为：（1250×400，ϕ1000）

$$S=(3.14\times1.0\div2+1.25+0.4)\times0.5\text{m}^2$$
$$=(1.57+1.25+0.4)\times0.5\text{m}^2$$
$$=1.61\text{m}^2$$

㉓ 天圆地方碳钢风管刷第一道红丹防锈漆的工程量为：（1250×400，ϕ1000）

$$S=(3.14\times1.0\div2+1.25+0.4)\times0.5\text{m}^2$$
$$=(1.57+1.25+0.4)\times0.5\text{m}^2$$
$$=1.61\text{m}^2$$

㉔ 天圆地方碳钢风管刷第二道红丹防锈漆的工程量为：

$$S=(3.14\times1.0\div2+1.25+0.4)\times0.5\text{m}^2$$
$$=(1.57+1.25+0.4)\times0.5\text{m}^2$$
$$=1.61\text{m}^2$$

㉕ 矩形变径管（600×500，1250×400）的工程量为：

$$S=(1.25+0.4+0.6+0.5)\times0.5\text{m}^2$$
$$=2.75\times0.5\text{m}^2$$
$$=1.375\text{m}^2$$

㉖ 矩形变径管（600×500，1250×400）刷第一道红丹防锈漆工程量为：

$$S=(0.6+0.5+1.25+0.4)\times0.5\text{m}^2$$
$$=2.75\times0.5\text{m}^2$$
$$=1.375\text{m}^2$$

㉗ 变径管（600×500，1250×400）刷第二道红丹防锈漆的工程量为：

$$S=(0.6+0.5+1.25+0.4)\times0.5\text{m}^2$$
$$=2.75\times0.5\text{m}^2$$
$$=1.375\text{m}^2$$

㉘ 600×500 碳钢矩形风管的工程量为：

$$S=2\times(0.6+0.5)\times0.2\text{m}^2$$
$$=2\times1.1\times0.2\text{m}^2$$
$$=0.44\text{m}^2$$

㉙ 600×500 碳钢矩形风管保温层工程量为：

$$S=2\times[(A+1.033\delta)+(B+1.033\delta)]\times1.033\delta\times L$$
$$=2\times[(0.6+1.033\times0.035)+(0.5+1.033\times0.035)]\times1.033\times0.035\times0.2\text{m}^3$$
$$=2\times(1.1+2\times1.033\times0.035)\times1.033\times0.035\times0.2\text{m}^3$$
$$=2\times1.17231\times1.033\times0.035\times0.2\text{m}^3$$
$$=0.017\text{m}^3$$

㉚ 600×500 碳钢矩形风管防潮层工程量为：

$$S=2\times[(A+2.1\delta+0.0082)+(B+2.1\delta+0.0082)]\times L$$
$$=2\times[(0.6+2.1\times0.035+0.0082)+(0.5+2.1\times0.035+0.0082)]\times0.2\text{m}^2$$
$$=2\times(1.1+0.147+0.0164)\times0.2\text{m}^2$$
$$=0.505\text{m}^2$$

㉛ 600×500 碳钢矩形风管保护层工程量为：

$$S=2\times[(A+2.1\delta+0.0082)+(B+2.1\delta+0.0082)]\times L$$
$$=2\times[(0.6+2.1\times0.035+0.0082)+(0.5+2.1\times0.035+0.0082)]\times0.2\text{m}^2$$
$$=2\times(1.1+0.147+0.0164)\times0.2\text{m}^2$$
$$=0.505\text{m}^2$$

㉜ 600×500 碳钢矩形风管刷第一道防锈漆工程量为：

$$S=2\times(0.6+0.5)\times0.2\text{m}^2$$
$$=2\times1.1\times0.2\text{m}^2$$
$$=0.44\text{m}^2$$

㉝ 600×500 碳钢矩形风管刷第二道防锈漆工程量为：

$$S=2\times(0.6+0.5)\times0.2\text{m}^2$$
$$=2\times1.1\times0.2\text{m}^2$$
$$=0.44\text{m}^2$$

㉞ 1500×400 不锈钢矩形风管的工程量为：

$$S=2\times(1.5+0.4)\times[9.2+2.5-(0.4+0.24)]\text{m}^2$$
$$=2\times1.9\times11.06\text{m}^2$$
$$=42.028\text{m}^2$$

㉟ 1500×400 不锈钢矩形风管刷第一道红丹防锈漆工程量为：

$$S=2\times(1.5+0.4)\times[9.2+2.5-(0.4+0.24)]\text{m}^2$$
$$=2\times1.9\times11.06\text{m}^2$$
$$=42.028\text{m}^2$$

㊱ 1500×400 不锈钢矩形风管刷第二道红丹防锈漆工程量为：

$$S=2\times(1.5+0.4)\times[9.2+2.5-(0.4+0.24)]\text{m}^2$$
$$=2\times1.9\times11.06\text{m}^2$$
$$=42.028\text{m}^2$$

㊲ 1000×500 不锈钢矩形风管的工程量为：

$$S=2\times(1.0+0.5)\times5.0\text{m}^2$$
$$=2\times1.5\times5.0\text{m}^2$$
$$=15\text{m}^2$$

㊳ 1000×500 不锈钢矩形风管刷第一道防锈漆工程量为：

$$S=2\times(1.0+0.5)\times5.0\text{m}^2$$
$$=2\times1.5\times5.0\text{m}^2$$
$$=15\text{m}^2$$

㊴ 1000×500 不锈钢矩形风管刷第二道防锈漆工程量为：

$$S=2\times(1.0+0.5)\times5.0\text{m}^2$$
$$=2\times1.5\times5.0\text{m}^2$$
$$=15\text{m}^2$$

㊵ 800×400 不锈钢矩形风管工程量为：

$$S=2\times(0.8+0.4)\times[4.3-(0.4+0.24)+4.6-(0.4+0.24)+$$
$$4.8+\frac{1}{4}\times3.14\times0.8+3.8-(0.4+0.24)]\text{m}^2$$
$$=2\times1.2\times16.208\text{m}^2$$
$$=38.899\text{m}^2$$

㊶ 800×400 不锈钢矩形风管刷第一道红丹防锈漆工程量为：

$$S=2\times(0.8+0.4)\times[4.3-(0.4+0.24)+4.6-(0.4+0.24)+4.8+\frac{1}{4}\times3.14\times0.8+3.8-(0.4+0.24)]\text{m}^2$$
$$=2\times1.2\times16.208\text{m}^2$$
$$=38.899\text{m}^2$$

㊷ 800×400 不锈钢矩形风管刷第二道红丹防锈漆工程量为：

$$S=2\times(0.8+0.4)\times[4.3-(0.4+0.24)+4.6-(0.4+0.24)+4.8+\frac{1}{4}\times3.14\times0.8+3.8-(0.4+0.24)]\text{m}^2$$
$$=2\times1.2\times16.208\text{m}^2$$
$$=38.899\text{m}^2$$

㊸ 天圆地方管（ϕ800，1500×400）的工程量为：

$$S=(3.14\times0.8\div2+1.5+0.4)\times0.5\text{m}^2$$
$$=3.156\times0.5\text{m}^2$$
$$=1.578\text{m}^2$$

㊹ 天圆地方管（ϕ800，1500×400）刷第一道防锈漆工程量为：

$$S=(3.14\times0.8\div2+1.5+0.4)\times0.5\text{m}^2$$
$$=3.156\times0.5\text{m}^2$$
$$=1.578\text{m}^2$$

㊺ 天圆地方管（ϕ800，1500×400）刷第二道防锈漆工程量为：

$$S=(3.14\times0.8\div2+1.5+0.4)\times0.5\text{m}^2$$
$$=3.156\times0.5\text{m}^2$$
$$=1.578\text{m}^2$$

㊻ 不锈钢变径管（1500×400，800×500）工程量为：

$$S=(0.8+0.5+1.5+0.4)\times0.5\text{m}^2$$
$$=(1.9+1.3)\times0.5\text{m}^2$$
$$=1.6\text{m}^2$$

㊼ 不锈钢变径管（1500×400，800×500）刷第一道防锈漆工程量为：

$$S=(1.5+0.4+0.8+0.5)\times0.5\text{m}^2$$
$$=(1.9+1.3)\times0.5\text{m}^2$$
$$=1.6\text{m}^2$$

㊽ 不锈钢变径管（1500×400，800×500）刷第二道防锈漆工程量为：

$$S=(1.5+0.4+0.8+0.5)\times0.5\text{m}^2$$
$$=(1.9+1.3)\times0.5\text{m}^2$$
$$=1.6\text{m}^2$$

㊾ 1500×400 矩形防火阀（70°C 时融断）的制作工程量为：

$$1\times m_1\text{kg}=m_1\text{kg}$$

m_1 是 1500×400 矩形防火阀的单重（kg/个）。

㊿ 1500×400 矩形防火阀（70°C 时融断）的安装工程量为 1 个。

⑤1 1250×400 矩形防火阀（70°C 时融断）的制作工程量为：

$$1\times m_2\text{kg}=m_2\text{kg}$$

m_2 是 1250×400 矩形防火阀的标准单重（kg/个）。

⑤2 1250×400 矩形防火阀的安装工程量为 1 个。

⑤3 800×400 矩形电动防火阀的制作工程量为：

$$6\times m_3\text{kg}=6m_3\text{kg}$$

m_3 是 800×400 矩形电动防火阀的标准单重（kg/个）。

⑤4 800×400 矩形电动防火阀的安装工程量为 6 个。

⑤5 250×250 方形散流器的制作工程量为：

$$6\times 5.29\text{kg}=31.74\text{kg}$$

5.29 是 250×250 方形直片散流器 CT211－2 的标准单重为 5.29kg/个。

⑤6 250×250 方形直片散流器的安装工程量为 6 个。

⑤7 1200×300 单层百叶风口的制作工程量为：

$$3\times m_4\text{kg}=3m_4\text{kg}$$

m_4 是 1200×300 单层百叶回风口的标准单重（kg/个）。

⑤8 1200×300 单层百叶回风口的安装工程量为 3 个。

⑤9 500×288 Ⅱ型 T236－1 塑料插板式侧面风口的制作工程量为：

$$6\times 3.53\text{kg}=21.18\text{kg}$$

3.53 是 500×288 Ⅱ型 T236－1 塑料插板式侧面风口的标准单重（kg/个）。

⑥0 500×288 Ⅱ型 T236－1 塑料插板式侧面风口的安装工程量为 6 个。

⑥1 600×500×600 帆布软接的工程量为：

$$S=2\times(0.6+0.5)\times 0.6\text{m}^2$$
$$=2\times 1.1\times 0.6\text{m}^2=1.32\text{m}^2$$

⑥2 ϕ800 帆布软接的工程量为：

$$S=3.14\times 0.8\times 0.6\text{m}^2$$
$$=1.507\text{m}^2$$

定额工程量计算见表 1-65。

定额工程量计算表　　**表 1-65**

序号	定额编号	分项工程名称	单位	工程量	计算式	基价（元）	其中（元）		
							人工费	材料费	机械费
1	9－216	柜式离心送风机 DT20－3，$L=12363\text{m}^3/\text{h}$，$H=350\text{Pa}$，$N=2.4\text{kW}$	台	1		34.15	19.74	14.41	—
2	9－216	柜式离心排风机 DT22－3 $L=16400\text{m}^3/\text{h}$，$H=350\text{Pa}$，$N=7.5\text{kW}$	台	1		34.15	19.74	14.41	—
3	9－245	风机盘管 FCU12	台	3		98.69	28.79	66.11	3.79

续表

序号	定额编号	分项工程名称	单位	工程量	计算式	基价（元）	其中（元）		
							人工费	材料费	机械费
4	9-23	1250×400 碳钢矩形风管	$10m^2$	4.4088	2×(1.25+0.4)×[12.3+1.7-(0.4+0.24)]	499.12	203.87	244.33	50.92
5	11-1866	1250×400 碳钢矩形风管保温层 $\delta=35mm$ 玻璃丝毡	m^3	1.664	2×[(1.25+1.033×0.035)+(0.4+1.033×0.035)]×1.033×0.035×[12.3+1.7-(0.4+0.24)]	264.40	166.95	72.70	6.75
6	11-2153	1250×400 碳钢矩形风管玻璃布防潮层	$10m^2$	4.8454	[(1.25+2.1×0.035+0.0082)+(0.4+2.1×0.035+0.0082)]×[12.3+1.7-(0.4+0.24)]×2	11.11	10.91	0.20	—
7	11-2157	1250×400 碳钢矩形风管塑料布保护层	$10m^2$	4.8454	[(1.25+2.1×0.035+0.0082)+(0.4+2.1×0.035+0.0082)]×[12.3+1.7-(0.4+0.24)]×2	11.11	10.91	0.20	—
8	11-51	1250×400 碳钢矩形风管刷第一道红丹防锈漆	$10m^2$	4.4088	2×(1.25+0.4)×[12.3+1.7-(0.4+0.24)]	7.34	6.27	1.07	—
9	11-52	1250×400 碳钢矩形风管刷第二道红丹防锈漆	$10m^2$	4.4088	2×(1.25+0.4)×[12.3+1.7-(0.4+0.24)]	7.23	6.27	0.96	—
10	9-15	1000×500 碳钢矩形风管的制作安装	$10m^2$	1.5	2×(1.0+0.5)×5	410.82	179.72	180.18	50.92
11	11-1866	1000×500 碳钢矩形风管玻璃丝毡保温层 $\delta=35mm$	m^3	0.568	2×[(1.0+1.033×0.035)+(0.5+1.033×0.035)]×1.033×0.035×5.0	246.40	166.95	72.70	6.75
12	11-2153	1000×500 碳钢矩形风管玻璃布防潮层	$10m^2$	1.6634	2×[(1.0+2.1×0.035+0.0082)+(0.5+2.1×0.035+0.0082)]×5	11.11	10.91	0.20	—
13	11-2157	1000×500 碳钢矩形风管塑料布保护层	$10m^2$	1.6634	2×[(1.0+2.1×0.035+0.0082)+(0.5+2.1×0.035+0.0082)]×5	11.11	10.91	0.20	—
14	11-51	1000×500 碳钢矩形风管刷第一道红丹防锈漆	$10m^2$	1.5	2×(1.0+0.5)×5.0	7.34	6.27	1.07	—
15	11-52	1000×500 碳钢矩形风管刷第二道红丹防锈漆	$10m^2$	1.5	2×(1.0+0.5)×5.0	7.23	6.27	0.96	—
16	9-15	800×400 碳钢矩形风管的制作安装	$10m^2$	4.9392	2×(0.8+0.4)×[7.8-(0.4+0.24)+7.3-(0.4+0.24)+7.4-(0.4+0.24)]	410.82	179.72	180.18	50.92

续表

序号	定额编号	分项工程名称	单位	工程量	计算式	基价（元）	其中（元）		
							人工费	材料费	机械费
17	11－1866	800×400 碳钢矩形风管玻璃丝毡保温层 $\delta=35mm$	m^3	1.893	2×[(0.8+1.033×0.035)+(0.4+1.033×0.035)]×1.033×0.035×[7.8－(0.4+0.24)+7.3－(0.4+0.24)+7.4－(0.4+0.24)]	246.40	166.95	72.70	6.75
18	11－2153	800×400 碳钢矩形风管玻璃布防潮层	$10m^2$	5.6118	2×[(0.8+2.1×0.035+0.0082)+(0.4+2.1×0.035+0.0082)]×[7.8－(0.4+0.24)+7.3－(0.4+0.24)+7.4－(0.4+0.24)]	11.11	10.91	0.20	—
19	11－51	800×400 碳钢矩形风管刷第一道红丹防锈漆	$10m^2$	4.9392	2×(0.8+0.4)×[7.8－(0.4+0.24)+7.3－(0.4+0.24)+7.4－(0.4+0.24)]	7.34	6.27	1.07	—
20	11－2157	800×400 碳钢矩形风管塑料布保护层	$10m^2$	5.6118	2×[(0.8+2.1×0.035+0.0082)+(0.4+2.1×0.035+0.0082)]×[7.8－(0.4+0.24)+7.3－(0.4+0.24)+7.4－(0.4+0.24)]	11.11	10.91	0.20	—
21	11－52	800×400 碳钢矩形风管刷第二道红丹防锈漆	$10m^2$	4.9392	2×(0.8+0.4)×[7.8－(0.4+0.24)+7.3－(0.4+0.24)+7.4－(0.4+0.24)]	7.23	6.27	0.96	—
22	9－16	天圆地方管(1250×400,ϕ1000)的制作安装	$10m^2$	0.161	(3.14×1.0÷2+1.25+0.4)×0.5	380.69	157.43	180.83	42.43
23	11－51	天圆地方管(1250×400,ϕ1000)刷第一道红丹防锈漆	$10m^2$	0.161	(3.14×1.0÷2+1.25+0.4)×0.5	7.34	6.27	1.07	—
24	11－52	天圆地方管(1250×400,ϕ1000)刷第二道红丹防锈漆	$10m^2$	0.161	(3.14×1.0÷2+1.25+0.4)×0.5	7.23	6.27	0.96	—
25	9－15	矩形变径管(600×500,1250×400)的制作安装	$10m^2$	0.1375	(1.25+0.4+0.6+0.5)×0.5	410.82	179.72	180.18	50.92
26	11－51	矩形变径管(600×500,1250×400)刷第一道红丹防锈漆	$10m^2$	0.1375	(1.25+0.4+0.6+0.5)×0.5	7.34	6.27	1.07	—
27	11－52	矩形变径管(600×500,1250×400)刷第二道红丹防锈漆	$10m^2$	0.1375	(1.25+0.4+0.6+0.5)×0.5	7.23	6.27	0.96	—
28	9－15	600×500 碳钢矩形风管	$10m^2$	0.044	2×1.1×0.2	410.82	179.72	180.18	50.92
29	11－1866	600×500 碳钢矩形风管玻璃丝毡保温层 $\delta=35mm$	m^3	0.017	2×[(0.6+1.033×0.035)+(0.5+1.033×0.035)]×1.033×0.035×0.2	246.40	66.95	72.70	6.75

续表

序号	定额编号	分项工程名称	单位	工程量	计算式	基价（元）	其中（元）		
							人工费	材料费	机械费
30	11－2153	600×500 碳钢矩形风管玻璃布防潮层	$10m^2$	0.0505	2×[(0.6+2.1×0.035+0.0082)+(0.5+2.1×0.035+0.0082)]×0.2	11.11	10.91	0.20	—
31	11－2157	600×500 碳钢矩形风管石棉保护层	$10m^2$	0.0505	2×[(0.6+2.1×0.035+0.0082)+(0.5+2.1×0.035+0.0082)]×0.2	11.11	10.91	0.20	—
32	11－51	600×500 碳钢矩形风管刷第一道红丹防锈漆	$10m^2$	0.044	2×(0.6+0.5)×0.2	7.34	6.27	1.07	—
33	11－52	600×500 碳钢矩形风管刷第二道红丹防锈漆	$10m^2$	0.044	2×(0.6+0.5)×0.2	7.23	6.27	0.96	—
34	9－266	1500×400 不锈钢板矩形风管的制作安装	$10m^2$	4.2028	2×(1.5+0.4)×[9.2+2.5－(0.4+0.24)]	1115.01	531.97	399.25	183.79
35	11－51	1500×400 不锈钢板矩形风管刷第一道红丹防锈漆	$10m^2$	4.2028	2×(1.5+0.4)×[9.2+2.5－(0.4+0.24)]	7.34	6.27	1.07	—
36	11－52	1500×400 不锈钢板矩形风管刷第二道红丹防锈漆	$10m^2$	4.2028	2×(1.5+0.4)×[9.2+2.5－(0.4+0.24)]	7.23	6.27	0.96	—
37	9－266	1000×500 不锈钢板矩形风管 的制作安装	$10m^2$	1.5	2×(1.0+0.5)×5.0	1115.01	531.97	399.25	183.79
38	11－51	1000×500 不锈钢板矩形风管刷第一道红丹防锈漆	$10m^2$	1.5	2×(1.0+0.5)×5.0	7.34	6.27	1.07	—
39	11.52	1000×500 不锈钢板矩形风管刷第二道红丹防锈漆	$10m^2$	1.5	2×(1.0+0.5)×5.0	7.23	6.27	0.96	—
40	9－266	800×400 不锈钢矩形风管	$10m^2$	3.8899	2×(0.8+0.4)×[4.3－(0.4+0.24)+4.6－(0.4+0.24)+4.8+$\frac{1}{4}$×3.14×0.8+3.8－(0.4+0.24)]	1115.01	531.97	399.25	183.79
41	11－51	800×400 不锈钢板矩形风管刷第一道红丹防锈漆	$10m^2$	3.8899	2×(0.8+0.4)×[4.3－(0.4+0.24)+4.6－(0.4+0.24)+4.8+$\frac{1}{4}$×3.14×0.8+3.8－(0.4+0.24)]	7.34	6.27	1.07	—

续表

序号	定额编号	分项工程名称	单位	工程量	计算式	基价（元）	其中（元）		
							人工费	材料费	机械费
42	11－52	800×400 不锈钢板矩形风管刷第二道红丹防锈漆	$10m^2$	3.8899	$2\times(0.8+0.4)\times[4.3-(0.4+0.24)+4.6-(0.4+0.24)+4.8+\frac{1}{4}\times3.14\times0.8+3.8-(0.4+0.24)]$	7.23	6.27	0.96	—
43	9－266	天圆地方管（ϕ800，1500×400）的制作安装	$10m^2$	0.1578	$(3.14\times0.8\div2+1.5+0.4)\times0.5$	1115.01	531.97	399.25	183.79
44	11－51	天圆地方管（ϕ800，1500×400）刷第一道红丹防锈漆	$10m^2$	0.1578	$(3.14\times0.8\div2+1.5+0.4)\times0.5$	7.34	6.27	1.07	—
45	11－52	天圆地方管（ϕ800，1500×400）刷第二道红丹防锈漆	$10m^2$	0.1578	$(3.14\times0.8\div2+1.5+0.4)\times0.5$	7.23	6.27	0.96	—
46	9－266	不锈钢板矩形变径管(1500×400,800×500)	$10m^2$	0.16	$(0.8+0.5+0.4+1.5)\times0.5$	1115.01	531.97	399.25	183.79
47	11－51	不锈钢板矩形变径管刷第一道红丹防锈漆(1500×400,800×500)	$10m^2$	0.16	$(0.8+0.5+0.4+1.5)\times0.5$7.34	7.34	6.27	1.07	—
48	11－52	不锈钢板矩形风管刷第二道红丹防锈漆（1500×400，800×500）	$10m^2$	0.16	$(0.8+0.5+0.4+1.5)\times0.5$	7.23	6.27	0.96	—
49	9－65	1500×400 矩形防火阀（70°C 时融断）的制作	100kg	$0.01m_1$	$1\times m_1$	614.44	134.21	394.33	85.90
50	9－90	1500×400 矩形防火阀（70°C 时融断）的安装	个	1	65.90	65.90	42.03	23.87	—
51	9－65	1250×400 矩形防火阀（70°C 时融断）的制作	100kg	$0.01m_2$	$1\times m_2$	614.44	134.21	394.33	85.90
52	9－89	1250×400 矩形防火阀（70°C 时融断）的安装	个	1		48.20	29.02	19.18	—
53	9－65	800×400 矩形电动防火阀制作	100kg	$0.06m_3$	$6\times m_3$	614.44	134.21	394.33	85.90
54	9－89	800×400 矩形电动防火阀安装	个	6		48.20	29.02	19.18	—
55	9－113	250×250 方形直片散流器制作	100kg	0.3174	6×5.29	1700.64	811.77	584.07	304.80
56	9－147	250×250 方形直片散流器安装	个	6		7.56	5.80	1.76	—

续表

序号	定额编号	分项工程名称	单位	工程量	计算式	基价（元）	其中（元）		
							人工费	材料费	机械费
57	9-95	1200×300单层百叶回风口制作	100kg	0.03m_4	3×m_4	1345.72	828.49	506.41	10.82
58	9-137	1200×300单层百叶回风口安装	个	3		28.53	20.43	7.88	0.22
59	9-310	500×288 Ⅱ型T236-1塑料插板式侧面风口制作	100kg	0.2118	6×3.53	4305.43	1298.30	1232.98	1774.15
60	9-310	500×288 Ⅱ型T236-1塑料插板式侧面风口安装	个	6		387.38	229.11	64.89	93.38
61	9-41	600×500×600帆布软接	m²	1.32	2×(0.6+0.5)×0.6	171.45	47.83	121.74	1.88
62	9-41	φ800帆布软接	m²	1.507	3.14×0.8×0.6	171.45	47.83	121.74	1.88

【例1-111】

（一）工程概况：

此公寓为3室2厅，建筑面积为100m²，采用全空气系统，如图1-132所示。产品采用美国麦克维尔小型中央空调系统。送回风口均设置消声器2个，尺寸为300×500，单重为23kg/个，聚酯泡沫管式消声器。

新风口设置防电丝网矩形T262，尺寸200×150，0.56kg/个

送回风口均采用双层百叶风口T202-2，尺寸300×150，2.52kg/个，共5个

尺寸200×150，1.73kg/个，共3个

方形直片散流器尺寸250×250，5.29kg/个，2个

尺寸120×120，2.34kg/个，1个

风管口有6个风量调节阀，尺寸120×120，2.87kg/个，共6个

风管支架2m/个，500×150的每个制作单重为3.08kg/个，阀长为0.21m

（二）工程量计算：

1. 清单工程量： 单位 数量

（1）镀锌矩形风管500×150 m² 17.42

周长2×(0.5+0.15)m=1.3m

L=(3.3+0.3+1.5+2.2+2.8+3.3)m=13.4m

展开面积F=13.4×1.3m²=17.42m²

（2）镀锌矩形风管200×150 m² 2.31

周长2×(0.2+0.15)m=0.7m

L=(1.7+1.5+0.1)m=3.3m

展开面积F=3.3×0.7m²=2.31m²

（3）镀锌矩形风管300×150 m² 2.43

周长2×(0.3+0.15)m=0.9m

L=(1+0.9+0.8)m=2.7m

展开面积为0.9×2.7m²=1.71m²

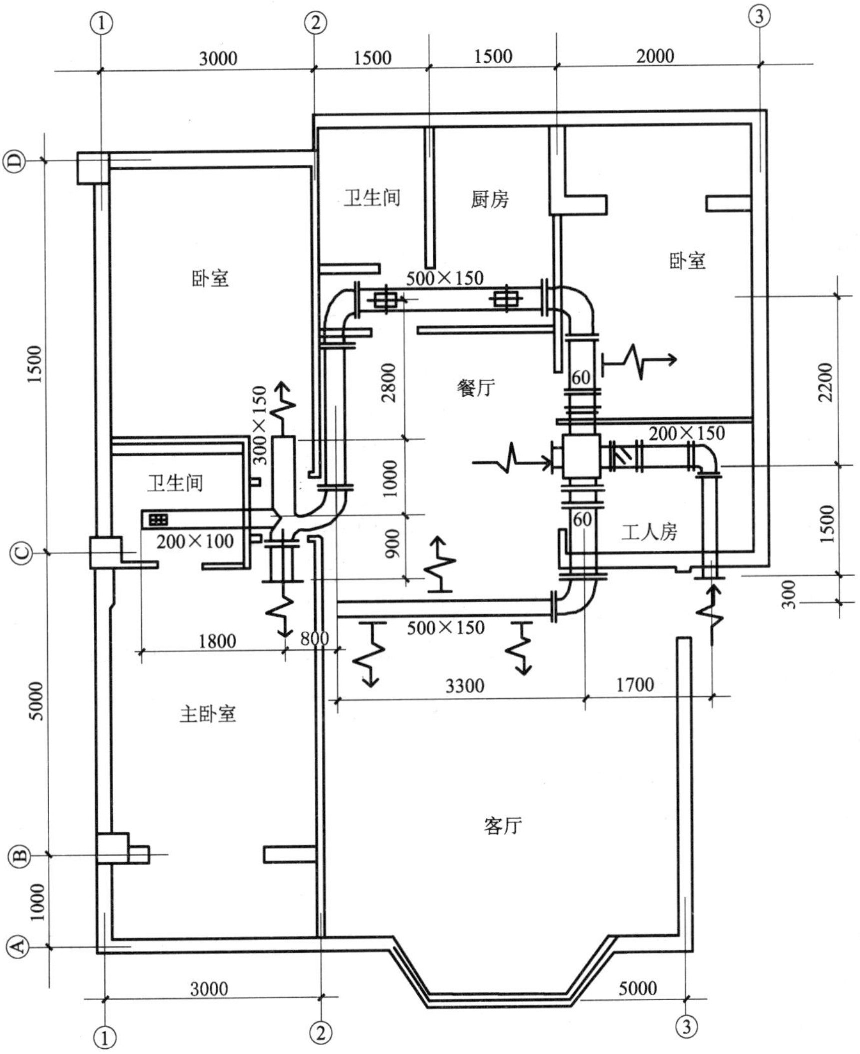

图 1-132　某公寓空调平面图

（4）镀锌矩形风管 200×100	m^2	1.08

周长 $2\times(0.2+0.1)m=0.6m$

$L=1.8m$

展开面积为 $F=0.6\times1.8m^2=1.08m^2$

（5）消声器安装	kg	46

23kg/个×2 个=46kg

（6）新风口（设管防虫网）	个	1
（7）双层百叶送风口 T202－2，尺寸 300×150	个	5
（8）双层百叶送风口 T202－2，尺寸 200×150	个	3
（9）双层百叶新风口，尺寸 300×150	个	1
（10）方形直片散流器，尺寸 250×250	个	2
（11）方形直片散流器，尺寸 120×120	个	1

(12) 风量调节阀，尺寸 120×120　　个　　6

(13) 空调机组　　台　　1

清单工程量计算见下表：

清单工程量计算表

序号	项目编码	项目名称	项目特征描述	计量单位	工程量
1	030902001001	镀锌矩形风管	500×150	m^2	16.87
2	030902001002	镀锌矩形风管	200×150	m^2	2.16
3	030902001003	镀锌矩形风管	300×150	m^2	1.17
4	030902001004	镀锌矩形风管	200×100	m^2	1.08
5	030903020001	消声器	23kg/个	kg	46
6	030903007001	新风口	设管防虫网	个	1
7	030903007002	送风口	双层，T202－2，300×150	个	4
8	030903007003	送风口	双层，T202－2，200×150	个	3
9	030903007004	回风口	双层，300×150	个	10.58
10	030903007005	散流器	方形，250×250	个	2
11	030903007006	散流器	方形，120×120	个	1
12	030903001001	调节阀	120×120	个	6
13	030901004001	空调机组		台	1

2. 定额工程量：

(1) 镀锌矩形风管，500×150　　m^2　　17.42

① 镀锌矩形风管的制作、安装　　$10m^2$　　1.742

② 风管的吊支架　　100kg　　0.2064

13.4m/2m/个＝6.7 个　　3.08×6.7kg＝20.64kg

③ 金属支架刷防锈底漆一遍　　100kg　　0.2064

④ 刷灰调合漆二遍　　100kg　　0.2064

(2) 镀锌矩形风管，200×150　　m^2　　2.31

① 镀锌矩形风管的制作、安装　　$10m^2$　　0.231

② 风管的吊支架　　100kg　　0.87

3.3m/2m/个＝1.65 个

每个支架的制作单重为 2.95kg/个

2.95×1.65kg＝4.87kg

单位　　数量

③ 金属支架刷防锈底漆一遍　　100kg　　0.0487

④ 刷灰调合漆二遍　　100kg　　0.0487

(3) 镀锌矩形风管，300×150　　m^2　　2.43

① 镀锌矩形风管的制作、安装　　$10m^2$　　0.243

② 风管的吊支架　　100kg　　0.03

制作单重为 3.00kg/个×1 个＝3.00kg

③ 金属支架刷防锈底漆一遍　　100kg　　0.03

④ 刷灰调合漆二遍　　100kg　　0.03

（4）镀锌矩形风管，200×100	m^2	1.08
① 镀锌矩形风管的制作、安装	$10m^2$	0.108
② 风管的吊支架	100kg	0.0205
1个吊支架制作的单重为2.05kg		
（5）消声器的制作、安装	kg	46
① 消声器的制作	100kg	0.46
② 消声器的安装	个	2
（6）新风口（设置防电网）	个	1
① 新风口（设置防电网）制作	100kg	0.0056
② 新风口的安装	个	1
（7）双层百叶送风口 T202－2，300×150	个	5
① 双层百叶送回风口 T202－2，300×150 制作	100kg	0.126
5×2.52kg＝12.6kg		
② 双层百叶送回风口 T202－2，300×150 安装	个	5
（8）双层百叶送风口 T202－2，200×150 制作、安装	个	3
① 双层百叶送风口 T202－2，200×150 制作	100kg	0.0519
1.73×3kg＝5.19kg		
② 双层百叶送风口 T202－2，200×150 安装	个	3
（9）方形直片散流器，250×250	个	2
① 方形直片散流器的制作	100kg	0.1058
5.29×2kg＝10.58kg		
② 方形直片散流器的安装	个	2
（10）方形直片散流器，120×120	个	1
① 方形直片散流器的制作	100kg	0.0234
② 方形直片散流器的安装	个	1
（11）风量调节阀，120×120	个	6
① 风量调节阀的制作	100kg	0.1722
2.87kg/个×6个＝17.22kg		
② 风量调节阀的安装	个	6
（12）空调机组	台	1

工程预算表见表1-66。

工程预算表 **表1-66**

序号	定额编号	分项工程名称	定额单位	工程量	基价（元）	其中（元）		
						人工费	材料费	机械费
1		镀锌矩形风管，500×150	m^2	17.42				
	9－6	镀锌矩形风管的制作安装	$10m^2$	1.742	387.05	154.18	213.52	19.35
	9－270	风管的吊支架	100kg	0.2064	975.57	183.44	776.36	15.77
	11－119	金属支架刷防锈底漆一遍	100kg	0.2064	13.11	5.34	0.81	6.96
	11－126	刷灰调合漆一遍	100kg	0.2064	12.33	5.11	0.26	6.96

续表

序号	定额编号	分项工程名称	定额单位	工程量	基价(元)	其中(元)		
						人工费	材料费	机械费
1	11-127	刷灰调合漆第二遍	100kg	0.2064	12.30	5.11	0.23	6.96
2		镀锌矩形风管，200×150	m^2	2.31				
	9-5	镀锌矩形风管的制作安装	$10m^2$	0.231	441.65	211.77	196.98	32.90
	9-270	风管的吊支架	100kg	0.0487	975.57	183.44	776.36	15.77
	11-119	金属支架刷防锈底漆一遍	100kg	0.0487	13.11	5.34	0.81	6.96
	11-126	刷灰调合漆第一遍	100kg	0.0487	12.33	5.11	0.26	6.96
3		镀锌矩形风管，300×150	m^2	2.43				
	9-6	镀锌矩形风管的制作安装	$10m^2$	0.243	387.05	154.18	213.52	19.35
	9-270	风管的吊支架	100kg	0.03	975.57	183.44	776.36	15.77
	11-119	金属支架刷防锈漆一遍	100kg	0.03	13.11	5.34	0.81	6.96
	11-126	刷灰调合漆第一遍	100kg	0.03	12.33	5.11	0.26	6.96
	11-127	刷灰调合漆第二遍	100kg	0.03	12.30	5.11	0.23	6.96
4		镀锌矩形风管，200×100	m^2	1.08				
	9-5	镀锌矩形风管的制作安装	$10m^2$	0.108	441.65	211.77	196.98	32.90
	9-270	风管的吊支架	100kg	0.0205	975.57	183.44	776.36	15.77
5		消声器的制作安装	kg	46				
	9-195	消声器的制作	100kg	0.46	636.12	146.22	439.80	50.10
	9-195	消声器的安装	个	2	23.95	14.46	8.98	0.51
6		新风口（设置防电网）	个	1				
	9-121	新风口（设置防电网）制作	100kg	0.0056	1233.99	586.30	561.73	85.96
	9-158	新风口的安装	个	1	3.56	3.02	0.54	—
7		300×150 双层百叶送回风口 T202-2	个	5				
	9-96	T202-2，300×150 双层百叶送回风口制作	100kg	0.126	1727.72	1201.63	507.30	18.79
	9-133	T202-2，300×150 双层百叶送回风口安装	个	5	6.87	4.18	2.47	0.22
8		200×150 制作安装 双层百叶送风口 T202-2	个	3				
	9-96	T202-2，200×150 双层百叶送风口制作	kg	0.0519	1727.72	1201.63	507.30	18.79
	9-133	T202-2，200×150 双层百叶送风口安装	个	3	6.87	4.18	2.47	0.22
9		方形直片散流器，250×250	个	2				
	9-113	方形直片散流器的制作	100kg	0.1058	1700.64	811.77	584.07	304.80
	9-147	方形直片散流器的安装	个	2	7.56	5.80	1.76	—
10		方形直片散流器，120×120	个	1				
	9-112	方形直片散流器的制作	100kg	0.0234	2022.96	1155.66	551.57	315.73
	9-146	方形直片散流器的安装	个	1	5.57	4.64	0.93	—
11		风量调节阀，120×120	个	6				

续表

序号	定额编号	分项工程名称	定额单位	工程量	基价(元)	其中(元)		
						人工费	材料费	机械费
11	9－53	风量调节阀的制作	100kg	0.1722	1188.62	344.35	402.58	441.69
	9－72	风量调节阀的安装	个	6	7.32	4.88	2.22	0.22
12	9－238	空调机组（1t以内）	台	1	318.71	315.79	2.92	—

【例1-112】

（一）工程概况

此工程是位于某住宅楼7层，房间坐北朝南，建筑面积100m^2，空调面积80m^2，下送风口布置在餐厅、厨房、卫生间管有吊顶的房间内，在其他房间布置侧送风口，除厨房、厕所外，其他房间均设置回风口，各房间回风最后回到室内机，如图1-133、图1-134所示，本工程的室内新风由室外阳台接入室内机，然后与回风混合送到各房间。

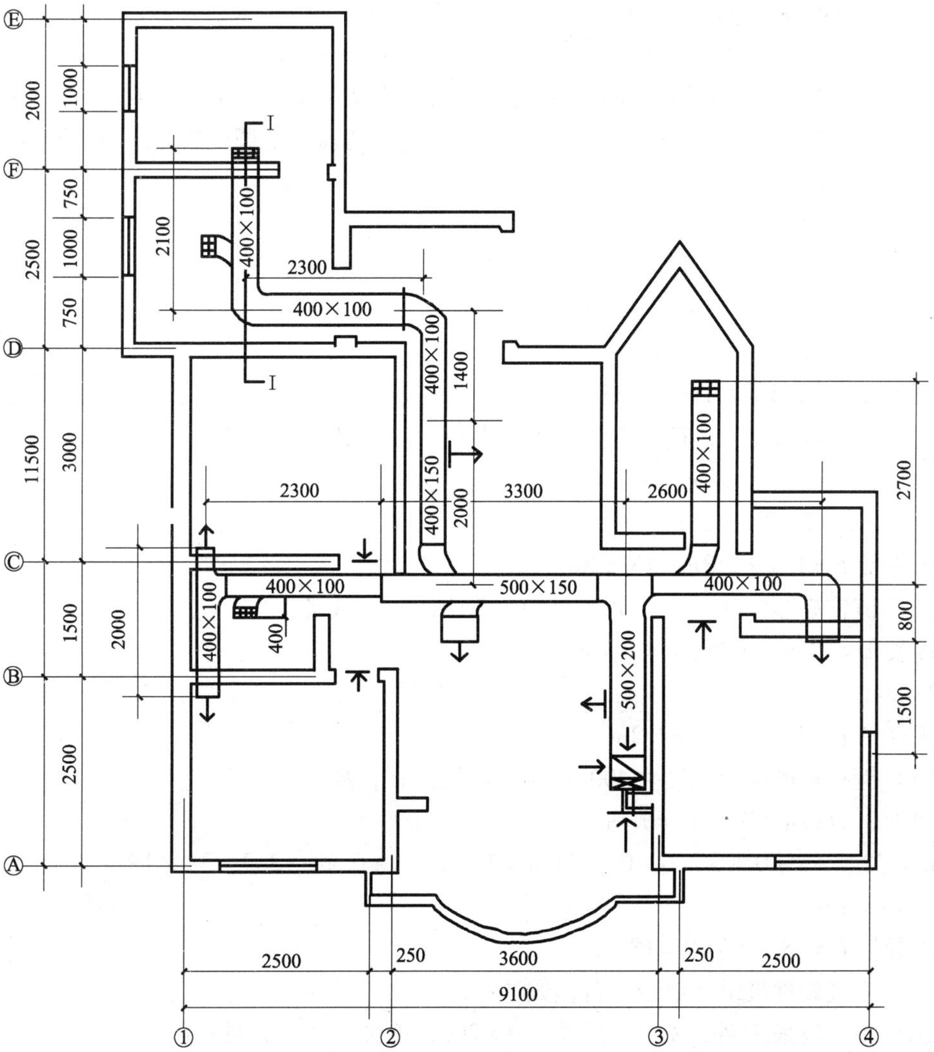

图1-133　某建筑空调平面图

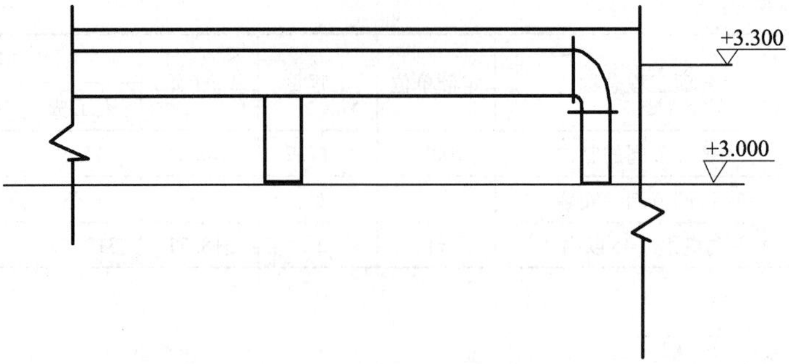

图1-134 Ⅰ－Ⅰ剖面图

送风口为双层百叶风口 T202－2，尺寸300×150，单重2.52kg/个，共2个

尺寸300×185的风口，单重2.85kg/个，共1个

新风口采用的网式风口尺寸250×200，单重0.73kg/个，共1个

回风口全部采用双层百叶风口 T202－2，尺寸300×150，单重2.52kg/个，共3个

其余送风口为双层百叶风口，尺寸200×150，单重1.73kg/个，共7个

为了保证系统运行期间风管的稳定性，风管吊支架按1.6m/个，其单重因其风管尺寸的大小而定。金属支架刷防锈底漆一遍，刷灰调合漆两遍，空调机组为吊顶空调机组。

（二）工程量计算

1. 清单工程量：

（1）镀锌矩形风管，尺寸500×150，单位：m^2，数量：5.33

周长 $2\times(0.5+0.15)m=1.3m$

$L=(3.3+0.8)m=4.1m$

工程量 $F=1.3\times4.1m=5.33m^2$

（2）镀锌矩形风管，尺寸500×200，单位：m^2，数量：3.22

周长 $2\times(0.5+0.2)m=1.4m$

$L=(0.8+1.5)m=2.3m$

工程量 $F=1.4\times2.3m^2=3.22m^2$

（3）镀锌矩形风管，尺寸400×150，单位：m^2，数量：2.2

周长 $2\times(0.4+0.15)m=1.1m$

$L=2m$

工程量 $F=1.1\times2m^2=2.2m^2$

（4）镀锌矩形风管，尺寸400×100，单位：m^2，数量：18.3

周长 $2\times(0.4+0.1)m=1.0$

$L=[2.3+2+0.4+2.6+0.8+1.4+2.3+2.1+0.4+(3.3-3)\times4+2.7]m$

$=18.2m$

工程量 $F=18.2\times1m^2=18.2m^2$

（5）空气处理机组，单位：台，数量：1

（6）新风口采用网式风口，尺寸250×200，单位：个，数量：1

（7）双层百叶送风口 T202－2，尺寸300×150，单位：个，数量：2

（8）双层百叶送风口 T202－2，尺寸 300×185，单位：个，数量：1

（9）双层百叶送风口 T202－2，尺寸 200×150，单位：个，数量：7

（10）双层百叶回风口 T202－2，尺寸 300×150，单位：个，数量：3

清单工程量计算见下表：

清单工程量计算表

序号	项目编码	项目名称	项目特征描述	计量单位	工程量
1	030902001001	镀锌矩形风管	500×150	m^2	5.33
2	030902001002	镀锌矩形风管	500×200	m^2	3.22
3	030902001003	镀锌矩形风管	400×150	m^2	2.2
4	030902001004	镀锌矩形风管	100×100	m^2	18.3
5	030901004001	处理机组		台	1
6	030903007001	新风口	网式，250×200	个	1
7	030903007002	送风口	双层，T202－2，300×150	个	2
8	030903007003	送风口	双层，T202－2，300×185	个	1
9	030903007004	送风口	双层，T202－2，200×150	个	7
10	030903007005	回风口	双层，T202－2，300×150	个	3

2. 定额工程量：

说明：所有风口和空气处理机组都是已制作好的，所以以定额计算过程中只考虑安装，不考虑制作，因此风口计算和清单所列项一致，空气处理机组则需另算吊支架，除锈，刷漆。

（1）镀锌矩形风管，尺寸 500×150，单位：m^2，数量：5.33

① 镀锌矩形风管的制作、安装，尺寸 500×150，单位：$10m^2$，数量：0.533

② 风管的吊支架，单位：100kg，数量：0.078848

4.1m/1.6m/个＝2.56 个

其制作单重为 3.08kg/个

3.08×2.56kg＝7.8848kg

③ 金属支架刷防锈漆一遍，单位：100kg，数量：0.078848

④ 金属支架刷灰调合漆二遍，单位：100kg，数量：0.078848

（2）镀锌矩形风管，尺寸 500×200，单位：m^2，数量：3.22

① 镀锌矩形风管的制作、安装，尺寸 500×200，单位：$10m^2$，数量：0.322

② 风管的吊支架，单位：100kg，数量：0.046

2.3m/1.6m/个＝1.4375 个

其制作单重为 3.2kg/个

1.4375 个×3.2kg/个＝4.6kg

③ 金属支架刷防锈漆一遍，单位：100kg，数量：0.046

④ 金属支架刷灰调合漆二遍，单位：100kg，数量：0.046

（3）镀锌矩形风管，尺寸 400×150，单位：m^2，数量：2.2

① 镀锌矩形风管的制作、安装，尺寸 400×150，单位：$10m^2$，数量：0.22

② 风管的吊支架，单位：100kg，数量：0.0295

1个支架，其制作单重为2.95kg/个

1个×2.95kg/个=2.95kg

③ 金属支架刷防锈漆一遍，单位：100kg，数量：0.0295

④ 金属支架刷灰调合漆二遍，单位：100kg，数量：0.0295

（4）镀锌矩形风管，尺寸400×100，单位：m^2，数量：18.3

① 镀锌矩形风管的制作、安装，尺寸400×100，单位：$10m^2$，数量：1.83

② 风管吊支架，单位：100kg，数量：0.286

18.3m/1.6m/个=11.4375个

其制作单重为2.5kg/个

11.4375个×2.5kg/个=28.6kg

③金属支架刷防锈漆一遍，单位：100kg，数量：0.286

④金属支架刷灰调合漆二遍，单位：100kg，数量：0.286

（5）空气处理机组，单位：台，数量：1

①空气处理机组吊支架，单位：100kg，数量：0.115

其单重为5.75kg/个

5.75kg/个×2个=11.5kg

② 金属支架刷防锈漆一遍，单位：100kg，数量：0.115

③ 金属支架刷灰调合漆二遍，单位：100kg，数量：0.115

（6）新风口采用网式风口，尺寸250×200，单位：个，数量：1

（7）双层百叶送风口T202-2，尺寸300×150，单位：个，数量：2

（8）双层百叶送风口T202-2，尺寸300×185，单位：个，数量：1

（9）双层百叶送风口T202-2，尺寸200×150，单位：个，数量：7

（10）双层百叶回风口T202-2，尺寸300×150，单位：个，数量：3

工程预算表见表1-67。

工程预算表 **表1-67**

序号	定额编号	分项工程名称	定额单位	工程量	基价（元）	其中（元）		
						人工费	材料费	机械费
1		镀锌矩形风管，500×150	m^2	5.33				
	9-6	镀锌矩形风管的制作安装	$10m^2$	0.533	387.05	154.18	213.52	19.35
	9-270	风管的吊支架	100kg	0.078848	975.57	183.44	776.38	15.77
	11-119	金属支架刷防锈漆一遍	100kg	0.078848	13.11	5.34	0.81	6.96
	11-126	金属支架刷灰调合漆一遍	100kg	0.078848	12.33	5.11	0.26	6.96
	11-127	金属支架刷灰调合漆第二遍	100kg	0.078848	12.30	5.11	0.23	6.96
2		镀锌矩形风管，500×200	m^2	3.22				
	9-6	镀锌矩形风管的制作安装	$10m^2$	0.322	387.05	154.18	213.52	19.35
	9-270	风管的吊支架	100kg	0.046	975.57	183.44	776.36	15.77
	11-119	金属支架刷防锈漆一遍	100kg	0.046	13.11	5.34	0.81	6.96

续表

序号	定额编号	分项工程名称	定额单位	工程量	基价（元）	其中（元）		
						人工费	材料费	机械费
2	11－126	金属支架刷灰调合漆第一遍	100kg	0.046	12.33	5.11	0.26	6.96
	11－127	金属支架刷灰调合漆第二遍	100kg	0.046	12.30	5.11	0.23	6.96
3		镀锌矩形风管，400×150	m^2	2.2				
	9－6	镀锌矩形风管的制作安装	$10m^2$	0.22	387.05	154.18	213.52	19.35
	9－270	风管的吊支架	100kg	0.0295	975.57	183.44	776.36	15.77
	11－119	金属支架刷防锈漆一遍	100kg	0.0295	13.11	5.34	0.81	6.96
	11－126	金属支架刷灰调合漆第一遍	100kg	0.0295	12.33	5.11	0.26	6.96
	11－127	金属支架刷灰调合漆第二遍	100kg	0.0295	12.30	5.11	0.23	6.96
4		镀锌矩形风管，400×100	m^2	18.3				
	9－6	镀锌矩形风管的制作安装	$10m^2$	1.83	387.05	154.18	213.52	19.35
	9－270	风管的吊支架	100kg	0.286	975.57	183.44	776.36	15.77
	11－119	金属支架刷防锈漆一遍	100kg	0.286	13.11	5.34	0.81	6.96
	11－126	金属支架刷调合漆第一遍	100kg	0.286	12.33	5.11	0.26	6.96
	11－127	金属支架刷调合漆第二遍	100kg	0.286	12.30	5.11	0.23	6.96
5		空气处理机组	台	1				
	9－211	空气处理机组吊支架	100kg	0.115	523.29	75.23	330.52	8.63
	11－86	金属支架刷防锈漆一遍	100kg	0.115	6.99	5.80	1.19	—
	11－210	金属支架刷灰调合漆第一遍	100kg	0.115	14.11	13.70	0.41	—
	11－211	金属支架刷灰调合漆第二遍	100kg	0.115	11.70	11.38	0.32	—
6	9－158	网式风口安装（250×200）	个	1	3.56	3.02	0.54	—
7	9－133	百叶风口安装（300×150）	个	2	6.87	4.18	2.47	0.22
8	9－134	百叶风口安装（300×185）	个	1	8.64	5.34	3.08	0.22
9	9－133	百叶风口安装（200×150）	个	7	6.87	4.18	2.47	0.22
10	9－133	百叶回风口安装（300×150）	个	3	6.87	4.18	2.47	0.22

【例 1-113】

（一）工程概况：

此系统是一次回风，全空气系统，如图 1-135～图 1-138 所示。房间高 6m，吊顶距地面高度为 3.5m，风管暗装在吊顶内，送风口直接开在顶面上，用的是双层百叶风口，新风口是带网式的风口，起过滤作用，散流器全部采用的是方形直片散流器，根据国家标准通风部件重量查得其单重，根据风管支吊架的安装规范，支架之间的单距为 3m/个，起到稳固的作用。其单重根据风管的尺寸而定，制作的单重视具体情况而定，非标准件的重量是根据制作出来的成品重量，阀门，风口均为成品金属支架要除锈刷漆一遍，刷灰调合漆两遍。

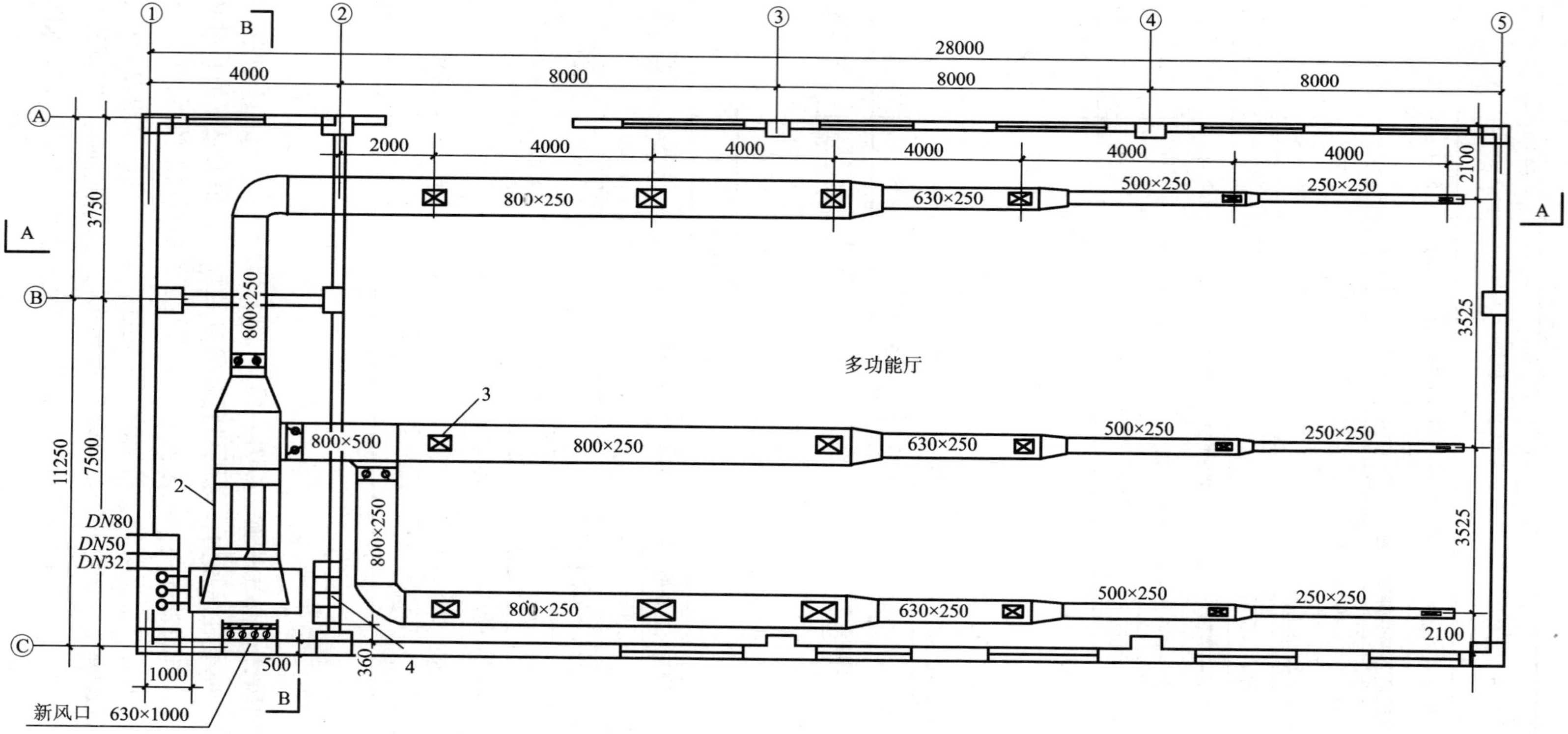

图 1-135 风管平面图

1—变风量空调箱 BEP×15，风量 15000m³/h 冷量 150kW，气压 40Pa，电功率 4.4kW；
2—阻抗复合式消声器 1000×600，单重 120.56kg/个；3—方形直片散流器 200×200，3.91kg/个，共 18 个；
4—阻抗复合式消声器 1000×800，回风口

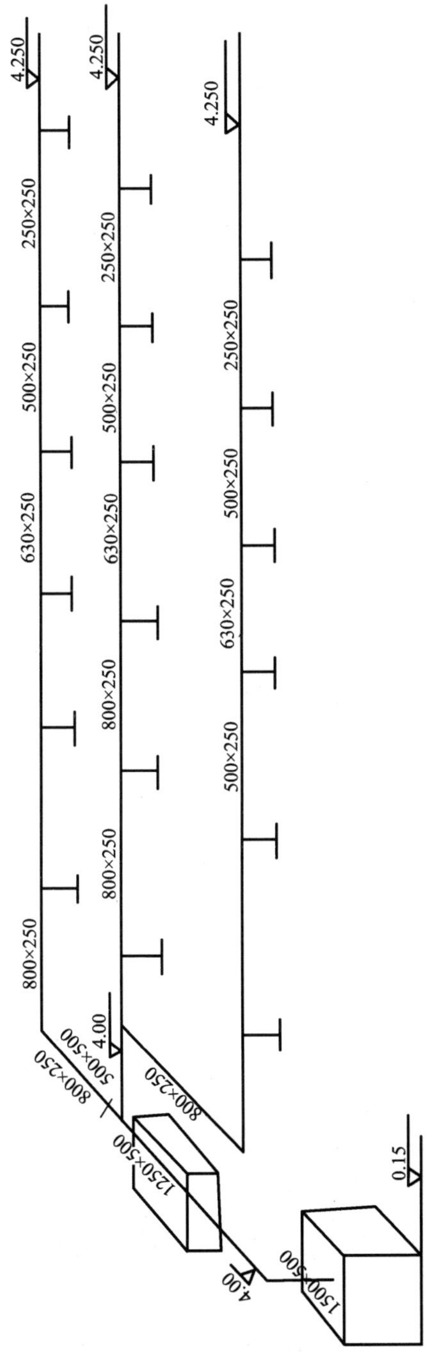

图 1-136　多功能厅系统图

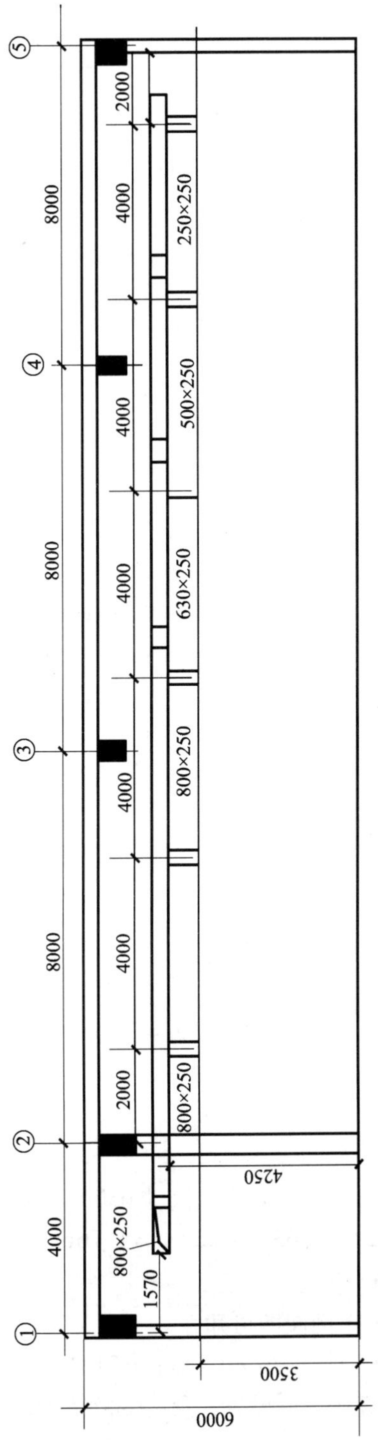

图 1-137　A－A 剖面图

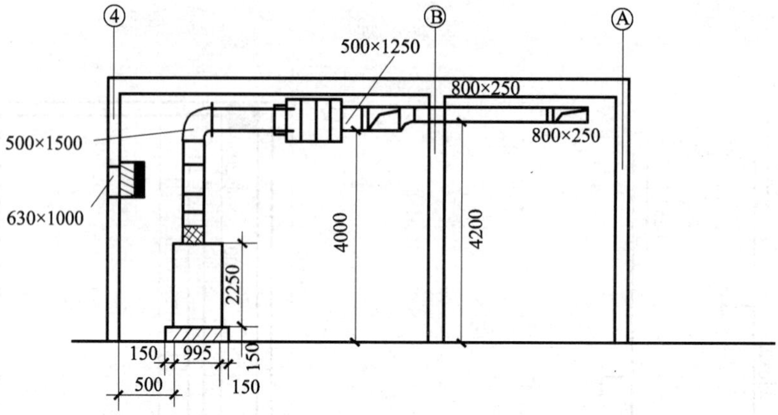

图 1-138 B－B 剖面图

（二）工程量计算：

1. 清单工程量：

（1）镀锌矩形风管，尺寸 200×200，单位：m^2，数量：10.8

周长 $2\times(0.2+0.2)m=0.8m$

$L=[4.25-3.5(\text{吊顶高度})]m=0.75m$

总共 18 根：$L=0.75\times18m=13.5m$

工程量 $F=0.8\times13.5m^2=10.8m^2$

（2）镀锌矩形风管，尺寸 250×250，共 3 根，单位：m^2，数量：12

周长 $2\times(0.25+0.25)m=1m$

$L=4m$

由 A－A 剖面图可知，

工程量 $F=1\times4m^2=4m^2$

小计 $4\times3m^2=12m^2$

（3）镀锌矩形风管，尺寸 500×250，单位：m^2，数量：18

周长 $2\times(0.5+0.25)m=1.5m$

$L=4m$

由 A－A 剖面图可知，

工程量 $F=1.5\times4\times3m^2=18m^2$

（4）镀锌矩形风管，尺寸 630×250，单位：m^2，数量：21.12

周长 $2\times(0.63+0.25)m=1.76m$

$L=4m$

由 A－A 剖面图可知，

工程量 $F=1.76\times4\times3m^2=21.12m^2$

（5）镀锌矩形风管，尺寸 800×250，单位：m^2，数量：72.79

周长 $2\times(0.8+0.25)m=2.1m$

$$L=\left[8\times3+\frac{(3.525-0.21)}{\text{垂直管}}\times2+\frac{(4-1.57-0.4)}{\text{第一根管}}+2\right]m$$

$=(24+6.63+4.03)\text{m}$

$=34.66\text{m}$

工程量 $F=34.66\times2.1\text{m}^2=72.786\text{m}^2$

（6）镀锌风管，尺寸 800×500，单位：m^2，数量：4.73

周长 $2\times(0.8+0.5)\text{m}=2.6\text{m}$

$L=(4-1.57-0.4-0.21)\text{m}=1.82\text{m}$

工程量 $\text{F}=2.6\times1.82\text{m}^2=4.73\text{m}^2$

（7）镀锌矩形风管，尺寸 1500×500，单位：m^2，数量：12.38

周长 $2\times(1.5+0.5)\text{m}=4\text{m}$

$$L=\frac{\left(4-2.255-0.15+\frac{0.5}{2}\right)\text{m}=1.595\text{m}}{\text{竖直方向}}$$

水平方向 $L=1.5\text{m}$

小计 $L=(1.595+1.5)\text{m}=3.095\text{m}$

工程量 $F=4\times3.095\text{m}^2=12.38\text{m}^2$

（8）镀锌矩形风管，尺寸 1250×500，单位：m^2，数量：8.84

周长 $2\times(1.25+0.5)\text{m}=3.5\text{m}$

$L=(3.525-1)\text{m}=2.525\text{m}$

工程量 $F=3.5\times2.525\text{m}^2=8.84\text{m}^2$

（9）方形直片形散流器，单位：个，数量：18

（10）阻抗复合式消声器，单位：kg，数量：255.18

查图标通风部件标准重量表

阻抗型复合式消声器：尺寸 1000×600，单重：120.56kg/个，数量：1 个

尺寸 1000×800，单重：134.62kg/个，数量：1 个

$(120.56+134.62)\text{kg}=255.18\text{kg}$

（11）风量调节阀，单位：个，数量：3

（12）网式新风口，尺寸 630×1000，单位：个，数量：1

（13）双层百叶回风口，尺寸 1000×800，单位：个，数量：1

（14）空气处理机组，单位：台，数量：1

（15）通风工程检测调试，单位：系统，数量：1

清单工程量计算见下表：

清单工程量计算表

序号	项目编码	项目名称	项目特征描述	计量单位	工程量
1	030902001001	镀锌矩形风管	200×200	m^2	10.8
2	030902001002	镀锌矩形风管	250×250	m^2	12
3	030902001003	镀锌矩形风管	500×250	m^2	18
4	030902001004	镀锌矩形风管	630×250	m^2	21.12
5	030902001005	镀锌矩形风管	800×250	m^2	72.79

续表

序号	项目编码	项目名称	项目特征描述	计量单位	工程量
6	030902001006	镀锌矩形风管	800×250	m^2	4.73
7	030902001007	镀锌矩形风管	1500×500	m^2	12.38
8	030902001008	镀锌矩形风管	1250×500	m^2	8.84
9	030902007001	散流器	方形	个	18
10	030903020001	消声器	阻抗复合式，1000×600	kg	120.56
11	030903002002	消声器	阻抗复合式，1000×800	kg	134.62
12	030903001001	调节阀		个	3
13	030903007001	新风口	网式，630×1000	个	1
14	030903007002	回风口	双层，1000×800	个	1
15	030901005001	处理机组		台	1
16	030904001001	通风工程检测调试		系统	1

2. 定额工程量：

说明：以上所有的标准件都是成品，在以定额计算过程中，成品只算安装，制作不算，且安装的计算规则和以清单计算的计算规则相同，故略。

（1）镀锌矩形风管，尺寸200×200，单位：m^2，数量：10.8

① 镀锌矩形风管制作、安装，单位：$10m^2$，数量：1.08

② 风管的吊支架（无）

（2）镀锌矩形风管，尺寸250×250，单位：m^2，数量：12

① 镀锌矩形风管制作、安装，单位：$10m^2$，数量：1.2

② 风管的吊支架，单位：100kg，数量：0.06

根据规范3根每根可装一个吊支架，其制作单重为2kg/个

2kg/个×3个=6kg

③ 金属支架除锈刷漆一遍，单位：100kg，数量：0.06

④ 金属支架刷灰调合漆二遍，单位：100kg，数量：0.06

（3）镀锌矩形风管，尺寸500×250，单位：m^2，数量：18

① 镀锌矩形风管制作、安装，单位：$10m^2$，数量：1.8

② 风管的吊支架，单位：100kg，数量：0.075

根据安装规范此风管共设3个吊支架

每个支架的制作单重为2.5kg/个

2.5kg/个×3个=7.5kg

③ 金属支架除锈刷漆一遍，单位：100kg，数量：0.075

④ 金属支架刷灰调合漆二遍，单位：100kg，数量：0.075

（4）镀锌矩形风管，尺寸630×250，单位：m^2，数量：21.12

① 镀锌矩形风管，尺寸630×250制作、安装，单位：$10m^2$，数量：2.112

② 风管的吊支架，单位：100kg，数量：0.0924

根据安装规范可确定 3 个吊支架

每个支架的制作单重为 3.08kg/个

$3.08\times3\text{kg}=9.24\text{kg}$

③ 金属支架刷除锈漆一遍，单位：100kg，数量：0.0924

④ 金属支架刷灰调合漆二遍，单位：100kg，数量：0.0924

（5）镀锌矩形风管，尺寸 800×250，单位：m^2，数量：72.786

① 镀锌矩形风管的制作、安装，单位：$10m^2$，数量：7.2786

② 风管的吊支架，单位：100kg，数量：0.3204

根据安装规范确定 9 个

每个吊支架的制作单重为 3.56kg/个

$3.56\times9\text{kg}=32.04\text{kg}$

③ 金属支架除锈刷漆一遍，单位：100kg，数量：0.3204

④ 金属支架刷灰调合漆二遍，单位：100kg，数量：0.3204

（6）镀锌风管，尺寸 800×500，单位：m^2，数量：4.732

① 镀锌矩形风管，尺寸 800×500 制作、安装，单位：$10m^2$，数量：0.4732

② 风管的吊支架，单位：100kg，数量：0.0395

根据安装规范此风管用一个吊支架，

其制作单重为 3.95kg/个

③ 金属支架刷除锈漆一遍，单位：100kg，数量：0.0395

④ 金属支架刷灰调合漆二遍，单位：100kg，数量：0.0395

（7）镀锌矩形风管（1500×500），单位：m^2，数量：12.38

（8）镀锌矩形风管（1250×500），单位：m^2，数量：8.84

（9）空调机组，单位：台，数量：1

① 空调机组的安装，单位：台，数量：1

② 空调机组的减振台座，单位：100kg，数量：0.304

根据其国标通风部件标准

重量表查得尺寸 3.6A 的单重为 30.4kg/个

③ 台座除锈刷漆一遍，单位：100kg，数量：0.304

④ 台座刷灰调合漆二遍，单位：100kg，数量：0.304

（10）阻抗复合式消声器，单位：kg，数量：255.18

（11）风量调节阀安装　单位：个，数量：3

（12）网式新风口（630×1000）　单位：个，数量：1

（13）双层百叶回风口（1000×800）　单位：个，数量：1

（14）空气处理机组　单位：台，数量：1

工程预算表见表 1-68。

工程预算表 **表 1-68**

序号	定额编号	分项工程名称	定额单位	工程量	基价(元)	其中（元）		
						人工费	材料费	机械费
1		镀锌矩形风管，200×200	m^2	10.8				
	9-5	镀锌矩形风管的制作安装	$10m^2$	1.08	441.65	211.77	196.98	32.90
2		镀锌矩形风管，250×250	m^2	12				
	9-6	镀锌矩形风管制作安装	$10m^2$	1.2	387.05	154.18	213.52	19.35
	9-270	风管的吊支架	100kg	0.06	975.57	183.44	776.36	15.77
	11-7	金属支架除锈	100kg	0.06	17.35	7.89	2.50	6.96
	11-117	金属支架刷漆一遍	100kg	0.06	13.17	5.34	0.87	6.96
	11-126	金属支架刷灰调合漆一遍	100kg	0.06	12.33	5.11	0.26	6.96
	11-127	金属支架刷灰调合漆第二遍	100kg	0.06	12.30	5.11	0.23	6.96
3		镀锌矩形风管，500×250	m^2	18				
	9-6	镀锌矩形风管制作安装	$10m^2$	1.8	387.05	154.18	213.52	19.35
	9-270	风管的吊支架	100kg	0.075	975.57	183.44	776.36	15.77
	11-7	金属支架除锈	100kg	0.075	17.35	7.89	2.50	6.96
	11-117	金属支架刷漆一遍	100kg	0.075	13.17	5.34	0.81	6.96
	11-126	金属支架刷灰调合漆一遍	100kg	0.075	12.33	5.11	0.26	6.96
	11-127	金属支架刷灰调合漆第二遍	100kg	0.075	12.30	5.11	0.23	6.96
4		镀锌矩形风管，630×250	m^2	21.12				
	9-6	镀锌矩形风管的制作安装	$10m^2$	2.112	387.05	154.18	213.52	19.35
	9-270	风管的吊支架	100kg	0.0924	975.57	183.44	776.36	15.77
	11-7	金属支架除锈	100kg	0.0924	17.35	7.89	2.50	6.96
	11-117	金属支架刷漆一遍	100kg	0.0924	13.17	5.34	0.81	6.96
	11-126	金属支架刷灰调合漆一遍	100kg	0.0924	12.33	5.11	0.26	6.96
	11-127	金属支架刷灰调合漆第二遍	100kg	0.0924	12.30	5.11	0.23	6.96
5		镀锌矩形风管，800×250	m^2	72.786				
	9-7	镀锌矩形风管的制作安装	$10m^2$	7.2786	295.54	115.87	167.99	11.68
	9-270	风管的吊支架	100kg	0.3204	975.57	183.44	776.36	15.77
	11-7	金属支架除锈	100kg	0.3204	17.35	7.89	2.50	6.96
	11-117	金属支架刷漆一遍	100kg	0.3204	13.17	5.34	0.87	6.96
	11-126	金属支架刷灰调合漆一遍	100kg	0.3204	12.33	5.11	0.26	6.96
	11-127	金属支架刷灰调合漆第二遍	100kg	0.3204	12.30	5.11	0.23	6.96

续表

序号	定额编号	分项工程名称	定额单位	工程量	基价（元）	其中（元）		
						人工费	材料费	机械费
6		镀锌矩形风管，800×500	m^2	4.732				
	9-7	镀锌矩形风管的制作安装	$10m^2$	0.4732	295.54	115.87	167.99	11.68
	9-270	风管的吊支架	100kg	0.0395	975.57	183.44	776.36	15.77
	11-7	金属支架除锈	100kg	0.0395	17.35	7.89	2.50	6.96
	11-117	金属支架刷漆一遍	100kg	0.0395	13.17	5.34	0.87	6.96
	11-126	金属支架刷灰调合漆一遍	100kg	0.0395	12.33	5.11	0.26	6.96
	11-127	金属支架刷灰调合漆第二遍	100kg	0.0395	12.30	5.11	0.23	6.96
7		空调机组	台	1				
	9-238	空调机组的安装	台	1	318.71	315.79	2.92	—
	9-211	空调机组的减振台座	100kg	0.304	523.29	159.75	348.27	15.27
	11-7	台座除锈	100kg	0.304	17.35	7.89	2.50	6.96
	11-117	台座刷漆一遍	100kg	0.304	13.17	5.34	0.87	6.96
	11-126	台座刷灰调合漆一遍	100kg	0.304	12.33	5.11	0.26	6.96
	11-127	台座刷灰调合漆第二遍	100kg	0.304	12.30	5.11	0.23	6.96
8	9-200	阻抗复合式消声器	100kg	2.5518	960.03	365.71	585.05	9.27
9	9-84	风量调节阀安装	个	3	25.77	10.45	15.32	—
10	9-161	网式风口安装	个	1	5.31	4.41	0.90	—
11	9-137	百叶风口	个	1	28.53	7.88	0.20	—

【例 1-114】

（一）工程概况：

图 1-139 是一层空调平面图，采用的是全空气系统，所有进出空调机房的风管穿过防火墙的风管（排烟管除外）穿越楼板的主立风管与支风管相连处的支风管上均设70℃防火调节阀，本设计图中所示的散流器风口尺寸均指其颈口接管尺寸，风口材质除装修要求外，本工程所有风口均采用铝合金风口。防火阀采用 FV 型，风管与空调机进出口连接处应采用复合铝箔柔性玻纤软管，设于负压侧时，长度为 200mm，设于正压侧时，长度为 300mm，消声器采用阻抗复合式；消声器的接口尺寸与所接风管相同，系统试压，空调冷热水系统试验压力均为 0.6MPa，上述均指系统最低点压力，凡以上未说明之处，如管道支吊架间距；管道焊接管道穿楼板的防水做法，风管所用钢板厚度及法兰配用等，均应按照国家标准《通风与空调工程施工质量验收规范》（GB 50243—2002）。

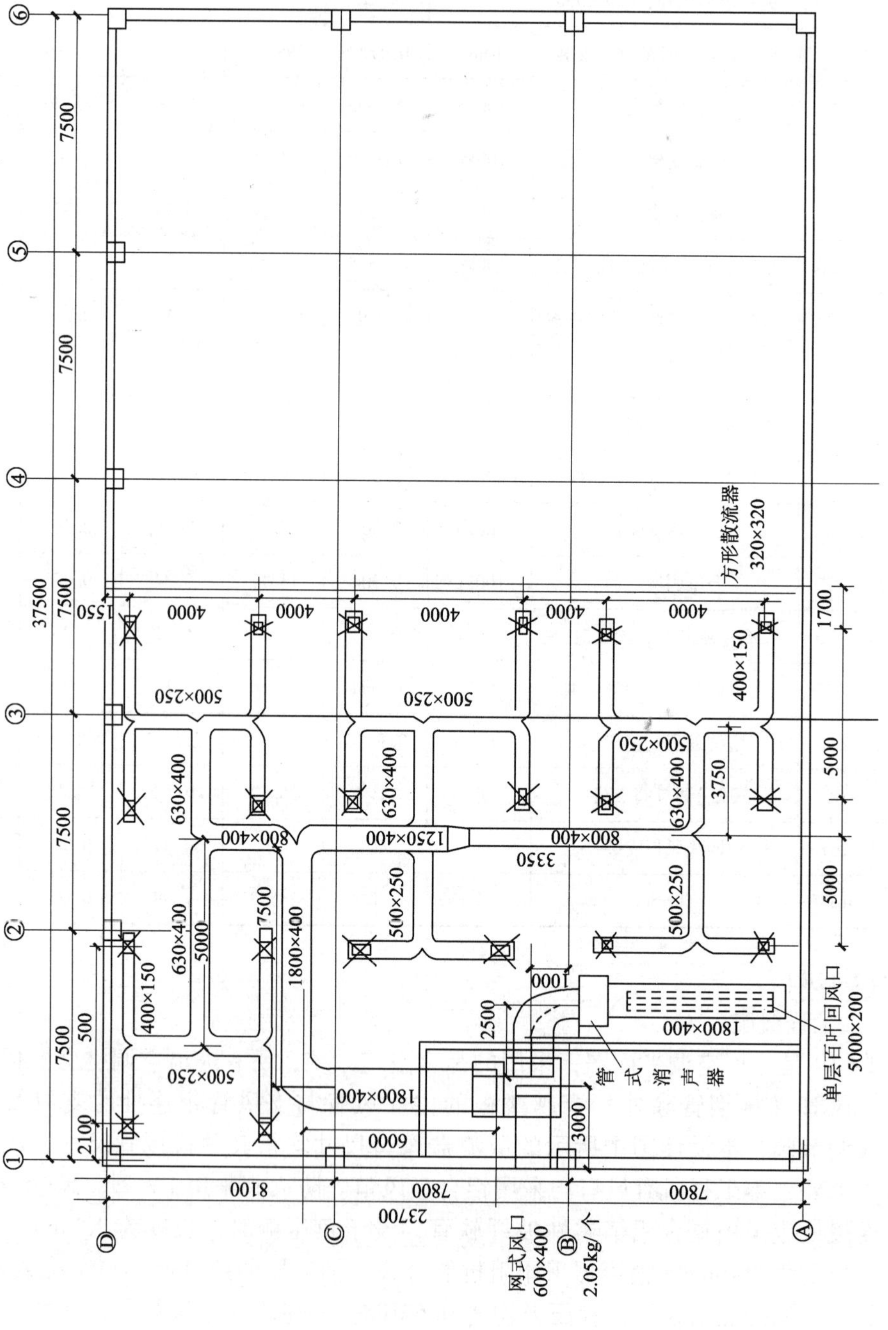

图 1-139 一层空调平面图

（二）工程量计算：

（1）清单工程量：　　　　单位　　　　数量

1）镀锌矩形风管：400×150　　　　m^2　　　　61.6

周长 $2\times(0.4+0.15)m=1.1m$ 水平：$L=[(7.5-2.1-5)\times2+5]m=5.8m$

散流器离风管端面的距离

工程量：$F=1.1\times5.8\times8m^2$

$=51.04m^2$

竖直：$L=[4+(7.5-2.1-5)\times2]m$

$=4.8m$

工程量：$F=1.1\times4.8\times2m^2=10.56m^2$

总工程量：$F_{总}=(51.04+10.56)m^2=61.6m^2$

2）镀锌矩形风管：500×250　　　　m^2　　　　39

周长：$2\times(0.5+0.25)m=1.5m$

$$L=\left(\frac{4\times4}{\text{竖直部分}}+\frac{5\times2}{\text{水平部分}}\right)m=21m$$

工程量：$F=1.5\times26m^2=39m^2$

3）镀锌风管 630×400　　　　m^2　　　　33.48

周长：$2\times(0.63+0.4)m=2.06m$

$L=(3.75\times3+5)m=16.25m$

工程量：$F=(2.06\times16.25)m^2=33.475m^2$

4）镀锌风管：800×400　　　　m^2　　　　28.8

周长：$2\times(0.8+0.4)m=2.4m$

$L=(2+4+2+2+2)m=12.1m$

工程量：$F=(2.4\times12.1)m^2=29.04m^2$

5）镀锌风管：1250×400　　　　m^2　　　　13.2

周长：$2\times(1.25+0.4)m=3.3m$

$L=(2+2)m=4m$

工程量：$F=3.3\times4=13.2$

6）镀锌风管：1800×400　　　　m^2　　　　64.86

周长：$2\times(1.8+0.4)m=4.4m$

$L=[7.5+6-0.3$（软风管）$-0.21+3.55$（风管底标高）-1.8（空调机组出风口标高）$]m=14.74m$

工程量：$F=4.4\times14.74m^2=64.86m^2$

7）新风管 600×400　　　　m^2　　　　4.98

周长：$2\times(0.6+0.4)m=2m$

$L=[3-0.21-0.3$（软风管长）$]m=2.49m$

工程量：$F=2.49\times2m^2=4.98m^2$

8）回风管：1800×400　　　　m^2　　　　45.28

周长：$2\times(1.8+0.4)m=4.4m$

$L=[2.5+1+7.8-0.5(\text{消声器长})-0.21(\text{风量调节阀})-0.3(\text{软风管})]\text{m}$
$=10.09\text{m}$

工程量：$F=4.4\times10.09\text{m}^2=44.396\text{m}^2$

9）方形直片散流器 320×320　　个　　20

10）单层百叶回风口 500×200　　个　　1

11）网式新风口 600×400　　个　　1

12）风管调节阀长 210mm　　个　　3

13）软风管　　m　　0.3×3

14）空气处理机组　　台　　1

15）消声器　　kg　　757.62

清单工程量计算见下表：

清单工程量计算表

序号	项目编码	项目名称	项目特征描述	计量单位	工程量
1	030902001001	镀锌矩形风管	400×150	m^2	61.6
2	030902001002	镀锌矩形风管	500×250	m^2	39
3	030902001003	镀锌矩形风管	630×400	m^2	33.48
4	030902001004	镀锌矩形风管	800×400	m^2	28.8
5	030902001005	镀锌矩形风管	1250×400	m^2	13.2
6	030902001006	镀锌矩形风管	1800×400	m^2	64.86
7	030902002001	新风管	600×400	m^2	4.98
8	030902001007	回风管	1800×400	m^2	45.28
9	030902007001	散流器	方形，320×320	个	20
10	030903007002	回风口	单层，500×200	个	1
11	030903007003	新风口	网式，600×400	个	1
12	030903001001	调节阀	长 210mm	个	3
13	030902008001	软风管	负压侧：$l=0.2\text{m}$，正压侧：$l=0.3\text{m}$	m	0.9
14	030901005001	处理机组		台	1
15	030903020001	消声器	阻抗复合式	kg	757.62

（2）定额工程量：　　单位　　数量

1）镀锌矩形风管 450×150　　m^2　　61.6

① 镀锌矩形风管 450×150 的安装　　$10m^2$　　6.16

② 风管的吊支架　　100kg　　0.41

根据规范《通风与空调工程施工质量验收规范》(GB 50243—2002)

共需 20 个，每个的制作单重为 2.05kg/个

小计：$2.05\times20\text{kg}=41\text{kg}$

③ 金属支架除锈刷漆一遍　　100kg　　0.41

④ 金属支架刷灰调合漆二遍　　100kg　　0.41

2）镀锌矩形风管 500×250	m^2	39
① 镀锌矩形风管 500×250 的制作、安装	$10m^2$	3.9
② 风管的吊支架：	100kg	0.23

根据《通风与空调工程施工质量验收规范》共需 10 个，每个制作单重 2.3kg/个

小计：2.3×10kg＝23kg

③ 风管的吊支架除锈刷漆一遍	100kg	0.23
④ 风管的吊支架刷灰调合漆二遍	100kg	0.23
3）镀锌矩形风管 630×400	m^2	33.475
① 镀锌矩形风管 630×400 的制作、安装	$10m^2$	3.3475
② 风管的吊支架	100kg	0.112

根据《通风与空调工程施工质量验收规范》

共需 4 个，每个制作单重 2.8kg/个

小计：2.8kg/个×4 个＝11.2kg

③ 金属支架除锈刷漆一遍	100kg	0.112
④ 金属支架刷灰调合漆二遍	100kg	0.112
4）镀锌矩形风管 800×400	m^2	28.8
① 镀锌风管 800×400 的制作、安装	$10m^2$	2.88
② 风管的吊支架	100kg	0.0915

根据《通风与空调工程施工质量验收规范》

确定共需 3 个，每个制作的单重为 3.05kg/个

小计：3.05kg/个×3 个＝9.15kg

③ 金属支架除锈刷漆一遍	100kg	0.0915
④ 金属支架刷灰调合漆二遍	100kg	0.0915
5）镀锌矩形风管 1250×400	m^2	12.87
① 镀锌矩形风管 1250×400 的制作、安装	$10m^2$	1.287

② 风管的吊支架：根据《通风与空调工程施工质量验收规范》确定共需 2 个，每个制作单重 3.8kg/个

小计：3.8kg/个×2＝7.6kg	100kg	0.076
③ 金属支架除锈刷漆一遍	100kg	0.076
④ 金属支架刷灰调合漆二遍	100kg	0.076
6）镀锌矩形风管 1800×400	m^2	63.98
① 镀锌矩形风管 1800×400 的制作、安装	$10m^2$	6.398

② 风管的吊支架，根据《通风与空调工程施工质量验收规范》

确定共需 4 个，每个的制作单重为 4.05kg/个

小计：4.05kg/个×4 个＝16.2kg	100kg	0.162
③ 金属支架除锈刷漆一遍	100kg	0.162
④ 金属支架刷灰调合漆二遍	100kg	0.162
7）新风管 600×400	m^2	4.98
① 新风管 600×400 的制作、安装	$10m^2$	0.498

② 风管的吊支架	100kg	0.025
根据《通风与空调工程施工质量验收规范》		
确定1个支架，其制作单重为2.5kg/个		
③ 金属支架除锈刷漆一遍	100kg	0.025
④金属支架刷灰调合漆二遍	100kg	0.025
8）回风管1800×400	m^2	45.28
① 回风管1800×400的制作、安装	$10m^2$	4.528

② 风管的吊支架；根据《通风与空调工程施工质量验收规范》确定3个，每个制作单重为4.05kg/个

小计：4.05×3kg＝12.15kg

③ 金属支架除锈刷漆一遍	100kg	0.1215
④ 金属支架刷灰调合漆二遍	100kg	0.1215
9）方形直片散流器320×320	个	20
① 方形直片散流器320×320的制作	100kg	1.486
查国标通风部件标准重量表：7.43kg/个　共20个		
小计：7.43kg/个×20个＝148.6kg		
② 方形直片散流器320×320的安装	个	20
10）单层百叶回风口500×200	个	1
① 单层百叶回风口500×200的制作	100kg	0.0809
由于其风口是非标准件，制作单重：8.09kg/个		
② 单层百叶回风口500×200的安装	个	1
11）网式新风口600×400	个	1
① 网式新风口600×400的制作	100kg	0.0205
查国标通风部件标准重量表其单重为2.05kg/个		
② 网式新风口的安装	个	1
12）风管调节阀	个	3
13）软风管	m	0.9
14）空气处理机组	台	1
15）消声器		
消声器制作	个	3
① 消声器的制作：查国际通风部件标准重量表	100kg	2.1804
1800×400单重85kg/个		
共2个，小计170kg，400×600，单重48.04kg/个		
总计（48.04＋170）kg＝218.04kg		
② 消声器的安装	个	3

工程预算表见表1-69。

工程预算表 **表 1-69**

序号	定额编号	分项工程名称	定额单位	工程量	基价（元）	其中（元）		
						人工费	材料费	机械费
1		镀锌矩形风管，450×150	m^2	61.6				
	9-6	镀锌矩形风管的制作安装	$10m^2$	6.16	387.05	154.18	213.52	19.35
	9-270	风管的吊支架	100kg	0.41	975.57	183.44	776.36	15.77
	11-7	金属支架除锈	100kg	0.41	17.35	7.89	2.50	6.96
	11-117	金属支架刷防锈底漆一遍	100kg	0.41	13.11	5.34	0.81	6.96
	11-126	金属支架刷灰调合漆一遍	100kg	0.41	12.33	5.11	0.26	6.96
	11-127	金属支架刷灰调合漆第二遍	100kg	0.41	12.30	5.11	0.23	6.96
2		镀锌矩形风管，500×250	m^2	39				
	9-6	镀锌矩形风管的制作安装	$10m^2$	3.9	387.05	154.18	213.52	19.35
	9-270	风管的吊支架	100kg	0.23	975.57	183.44	776.36	6.96
	11-7	金属支架除锈	100kg	0.23	17.35	7.89	2.50	6.96
	11-117	金属支架刷防锈底漆一遍	100kg	0.23	13.17	5.34	0.87	6.96
	11-126	金属支架刷灰调合漆第一遍	100kg	0.23	12.33	5.11	0.26	6.96
	11-127	金属支架刷灰调合漆第二遍	100kg	0.23	12.30	5.11	0.23	6.96
3		镀锌矩形风管，630×400	m^2	33.475				
	9-7	镀锌矩形风管的制作安装	$10m^2$	3.3475	295.54	115.87	167.99	11.68
	9-270	风管的吊支架	100kg	0.112	975.57	183.44	776.36	6.96
	11-7	金属支架除锈	100kg	0.112	17.35	7.89	2.50	6.96
	11-117	金属支架刷防锈底漆一遍	100kg	0.112	13.17	5.34	0.87	6.96
	11-126	金属支架刷灰调合漆第一遍	100kg	0.112	12.33	5.11	0.26	6.96
	11-127	金属支架刷灰调合漆第二遍	100kg	0.112	12.30	5.11	0.23	6.96
4		镀锌矩形风管，800×400	m^2	28.8				
	9-7	镀锌矩形风管的制作安装	$10m^2$	2.88	295.54	115.87	167.99	11.68
	9-270	风管的吊支架	100kg	0.0915	975.57	183.44	776.36	6.96
	11-7	金属支架除锈	100kg	0.0915	17.35	7.89	2.50	6.96
	11-117	金属支架刷防锈底漆一遍	100kg	0.0915	13.17	5.34	0.81	6.96
	11-126	金属支架刷调合漆第一遍	100kg	0.0915	12.33	5.11	0.26	6.96
	11-127	金属支架刷调合漆第二遍	100kg	0.0915	12.30	5.11	0.23	6.96
5		镀锌矩形风管，1250×400	m^2	13.2				
	9-7	镀锌矩形风管的制作安装	$10m^2$	1.32	295.54	115.87	167.99	11.68
	9-270	风管的吊支架	100kg	0.076	975.57	183.44	776.36	6.96
	11-7	金属支架除锈	100kg	0.076	17.35	7.89	2.50	6.96
	11-117	金属支架刷防锈底漆一遍	100kg	0.076	13.17	5.34	0.81	6.96
	11-126	金属支架刷调合漆第一遍	100kg	0.076	12.33	5.11	0.26	6.96
	11-127	金属支架刷调合漆第二遍	100kg	0.076	12.30	5.11	0.23	6.96

续表

序号	定额编号	分项工程名称	定额单位	工程量	基价（元）	其中（元）		
						人工费	材料费	机械费
6		镀锌矩形风管，1800×400	m^2	63.98				
	9-8	镀锌矩形风管的制作安装	$10m^2$	6.398	341.15	140.71	191.90	8.54
	9-270	风管的吊支架	100kg	0.162	975.57	183.44	776.36	6.96
	11-7	金属支架除锈	100kg	0.162	17.35	7.89	2.50	6.96
	11-117	金属支架刷防锈底漆一遍	100kg	0.162	13.17	5.34	0.81	6.96
	11-126	金属支架刷调合漆第一遍	100kg	0.162	12.33	5.11	0.26	6.96
	11-127	金属支架刷调合漆第二遍	100kg	0.162	12.30	5.11	0.23	6.96
7		新风管，600×400	m^2	4.98				
	9-6	新风管的制作安装	$10m^2$	0.498	387.05	154.18	213.52	19.35
	9-270	风管的吊支架	100kg	0.025	975.57	183.44	776.36	6.96
	11-7	金属支架除锈	100kg	0.025	17.35	7.89	2.50	6.96
	11-117	金属支架刷防锈底漆一遍	100kg	0.025	13.17	5.34	0.87	6.96
	11-126	金属支架刷调合漆第一遍	100kg	0.025	12.33	5.11	0.26	6.96
	11-127	金属支架刷调合漆第二遍	100kg	0.025	12.30	5.11	0.23	6.96
8		回风管，1800×400	m^2	45.28				
	9-8	回风管的制作安装	$10m^2$	4.528	341.15	140.71	191.90	8.54
	9-270	风管的吊支架	100kg	0.1215	975.57	183.44	776.36	6.96
	11-7	金属支架除锈	100kg	0.1215	17.35	7.89	2.50	6.96
	11-117	金属支架刷防锈底漆一遍	100kg	0.1215	13.17	5.34	0.87	6.96
	11-126	金属支架刷调合漆第一遍	100kg	0.1215	12.33	5.11	0.26	6.96
	11-127	金属支架刷调合漆第二遍	100kg	0.1215	12.30	5.11	0.23	6.96
9		方形直片散流器，320×320	个	20				
	9-113	方形直片散流器的制作	100kg	1.486	1700.64	811.77	584.07	304.80
	9-148	方形直片散流器的安装	个	20	10.94	8.36	2.58	—
10		单层百叶回风口，500×200	个	1				
	9-95	单层百叶回风口的制作	100kg	0.0809	1345.72	828.49	506.41	10.81
	9-135	单层百叶回风口的安装	个	1	14.97	10.45	4.30	0.22
11		网式新风口，600×400	个	1				
	9-122	网式新风口的制作	100kg	0.0205	858.72	248.69	563.39	46.64
	9-160	网式新风口的安装	个	1	4.62	3.72	0.90	—
12	9-89	风管调节阀	个	3	48.20	29.02	19.18	
13	9-25	软风管	m	0.9	0.70	0.70	—	—
14	9-213	空气处理机组	台	1	87.59	29.49	51.45	6.65
15		消声器	个	3				
	9-195	消声器的制作	100kg	2.1804	636.12	146.22	439.80	50.10
	9-195	消声器的安装	个	3	23.95	14.46	8.98	0.51

【例 1-115】

（一）工程概况

本系统是二层空调系统，如图 1-140、图 1-141 所示，中间餐厅部分采用的是全空气系统，两边雅间采用的是无室外新风的风机盘管的系统，凝结水管安装时，应按排水方向做不小于 0.003 的下行坡度，机房内空调箱的凝结水管排至机房地漏处，其管径接到贷机组所的实际管径配管，凝结水出口处应与水管相连，设 200mm 长的透明塑料软管，空气凝结水管采用 PPR 管，其他水管当管径 $<DN100$ 时采用焊接钢管。水管保温前应先除锈和清洁表面，然后刷防锈漆两道，再做保温，管道吊支架间距，管道焊接，管道穿楼板的防水做法，风管所用钢板厚度及法兰配用等；均应接用国家标准《通风与空调工程施工质量验收规范》（GB 50243—2002）。

（二）工程量：	单位	数量
（1）镀锌风管：400×160	m^2	52.08

周长：$2\times(0.4+0.16)=1.12m$

$$L=\frac{4\times6}{横向}+\frac{3.75\times6}{竖向}=46.5m$$

展开面积：$F=52.08m^2$

（2）镀锌风管：500×250	m^2	29.25

周长：$2\times(0.5+0.25)m=1.5m$

$L=[4\times3(横向)+竖向(1.875\times4)]m$

$=19.5m$

展开面积：$F=1.5\times19.5m^2=29.25m^2$

（3）镀锌风管：630×400	m^2	50.47

$$L=竖向\left(\frac{3.75}{2}+3.75\right)m\times4+横向\left(\frac{4}{2}\right)m$$

$=(22.5+2)m$

$=24.5m$

周长：$2\times(0.63+0.4)m=2.06m$

展开面积：$F=24.5\times2.06m^2=50.47m^2$

（4）镀锌风管 800×400

周长：$2\times(0.8+0.4)m^2=2.4m^2$	m^2	14.4

$L=6m$

展开面积：$F=2.4\times6=14.4m^2$

（5）镀锌风管（变径）

周长：$(1.25+0.4+0.8+0.4)m=2.85m$	m^2	1.14

$L=0.4m$

展开面积：$F=1.14m^2$

（6）镀锌矩形风管：1250×400	m^2	23.76

周长：$2\times(1.25+0.4)m=3.3m$

$L=7.2m$

展开面积：$F=3.3\times7.2m^2=23.76m^2$

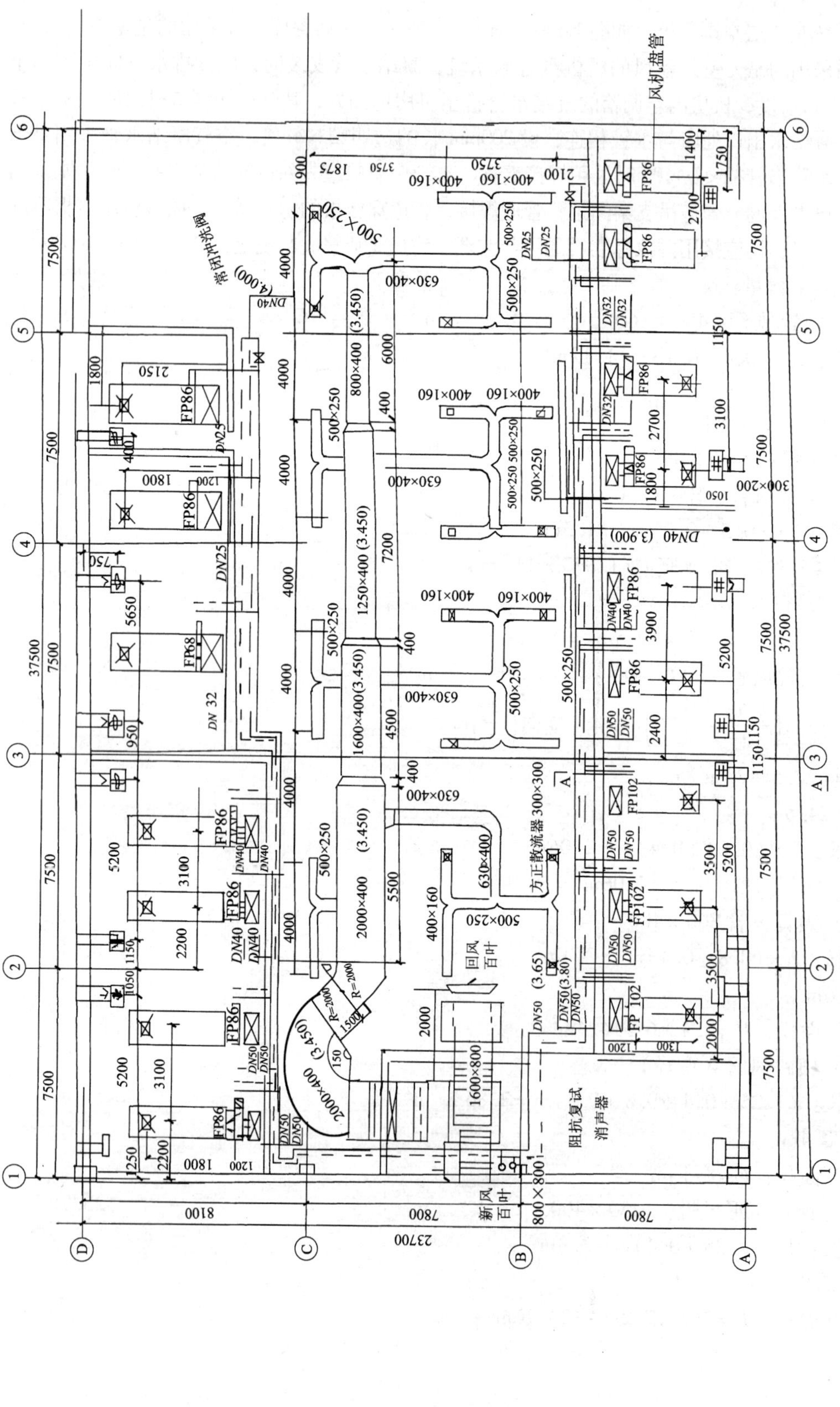

图 1-140　二层空调平面图
通风器　　排风百扇
$L=200\text{m/h}$　　300×200

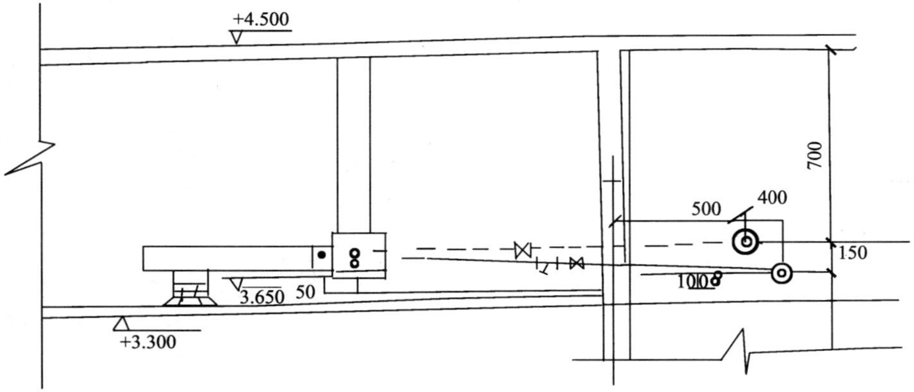

A-A 剖面图

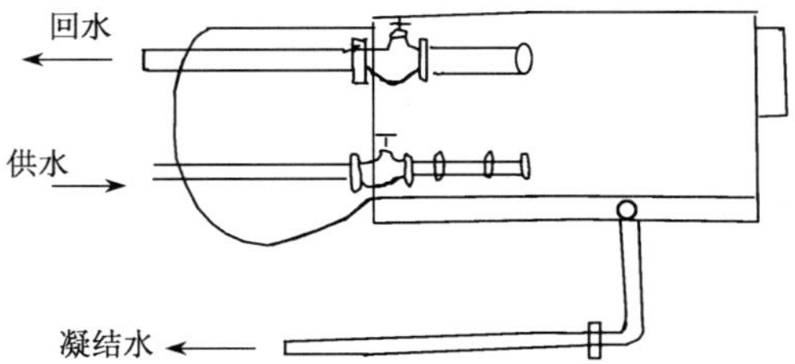

风盘安装示意图

风机盘管统计表

型号	回风口	散流器 型号/数量	供回水管	凝结水管
FP-68	1000×400	240×240	*DN*25	*DN*20
FP-86	1200×400	240×240	*DN*25	*DN*20
FP-102	1200×400	240×240	*DN*25	*DN*20

图 1-141 工程示意图

（7）镀锌矩形风管 1600×400	m^2	18
周长：2×(1.6+0.4)m=4m		
$L=4.5m$		
展开面积：$F=18m^2$		
（8）变径风管：	m^2	1.46
周长：（1.6+0.4+1.25+0.4）=3.65m		
$L=0.4m$		
展开面积：$F=1.46m^2$		
（9）镀锌矩形风管 2000×400	m^2	26.4
周长：2×(2+0.4)m=4.8m		
$L=5.5m$		
展开面积：$F=4.8\times5.5m^2=26.4m^2$		
（10）变径风管	m^2	1.76
周长：(2+0.4+1.6+0.4)m=4.4m		
$L=0.4m$		
展开面积：$F=4.4\times0.4m=1.76m^2$		
（11）矩形风管 2000×400	m^2	7.2
周长：2×(2+0.4)m=4.8m		
$L=1.5m$		
展开面积：$F=7.2m^2$		
（12）弧形风管 2000×400	m^2	25.10
周长：2×(0.4+2)m=4.8m		
$L=\left(\frac{5\pi}{6}\times2\right)m$		
$=\frac{5}{3}\pi m=5.23m$		
展开面积：$F=4.8\times5.23m^2=25.104m^2$		
（13）回风管：1600×800	m^2	5.76
周长：2×(1.6+0.8)m=4.8m		
$L=[2-0.3$(风管调节阀)-0.5(阻抗复合式消声器的长度)$]m$		
$=1.2m$		
展开面积：$F=4.8\times1.2m^2=5.6m^2$		
（14）新风管：800×800	m^2	2.24
周长：2×(0.8+0.8)m=3.2m		
$L=1-0.3$(风管调节阀)$=0.7m$		
展开面积：3.2×0.7=2.24m^2		
（15）排风管：300×200	m^2	2.8
周长：2×(0.3+0.2)m=1m		
$L=1.05-0.4$(通风机的长)-0.3(风管调节阀长)		

=0.35m

L =(0.75 −0.4 −0.3)m

=0.05m

小计：(0.35 ×7 +0.05 ×7)m =2.8m

展开面积：$F=1\times2.8\text{m}^2=2.8\text{m}^2$

(16) 通风机：	台	14
(17) 空调机组	台	1
(18) 单层排风百叶风口 300×200	个	14
(19) 单层回风百叶风口 500×200	个	2
(20) 单层新风百叶风口 800×800	个	1
(21) 方形散流器 300×300	个	38
(22) 风盘的回风口 1200×400	个	13
(23) 风管的回风口 1000×400	个	3

(24) 凝结水管：PPR（图 1-142）

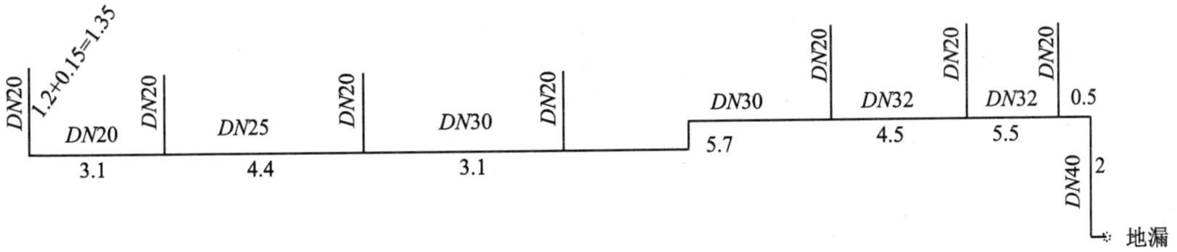

图 1-142　凝结水管道系统图

	单位	数量
① *DN*20PPR 管		
(1.2 +0.15) ×16 +3.5 +2.7 +3.1 =30.9	m	30.9
② *DN*25		
L =4.4 +3.5 +3.5 =11.4	m	11.4
③ *DN*30		
L =3.1 +5.7 +4.65 +3.9 +2.7 =20.05	m	20.05
④ *DN*32	m	13.9
L =0.6 +3.3 +4.5 +5.5 =13.9		
⑤ *DN*40	m	7.5
L =5.0 +2 +0.5 =7.5		
(25) 空调水管：（图 1-143）		
① *DN*60（焊接钢管）	m	16 +16.8 =32.8
供水：8.4 +1.0 +3.6 +1.8 +2.2 =16		
回水：8.4 +1.0 +3.6 +1.8 +2.2 +0.4 ×2 =16.8		
② *DN*50（焊接钢管）	m	29.5
供水：3.5 +3.5 +4.65 +3.1 =14.75		
回水：3.5 +3.5 +4.65 +3.1 =14.75		
③ *DN*40	m	30.6

供水：4.4+3.1+3.9+3.9=15.3

回水：4.4+3.1+3.9+3.9=15.3

④*DN*32　　m　　12.15×2=24.3

供水：2.7+3.5+5.95=12.15

回水：2.7+3.5+5.95=12.15

⑤ *DN*25　　m　　12.5×2=25

供水：2.7+4.7+5.1=12.5

回水：2.7+4.7+5.1=12.5

⑥ *DN*20

供水：1.2+0.5=1.7　　m　　56.8

1.2×14+(1.7+0.6)×2=23.8+4.6=28.4

回水：1.2×14+(1.7+0.6)×2=23.8+4.6=28.4

⑦ 常闭冲洗阀　　个　　2

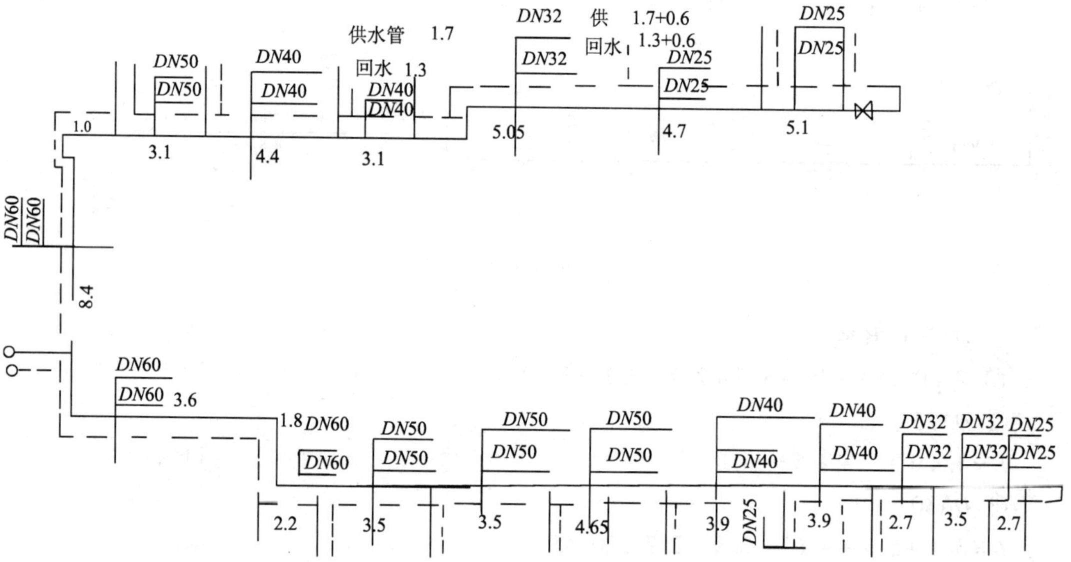

图1-143　空调水系统图

（26）焊接钢管的支架

根据《通风与空调工程质量管道支架间距验收规范》以及常用管道支架间距表（见表1-70）

常用管道支架间距表　　**表1-70**

公称直径/mm		15	20	25	32	40	50	65	80	100	125	150	200	250	300	350	400
管子外径/mm		18	25	32	38	45	57	73	89	108	133	159	219	273	325	377	426
管子壁厚/mm		3	3	3.5	3.5	3.5	3.5	4	4	4	4	4.5	6	8	8	9	9
支架间距	不保温	2.5	3	3.5	4	4.5	5	6	6	6.5	7	8	9.5	11	12	11.5	12
	保温	1.5	2	2	2.5	3	3	4	4	4.5	5	6	7	8	8.5	10	10.5

① *DN*60 焊接钢管的支架制作、安装　　kg　　20.25

L = 16m，空调水管采用保温处理 3.5m/个

16/3.5m/个≈5 个，每个制作单重 4.05kg/个

小计 4.05 ×5 = 20.25kg

② *DN*50 焊接钢管的支架的制作、安装　　kg　　20

L = 14.75m　3m/个　确定为 14.75m/3m/个 = 5 个

每个支架的单重为 4kg/个，小计 5 ×4 = 20kg

③ *DN*32 焊接钢管的固定支架制作、安装　　kg　　17.25

L = 12.15m，2.5m/个，共计 12.15/2.5≈5 个

每个固定支架单重为 3.45kg/个

小计 5 ×3.45kg = 17.25kg

④ *DN*25 焊接钢管的固定支架制作、安装　　kg　　19.5

L = 12.5m，2m/个，共计：12.5m/2m/个 = 6 个

每个固定支架单重为 3.25kg/个

小计 3.25 ×6kg = 19.5kg

⑤ 风盘的吊支架：　　kg　　4.55

L = 700mm，角钢的每米重量为 6.5kg/m

6.5 ×0.7kg = 4.55kg

（27）风管的吊支架：

根据《通风与空调工程质量验收规范》规定：

1）风管水平安装，直径或长边尺寸不大于 400mm，间距不应大于 4m；大于 400mm，不应大于 3m。螺旋风管的支吊架间距分别延长至 5m 和 3.75m，对于薄钢板法兰的风管，其支吊架间距不应大于 3m。

2）风管垂直安装，间距不应大于 4m；单根直管至少应有 2 个固定点。

3）风管支、吊架宜按图标图集与规范选用强度和刚度相适应的形式和规格，对于直径或边长大于 250mm 的超宽、超重等特殊风管的支、吊架应按设计规定。

① 镀锌风管 400 ×160 的支吊架：

根据《通风与空调工程施工质量验收规范》，确定 3m/个，由于其每个长度为 $\frac{3.75}{2}$ = 1.875 不予考虑，为了稳固期间在 500 ×250 上各装一个固定支架。

② 镀锌风管 500 ×250 的固定支架　　kg　　36.6

确定共 12 个，每个根据制作单重为 3.05kg/个

小计 3.05kg/个 ×12 个 = 36.6kg

③ 镀锌矩形风管 630 ×400 的固定支架　　kg　　19

根据《通风与空调工程施工质量验收规范》需 5 个，每个制作单重为 3.8kg/个

3.8kg/个 ×5 个 = 19kg

④ 镀锌风管 800 ×400 的固定支架　　kg　　9

根据规范确定为 2 个固定支架，每个制作单重为 4.5kg/个

小计 4.5 ×2 = 9kg

⑤ 镀锌风管 1250×400 的固定支架 kg 14.14

根据规范确定为3m/个，$L=7.2\text{m}$

7.2m/3m/个≈3 个

⑥ 镀锌矩形风管 1600×400 的固定支架 kg 10.1

根据规范不大于3m/个，$L=4.5\text{m}$，确定2个，每个制作单重为5.05kg/个

5.05kg/个×2个=10.1kg

⑦ 镀锌风管 2000×400 的固定支架： kg 27.25

$L=(5.5+1.5+5.23)\text{m}=12.23\text{m}$

根据规范确定为2.5m/个

12.23/2.5m/个=4.89≈5 个

每个的制作单重为5.45kg/个

小计 5×5.45kg=27.25kg

⑧ 金属支架除锈刷漆一遍 kg 197.64

(27.25+10.1+14.14+9+19+36.6+4.55+19.5+17.25+20+20.25)kg

=197.64kg

(28) 金属支架刷灰调合漆二遍 kg 197.64

(29) 风管水管的刷油量： m^2 283.30

$(52.08+29.25+50.47+14.4+1.14+23.76+18+1.46+26.4+1.76+7.2+25.104+5.76+2.24+2.8+\pi\times0.06\times32.8+\pi\times0.05\times29.5+\pi\times0.04\times30.6+\pi\times0.032\times24.3+\pi\times0.025\times25+\pi\times0.02\times56.8)\text{m}^2$

$=(267.534+6.2+4.6+3.8+2.44+1.9628+3.567)\text{m}^2$

$=290.11\text{m}^2$

清单工程量计算见下表：

清单工程量计算表

序号	项目编码	项目名称	项目特征描述	计量单位	工程量
1	030902001001	镀锌风管	400×160	m^2	52.08
2	030902001002	镀锌风管	500×250	m^2	29.25
3	030902001003	镀锌风管	630×400	m^2	50.47
4	030902001004	镀锌风管	800×400	m^2	14.4
5	030902001005	镀锌风管	变径管，大：1250×400，小：800×400	m^2	1.14
6	030902001006	镀锌风管	1250×400	m^2	23.76
7	030902001007	镀锌风管	1600×400	m^2	18
8	030902001008	镀锌风管	变径管，大：1600×400，小：1250×400	m^2	1.46
9	030902001009	镀锌风管	2000×400	m^2	26.4
10	030902001010	镀锌风管	变径管，大：2000×400，小：1600×400	m^2	1.76
11	030902001011	镀锌风管	2000×400	m^2	7.2
12	030902001012	镀锌风管	弧形，2000×400	m^2	25.10

续表

序号	项目编码	项目名称	项目特征描述	计量单位	工程量
13	030902001013	回风管	1600×800	m^2	5.76
14	030902002001	新风管	1000×800	m^2	2.24
15	030902002002	排风管	300×200	m^2	2.8
16	030901002001	通风机		台	14
17	030901004001	空隙调机组		台	1
18	030903007001	百叶风口	单层，300×200	个	14
19	030903007002	百叶风口	单层，500×200	个	2
20	030903007003	百叶风口	单层，800×800	个	1
21	030903007004	散流器	方形，300×300	个	38
22	030903007005	回风口	1200×400	个	13
23	030903007006	回风口	1000×400	个	3
24	030801005001	塑料管	*DN*20PPR	m	30.9
25	030801005002	塑料管	*DN*25PPR	m	11.4
26	030801005003	塑料管	*DN*30PPR	m	20.05
27	030801005004	塑料管	DN32PPR	m	13.9
28	030801005005	塑料管	*DN*40PPR	m	7.5
29	030801001001	钢管	焊接，*DN*60	m	32.8
30	030801001002	钢管	焊接，*DN*50	m	29.5
31	030801001003	钢管	焊接，*DN*40	m	30.6
32	030801001004	钢管	焊接，*DN*32	m	24.3
33	030801001005	钢管	焊接，*DN*25	m	25
34	030801001006	钢管	焊接，*DN*20	m	56.8
35	030803001001	冲洗阀		个	2
36	030802001001	支架	吊支架	kg	4.55
37	030802001002	支架	固定支架	kg	77

工程预算表见表1-71。

工程预算表 **表1-71**

序号	定额编号	项目名称	计量单位	工程量	基价（元）	人工费（元）	材料费（元）	机械费（元）
1		镀锌风管400×160	m^2	52.08				
	9－6	镀锌风管制作安装	$10m^2$	5.208	387.05	154.18	213.52	19.35
2		镀锌风管500×250	m^2	29.25				
	9－7	镀锌风管制作安装	$10m^2$	2.925	387.05	154.18	213.52	19.35
3		镀锌风管630×400	m^2	50.47				
	9－7	镀锌风管制作安装	$10m^2$	5.047	295.54	115.87	167.99	11.68
4		镀锌风管800×400	m^2	14.4				

续表

序号	定额编号	项目名称	计量单位	工程量	基价（元）	人工费（元）	材料费（元）	机械费（元）
4	9-6	镀锌风管制作安装	$10m^2$	1.44	387.05	154.18	213.52	19.35
5		镀锌风管（变径）	m^2	1.14				
	9-7	镀锌风管制作安装	$10m^2$	0.114	295.54	115.87	167.99	11.68
6		镀锌风管 1250×400	m^2	23.76				
	9-7	镀锌风管制作安装	$10m^2$	2.376	295.54	115.87	167.99	11.68
7		镀锌风管 1600×400	m^2	18				
	9-7	镀锌风管制作安装	$10m^2$	1.8	295.54	115.87	167.99	11.68
8		变径风管	m^2	1.46				
	9-8	变径风管制作安装	$10m^2$	0.146	341.15	140.71	191.90	8.54
9		镀锌风管 2000×400	m^2	26.4				
	9-8	镀锌风管制作安装	$10m^2$	2.64	341.15	140.71	191.90	8.54
10		变径风管	m^2	1.76				
	9-8	变径风管制作安装	$10m^2$	0.176	341.15	140.71	191.90	8.54
11		矩形风管 2000×400	m^2	7.2				
	9-8	矩形风管制作安装	$10m^2$	0.72	341.15	140.71	191.90	8.54
12		弧形风管 2000×400	m^2	25.104				
	9-8	弧形风管制作安装	$10m^2$	2.5104	341.15	140.71	191.90	8.54
13		回风管 1600×800	m^2	5.76				
	9-8	回风管制作安装	$10m^2$	0.576	341.15	140.71	191.90	8.54
14		新风管 1000×800	m^2	2.24				
	9-7	新风管制作安装	$10m^2$	0.224	295.54	115.87	167.99	11.68
15		排风管 300×200	m^2	2.8				
	9-5	排风管制作安装	$10m^2$	0.28	441.65	211.77	196.98	32.90
16		通风机	台	14				
	9-216	离心式通风机制作安装	台	14	34.15	19.74	14.41	—
17		空调机组	台	1				
	9-235	空调器安装	台	1	44.72	41.80	2.92	—
18		单层排风百叶风口 300×200	个	14				
	9-134	百叶风口安装	个	14	8.64	5.34	3.08	0.22
19		单层回风百叶风口 500×200	个	2				
	9-135	百叶风口安装	个	2	14.97	10.45	4.30	0.22
20		单层新风百叶风口 800×800	个	1				
	9-137	百叶风口安装	个	1	28.53	20.43	7.88	0.22
21		方形散流器 300×300	个	38				
	9-148	方形散流器安装	个	38	10.94	8.36	2.58	—
22		风盘的回风口 1200×400	个	13				

续表

序号	定额编号	项目名称	计量单位	工程量	基价（元）	人工费（元）	材料费（元）	机械费（元）
22	9-137	百叶风口安装	个	13	28.53	20.43	7.88	0.22
23		风管的回风口 1000×400	个	3				
	9-137	百叶风口安装	个	3	28.53	20.43	7.88	0.22
24		风机盘管以及自带的风管	台	9				
	9-245	风机盘管安装	台	9	98.69	28.79	66.11	3.79
25		*DN*20 PPR 管	m	30.9				
	6-274	塑料管安装	10m	3.09	15.62	11.91	0.47	3.24
26		*DN*25 PPR 管	m	11.4				
	6-275	塑料管安装	10m	1.14	17.70	13.03	0.55	4.12
27		*DN*30 PPR 管	m	20.05				
	6-275	塑料管安装	10m	2.005	17.70	13.03	0.55	4.12
28		*DN*32 PPR 管	m	13.9				
	6-276	塑料管安装	10m	1.39	21.33	15.00	0.68	5.65
29		*DN*40 PPR 管	m	7.5				
	6-277	塑料管安装	10m	0.75	28.12	19.76	1.83	6.53
30		*DN*60 焊接钢管	m	32.8				
	8-104	焊接钢管安装	10m	3.28	115.48	63.62	46.87	4.99
31		*DN*50 焊接钢管	m	29.5				
	8-103	焊接钢管安装	10m	2.95	101.55	62.23	36.06	3.26
32		*DN*40 焊接钢管	m	30.6				
	8-102	焊接钢管安装	10m	3.06	93.39	60.84	31.16	1.39
33		*DN*32 焊接钢管	m	24.3				
	8-101	焊接钢管安装	10m	2.43	87.41	51.08	35.30	1.03
34		*DN*25 焊接钢管	m	25				
	8-100	焊接钢管安装	10m	2.5	81.37	51.08	29.26	1.03
35		*DN*20 焊接钢管	m	56.8				
	8-99	焊接钢管安装	10m	5.68	63.11	42.49	20.62	—
36		金属支架制作安装	kg	197.64				
	9-270	吊托支架	100kg	1.9764	975.57	183.44	776.36	15.77
37		金属支架刷灰调合漆二遍	kg	197.64				
	11-126	刷调合漆第一遍	100kg	1.9764	12.33	5.11	0.26	6.96
38	11-127	刷调合漆第二遍	100kg	1.9764	12.30	5.11	0.23	6.96
		风管水管刷油	m^2	290.11				
39	11-51	刷红丹防锈漆第一遍	$10m^2$	29.011	7.34	6.27	1.07	—
	11-52	刷红丹防锈漆第二遍	$10m^2$	29.011	7.23	6.27	0.96	—

【例 1-116】

（一）工程概况

此系统是风机盘管系统，由于其活动室人员流量大，人体以及各种产生的污染空气比较多，此房间用的机械排火烟，如图 1-144、图 1-145 所示，吸风口为单面吸口 I 型 T212－1，200×200 单重为 4.01kg/个出风口为双层百叶 300×150，单重为 2.52kg/个，空调器采用的变风量 $L=20000\text{m}^3/\text{h}$，冷量 121.5kw（四排）$H=450\text{Pa}$ 功率 $N=7.5\text{kw}$，消声器采用的是阻抗复合式，尺寸为 800×500，单重为 82.68kg/个，凝水管安装时，应接排水方向，做不小于 0.003 的下行坡度，机房内空调箱的凝结水管排至该机房地漏处，其管径按到货机组所带的实际管径配管选用，凝结水管口与水管相连时，设 200mm 长的透明型料软管，空气凝结水管采用 PPR 管；其他水管当管径 <100mm 时采用焊接钢管，当管径不小于 100mm 时，用无缝钢管，凝结水管保温厚度为 15mm，室外冷却水管保温完后应用 0.5mm 的镀锌钢板做保护外壳，水管保温前应先除锈和清洁表面，然后刷防锈漆两道，再做保温，空调冷水供回水管，与其支吊架之间应采用与保温厚度相同的经过防腐处理的木垫片，安装完成后，支吊架应做保温喷涂，冷热水及冷却水管道每隔 2m 做一色环，凡未说明之处，如管道吊支架间距，管道焊接，管道穿楼板的防水做法，风管所用钢板厚度及法兰配用等，均应按照国家标准《通风空调工程施工质量验收规范》。

（二）工程量计算

1. 清单工程量：

	单位	数量
（1）凝水管 PPR 管：（图 1-146）	单位	数量
① $DN50$	m	2.5
② $DN40$	m	7.2
③ $DN30$	m	14
④ $DN25$	m	5+1=6
⑤ $DN20$	m	38
$L=(1.3+1.3+3)\times4+(1.3+3-0.1-0.3)\times4=38\text{m}$		
（2）供水管：钢管（图 1-147）		
① $DN80$ 供回水管	m	21.16m
$L=[11\times2-0.21(\text{截止阀长度})\times4]\text{m}=21.16\text{m}$		
② $DN50$	m	10
供水管：$L=5\text{m}$		
回水管：$L=5\text{m}$		
③ $DN40$		
供回水管：$L=11.7\times2\text{m}=23.4\text{m}$	m	23.4
④ $DN30$	m	10
供回水管：$5\times2=10\text{m}$		
⑤ $DN25$		
供回水管：$(5\times2+0.4\times2)\text{m}=10.8\text{m}$	m	10.8

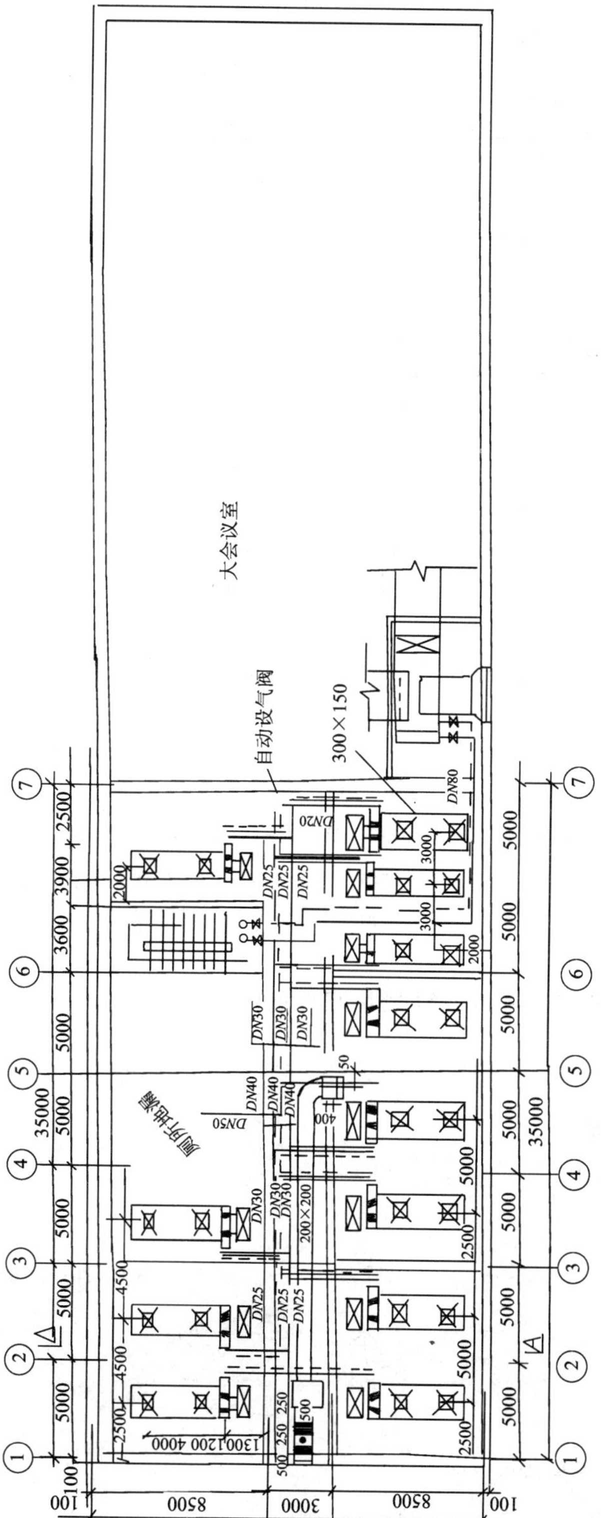

图 1-144　六层空调平面图

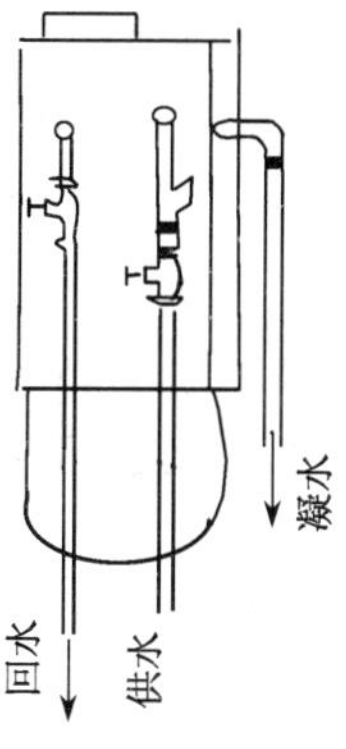

风机盘管大样图

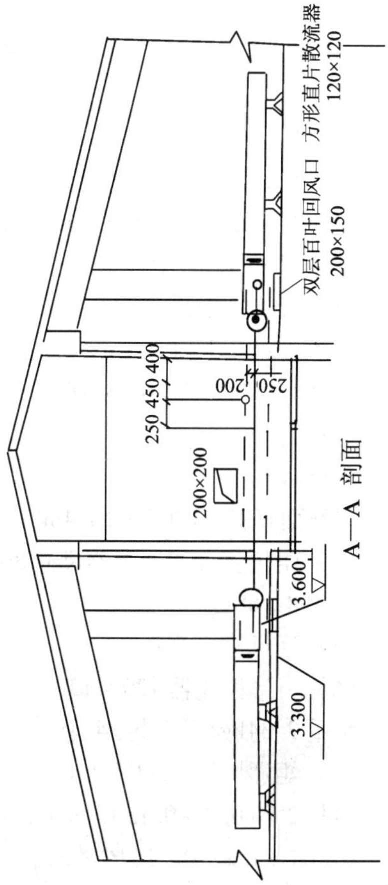

图 1-145　排火烟示意图

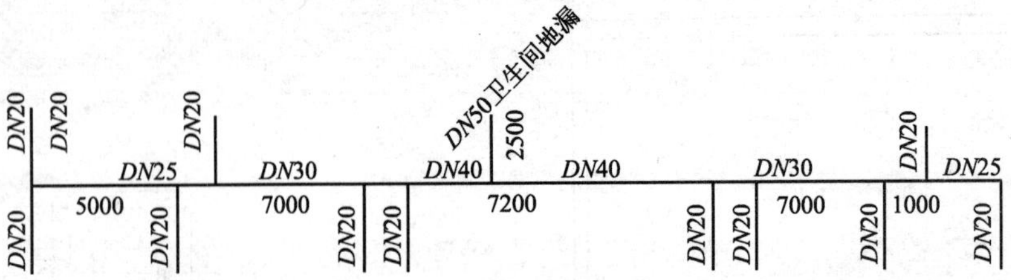

图1-146　空调凝水管系统图

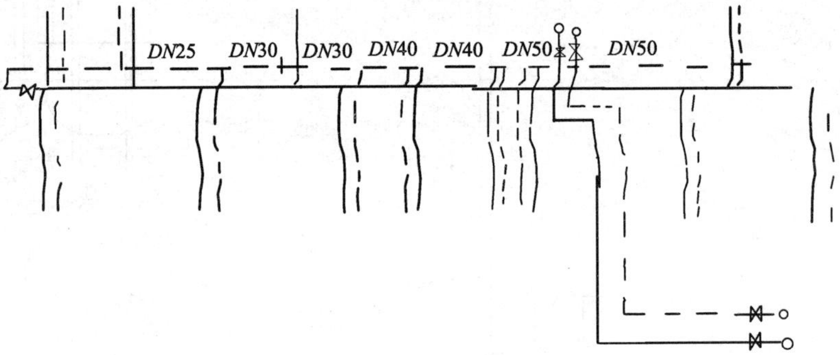

图1-147　空调水管系统图

⑥ *DN*20

供回水管：

[1×2－0.3×2＋(1.3＋1.3＋3)×4×2＋(1.3＋3－0.4－0.45－0.25)×4×2]m

＝(1.4＋44.8＋25.6)m＝71.8m　　m　　71.8

(3) 镀锌矩形风管200×200　　m^2　　12.4

周长2×(0.2＋0.2)m＝0.8m

L＝[4×5－0.75－0.5－0.25(帆布软接口)－0.25(风量调节阀)－0.5＋1.450－0.8(通风机长)]m

＝18.4m

展开面积：$F=0.8\times18.4m^2=12.4m^2$

(4) 阻抗复合式消声器尺寸800×500　　kg　　82.68

单重82.68kg/个

(5) 通风机　　台　　1

(6) 方形散流器120×120

单重2.34kg/个，共24个　　个　　24

(7) 矩形风管：300×150　　m^2　　4.49

周长2×(0.3＋0.15)m＝0.9m

L＝[4＋1.2－0.21(风量调节阀)]m＝4.99m

展开面积：$F=0.9\times4.99m^2=4.49m^2$

(8) 风机盘管FP－8.5共4台　FP－10.2共8台　　台　　12

小计：(4＋8)台＝12台

（9）变风量空调器 $L=20000m^3/h$　台　1

冷量 121.51KW，$H=450Pa$

功率 $N=7.5KW$

（10）单面吸风口 I 型 T212－1，200×200　个　1

单重为 4.0/kg/个

（11）出风口双层百叶 300×150　单重为 2.52kg/个　个　1

清单工程量计算见下表：

清单工程量计算表

序号	项目编码	项目名称	项目特征描述	计量单位	工程量
1	030801005001	塑料管	*DN*50PPR	m	2.5
2	030801005002	塑料管	*DN*40PPR	m	7.2
3	030801005003	塑料管	*DN*30PPR	m	14
4	030801005004	塑料管	*DN*25PPR	m	6
5	030801005005	塑料管	*DN*20PPR	m	38
6	030801002001	钢管	*DN*80	m	21.16
7	030801002002	钢管	*DN*50	m	10
8	030801002003	钢管	*DN*40	m	23.4
9	030801002004	钢管	*DN*30	m	10
10	030801002005	钢管	*DN*25	m	10.8
11	030801002006	钢管	*DN*20	m	71.8
12	030902001001	镀锌矩形风管	200×200	m^2	12.4
13	030903020001	消声器	阻抗复合式，800×500	kg	82.68
14	030901002001	通风机		台	1
15	030903007001	散流器	方形，120×120	台	1
16	030902001002	矩形风管	300×150	m^2	4.99
17	030901005001	风机盘管	FP－8.5	台	4
18	030901005002	风机盘管	FP－10.2	台	8
19	030901004001	空调器	$L=20000m^3/h$	台	1
20	030903007002	吸风口	单面，I型 T21－2－1，200×200	个	1
21	030903007003	百叶风口	双层，2.52kg/个，300×150	个	1

2. 定额工程量：

（1）*DN*50　m　2.5

① *DN*50　10m　0.25

② 管子的固定支架　100kg　0.011

根据《空调与通风工程施工质量验收规范》确定 2 个固定支架，其单重 0.55kg/个

0.55kg/个 ×2＝1.1kg

（2）*DN*40　10m　0.72

① *DN*40　m　7.2

② 风管的固定支架	100kg	0.01

根据《通风与空调工程施工质量验收规范》确定3.5m/个，共7m。7m/3.5m/个≈2个

每个的单重0.5kg/个

小计0.5kg/个×2个=1kg

（3）*DN*30	m	14
① *DN*30	10m	1.4
② 管子的固定支架	100kg	0.0225

根据《通风与空调工程施工质量验收规范》确定3m/个

共14m/3m/个=5个

制作单重0.45kg/个，小计：0.45×5kg=2.25kg

（4）*DN*25	m	6
① *DN*25	10m	0.6
② 管子的固定支架	100kg	0.004

根据《通风空调工程施工质量验收规范》确定为3m/个，共2个，其单重为0.2kg/个

小计0.4kg

（5）*DN*20	m	38
① *DN*20	10m	38
② 管子的固定支架	100kg	0.024

根据《通风空调工程施工质量验收规范》确定12个，每个的制作单重为0.2kg/个，小计12×0.2kg=2.4kg

（6）焊接钢管*DN*80	m	21.16
① 焊接钢管*DN*80	10m	2.116
② 钢管的固定支架	100kg	0.128

根据《通风空调工程施工质量验收规范》确定6m/个，共21.16m/6m/个=3.52≈4个

每个制作单重为3.2kg/个，小计3.2kg/个×4个=12.86×kg

③ 金属固定支架的除锈刷漆一遍	100kg	0.128
④ 金属固定支架刷灰调合漆二遍	100kg	0.128
⑤ 管子的刷油：		
$\pi DL = 3.14 \times 0.08 \times 21.16\text{m}^2 = 5.315\text{m}^2$	m^2	5.315
（7）焊接钢管*DN*50	m	10
① 焊接钢管*DN*50	10m	1
② 钢管的固定支架：	100kg	0.056

根据《通风与空调工程施工质量验收规范》确定2个支架，每个支架的单重为2.8kg/个

小计：2.8kg/个×2个=5.6kg

③ 金属支架的除锈刷漆一遍	100kg	0.056
④ 金属支架刷灰调合漆二遍	100kg	0.056

⑤ 管子的刷油：$\pi DL=3.14\times0.05\times10m^2=1.57m^2$	m^2	1.57
（8）*DN*40 焊接钢管：	m	23.4
① 焊接钢管 DN40	10m	2.34
② 钢管固定支架	100kg	0.075
同上 11.7/3.5≈3 个，每个制作单重为 2.5kg/个×3 个 =7.5kg		
③ 金属支架的除锈刷漆一遍	100kg	0.075
④ 金属支架刷灰调合漆二遍	100kg	0.075
⑤ 管子刷油量		
$\pi DL=3.14\times0.04\times23.4m^2=2.94m^2$	m^2	2.94
（9）*DN*30 焊接钢管	m	10
① 焊接钢管　　DN30	10m	1
② 钢管支架同上，一个单重为 2kg/个	100kg	0.02
③ 金属支架的除锈刷漆一遍	100kg	0.02
④ 刷灰调合漆二遍	100kg	0.02
⑤ 管子刷油量	m^2	0.942
$\pi KL=3.14\times0.03\times10m^2=0.942m^2$		
（10）焊接钢管 *DN*25	m	10.8
① 焊接钢管 *DN*25	10m	1.08
② 钢管支架，同上，一个单重为 1.8kg/个	100kg	0.018
③ 金属支架的除锈刷漆一遍	100kg	0.018
④ 刷灰调合漆二遍	100kg	0.018
⑤ 管子刷油量：$\pi DL=3.14\times0.025\times10.8m^2=0.8478m^2$	m^2	0.8478
（11）*DN*20	m	71.8
① 焊接钢管 *DN*20	10m	7.18
② 钢管支架（无）		
③ 管子刷油量：$\pi DL=3.14\times0.02\times71.8m^2=4.51m^2$	m^2	4.51
（12）镀锌矩形风管：200×200	m^2	12.4
① 镀锌矩形风管的制作、安装	$10m^2$	1.24
② 风管的吊支架：	100kg	0.1225

根据《通风与空调工程施工验收规范》3m/个，共 15.5 个/3≈5 个，每个单重为2.45kg/个

小计：2.45×5kg =12.25kg

③ 金属支架的除锈刷漆一遍	100kg	0.1225
④ 金属支架的刷灰调合漆二遍	100kg	0.1225
（13）矩形风管 300×150	m^2	4.49
① 矩形风管的制作、安装	$10m^2$	0.449
② 风管吊支架，同上单重为 2.63kg/个	100kg	0.0263
③ 金属支架，单重为 2.63kg/个	100kg	0.0263
④ 金属支架刷灰调合漆	100kg	0.0263

(14) 阻抗复合式消声器的制作　　100kg　　0.8268

阻抗复合式消声器的安装　　个　　1

(15) 通风机的安装　　台　　1

其中方形散流器，风机盘管，变风量空调器，双层百叶风口，单面口及风口都为成品，其工作量只有安装与清单一致。常用管道支架间距表见表 1-72。

常用管道支架间距表　　**表 1-72**

公称直径		15	20	25	32	40	50	65	80	100	125	150	200	250	300	350	400
管子外径（mm）		18	25	32	38	45	57	73	89	108	133	159	219	273	325	377	426
管子壁厚（mm）		3	3	3.5	3.5	3.5	3.5	4	4	4	4	4.5	6	8	8	9	9
支架间距（m）	不保温	2.5	3	3.5	4	4.5	5	6	6	6.5	7	8	9.5	11	12	11.5	12
	保温	1.5	2	2	2.5	3	3	4	4	4.5	5	6	7	8	8.5	10	10.5

工程预算表见表 1-73。

工程预算表　　**表 1-73**

序号	定额编号	项目名称	计量单位	工程量	基价（元）	人工费（元）	材料费（元）	机械费（元）
1		凝结管 PPR 管	m	67.7				
	6-278	*DN*50	10m	0.25	39.60	26.73	2.79	10.08
	6-277	*DN*40	10m	0.72	28.12	19.76	1.83	6.53
	6-275	*DN*30	10m	1.4	17.70	13.03	0.55	4.12
	6-275	*DN*25	10m	0.6	17.70	13.03	0.55	4.12
	6-274	*DN*20	10m	3.8	15.62	11.91	0.47	3.24
2		焊接钢管	m	14.716				
	8-105	*DN*80	10m	2.116	122.03	67.34	50.80	3.89
	8-103	*DN*50	10m	1	101.55	62.23	36.06	3.26
	8-102	*DN*40	10m	2.34	93.39	60.84	31.16	1.39
	8-101	*DN*30	10m	1	87.41	51.08	35.30	1.03
	8-100	*DN*25	10m	1.08	81.37	51.08	29.26	1.03
	8-99	*DN*20	10m	7.18	63.11	42.49	20.62	—
3		镀锌矩形风管	m^2	16.89				
	9-5	200×200	$10m^2$	1.24	441.65	211.77	196.98	32.90
	9-6	300×150	$10m^2$	0.449	387.05	154.18	213.52	19.35
4		阻抗复合式消声器制作安装	kg	82.68				
	9-200	阻抗复合式消声器制作	100kg	0.8268	915.33	332.80	573.35	9.18
	9-200	阻抗复合式消声器安装	个	1	44.70	32.91	11.70	0.09
5		通风机安装	台	1				
	9-216	离心式通风机安装	台	1	34.15	19.74	14.41	—
6		金属支架制作安装	kg	51.73				
	9-270	吊托支架制作安装	100kg	0.5173	975.57	183.44	776.36	15.77

续表

序号	定额编号	项目名称	计量单位	工程量	基价（元）	人工费（元）	材料费（元）	机械费（元）
7		金属支架除锈	kg	44.58				
	11－7	手工除锈	100kg	0.4458	17.35	7.89	2.50	6.96
8		金属支架刷漆一遍	kg	44.58				
	11－121	金属结构刷油	100kg	0.4458	13.05	5.34	0.75	6.96
9		金属支架刷灰调合漆二遍	kg	44.58				
	11－126	刷调合漆第一遍	100kg	0.4458	12.33	5.11	0.26	6.96
	11－127	刷调合漆第二遍	100kg	0.4458	12.30	5.11	0.23	6.96
10		管子刷油	m^2	16.12				
	11－51	刷红丹防锈漆第一遍	$10m^2$	1.162	7.34	6.27	1.07	—
	11－52	刷红丹防锈漆第二遍	$10m^2$	1.162	7.23	6.27	0.96	—

【例 1-117】

（一）工程概况

本系统是采用一次回风全空气系统，在空调机组的出口装有消音静压箱一个，尺寸 2400×1200×1000，帆布软接管 2200×800×300，防火阀长度为 300mm；新风口采用的是单层百叶 1400×600，回风口采用是单层百叶 1400×600，本系统采用的是侧送下回的气流组织方案。送风口为双层百叶风口（带调节阀）900×300，如图 1-148 所示。

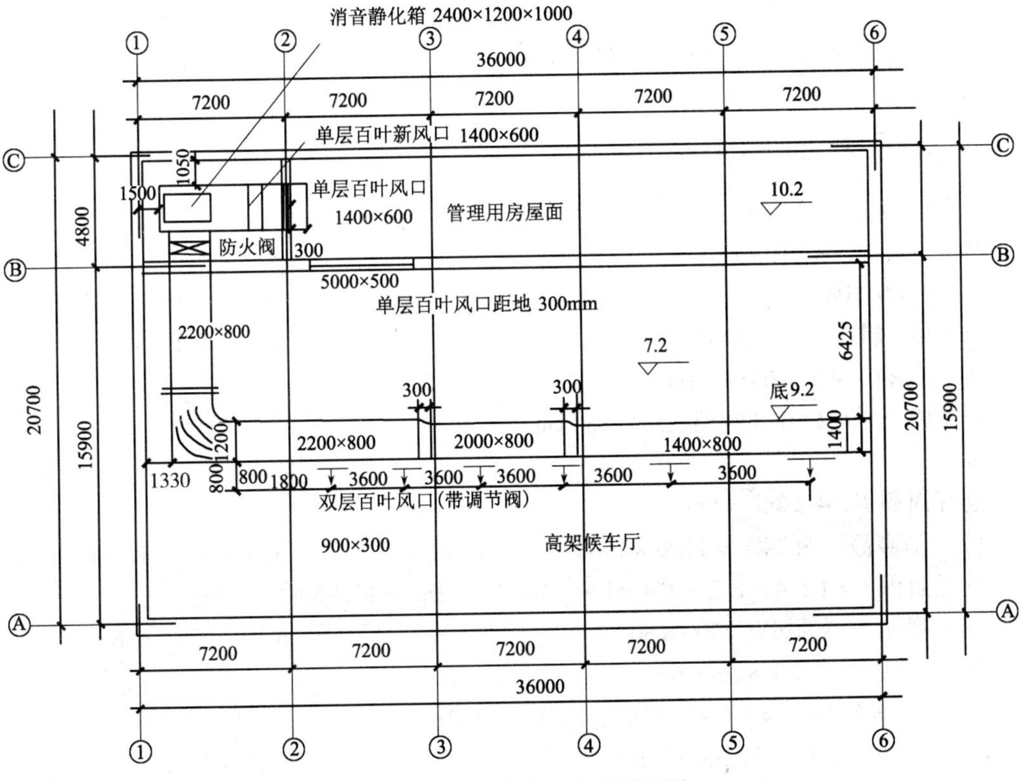

图 1-148　高架候车厅空调平面图

（二）工程量：

（1）镀锌矩形风管 1400×800　　m^2　　63.36

周长 $2\times(1.4+0.8)m=4.4m$

$l=(7.2+7.2)m$

$=14.4m$

展开面积 $F=4.4\times14.4m^2=63.36m^2$

（2）镀锌矩形风管 2000×800　　m^2　　38.64

周长 $2\times(2+0.8)m=5.6m$

$l=[7.2-0.3$(变径风管)$]m=6.9m$

展开面积 $F=5.6\times6.9m^2=38.64m^2$

（3）镀锌矩形风管 2200×800　　m^2　　122.07

水平段长：$(7.2+7.2-1.33-1.1-0.3)m=11.67m$

竖直段长：$[(4.8-1.050-1.5-0.3$(防火阀)$+6.425+1.4-1.1)]m$

$=8.675m$

小计：$(11.67+8.675)m=20.345m$

展开面积 $F=2\times(2.2+0.8)\times20.345m^2=122.07m^2$

（4）变径风管　　m^2　　3.24

周长 $[(2+0.8+1.4+0.8)+(2.2+0.8+2+0.8)]m$

$=10.8m$

$l=0.3m$

展开面积 $F=10.8\times0.3m^2=3.24m^2$

（5）导流叶片：　　m^2　　6.908

$l=\gamma\theta=\frac{\pi}{2}\times2.2m=3.45m$

叶片宽度为 $b=0.5m$　n 为叶片的片数

$lb\cdot n=3.45\times0.5\times4m^2$

$=6.908m^2$

（6）新风管：1400×600　　m^2　　8

周长 $2\times(1.4+0.6)m=4m$

$l=[10.2-7.2-1$（空调机组的高）$]m$

$=2m$

展开面积 $F=4\times2m^2=8m^2$

（7）消声静压箱 2400×1200×1000　　m^2　　12.96

展开面积 $F=(2.4\times1.2+2.4\times1+1.2\times1)\times2m^2=12.96m^2$

（8）风机出口的风管 2200×800　　m^2　　6.6

周长：$2\times(2.2+0.8)m=6m$

$l=9.2+0.4-1-0.3$(帆布软管)$-7.2m$

$=6.3+2-7.2m=1.1m$

展开面积 $F=6\times1.1m^2=6.6m^2$

（9）帆布软接管 2200×800×300　　m^2　　1.8

周长：$2\times(2.2+0.8)m=6m$

$l=0.3m$

展开面积为：$6\times0.3m^2=1.8m^2$

（10）风管的吊装支架：

根据《通风与空调工程施工验收规范》：

① 风管水平安装，直径或上边尺寸不大于 400mm，间距不应大于 4m；大于 400mm，间距不应大于 3m。螺旋风管的支吊架间距可分别延长至 5m 和 3.75m；对于薄钢板法兰的风管，其支、吊架等间距不应大于 3m。

② 风管垂直安装，按间距不应大于 4m，单根直管，至少应有 2 个固定点。

③ 风管支、吊架宜按国标图集与规范选用强度和刚度相适应的形式和规格。对于直径或边长大于 250mm 的超宽、超重等特殊风管的支、吊架应按设计规定。

（11）镀锌矩形风管 1400×800 吊支架　　kg　　22.5

根据规范：$l=14.4m$，确定 5 个吊支架，其每个支架根据国标图集制作其单重为 4.5kg/个。

小计：4.5kg/个×5 个=22.5kg

（12）镀锌矩形风管 2000×800 吊支架　　kg　　14.55

根据规范可得 $l=6.9m$

确定 3 个吊支架，每个支架的单重为 4.85kg/个

小计：4.85kg/个×3 个=14.55kg

（13）镀锌矩形风管 2200×800　　kg　　34.86

根据规范可知：确定 7 个，水平 4 个，竖直 3 个，斜制作单重为 4.98kg/个。

小计：4.98kg/个×7 个=34.86kg

（14）金属吊支架的除锈刷漆一遍　　kg　　71.91

$(22.5+14.55+34.86)kg=71.91kg$

（15）金属吊支架刷灰调合漆二遍　　kg　　71.91

（16）风管的刷油量：（内外壁均刷）　　m^2　　$260.22\times2=520.44$

$(63.36+38.64+122.07+3.24+6.9+8+12.96+6.6+1.8)m^2=263.57m^2$

（17）70℃防火阀　　个　　1

（18）双层百叶风口（带调节阀）：900×300　　个　　1

（19）单层百叶风口：500×500　　个　　1

（20）单层百叶新风口：1400×600　　个　　1

（21）单层百叶通风口：1400×600　　个　　1

清单工程量计算见下表：

清单工程量计算表

序号	项目编码	项目名称	项目特征描述	计量单位	工程量
1	030902001001	镀锌矩形风管	1400×800	m^2	63.36
2	030902001002	镀锌矩形风管	2000×800	m^2	38.64

序号	项目编码	项目名称	项目特征描述	计量单位	工程量
3	030902001003	镀锌矩形风管	2200×800	m^2	122.07
4	030902001004	变径风管	2000×800与1400×800,2200×800与2000×800	m^2	3.24
5	030902002001	新风管	1400×600	m^2	8
6	030903021001	静压箱	2400×1200×1000，消音	m^2	12.96
7	030902001005	风管	2200×800	m^2	6.6
8	030902008001	软接管	2200×800×300	m	0.3
9	030903001001	防火阀	70℃	个	1
10	030903007001	百叶风口	双层，900×300	个	1
11	030903007002	百叶风口	单层，500×500	个	1
12	030903007003	百叶新风口	单层，1400×600	个	1
13	030903007004	百叶通风口	单层，1400×600	个	1

工程预算表见表1-74。

工程预算表 **表1-74**

序号	定额编号	项目名称	计量单位	工程量	基价（元）	人工费（元）	材料费（元）	机械费（元）
1		镀锌矩形风管	m^2	226.47				
	9-8	1400×800	$10m^2$	6.336	341.15	140.71	191.90	8.54
	9-8	2000×800	$10m^2$	3.864	341.15	140.71	191.90	8.54
	9-8	2200×800	$10m^2$	12.207	341.15	140.71	191.90	8.54
2		变径风管	m^2	1.5				
	9-8	变径风管安装	$10m^2$	0.15	341.15	140.71	191.90	8.54
3		导流叶片	m^2	6.908				
	9-40	弯头导流叶片	m^2	6.908	79.94	36.69	43.25	—
4		新风管1400×600	m^2	8				
	9-7	新风管安装	$10m^2$	0.8	295.54	115.87	167.99	11.68
5		消音静压箱2400×1200×1000	m^2	12.96				
	9-252	静压箱的制作安装	$10m^2$	1.296	468.34	283.28	166.14	18.92
6		风机出口的风管2200×800	m^2	6.6				
	9-8	风机出口风管的制作安装	$10m^2$	0.66	341.15	140.71	191.90	8.54
7		帆布软接管220×800×300	m^2	1.8				
	9-41	软管接口	m^2	1.8	171.45	47.83	121.74	1.88
8		金属支架制作安装	kg	71.91				

续表

序号	定额编号	项目名称	计量单位	工程量	基价（元）	人工费（元）	材料费（元）	机械费（元）
8	9－270	吊托支架制作安装	100kg	7.191	975.57	183.44	776.36	15.77
9		金属支架除锈	kg	71.91				
	11－7	手工除锈	100kg	7.191	17.35	7.89	2.50	6.96
10		金属支架刷漆一遍	kg	71.91				
	11－121	带锈底漆一遍	100kg	7.191	13.05	5.34	0.75	6.96
11		金属支架刷灰调合漆二遍	kg	71.91				
	11－126	调合漆第一遍	100kg	7.191	12.33	5.11	0.26	6.96
	11－127	调合漆第二遍	100kg	7.191	12.30	5.11	0.23	6.96
12		风管刷油	m^2	412.44				
	11－51	刷红丹防锈漆第一遍	$10m^2$	41.244	7.34	6.27	1.07	—
	11－52	刷红丹防锈漆第二遍	$10m^2$	41.244	7.23	6.27	0.96	—
13		70℃防火阀	个	1				
	9－91	风管防火阀安装	个	1	98.55	63.16	35.39	—
14		双层百叶风口 900×300	个	1				
	9－136	百叶风口安装	个	1	21.99	15.79	5.98	0.22
15		单层百叶风口 500×500	个	1				
	9－136	百叶风口安装	个	1	21.99	15.79	5.98	0.22
16		单层百叶新风口 1400×600	个	1				
	9－137	百叶风口安装	个	1	28.53	20.43	7.88	0.22
17		单层百叶通风口 1400×600	个	1				
	9－137	百叶风口安装	个	1	28.53	20.43	7.88	0.22
18		变径风管	m^2	1.74				
	9－8	变径风管安装	$10m^2$	0.174	34.15	140.71	191.90	8.54

【例 1-118】

一、工程概论：

此系统是风机盘管系统，无新风、室内通风换气次数，卫生间，10 次/h，风机盘管凝水集中排放就近卫生间地漏，且凝水管采用的是 PPR，其他水管采用的是焊接钢管。如图 1-149、1-150 所示。管道支架间距均按照国家标准《通风与空调工程施工质量验收规范》(GB 50243—2002)

二、工程量：

（一）凝水管 PPR（图 1-151）

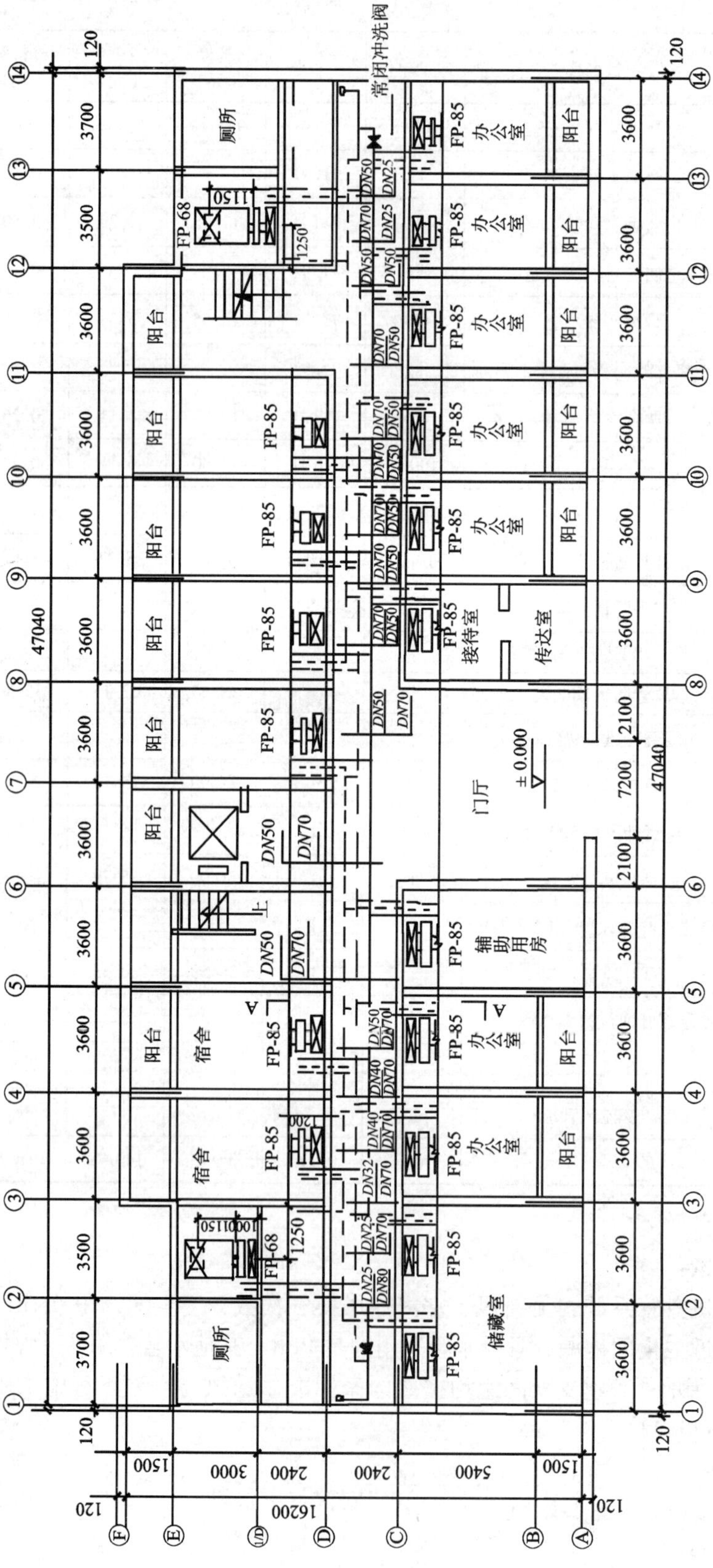

图 1-149　一层空调平面 1：250

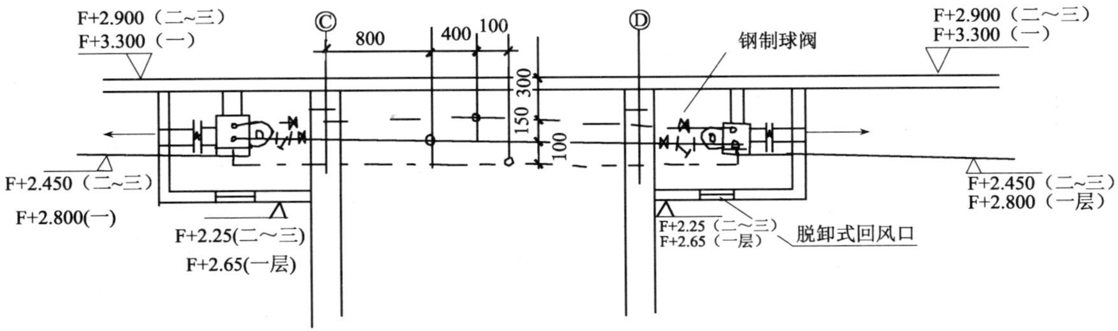

A—A 剖面1：25

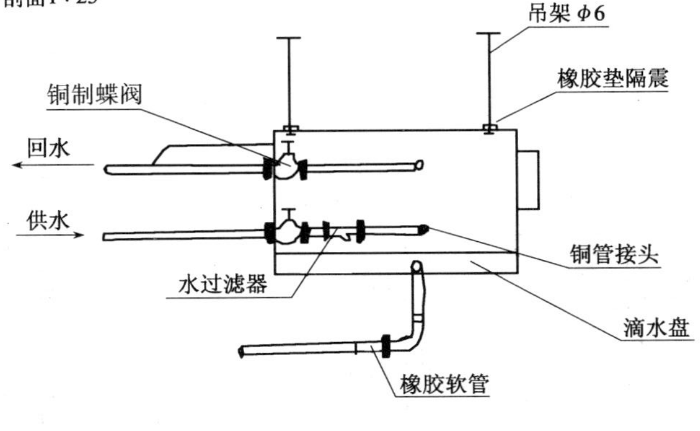

风机盘管安装图

风机盘管统计表

型号	回风口	供回水管	凝结水管
FP-51	800×400	*DN*20	*DN*20
FP-68	1000×400	*DN*25	*DN*20
FP-85	1200×400	*DN*25	*DN*20

图 1-150 供回水示意图

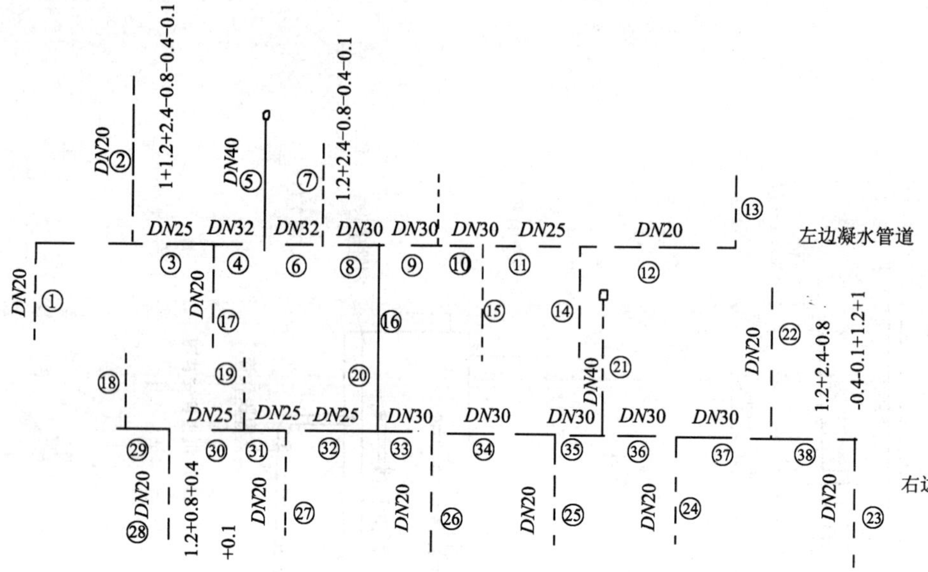

图 1-151 凝水管示意图

	单位	数量
(1) DN20PPR	m	56.3

② $l=(1+1.2+2.4-0.8-0.4-0.1)\text{m}=3.3\text{m}$

㉒ $l=(1+1.2+2.4-0.8-0.4-0.1+1.2)\text{m}=4.5\text{m}$

① $l=(1.2+0.8+0.4+0.1)\text{m}=2.5\text{m}$

小计：$l_{总}=2.5\times11\text{m}=27.5\text{m}$

⑦ $l=(1.2+2.4-0.8-0.4-0.1)\text{m}=2.3\text{m}$

小计：$l\times6=2.3\times6\text{m}=13.8\text{m}$

总计：$(13.8+27.5+7.2-1.8+3.6-1.8+3.3+4.5)\text{m}=52.1\text{m}$

(2) *DN*25PPR　　m　　10.8

$l=$③+⑪+㉚+㉛+㉜

③ $=\frac{3.5+3.7}{4}\text{m}=1.8\text{m}$

⑪ $l=3.6\text{m}$

㉚=㉛=㉜ $=1.8\text{m}$

小计：$(3.6+1.8\times3+1.8)\text{m}=10.8\text{m}$

(3) *DN*30PPR　　m　　14.4

⑩+⑨+⑧+㉝+㉞+㉟+㊱+㊲

$=(1.8\times3+1.8+3.6\times2)\text{m}=14.4\text{m}$

(4) *DN*32PPR　　m　　3.6

$l=$④+⑥ $=3.6\text{m}$

(5) *DN*40　　m　　6.4

$l=$⑤+㉑ $=[2.4-0.8-0.4-0.1+2.4-0.3$(地漏离墙的距离)$]\times2\text{m}=6.4\text{m}$

（二）供回水管：（焊接钢管）

(1) DN20　　m　　2×(5+4.6)=9.6×2=19.2

供水管：$l=(1+2.4+2.4-0.8)\mathrm{m}=5\mathrm{m}$

回水管：$l=(1+2.4+2.4-0.8-0.4)\mathrm{m}=4.6\mathrm{m}$

(2) DN25　　m　　86.8

供水管：$(1.2+2.4-0.8)\mathrm{m}=2.8\mathrm{m}$

回水管：$(1.2+2.4-0.8-0.4)\mathrm{m}=2.4\mathrm{m}$

总计：$[\underbrace{(2.8+2.4)\times6}_{\text{北边}}+\underbrace{(1.2+0.8+1.2+1.2)}_{\text{南边}}\times11+\underbrace{3.6\times2}_{\text{水平}}]=86.8\mathrm{m}$

(3) DN32　　m　　3.6

供、回水管：$l=(1.8+1.8)\mathrm{m}=3.6\mathrm{m}$

(4) DN40　　m　　9

供水管：$l=(3.6+1.8)\mathrm{m}=5.4\mathrm{m}$

回水管：$l=3.6$

小计：$(3.6+3.6+1.8)\mathrm{m}=9\mathrm{m}$

(5) DN50　　m　　9

供水管：$(1.8+1.8)\mathrm{m}=3.6\mathrm{m}$

回水管：$(3.6+1.8)\mathrm{m}=5.4\mathrm{m}$

小计：$(3.6+5.4)\mathrm{m}=9\mathrm{m}$

(6) DN70　　m　　54

供水管：$3.6\times9\mathrm{m}=32.4\mathrm{m}$

回水管：$3.6\times6\mathrm{m}=21.6\mathrm{m}$

小计：$(32.4+21.6)\mathrm{m}=54\mathrm{m}$

(7) DN80　　m　　9.5

供水管：5.0m

回水管：4.5m

小计：$(5+4.5)\mathrm{m}=9.5\mathrm{m}$

管子的吊支架：

根据《通风与空调工程施工质量验收规范》规定管子吊支架之间的间距应该满足如下要求（见表1-75）。

钢管道支、吊架的最大间距　　**表1-75**

公称直径（mm）		15	20	25	32	40	50	70	80	100	125	150	200	250	300
支架的最大间距（m）	L_1	1.5	2.0	2.5	2.5	3.0	3.5	4.0	5.0	5.0	5.5	6.5	7.5	8.5	9.5
	L_2	2.5	3.0	3.5	4.0	4.5	5.0	6.0	6.5	6.5	7.5	7.5	9.0	9.5	10.5
	对于大于300mm的管道可参考300mm管道														

注：1. 适用于工作压力不大于2.0MPa，不保温或保温材料密度不大于200kg/m的管道系统；
2. L_1 用于保温管道，L_2 用于不保温管道。

凝水管道的吊支架：所有凝水吊支架均采用塑料制作，且凝水管的材料为PPR，根据国家标准图集的吊支架制作：

① *DN*20 的吊支架：	kg	10.8
l=56.3m，根据规范确定		
2.5m/个，共24个		
每个吊支架的单重为0.45kg		
小计：0.45×24kg=10.8kg		
② *DN*25，根据规范规定：	kg	2.5
2.5m/个×l=10.8m		
共：(10.8/2.5)个≈5个		
每个单重0.5kg		
小计：0.5×5kg=2.5kg		
③ *DN*30 根据规范确定	kg	3.12
2.5m/个		
l=14.4m,确定(14.4/2.5)个≈6个		
每个单重为0.52kg		
小计：0.52×6kg=3.12kg		
④ *DN*32	kg	1.1
l=3.6m，确定2个吊支架		
单重为0.55×2kg=1.1kg		
⑤ *DN*40，确定3m/个	kg	1.2
l=6.4m		
可知确定2个吊支架，每个单重为0.6kg		
小计：0.6×2kg=1.2kg		
焊接钢管：		
⑥ *DN*20	kg	20.5
根据规范，2m/个		
l=21.2m，确定：10个		
每个吊支架的制作单重为2.05kg		
小计：2.05×10kg=20.5kg		
⑦ *DN*25	kg	75.25
根据规范：2.5m/个		
(86.8/2.5)个≈35个		
每个制作单重为2.15kg		
小计：35×2.15kg=75.25kg		
⑧ *DN*32	kg	4.4
根据规范确定2.5m/个		
(3.6/2.5)个≈2个		
每个制作单重为2.2kg		

小计：$2.2\times 2\text{kg}=4.4\text{kg}$

⑨ $DN40$	kg	7.5

根据《通风与空调工程施工质量验收规范》可知，确定 3.0m/个

（9/3）个 =3 个

按照国家标准图集中的吊支架，每个制作单重为 2.5kg/个

小计：2.5kg/个 ×3 个 =7.5kg

⑩ $DN50$	kg	7.95

根据规范可知：3m/个

（9/3）个 =3 个

每个根据国家标准图制作单重为 2.65kg/个

小计：$2.65\times 3\text{kg}=7.95\text{kg}$

⑪ $DN70$	kg	41.25

根据规范可知：确定 3.5m/个

$l=54\text{m}$　（54/3.5）个≈15 个

每个制作单重为 2.75kg

$15\times 2.75\text{kg}=41.25\text{kg}$

⑫ $DN80$	kg	5.8

根据规范 4.5m/个

$l=9.5\text{m}$，确定为 2 个

每个制作单重 2.9kg/个

$2.9\times 2\text{kg}=5.8\text{kg}$

⑬ 金属支架除锈刷漆一遍	kg	181.37

$(5.8+41.25+7.95+7.5+4.4+75.25+20.5+1.2+1.1+3.12+2.5+10.8)\text{kg}=181.37\text{kg}$

⑭ 金属支架刷灰调合漆二遍	kg	181.37
⑮ 焊接钢管的刷油量：	m^2	25.2

$$\pi 0.02\times 19.2+\pi\times 0.025\times 86.8+\pi\times 0.032\times 3.6+\pi\times 0.04\times 9+\pi\times 0.05\times 9+\pi\times 0.07\times 54+\pi\times 0.08\times 9.5\text{m}^2$$

$$=(1.21+6.81+0.36+1.13+1.413+11.87+2.386)\text{m}^2$$

$$=25.179\text{m}^2$$

说明：《全国统一安装工程预算定额》第八册“给水排水，采暖、燃气工程”，说明指出：管道直径 $DN32$mm 以内的支架已包括在管道安装定额内，不能重复计算，管径在 $DN32$mm 以上的管道支架，应分别列项计算。

⑯ 常闭冲洗阀	个	2

说明是成品，仅有安装。

⑰ 风机盘管FP－68　2 个	个	19
FP－85　17 个		

小计：（17 +2）个 =19 个

⑱ 铜制蝶阀　　个　　38

（19×2）个=38个

⑲ 水过滤器　　个　　19

⑳ 橡胶软管：　　m　　5.7

每个风机盘管0.3m

19×0.3m=5.7m

㉑脱卸式回风口1200×400　17个　　个　　19

脱卸式回风口1100×400　2个

㉒双层面叶送风口1200×400　17个　　个　　19

双层面叶送风口1000×400　2个

清单工程量计算见下表：

清单工程量计算表

序号	项目编码	项目名称	项目特征描述	计量单位	工程量
1	030801005001	塑料管	*DN*20PPR	m	56.3
2	030801005002	塑料管	*DN*25PPR	m	10.8
3	030801005003	塑料管	*DN*30PPR	m	14.4
4	030801005004	塑料管	*DN*32PPR	m	3.6
5	030801002001	钢管	焊接，*DN*20	m	19.2
6	030801002002	钢管	焊接，*DN*25	m	86.8
7	030801002003	钢管	焊接，*DN*32	m	3.6
8	030801002004	钢管	焊接，*DN*40	m	9
9	030801002005	钢管	焊接，*DN*50	m	9
10	030801002006	钢管	焊接，*DN*70	m	54
11	030801002007	钢管	焊接，*DN*80	m	9.5
12	030802001001	支架	吊支架	kg	180.92
13	030803001001	冲洗阀	常闭式	个	2
14	030901005001	风机盘管	FP-68	个	2
15	030901005002	风机盘管	FP-85	个	2
16	030903001001	蝶阀	铜制	个	38
17	030901008001	水过滤器		个	19
18	030902008001	软管	橡胶	m	5.7
19	030903009001	回风口	脱卸式，1200×400	个	17
20	030903009002	回风口	脱卸式，1100×400	个	2
21	030903009003	送风口	双层，1200×400	个	17
22	030903009004	送风口	双层，1000×400	个	2

【例 1-119】

（一）工程概况：

此系统是全空气系统一次回风，采用的是散流管下送顶回的气流组织方式，空气处理机组是采用吊装的，减小了机组的占地空间，散流器采用的全部是方形散流器 200×200，回风口采用的是双层百叶加回风口 200×150，新风口采用的是双层百叶新风口，风管调节阀装在新风口端长约 200mm，帆布软风管 600×300 接在风机出口尺寸为 600×300，长度为 300mm；阻抗或复合式消声器 800×500，单重为 82.68kg/个，70℃ 防火阀长约 300mm，装在风机出口的总风管上，如图 1-152 所示。

（二）工程量：

（1）镀锌矩形风管：320×200　　m^2　　81.12

周长：$2\times(0.32+0.2)\text{m}=1.04\text{m}$

$l=(7.5-0.5-0.5)\text{m}=6.5\text{m}$

总计：$6.5\times12\text{m}=78\text{m}$

工程量：$1.04\times78\text{m}^2=81.12\text{m}^2$

（2）镀锌矩形风管：400×200　　m^2　　56.4

$l=(2.25+3+1.5+5)\times4\text{m}=47\text{m}$

周长：$2\times(0.4+0.2)\text{m}=1.2\text{m}$

工程量：$F=1.2\times47\text{m}^2=56.4\text{m}^2$

（3）镀锌矩形风管：400×300　　m^2　　26.25

周长 $2\times(0.4+0.3)\text{m}=1.4\text{m}$

$$l=\left(\frac{7.5}{2}+7.5+7.5\right)\text{m}=18.75\text{m}$$

工程量：$F=18.75\times1.4\text{m}^2=26.25\text{m}^2$

（4）镀锌矩形风管：600×300　　m^2　　35.1

周长：$2\times(0.6+0.3)\text{m}=1.8\text{m}$

$l=[7.5+7.5+3$（竖直段）$+7.5-0.8$（新风管）-3.6（吊顶空调机组长）$-$
0.3（帆布接口）-1.0（阻抗复合式消声器）$-0.3]\text{m}$
$=19.5\text{m}$

工程量：$F=1.8\times19.5\text{m}^2=35.1\text{m}^2$

（5）散流器（方形直片）200×200　　个　　24

单重为 3.91kg/个

（6）镀锌矩形回风管：200×200　　m^2　　11.6

周长：$2\times(0.2+0.2)\text{m}=0.8\text{m}$

$l=(7.5+7.5-0.5)\text{m}=14.5\text{m}$

工程量：$F=14.5\times0.8\text{m}^2=11.6\text{m}^2$

（7）镀锌矩形风管：300×300　　m^2　　36.94

周长：$2\times(0.3+0.3)\text{m}=1.2\text{m}$

$$l=(\underbrace{7.5\times3+7.5-1}_{\text{水平段}}+\underbrace{1.8}_{\text{竖直段}})\text{m}=30.8\text{m}$$

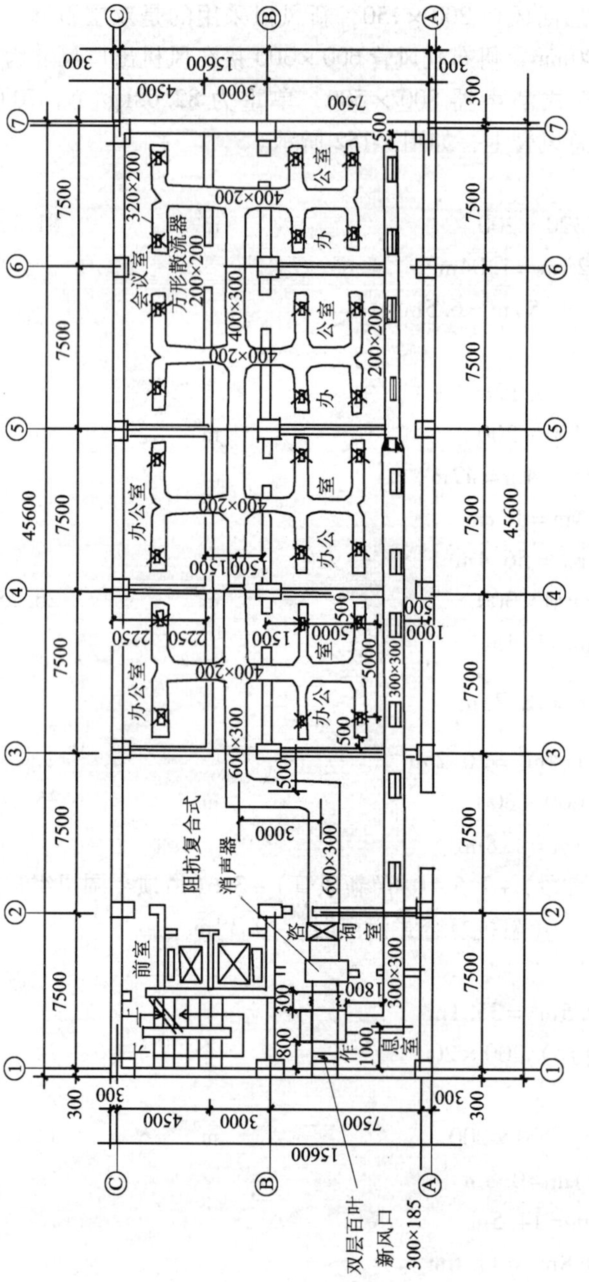

图 1-152　某办公大楼空调平面图 1：350

工程量：$F=30.8\times1.2m^2=36.94m^2$

（8）双层百叶回风口：200×150	个	10
单重为1.73kg/个		
（9）双层百叶新风口：300×185	个	1
单重为1.73kg/个		
（10）风量调节阀	个	1
（11）吊顶空调机组	台	1
（12）阻抗复合式消声器：800×500	个	1
（13）70℃防火阀	个	1
（14）帆布软接管：600×300	m^2	0.54

周长：$2\times(0.6+0.3)m=1.8m$

$l=0.3m$

工程量：$F=1.8\times0.3m^2=0.54m^2$

风管的吊支架：

《通风及空调工程施工质量验收规范》中规定：

① 风管水平安装，直径或上边尺寸不大于400mm，间距不应大于4m；大于400mm，间距不应大于3m。螺旋风管的支、吊架间距可分别延长至5m和3.75m；对于薄钢板法兰的风管，其支、吊架间距不应大于3m。

② 风管垂直安装，间距不应大于4m，单根直管至少应有2个固定点。

③ 风管支、吊架宜按国际图集与规范选用强度和刚度相适应的形式和规格。对于直径或边长大于2500mm的超宽、超重等特殊风管的支吊架，应按设计规定。

④ 支、吊架不宜设置在风口、阀门、检查门及自控机构处，离风口或插接管的距离不应小于200mm。

⑤ 当水平悬吊的主干风管，风管长度超过200m，应设置防止摆动的固定点每个系统不应少于1个。

（15）镀锌风管320×200的吊支架	kg	49.2

根据规范确定24个

每个单重2.05kg/个

小计：24×2.05kg=49.2kg

（16）镀锌矩形风管400×200的吊支架	kg	26.4

根据规范确定12个

每个单重为2.20kg/个

小计：2.20×12kg=26.4kg

（17）镀锌矩形风管400×300的吊支架	kg	14.7

根据规范确定3m/个

$l=18.75m$，18.75/3个≈6个

其制作单重为2.45kg/个

小计：2.45kg/个×6个=14.7kg

(18) 镀锌矩形风管600×300的吊支架 kg 21

根据规范确定为3m/个

(19.5/3)个≈7个

其制作单重为3kg/个

小计：3×7kg=21kg

(19) 镀锌矩形回风管200×200的吊支架 kg 9.25

根据规范确定3m/个

(14.5/3)个≈5个

其制作单重为1.85kg/个

小计：1.85×5kg=9.25kg

(20) 镀锌矩形风管300×300的吊支架 kg 23

根据规范确定3m/个

(30.2/3)个≈10个

其制作单重为2.3kg/个

小计：2.3kg/个×10个=23kg

说明：其镀锌矩形回风管300×300

l=30.2m>20m

需设2个防止摆动的固定点。

(21) 金属支架防锈刷漆一遍： kg 143.55

(23+9.25+21+14.7+26.4+49.2)kg=143.55kg

(22) 金属支架刷灰调合漆二遍 kg 143.55

(23) 风管的刷油量： m^2 234.77

(81.12+43.2+26.25+35.1+11.6+36.94+0.54)m^2=234.77m^2

(24) 吊顶空气处理机组的吊支架 kg 4.832

吊支架井槽钢6.04kg/m

吊顶空气处理机组

l=[3.6（屋顶标高）-2.8（机组标高)]m=0.8m

小计：6.04kg/m×0.8m=4.832kg

(25) 阻抗复合式消声器吊支架 kg 6.644

槽钢6.04kg/m

l=[3.6(屋顶标高)-2.5(消声器的顶标高)]m=1.1m

小计：6.04kg/m×1.1m=6.644kg

(26) 金属支架防锈刷漆一遍 kg 11.476

(6.644+4.832)kg=11.4761kg

(27) 金属支架刷灰调合漆二遍 kg 11.476

清单工程量计算见下表：

清单工程量计算表

序号	项目编码	项目名称	项目特征描述	计量单位	工程量
1	030902001001	镀锌矩形风管	320×200	m^2	81.12
2	030902001002	镀锌矩形风管	400×200	m^2	56.4
3	030902001003	镀锌矩形风管	400×300	m^2	26.25
4	030902001004	镀锌矩形风管	600×300	m^2	35.1
5	030902001005	镀锌矩形风管	300×300	m^2	36.94
6	030903007001	散流器	方形直片，200×200	个	24
7	030902001006	镀锌矩形回风管	200×200	m^2	11.6
8	030903007002	百叶新风口	双层，200×150	个	10
9	030903007003	百叶新风口	双层，300×185	个	1
10	030903001001	调节阀	长200mm	个	1
11	030901005001	空调机组	吊顶式	台	1
12	030903020001	消声器	阻抗复合式，800×500	kg	82.68
13	030903001002	防火阀	70℃，82.68kg/个	个	1
14	030902008001	软接管	600×300	m	0.3

工程预算表见表1-76。

工程预算表 **表1-76**

序号	定额编号	项目名称	计量单位	工程量	基价（元）	其中（元）		
						人工费	材料费	机械费
1		镀锌矩形风管，320×200	m^2	81.12				
	9-6	镀锌矩形风管的制作安装	$10m^2$	8.112	387.05	154.18	213.52	19.35
	9-270	风管的吊支架	100kg	0.492	975.57	183.44	776.36	15.77
2		镀锌矩形风管，400×200	m^2	56.4				
	9-6	镀锌矩形风管的制作安装	$10m^2$	5.64	387.05	154.18	213.52	19.35
	9-270	风管的吊支架	100kg	0.264	975.57	183.44	776.36	15.77
3		镀锌矩形风管，400×300	m^2	26.25				
	9-6	镀锌矩形风管的制作安装	$10m^2$	2.625	387.05	154.18	213.52	19.35
	9-270	风管的吊支架	100kg	0.147	975.57	183.44	776.36	15.77
4		镀锌矩形风管，600×300	m^2	35.1				
	9-6	镀锌矩形风管的制作安装	$10m^2$	3.51	387.05	154.18	213.52	19.35
	9-270	风管的吊支架	100kg	0.21	975.57	183.44	776.36	15.77
5		镀锌矩形回风管，200×200	m^2	11.6				
	9-5	镀锌矩形回风管的制作安装	$10m^2$	1.16	441.65	211.77	196.98	32.90
	9-270	风管的吊支架	100kg	0.0925	975.57	183.44	776.36	15.77
6		镀锌矩形风管，300×300	m^2	36.94				
	9-6	镀锌矩形风管的制作安装	$10m^2$	3.694	387.05	154.10	213.52	19.35
	9-270	风管的吊支架	100kg	0.23	975.57	183.44	776.36	15.77

续表

序号	定额编号	项目名称	计量单位	工程量	基价（元）	其中（元）		
						人工费	材料费	机械费
7		散流器(方形直片)，200×200	个	24				
	9-112	散流器的制作	100kg	0.9384	2022.96	1155.66	551.57	315.73
	9-146	散流器的安装	个	24	5.57	4.64	0.93	—
8		双层百叶回风口	个	10				
	9-96	双层百叶回风口的制作	100kg	0.173	1727.72	1201.63	507.30	18.79
	9-133	双层百叶回风口的安装	个	10	6.87	4.18	2.47	0.22
9		双层百叶新风口，300×185	个	1				
	9-96	双层百叶新风口的制作	100kg	0.0173	1727.72	1201.63	507.30	18.79
	9-134	双层百叶新风口的安装	个	1	8.64	5.34	3.08	0.22
10	9-72	风量调节阀	个	1	7.32	4.88	2.22	0.22
11		吊顶空调机组	台	1				
	9-211	吊顶空调机组的吊支架	100kg	0.0482	523.29	159.75	348.27	15.27
12		阻抗复合式消声器，800×500	个	1				
	9-200	阻抗复合式消声器的制作安装	100kg		960.03	365.71	585.05	9.27
	9-211	阻抗复合式消声器的吊支架	100kg	0.06644	523.29	159.75	348.27	15.27
13	11-119	金属支架防锈刷漆一遍	100kg	1.4355	13.11	5.34	0.81	6.96
14	11-126	金属支架刷灰调合漆一遍	100kg	1.4355	12.33	5.11	0.26	6.96
15	11-127	金属支架刷灰调合漆二遍	100kg	1.4355	12.30	5.11	0.23	6.96
16	11-51	风管的刷油量	$10m^2$	23.477	7.34	6.27	1.01	—
17	11-119	金属支架防锈刷漆一遍	100kg	0.11476	13.11	5.34	0.81	6.96
18	11-126	金属支架刷灰调合漆一遍	100kg	0.11476	12.33	5.11	0.26	6.96
19	11-127	金属支架刷灰调合漆二遍	100kg	0.11476	12.30	5.11	0.23	6.96

【例 1-120】

（一）工程概况：

此系统大堂采用的是全空气系统，一次回风，其他房间采用新风+风机盘管形式，由于此工程的特殊性，有些房间设计机械排风排除有害粉尘，排风经过中效过滤器过滤后排出，通风、空调系统的风管在穿出机房处安装防火阀。排风管穿入竖井时设置70℃温感关闭的防火阀。排烟支管及排烟风机吸入口处设有280℃温感关闭的排烟防火阀。采用散流器上送、上回风形式。如图 1-153 所示。

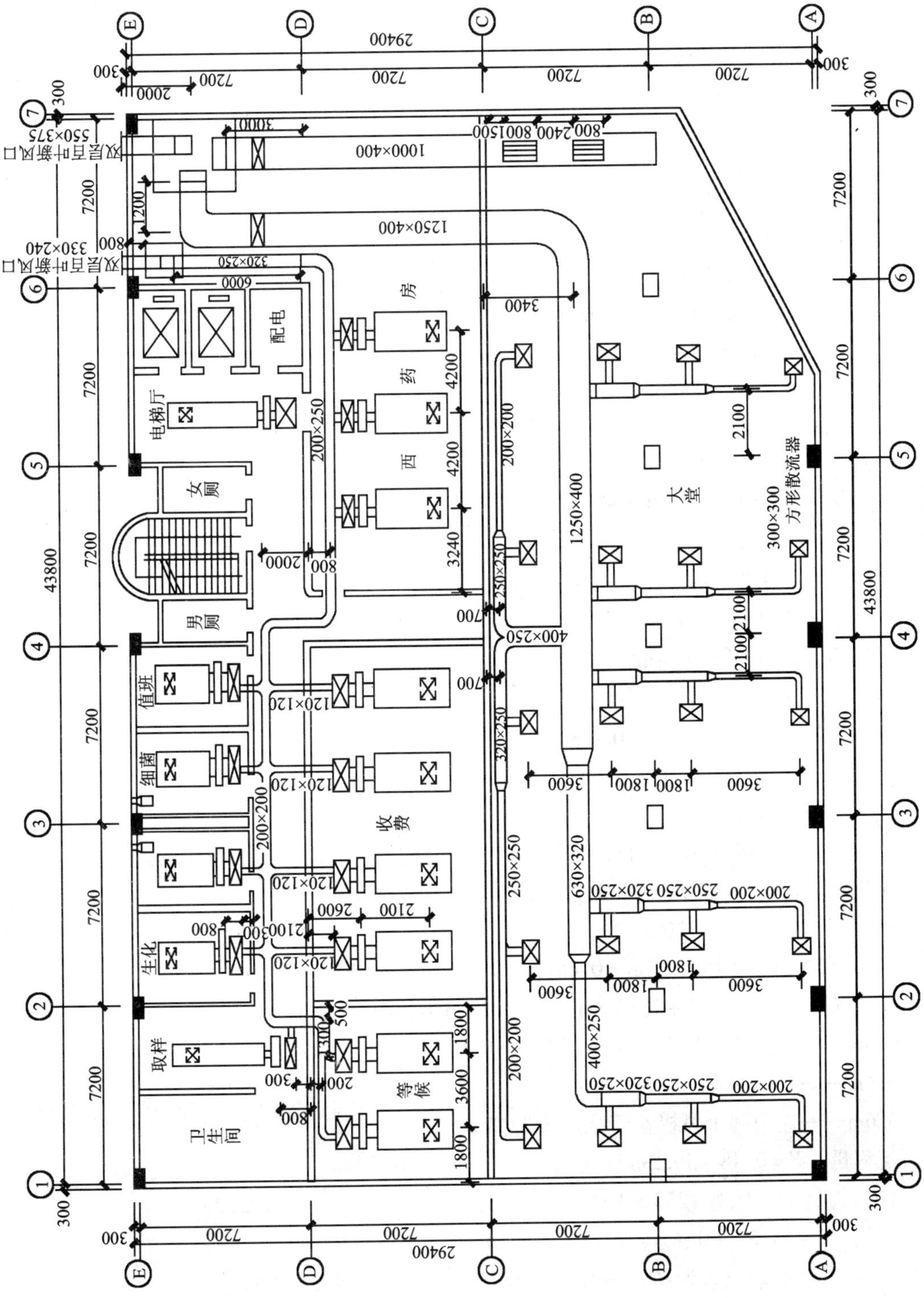

图 1-153　某门诊首层空调平面图

（二）工程量：

	单位	数量
（1）镀锌矩形风管 1000×400	m^2	52.08

周长：$2\times(1+0.4)m=2.8m$

$$l=\underset{\text{水平部分}}{\underline{7.2+7.2+3}}-\underset{\text{防火阀长度}}{\underline{0.3}}+\underset{\text{风管底标高}}{\underline{2.8}}+\underset{\text{风管的半高}}{\underline{0.2}}-1.5$$
$$=18.6m$$

2.8m——风管底标高；
0.2m——风管的半高；
1.5m——空气处理机组的高度。

工程量：$F=2.8\times18.6m^2=52.08m^2$

（2）镀锌新风管 320×250	m^2	7.75

周长：$2\times(0.32+0.25)m=1.14m$

$l=(6+0.8)m=6.8m$

0.8m——新风口到新风机组的距离。

工程量：$F=(1.14\times6.8)m^2=7.752m^2$

（3）镀锌矩形风管 200×250	m^2	12.96

周长：$2\times(0.2+0.25)m=0.9m$

$l=(7.2+7.2)m=14.4m$

工程量：$F=0.9\times14.4m^2=12.96m^2$

（4）镀锌矩形风管 200×200	m^2	16.56

周长：$2\times(0.2+0.2)m=0.8m$

$$l=(2.0+0.8+7.2\times2+2+0.2+1.3)m$$
$$=20.7m$$

1.3m——水平部分长（由进入风盘支管中心线到新风干管中心线的长度）

工程量：$F=0.8\times20.7m^2=16.56m^2$

（5）镀锌矩形风管 120×120	m^2	11.23

周长：$2\times(0.12+0.12)m=0.48m$

$l=[(2.4+0.3+2.1)\times4+2\times0.3+3.6]m=19.2m$

0.3m——左边连接风盘的风管长；
2.4m——走廊的宽；
3.6m——左边两个风机盘管之间的距离。

工程量：$F=0.48\times19.2m^2=9.22m^2$

（6）镀锌矩形风管 1250×400	m^2	132.33

周长：$2\times(1.25+0.4)m=3.3m$

$$l=[1.2+(2.8+0.2-1.5)+7.2-2+7.2+3.4+7.2\times3]m$$
$$=40.1m$$

2.8m——风管的标高；

0.2m——风管的半高；

1.5m——空气处理机组的高度。

工程量：$F=3.3\times40.1\text{m}^2=132.33\text{m}^2$

（7）镀锌矩形风管 630×320	m^2	13.68

周长：$2\times(0.63+0.32)\text{m}=1.9\text{m}$

$l=7.2\text{m}$

工程量：$F=1.9\times7.2\text{m}^2=13.68\text{m}^2$

（8）镀锌矩形风管 400×250	m^2	12.87

周长：$2\times(0.4+0.25)\text{m}=1.3\text{m}$

$l=(7.2+3.4-0.7)\text{m}=9.9\text{m}$

0.7m——风管竖直干管中心线到内墙中心线的距离。

工程量：$F=1.3\times9.9\text{m}^2=12.87\text{m}^2$

（9）镀锌矩形风管 320×250	m^2	14.36

周长：$2\times(0.32+0.25)\text{m}=1.14\text{m}$

$l=(1.8\times5+3.6)\text{m}=12.6\text{m}$

工程量：$F=1.14\times12.6\text{m}^2=14.364\text{m}^2$

（10）镀锌钢管 250×250	m^2	28.8

周长：$2\times(0.25+0.25)\text{m}=1\text{m}$

$l=(5\times1.8+3.6+7.2)\text{m}=(9+3.6+7.2)\text{m}=19.8\text{m}$

工程量：$F=1\times19.8\text{m}^2=19.8\text{m}^2$

（11）镀锌矩形风管 200×200	m^2	49.92

周长：$2\times(0.2+0.2)\text{m}=0.8\text{m}$

$$\begin{aligned}l&=[7.2+7.2+3.6\times5+(7.2-1.8-3.6-0.7)\times5+(7.2-2.1-2.1)/2\times15]\text{m}\\&=(14.4+18+5.5+22.5)\text{m}\\&=60.4\text{m}\end{aligned}$$

其中：（7.2－1.8－3.6－0.7）m 为竖直风管长度（接散流器）；

（7.2－2.1－2.1）/2m 为水平风管长度（接散流器）；

$l=(2.8-2.7)\text{m}=0.1\text{m}$ 为散流器至风管底标高的距离。

小计：$(0.1\times20+60.4)\text{m}=62.4\text{m}$

工程量：$F=0.8\times62.4\text{m}^2=49.92\text{m}^2$

（12）方形散流器 300×300	个	35
（13）空气处理机组	台	1
（14）双层百叶孔向上	个	2
330×240　1个		
550×375　1个		
（15）格栅回风口	个	2
（16）70℃防火阀	个	2
（17）所有风管的刷油量	m^2	345.66

(52.08 + 7.752 + 12.96 + 16.56 + 9.22 + 132.33 +
13.68 + 12.87 + 14.364 + 19.8 + 49.92)m^2
= 341.536m^2

风管的吊支架：

根据《通用与空调工程施工质量验收规范》所要求的：

① 风管水平安装，直径或长边尺寸不大于400mm，间距不应大于4m；大于400mm，间距不应大于3m。螺旋风管的支吊架间距可分别延长至5m和3.75m，对于薄钢板法兰的风管，其支、吊架间距不应大于3m。

② 风管垂直安装，间距不应大于4m，单根直管至少应有2个固定点。

③ 风管支、吊架宜按国标图集和规范选用强度和刚度相适应的形式和规格。对于直径或边长大于2500mm的超宽、超重等特殊风管的支、吊架应按设计规定。

④ 当水平悬吊的主、干风管长度超过20m时，应设置防止摆动的固定点每个系统不应少于1个。

(18) 镀锌矩形风管1000×400的吊支架　　kg　　48.4

根据规范可知，确定2.5m/个

l = 18.6m　18.6m/2.5m/个≈8个

根据标准图集所示，其吊支架制作的单重为6.05kg/个

小计：6.05kg/个×8个=48.4kg

(19) 镀锌矩形风管320×250的吊支架　　kg　　3.7

根据规范可知：确定3m/个

l = 6.8m　6.8m/3m/个≈2个

根据国家标准图所示，其制作单重为1.85kg/个

小计：1.85kg/个×2个=3.7kg

(20) 镀锌矩形风管200×250的吊支架　　kg　　8.25

根据规范可知：确定3m/个

l - 14.4m　14.4m/3m/个≈5个

根据国家标准图所示，其制作单重为1.65kg/个

小计：1.65kg/个×5个=8.25kg

(21) 镀锌矩形风管200×200的吊支架　　kg　　10.15

根据规范可知：确定3m/个

l = 20.7m，20.7m/3m/个=7个

根据国家标准图集可知，其制作单重为1.45kg/个

小计：1.45kg/个×7个=10.15kg

(22) 镀锌矩形风管120×120的吊支架　　kg　　4.2

根据《通风与空调工程施工质量验收规范》可知：确定4个，每个制作单重为1.05kg/个

小计：1.05kg/个×4个=4.2kg

(23) 镀锌矩形风管1250×400的吊支架：　　kg　　100

根据《通风与空调工程施工质量验收规范》可知：确定2.5m/个，l = 40.1m

40.1m/2.5m/个≈16 个，根据国家标准其制作单重为6.25kg/个

小计：6.25kg/个×16 个=100kg

（24）镀锌矩形风管630×320 的吊支架： kg 12.15

根据《通风与空调工程施工质量验收规范》可知：确定2.5m/个，l=7.2m

7.2m/2.5m/个≈3 个

根据标准制作单重为4.05kg/个

小计：4.05kg/个×3 个=12.15kg

（25）镀锌矩形风管400×250 的吊支架 kg 8.2

根据《通风与空调工程施工质量验收规范》可知：确定2.5m/个

l=9.9m 9.9m/2.5m/个=4 个

根据国家标准要求其制作单重2.05kg/个

小计：2.05kg/个×4 个=8.2kg

（26）镀锌矩形风管320×250 的吊支架 kg 7.4

根据《通风与空调工程施工质量验收规范》可知：确定3m/个，l=12.6m，12.6m/3m/个=4 个，根据国家标准要求其制作单重为1.85kg/个

小计：1.85kg/个×4 个=7.4kg

（27）镀锌风管250×250 的吊支架 kg 12.25

同样原理：共19.8m/3m/个=7 个

根据国家标准制作单重为1.75kg/个

小计：1.75kg/个×7 个=12.25kg

（28）镀锌风管200×200 的吊支架： kg 24.65

同样原理：共62.4m/3.6m/个=17 个

根据国家标准制作单重为1.45kg/个

小计：1.45kg/个×17 个=24.65kg

（29）风机盘管和吊顶新风机组的吊支架： kg 218.688

8 号角钢：8.04kg/m

$$l=(3.6-2.8)\times 2\times 15\text{m}=24\text{m}$$

小计：8.04kg/m×24m=192.96kg

吊顶空气处理机组(3.6－2.8）×4×8.04kg

=25.728kg

总计：(192.96+25.728)kg=218.688kg

（30）金属支架的除锈刷漆一遍 kg 458.038

总计：(218.688+24.65+12.25+7.4+8.2+12.15+100+4.2+10.15+8.25+3.7+48.4)kg=458.038kg

（31）金属支架刷灰调合漆二遍 kg 458.038

清单工程量计算见下表：

清单工程量计算表

序号	项目编码	项目名称	项目特征描述	计量单位	工程量
1	030902001001	镀锌矩形风管	1000×400	m^2	52.08
2	030902001002	镀锌矩形风管	320×250	m^2	7.75
3	030902001003	镀锌矩形风管	200×250	m^2	12.96
4	030902001004	镀锌矩形风管	200×200	m^2	16.56
5	030902001005	镀锌矩形风管	120×120	m^2	9.22
6	030902001006	镀锌矩形风管	1250×400	m^2	132.33
7	030902001007	镀锌矩形风管	630×320	m^2	13.68
8	030902001008	镀锌矩形风管	400×250	m^2	12.87
9	030902001009	镀锌矩形风管	320×250	m^2	14.36
10	030902001010	镀锌钢管	250×250	m^2	28.8
11	030902001011	镀锌矩形风管	200×200	m^2	49.92
12	030903007001	方形散流器	300×300	个	35
13	030901005001	处理机组	新风+风机盘管形式	台	1
14	030903007001	百叶风口	双层，向上	个	2
15	030903007002	回风口	格栅	个	2
16	030903001001	防火阀	70℃	个	2

工程预算表见表 1-77。

工程预算表 **表 1-77**

序号	定额编号	项目名称	计量单位	工程量	基价(元)	其中（元）		
						人工费	材料费	机械费
1		镀锌矩形风管，1000×400	m^2	52.08				
	9-7	镀锌矩形风管的制作安装	$10m^2$	5.208	295.54	115.87	167.99	11.68
2		镀锌矩形风管，320×250	m^2	7.752				
	9-6	镀锌矩形风管的制作安装	$10m^2$	0.7752	387.05	154.18	213.52	19.35
3		镀锌矩形风管，200×250	m^2	12.96				
	9-6	镀锌矩形风管的制作安装	$10m^2$	1.296	387.05	154.18	213.52	19.35
4		镀锌矩形风管，200×200	m^2	16.56				
	9-5	镀锌矩形风管的制作安装	$10m^2$	1.656	441.65	211.77	196.98	32.90
5		镀锌矩形风管，120×120	m^2	9.22				
	9-5	镀锌矩形风管的制作安装	$10m^2$	0.922	441.65	211.77	196.98	32.90
6		镀锌矩形风管，1250×400	m^2	132.33				
	9-7	镀锌矩形风管的制作安装	$10m^2$	1.3233	295.54	115.87	167.99	11.68
7		镀锌矩形风管，630×320	m^2	13.68				
	9-6	镀锌矩形风管的制作安装	$10m^2$	1.368	387.05	154.18	213.52	19.35
8		镀锌矩形风管，400×250	m^2	12.87				
	9-6	镀锌矩形风管的制作安装	$10m^2$	1.287	387.05	154.18	213.52	19.35

续表

序号	定额编号	项目名称	计量单位	工程量	基价(元)	其中（元）		
						人工费	材料费	机械费
9		镀锌矩形风管，320×250	m^2	14.364				
	9-6	镀锌矩形风管的制作安装	$10m^2$	1.4364	387.05	154.18	213.52	19.35
10		镀锌矩形风管，250×250	m^2	28.8				
	9-6	镀锌矩形风管的制作安装	$10m^2$	2.88	387.05	154.18	213.52	19.35
11		镀锌矩形风管，200×200	m^2	49.92				
	9-5	镀锌矩形风管的制作安装	$10m^2$	4.992	441.65	211.77	196.98	32.90
12		方形散流器，300×300	个	35				
	9-112	方形散流器的制作	100kg	<5kg/个	2022.96	1155.66	551.57	315.73
	9-148	方形散流器的安装	个	35	10.94	8.36	2.58	—
13		空气处理机组	台	1				
	9-213	空气处理机组的安装	台	1	87.59	29.49	51.45	6.65
14		双层百叶孔向上，330×240	个	1				
	9-96	双层百叶口的制作	100kg	<5kg/个	1727.72	1201.63	507.30	18.79
	9-134	双层百叶口的安装	个	1	8.64	5.34	3.08	0.22
15		双层百叶孔向上，550×375	个	1				
	9-96	双层百叶口的制作	100kg	<5kg/个	1727.72	1201.63	507.30	18.79
	9-135	双层百叶口的安装	个	1	14.97	10.45	4.30	0.22
16		格栅回风口	个	2				
		格栅回风口的制作	100kg					
		格栅回风口的安装	个	2				
17		70℃防火阀	个	2				
	9-65	防火阀的制作	100kg		614.44	134.21	394.33	85.90
	9-88	防火阀的安装	个	2	19.82	4.88	14.94	—
18		所有风管的刷油量	m^2	345.66				
	11-51	风管的刷油量（红丹防锈漆）	$10m^2$	34.566	7.34	6.27	1.07	—
19		所有风管的吊支架	kg	239.35				
	9-270	风管的吊支架	100kg	2.3935	975.57	183.44	776.36	15.77
20		风机盘管和吊顶新风机组的吊支架	kg	218.688				
	9-211	设备的吊支架	100kg	2.18688	523.29	159.75	348.27	15.27
21		金属支架的除锈	kg	458.038				
	11-7	金属支架的除锈（轻锈）	100kg	4.58038	17.35	2.50	2.50	6.96
22		金属支架的刷油	kg	458.038				
	11-117	金属支架的刷油（红丹防锈漆）	100kg	4.58038	13.17	5.34	0.87	6.96
23		金属支架刷灰调合漆二遍	kg	458.038				
	11-126	金属支架刷调合漆一遍	100kg	4.58038	12.33	5.11	0.26	6.96
	11-127	金属支架刷调合漆二遍	100kg	4.58038	12.30	5.11	0.23	6.96

【例 1-121】

（一）工程概况：

五层办公区采用风机盘管加新风的空气-水系统，如图 1-154 所示。新风顶送，立式明装的风机盘管沿外墙放置。该建筑五层中央设有露天广场，办公室是外环布置，设有内区房间。所有散流器均采用的是 120×120 方形直片散流器，单重为 2.34kg/个，风盘均采用 FP-16 型号，此房间的标高为 3.6m，新风机组是吊顶的，底标高为 2.8m，散流器的标高均为 2.7m。

（二）工程量：

（1）镀锌矩形风管 1800×250　　m^2　　57.85

周长：$2\times(1.8+0.25)m=4.1m$

$$l=(8+3+8-1.18-1.5-2-0.21)m$$
$$=(16.32-2.21)m=14.11m$$

1.5——风管中心线距走廊内墙中心线的距离，风管是居中布置的；

2——消声器的长；

0.21——70℃防火阀的长。

工程量：$F=14.11\times4.1m^2=57.85m^2$

（2）镀锌矩形风管 1200×250　　m^2　　110.2

周长：$2\times(1.2+0.25)m=2.9m$

$$l=\frac{(8-3+8+4}{\text{水平}}+\frac{8+8+8-3)}{\text{竖直}}m=(17+21)m=38m$$

工程量：$F=2.9\times3.8m^2=110.2m^2$

（3）镀锌矩形风管 600×150　　m^2　　26.25

周长：$2\times(0.6+0.15)m=1.5m$

$$l=(8-2.5+8+4)m=17.5m$$

工程量：$F=1.5\times17.5m^2=26.25m^2$

（4）镀锌矩形风管 400×120　　m^2　　22

周长：$2\times(0.4+0.12)m=1.04m$

$$l=(8-2.5-0.21)\times4m=21.16m$$

工程量：$F=1.04\times21.16m^2=22m^2$

（5）镀锌矩形风管 300×120　　m^2　　38.90

周长：$2\times(0.3+0.12)m=0.84m$

$$l=\frac{(8+1.5-0.21)m}{\text{竖直部分}}=9.29m$$

0.21——风量调节阀长度。

$$l=(1.5+2.665-0.21)m=3.995m$$
$$l=(8-3+1.5-0.21)m=6.29m$$

小计：$(9.29\times3+3.955\times3+6.29\times2)m$

$=(27.87+11.865+12.58)m$

$=52.32m$

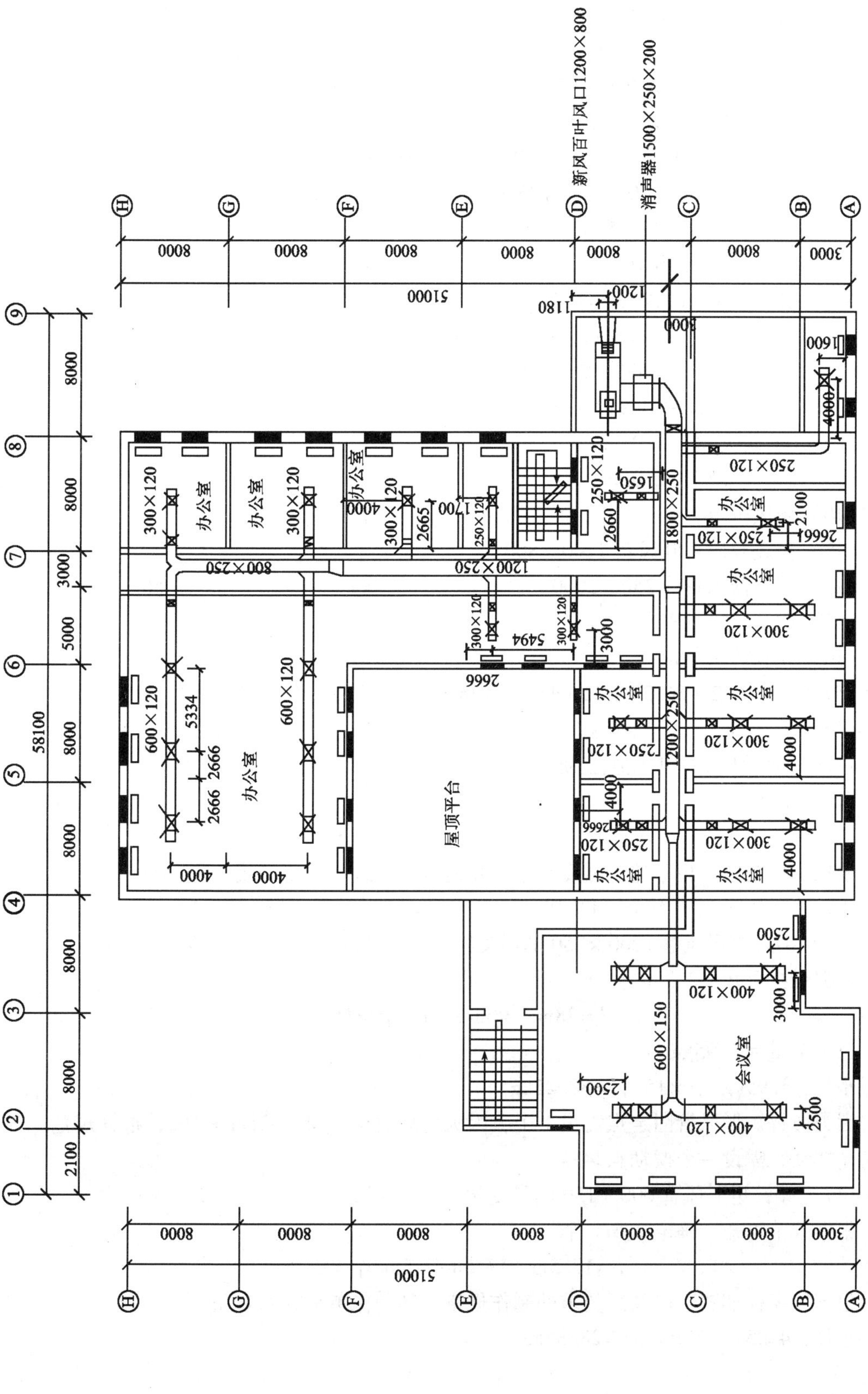

图1-154　五层办公室空调通风平面图

工程量：$0.84\times52.32m^2=43.95m^2$

(6) 镀锌矩形风管 250×120　　m^2　　29.57

周长：$2\times(0.25+0.12)m=0.74m$

$$l=[(8-1.5-2.666)\times2+(1.5+1.65)+(8-2.666+1.5)+(4+8+3-1.6+1.5)+(2.665+1.5)-6\times0.21]m$$
$$=(7.668+3.15+6.834+19.065-6\times0.21)m$$
$$=(36.717-6\times0.21)m=35.457m$$

工程量：$F=0.74\times35.457m^2=26.24m^2$

(7) 镀锌矩形风管 600×120　　m^2　　48.83

周长：$2\times(0.6+0.12)m=1.44m$

$$l=[(2.666+2.666+5.334+8-1.5)\times2-2\times0.21]m$$
$$=(34.332-2\times0.21)m=33.912m$$

工程量：$F=1.44\times33.912m^2=48.83m^2$

(8) 70℃防火阀长 210mm　　个　　1

(9) 风量调节阀长 210mm　　个　　20

(10) 新风机组　　台　　1

(11) 新风双层百叶风口 1200×800　　个　　1

(12) 消声器 1500×250×2000　　kg　　347.56

(13) 明装风机盘管　　台　　43

(14) 风管的刷油量：　　m^2　　333.60

$(57.85+110.2+26.25+22+43.95+26.24+48.83)\ m^2=335.32m^2$

(15) 镀锌矩形风管 1800×250 的吊支架　　kg　　42.3

根据《通风与空调工程施工质量验收规范》

可知：2.5m/个

$l=14.11m$　13.49m/2.5m/个≈6 个

根据国标图集与规范选用强度和刚度相适应的形式与规格的规定 7.05kg/个

小计：7.05kg/个×6 个=42.3kg

(16) 镀锌矩形风管 1200×250 的吊支架　　kg　　89.25

根据规范可知：2.5m/个

$l=38m$　38m/2.5m/个≈15 个

每个单重为 5.95kg/个

小计：5.95kg/个×15 个=89.25kg

因为镀锌矩形风管固定点需设 1 个，因为此风管竖直部分 21m>20m，根据规范，为了防止摆动，需设一个摆动点。

(17) 镀锌矩形风管 600×150 的吊支架　　kg　　28.35

根据规范可知：确定 2.5m/个

$l=17.5m$　17.5m/2.5m/个=7 个

根据国家标准图，以及所要求的制作规格，其制作单重为 4.05kg/个

小计：4.05kg/个×7 个=28.35kg

（18）镀锌矩形风管 400×120 的吊支架：　　kg　　16.45

根据规范可知：确定 3m/个

$$l=21.16\text{m}\quad 21.16\text{m}/3\text{m}/个=7个$$

其制作单重为：2.35kg/个

小计：2.35kg/个×7 个=16.45kg

（19）镀锌矩形风管 300×120 的吊支架　　kg　　30.75

根据规范可知：确定 3m/个

$$l=52.32\text{m}\quad 52.32\text{m}/3\text{m}/个=17个，确定17个$$

其制作单重为 2.05kg/个

小计：2.05kg/个×17 个=34.85kg

（20）镀锌矩形风管 250×120 的吊支架　　kg　　24.6

根据规范可知：确定 3m/个

$$l=35.457\text{m}，35.457\text{m}/3\text{m}/个=12个$$

其制作单重为 2.05kg/个

小计：12 个×2.05kg=24.6kg

（21）新风机组的吊支架：　　kg　　36.98

8 号槽钢：8.04kg/m

$$l=(3.6-2.8)\times2\text{m}=1.6\text{m}$$

$$(1.6+1.5\times2)\text{m}=4.6\text{m}$$

1.5——新风机组的宽。

小计：4.6m×8.04kg/m=36.98kg

（22）消声器的吊支架：　　kg　　36.98

$$(1.6+2\times1.5)\text{m}=4.6\text{m}$$

$$8.04\text{kg/m}\times4.6\text{m}=36.98\text{kg}$$

（23）金属支架刷防锈漆一遍　　kg　　340.51

(36.98×2+59.45+30.75+16.45+28.35+89.25+42.3)kg=340.51kg

（24）金属支架刷灰调合漆二遍　　kg　　340.51

清单工程量计算见下表：

清单工程量计算表

序号	项目编码	项目名称	项目特征描述	计量单位	工程量
1	030902001001	镀锌矩形风管	1800×250	m^2	57.85
2	030902001002	镀锌矩形风管	1200×250	m^2	110.2
3	030902001003	镀锌矩形风管	600×150	m^2	26.25
4	030902001004	镀锌矩形风管	400×120	m^2	22
5	030902001005	镀锌矩形风管	300×120	m^2	43.95
6	030902001006	镀锌矩形风管	250×120	m^2	26.24
7	030902001007	镀锌矩形风管	600×120	m^2	48.83
8	030903001001	防火阀	70℃，长 210mm	个	1

续表

序号	项目编码	项目名称	项目特征描述	计量单位	工程量
9	030903001002	调节阀	长210mm	个	20
10	030901005001	新风机组	吊顶式	台	1
11	030903007001	百叶风口	1200×800	个	1
12	030903020001	消声器	1500×250×2000	kg	347.56
13	030901005002	风机盘管	明装，FP-16	台	43

工程预算表见表1-78。

定额工程预算表 **表1-78**

序号	定额编号	项目名称	计量单位	工程量	基价(元)	其中（元）		
						人工费	材料费	机械费
1		镀锌矩形风管，1800×250	m^2	57.85				
	9-8	镀锌矩形风管的制作安装	$10m^2$	5.785	341.15	140.71	191.90	8.54
2		镀锌矩形风管，1200×250	m^2	110.2				
	9-7	镀锌矩形风管的制作安装	$10m^2$	11.02	295.54	115.87	167.99	11.68
3		镀锌矩形风管，600×150	m^2	26.25				
	9-6	镀锌矩形风管的制作安装	$10m^2$	2.625	387.05	154.18	213.52	19.35
4		镀锌矩形风管，400×120	m^2	22				
	9-6	镀锌矩形风管的制作安装	$10m^2$	2.2	387.05	154.18	213.52	19.35
5		镀锌矩形风管，300×120	m^2	43.95				
	9-6	镀锌矩形风管的制作安装	$10m^2$	4.395	387.05	154.18	213.52	19.35
6		镀锌矩形风管，250×120	m^2	26.24				
	9-5	镀锌矩形风管的制作安装	$10m^2$	2.624	441.65	211.77	196.98	32.90
7		镀锌矩形风管，600×120	m^2	48.83				
	9-6	镀锌矩形风管的制作安装	$10m^2$	4.883	387.05	154.18	213.52	19.35
8		70℃防火阀，1800×250	个	1				
	9-90	防火阀的安装	个	1	65.90	42.03	23.87	—
9		风量调节阀，400×120	个	4				
	9-73	风量调节阀的安装	个	4	19.24	6.97	3.33	8.94
10		风量调节阀，300×120	个	8				
	9-73	风量调节阀的安装	个	8	19.24	6.97	3.33	8.94
11		风量调节阀，250×120	个	6				
	9-72	风量调节阀的安装	个	6	7.32	4.88	2.22	0.20
12		风量调节阀，600×120	个	2				
	9-73	风量调节阀的安装	个	2	19.24	6.97	3.33	8.94
13		新风机组（4号）	台	1				
	9-216	新风机组的安装	台	1	34.15	19.74	14.41	—
14		新风双层百叶风口，1200×800	个	1				

续表

序号	定额编号	项目名称	计量单位	工程量	基价(元)	其中（元）		
						人工费	材料费	机械费
14	9-137	新风双层百叶风口的安装	个	1	28.53	20.43	7.88	0.22
15		消声器，1500×250×2000	个	1				
	9-200	消声器的安装	个	1	44.7	32.91	11.70	0.09
	9-200	消声器的制作	100kg	3.4765	915.33	332.80	573.35	9.18
16		风机盘管（吊顶式）	个	43				
	9-245	明装风机盘管	个	43	98.69	28.79	66.11	3.79
17		风管的刷油量(刷红丹防锈漆)	m^2	333.60				
	11-51	风管的刷油量	$10m^2$	33.360	7.34	6.27	1.07	—
18		风管的吊支架（所有）	kg	42.3				
	9-270	风管的吊支架制作安装	100kg	0.423	975.57	183.44	776.36	15.77
19		新风机组和消声器的吊支架	kg	73.96				
	9-211	设备的吊支架制作安装	100kg	0.7396	523.29	159.75	348.27	15.27
20		金属支架刷防锈漆一遍	kg	340.51				
	11-119	金属支架刷防锈漆一遍	100kg	34.051	13.11	5.34	0.81	6.96
21		金属支架刷灰调合漆二遍	kg	336.36				
	11-126	金属支架刷灰调合漆一遍	100kg	3.3636	12.33	5.11	0.26	6.96
	11-127	金属支架刷灰调合漆二遍	100kg	3.3636	12.30	5.11	0.23	6.96

【例 1-122】

（一）工程概况：

此系统是新风机组+风机盘管系统的通风部分，如图 1-155 所示，水系统未画出，风机盘管全部采用 FP-5 型号，新风机组是吊顶系列 KCDX，新风口均采用双层百叶送风口，回风口均采用双层百叶回风口，在每个风管上均设置一个方形，T302-8 型号，蝶阀一个 120×120，新风机组出口接帆布软风管长为 300mm，新风机组的吊顶支架采用 8 号槽钢和 L50×5 角钢焊接制成，钢支架除锈后刷红丹防锈漆一遍，灰调合漆二遍。

（二）工程量计算：

1. 清单工程量：

（1）新风机组：工程量一台

（2）镀锌矩形风管 320×320

周长：$2\times(0.32+0.32)m=1.28m$

$l=5500mm=5.5m$

工程量：$1.28\times5.5m^2=7.04m^2$，定额的计量单位为 $10m^2$，工程量 0.704（$10m^2$）

（3）镀锌矩形风管 320×250

周长：$2\times(0.32+0.25)m=1.14m$

$l=6m$

工程量：$1.14\times6m^2=6.84m^2$

定额的计量单位为 $10m^2$，工程量为 0.684（$10m^2$）

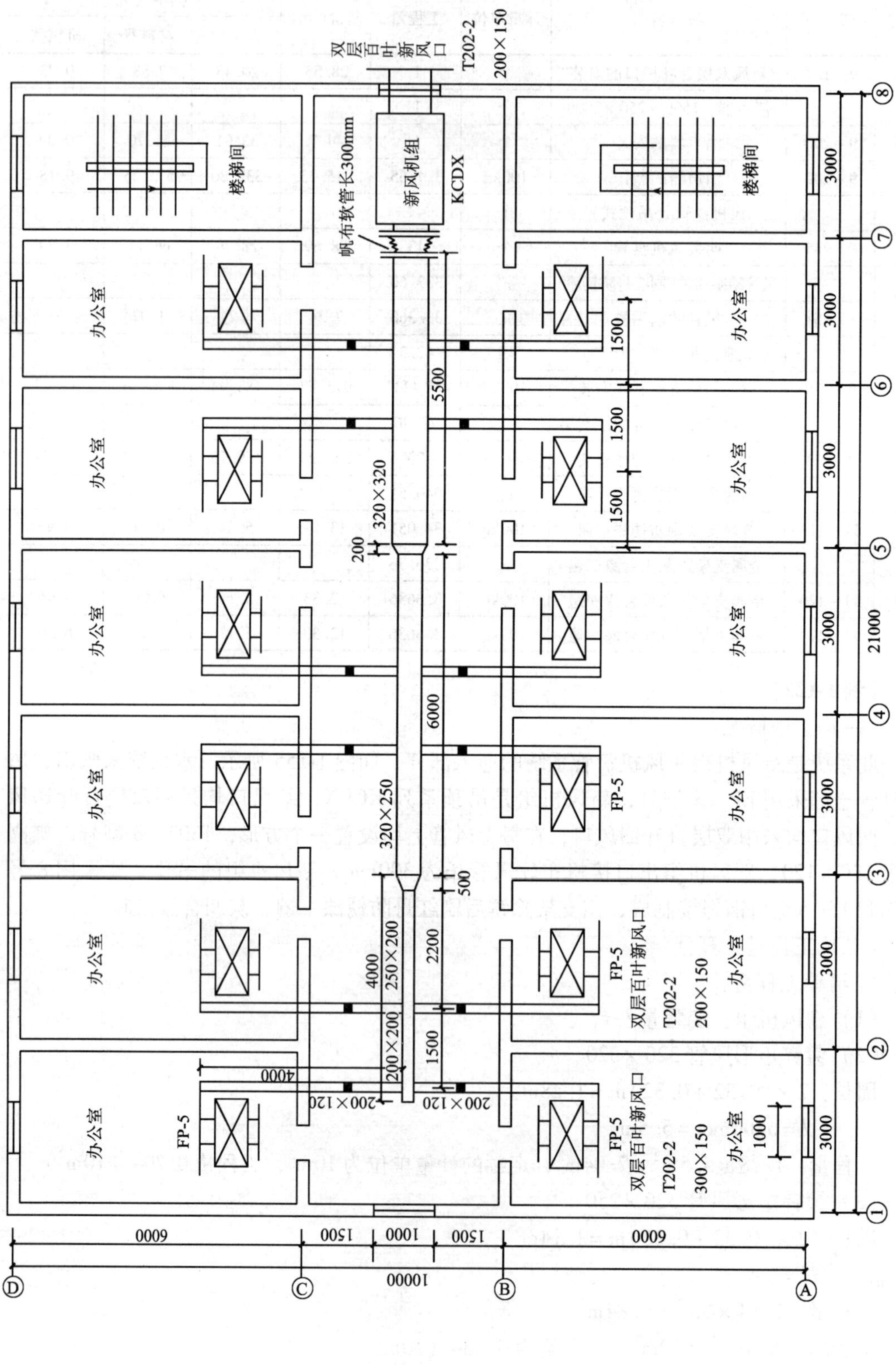

双层百叶新风口
T202-2
200×150
楼梯间
新风机组
KCDX
帆布软管长300mm
办公室
FP-5
320×320
320×250
250×200
200×200
200×120
双层百叶新风口
T202-2
300×150
5500
6000
2200
1500
4000
200
500
1000
3000
21000
6000
1500
1000
10000

图 1-155 空调平面图

（4）镀锌矩形风管 250×200

周长：$2\times(0.25+0.2)\text{m}=0.9\text{m}$

$l=2200\text{m}=2.2\text{m}$

工程量：$F=0.9\times2.2\text{m}^2=1.98\text{m}^2$，定额中的计量单位为 10m^2，工程量为 0.198（10m^2）

（5）镀锌矩形风管 200×200

周长：$2\times(0.2+0.2)\text{m}=0.8\text{m}$

$l=1500\text{mm}=1.5\text{m}$

工程量：$F=0.8\times1.5\text{m}^2=1.2\text{m}^2$

定额中的计量单位为 10m^2，工程量为 0.12（10m^2）

（6）变径风管：（图 1-156）

① 平均周长 $=(0.25+0.2+0.32+0.25)\text{m}=1.02\text{m}$

$l=500\text{mm}=0.5\text{m}$

$F=1.02\times0.5\text{m}^2=0.51\text{m}^2$，定额中的计量单位为 10m^2，工程量为 0.051（10m^2）。

② $F=(0.32+0.25+0.32+0.32)\times0.2\text{m}^2=0.242\text{m}^2$

定额中的计量单位为 10m^2，工程量为 0.0242（10m^2）

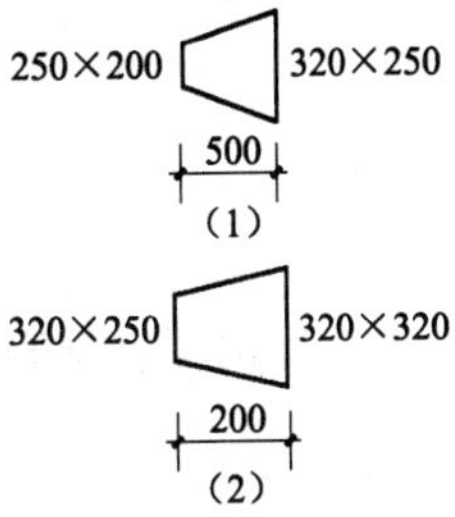

图 1-156 变径风管平面示意图

（7）镀锌风管 200×120

周长：$2\times(0.2+0.12)\text{m}=0.64\text{m}$

$l=(4+0.1)\text{m}=4.1$

方形蝶阀为 120×120 $l=(4.1-0.12)\text{m}=3.98\text{m}$

展开面积为 $0.64\times3.98\times12\text{m}^2=30.57\text{m}^2$，定额中的计量单位为 10m^2，工程量为 3.057（10m^2）。

（8）双层百叶送风口 T202－2，300×150 查国标通风部件标准重量表：

2.52kg/个 × 12 个 = 30.24kg，定额中的计量单位为 100kg，工程量为 0.3024（100kg）。

（9）双层百叶回风口 T202－2，200×150，查国标通风部件标准重量表 1.73kg/个 × 12 个 = 20.76kg，定额中的计量单位为 100kg，工程量为 0.2076（100kg）。

（10）双层百叶新风口 T202－2，200×150，同上一样。

（11）方形蝶阀 120×120 拉链式，保温 T302－4，查国标通风部件标准重量表：3.20kg/个×12 个＝38.4kg，定额中的计量单位为 100kg，工程量为 0.384（100kg）。

（12）帆布软管长：300mm

周长：$2\times(0.32+0.32)\text{m}=1.28\text{m}$

工程量：$1.28\times0.3\text{m}^2=0.384\text{m}^2$，定额中的计量单位为 10m^2，工程量为 0.0384（10m^2）

（13）新风机组吊架，根据国家标准图及国标通风部件标准重量表可查得 9.1kg/个，定额中计量单位为 100kg，工程量为 0.091（100kg）。

（14）金属支架刷防锈底漆一遍 9.1kg，金属支架刷灰调合漆二遍 9.1kg。

清单工程量计算见下表：

清单工程量计算表

序号	项目编码	项目名称	项目特征描述	计量单位	工程量
1	030901005001	新风机组	吊顶支架采用8号槽钢和∟50×5角钢焊接，刷漆两遍	台	1
2	030902001001	镀锌矩形风管	320×320，刷调合漆两遍	m^2	7.04
3	030902001002	镀锌矩形风管	320×250	m^2	6.84
4	030902001003	镀锌矩形风管	250×200	m^2	1.98
5	030902001004	镀锌矩形风管	200×200	m^2	1.2
6	030902001005	变径风管		m^2	0.752
7	030902001006	镀锌风管	200×120	m^2	29.8
8	030903007001	百叶送风口	双层，T202－2，300×150	个	12
9	030903007002	百叶送风口	双层，T202，200×150	个	12
10	030903007003	百叶新风口	双层，T202－2，200×150	个	12
11	030903001001	方形蝶阀	120×120，拉链式	个	12
12	030902008001	柔性软风管	320×320	m	0.3

2. 定额工程量：

工程预算表见表1-79。

定额工程预算表 **表1-79**

定额编号	项目名称	单位	数量	基价（元）	其中（元）		
					人工费	材料费	机械费
	（1）新风机组一台（4号）	台	1				
9－216	新风机组安装	台	1	34.15	19.74	14.41	—
9－41	帆布连接短管	m^2	0.384	171.45	47.83	121.74	1.88
9－211	托支架	100kg	0.045	523.29	153.29	348.27	15.27
11－126	刷第一遍灰调合漆	100kg	0.045	12.33	5.11	0.26	6.96
11－127	刷第二遍灰调合漆	100kg	0.045	12.30	5.11	0.23	6.96
	（2）镀锌矩形风管320×320	m^2	7.04				
9－6	镀锌矩形风管320×320	$10m^2$	0.704	387.05	154.18	213.52	19.35
9－270	风管托支架	100kg	0.0451	975.57	183.44	776.36	15.77
11－126	刷第一遍灰调合漆	100kg	0.0451	12.33	5.11	0.26	6.96
11－127	刷第二遍灰调合漆	100kg	0.0451	12.30	5.11	0.23	6.96
	（3）镀锌矩形风管320×250	m^2	6.84				
9－6	镀锌矩形风管320×250	$10m^2$	0.684	387.05	154.18	213.52	19.35
	（4）镀锌矩形风管250×200	m^2	1.98				
9－6	镀锌矩形风管250×200	$10m^2$	0.198	387.05	154.18	213.52	19.35
	（5）镀锌矩形风管200×200	m^2	1.2				
9－5	镀锌矩形风管200×200	$10m^2$	0.12	441.65	211.77	196.98	32.90
	（6）变径风管	m^2	0.752				
9－5	变径风管	$10m^2$	0.0752	441.65	211.77	196.98	32.90
	（7）镀锌风管200×120	m^2	30.57				

续表

定额编号	项目名称	单位	数量	基价（元）	其中（元）		
					人工费	材料费	机械费
9－5	镀锌风管 200×120	$10m^2$	3.057	441.65	211.77	196.98	32.90
	（8）双层百叶送风口 T202－2 300×150	个	12				
9－96	双层百叶送风口	100kg	0.3024	1727.72	1201.63	507.30	18.79
	（9）双层百叶回风口 T202－2 200×150	个	12				
9－96	双层百叶回风口	100kg	0.2076	1727.72	1201.63	507.30	18.79
	（10）双层百叶新风口 T202－2 200×150	个	12				
9－96	双层百叶新风口	100kg	0.2076	1727.72	1201.63	507.30	18.79
	（11）方形蝶阀 120×120 拉链式	个	12				
9－53	方形蝶阀	100kg	0.384	1188.62	344.35	402.58	441.69
	（12）软管接口						
9－41	320×320 软管	m^2	0.384	171.45	47.83	121.74	1.88

【例 1-123】

（一）工程概况：

此系统是一次回风的全空气系统，散流器均采用方形散流器 160×160，新风口和回风口均采用双层百叶，此系统采用散流器平送，走廊回风走廊设有对外开启的门窗。如图 1-157、图 1-158 所示。

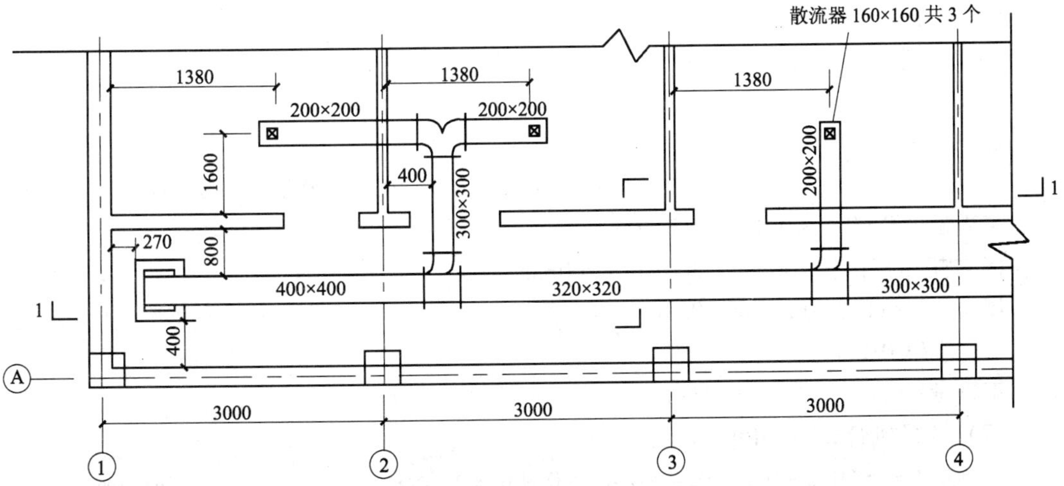

图 1-157　风管平面图

（二）工程量：

（1）空气处理机组：1 台

（2）镀锌矩形风管 400×400

周长：2×(0.4+0.4)m＝1.6m

l＝(3－0.27＋0.12＋0.4＋0.15)m＝3.4m

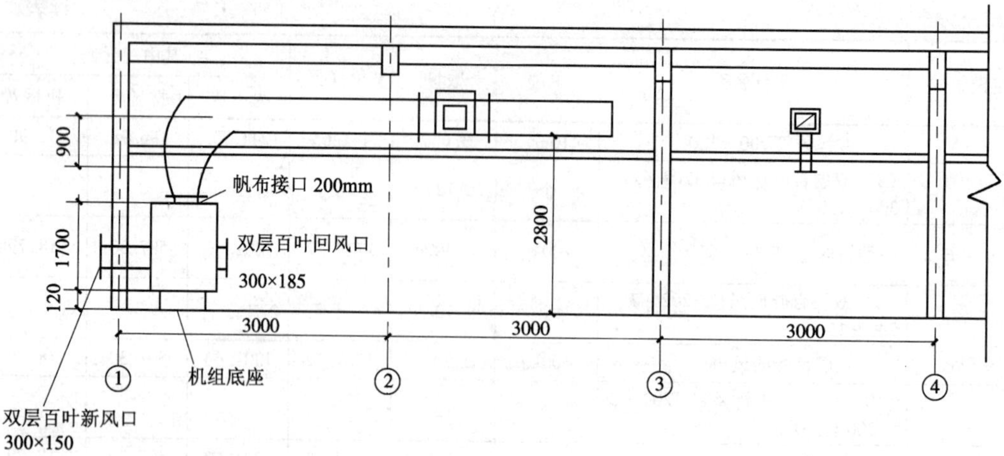

图 1-158　1－1 剖面图

工程量：$1.6\times3.4\text{m}^2=5.44\text{m}^2$

（3）镀锌矩形风管 320×320

周长：$2\times(0.32+0.32)\text{m}=1.28\text{m}$

$l=(3-0.12-0.4-0.15+1.38)\text{m}=3.71\text{m}$

工程量：$1.28\times3.71\text{m}^2=4.75\text{m}^2$

（4）镀锌矩形风管 300×300

周长：$2\times(0.3+0.3)\text{m}=1.2\text{m}$

$l=(800+1600+240+200)\text{mm}=2840\text{mm}=2.84\text{m}$

工程量：$1.2\times2.84\text{m}^2=3.41\text{m}^2$

（5）镀锌矩形风管 200×200

周长：$2\times(0.2+0.2)\text{m}=0.8\text{m}$，散流器至吊顶的高度：$(2.8-0.12-1.7+0.1-0.2)\text{m}=0.88\text{m}$

$l=(2.4+1.38+3-1.38+0.88+0.8+1.6+0.24+0.2)\text{m}=9.12\text{m}$

工程量：$F=0.8\times9.12\text{m}^2=7.30\text{m}^2$

（6）帆布接口长 200mm，200mm×200mm

周长：$2\times(0.2+0.2)\text{m}=0.8\text{m}$

$l=0.2\text{m}$

工程量：$0.8\times0.2\text{m}^2=0.16\text{m}^2$

（7）变径风管如图 1-159 所示：

$$F=(0.2+0.2+0.4+0.4)\times0.9\text{m}^2=1.08\text{m}^2$$

图 1-159　变径钢管示意图

（8）散流器：160×160 方形直片，查国标通风部件标准重量表：2.73kg/个

2.73kg/个×3 个=8.19kg

（9）双层百叶回风口 T202－2，300×185，查国标通风部件标准重量表：2.85kg/个

2.85kg/个×1 个=2.85kg

（10）双层百叶新风口 T202－2，300×150，查国标通风部件标准重量表：2.52kg/个

2.52kg/个×1 个＝2.52kg

（11）机组减振台座，查国标通风部件标准重量表：型号 3.6A，30.40kg/个

30.40kg/个×1 个＝30.40kg

（12）风管内外刷两遍红丹防锈漆：

$(5.44+4.75+3.41+7.30+1.08)m^2=21.98m^2$

定额工程量计算见表 1-80。

定额工程量预算表　　　　**表 1-80**

定额编号	分项工程名称	定额单位	工程量	基价（元）	其中（元）		
					人工费	材料费	机械费
	(1)空气处理机组(100kg 以下)	台	1				
9－213	空气处理机组	台	1	87.59	29.49	51.45	6.65
9－41	帆布接口长 200mm	m^2	0.16	171.45	47.83	121.74	1.88
9－211	机组减振台座	100kg	0.304	523.29	159.75	348.27	15.27
	(2)镀锌矩形风管 400×400	m^2	5.44				
11－51 11－52	风管内外刷两遍红丹	$10m^2$	0.544	7.34 7.23	6.27 6.27	1.07 0.96	— —
9－6	风管的制作、安装	$10m^2$	0.544	387.05	154.18	213.52	19.35
	(3)镀锌矩形风管 320×320	m^2	4.75				
11－51 11－52	风管内外刷油两遍红丹	$10m^2$	0.475	7.34 7.23	6.27 6.27	1.07 0.96	— —
9－6	风管的制作、安装	$10m^2$	0.475	387.05	154.18	213.52	19.35
	(4)镀锌矩形风管 300×300	m^2	3.41				
11－51 11－52	风管内外刷油两遍红丹	$10m^2$	0.341	7.34 7.23	6.27 6.27	1.07 0.96	— —
9－6	风管的制作、安装	$10m^2$	0.341	387.05	154.18	213.52	19.35
	(5)镀锌矩形风管 200×200	m^2	7.30				
11－51 11－52	风管内外刷油两遍红丹	$10m^2$	0.73	7.34 7.23	6.27 6.27	1.07 0.96	— —
9－5	风管的制作、安装	$10m^2$	0.73	441.65	211.77	196.98	32.90
	(6) 变径风管	m^2	1.08				
11－51 11－52	风管内外刷油两遍红丹	$10m^2$	0.108	7.34 7.23	6.27 6.27	1.07 0.96	— —
9－6	风管的制作、安装	$10m^2$	0.108	387.05	154.18	213.52	19.35
	(7)散流器(周长≤500mm)	个	3				
9－112	散流器的制作	100kg	0.0819	1700.64	811.77	584.07	304.80
9－146	散流器的安装	个	3	5.57	4.64	0.93	—
	(8)双层百叶回风口的制作、安装	个	1				
9－96	双层百叶回风口的制作	100kg	0.0285	1727.72	1201.63	507.30	18.79

续表

定额编号	分项工程名称	定额单位	工程量	基价（元）	其中（元）		
					人工费	材料费	机械费
9-133	双层百叶回风口的安装	个	1	6.87	4.18	2.47	0.22
	(9)双层百叶新风口(周长≤900mm)	个	1				
9-96	双层百叶新风口的制作	100kg	0.0252	1727.72	1201.63	507.30	18.79
9-133	双层百叶新风口的安装	个	1	6.87	4.18	2.47	0.22

① 1000×1500×600 帆布软接，

② 防火调节阀 280℃（1500×500）

③ 排烟防火调节阀 280℃融断（800×400）

④ 排烟防火调节阀 280℃融断（1000×500）

⑤ 防火调节阀 70℃融断（800×400）

⑥ 柜式离心排烟风机 19600m^3/h，350Pa，DT22-4，$N=7.5$kW

⑦ 柜式离心风机 16000m^3/h，350Pa，DT20-5，$N=5.5$kW

⑧ 防火调节阀 70℃融断（1000×500）

⑨ 防火阀 70℃融断（1500×500）

⑩ 800×500×600 帆布软接

⑪ 风量测定孔

【例 1-124】 图 1-160 为某办公楼地下停车场的空调平面图，由图可知此空调设计充分考虑补入新风及防排烟设计，风管材料采用优质碳钢镀锌钢板。其厚度为：风管周长<2000mm 时，为 0.75mm；风管周长<4000mm 时为 1mm，风口均为碳钢材料，接口形式为咬口连接，风管保温材料采用 80mm 的超细玻璃棉防潮层是一道塑料布，保护层采用两道玻璃丝布，外刷一道调合漆，试计算此工程的工程量。

【解】 （1）清单工程量：

① DT22-4 柜式离心排烟风机的工程量为 1 台

② DT20-5 柜式离心风机的工程量为 1 台

③ 1500×500 碳钢风管的工程量为：

$$S=2\times(1.5+0.5)\times\left[\frac{2.0+10.6-0.6-1.0-(0.5+0.24)}{a}+\frac{2.0+0.6+\frac{1}{2}\pi D+16.2-1.0-0.6-(0.5+0.24)}{b}\right]m^2$$

$$=2\times2\times(10.26+18.815)m^2$$

$$=2\times2\times29.075m^2$$

$$=116.3m^2$$

④ 1000×500 碳钢风管的工程量为：

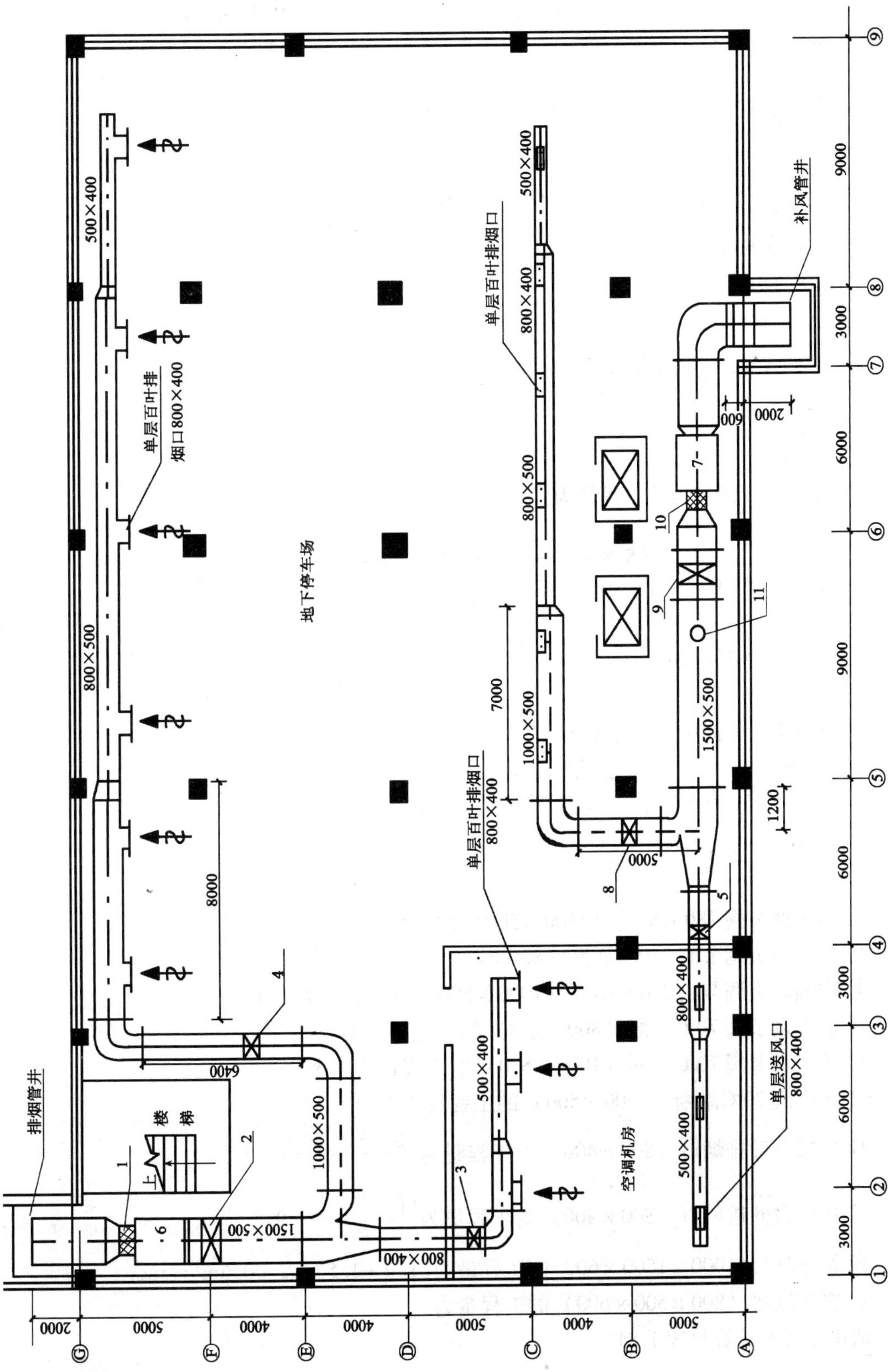

图 1-160　地下室平面图

$$S=2\times(1.0+0.5)\times\frac{6.0+\frac{1}{2}\pi\times1+6.4+\frac{1}{2}\pi\times1+8-(0.5+0.24)}{c}$$

$$\frac{+5+\frac{1}{2}\pi\times1+7.0-(0.5+0.24)}{d}m^2$$

$$=2\times1.5\times\left(6.0+\frac{3}{2}\times3.14+6.4+8-0.74\times2+12\right)m^2$$

$$=3\times35.63m^2$$

$$=106.89m^2$$

⑤ 800×500 碳钢风管工程量为：

$$S=2\times(0.8+0.5)\times\frac{(16+13)}{e}$$

$$=2\times1.3\times29m^2$$

$$=75.4m^2$$

⑥ 800×400 碳钢风管工程量为：

$$S=2\times(0.8+0.4)\times\left(\frac{5.8+\frac{1}{2}\pi\times0.8+2-0.4-0.24}{f}+\frac{7.4-0.4-0.24}{g}\right)$$

$$=2\times1.2\times15.176m^2$$

$$=36.422m^2$$

⑦500×400 碳钢风管工程量为：

$$S=2\times(0.5+0.4)\times\left(\frac{6.6+6.4}{h}+\frac{7.4+4.8}{i}\right)$$

$$=2\times0.9\times25.2m^2$$

$$=45.36m^2$$

⑧ 防火调节阀 280℃融断（1500×500）的工程量为 1 个

⑨ 排烟防火调节阀 280℃融断（800×400）的工程量为 1 个

⑩ 排烟防火调节阀 280℃融断（1000×500）的工程量为 1 个

⑪ 防火调节阀 70℃融断（800×400）的工程量为 1 个

⑫ 防火调节阀 70℃融断（1000×500）的工程量为 1 个

⑬ 防火阀 70℃融断（1500×500）的工程量为 1 个

⑭ 单层百叶排烟口（800×400）的工程量为$\frac{(6+3)\text{ 个}}{j}$=9 个

⑮ 单层百叶送风口（800×400）的工程量为$\frac{(6+3)\text{ 个}}{k}$=9 个

⑯ 帆布软接(1000×1500×600)的工程量为$(1.0+1.5)\times2\times0.6m^2=3m^2$

⑰ 帆布软接（800×500×600）的工程量为

清单工程量计算见表 1-81。

清单工程量计算表　　表 1-81

项目编码	工程项目名称	项目特征描述	单位	数量	计算式
030901002001	离心排烟风机	DT22－4 柜式	台	1	
030901002002	离心风机	DT20－5 柜式	台	1	
030902001001	碳素钢镀锌钢板矩形风管	1500×500，$\delta=1mm$，风管超细玻璃棉保温，$\delta=80mm$，塑料布防潮层，两道玻璃丝布保护层，外刷一道调合漆咬口连接	m^2	116.3	$2\times(1.5+0.5)\times\left(2.0+10.6-0.6-1.0-0.5-0.24+2.0+0.6+16.2+\frac{1}{2}\times3.14\times1.5-1.0-0.6-0.5-0.24\right)$
030902001002	碳素钢镀锌钢板矩形风管	1000×500，$\delta=1mm$，风管超细玻璃棉保温，$\delta=80mm$，塑料布防潮层，两道玻璃丝布保护层，外刷一道调合漆	m^2	106.89	$2\times(1.0+0.5)\times\left(6.0+\frac{1}{2}\times3.14\times1+6.4+\frac{1}{2}\pi\times1+8-0.5-0.24+5+\frac{1}{2}\pi\times1+7.0-0.5-0.24\right)$
030902001003	碳素钢镀锌钢板矩形风管	800×500，$\delta=1mm$，风管超细玻璃棉保温，$\delta=80mm$，塑料布防潮层，两道玻璃丝布保护层外刷一道调合漆	m^2	75.4	$2\times(0.8+0.5)\times(16+13)$
030902001004	碳素钢镀锌钢板矩形风管	800×400，$\delta=1mm$，风管超细玻璃棉保温，$\delta=80mm$，塑料布防潮层，两道玻璃丝布保护层，外刷一道调合漆	m^2	36.422	$2\times(0.8+0.4)\times\left(5.8-0.24-0.4+\frac{1}{2}\times3.14\times0.8+2+7.4-0.24-0.4\right)$
030902001005	碳素钢镀锌钢板矩形风管	500×400，$\delta=0.75mm$，风管超细玻璃棉保温，$\delta=80mm$，塑料布防潮层两道玻璃丝布保护层外刷一道调合漆	m^2	45.36	$2\times(0.5+0.4)\times(6.6+6.4+7.4+4.8)$
030903001001	防火调节阀	1500×500	个	1	
030903001002	排烟防火调节阀	800×400	个	1	
030903001003	排烟防火调节阀	1000×500	个	1	
030903001004	防火调节阀	800×400	个	1	
030903001005	防火调节阀	1000×500	个	1	
030903001006	防火阀	1500×500	个	1	
030903007001	单层百叶排烟口	800×400	个	9	6+3
030903007002	单层百叶送风口	800×400	个	9	6+3
030903019001	帆布软接	1000×1500×600	m^2	3	$2\times(1.0+1.5)\times0.6$
030903019002	帆布软接	800×500×600	m^2	1.56	$2\times(0.8+0.5)\times0.6$

注：a 是 1500×500 排烟风管的长度，其中：2.0 是排烟风口顶端至Ⓖ轴线的距离，10.6 是Ⓖ轴线至三通间的距离，0.6 是帆布软接的长度，1.0 是 DT22-4 柜式离心排烟风机的长度，0.5+0.24 是防火调节阀（1500×500）的长度。

b 是补入新风管的轴线长度，其中：2.0 是补风管风口至Ⓐ轴线的长度，0.6 是Ⓐ轴线至弯头间的长度，而 $\frac{1}{2}\times 3.14\times 1.5$ 是弯头轴线长，16.2 是三通至弯头间的长度，1.0 是 DT20-5 柜式离心风机的长度，0.6 是帆布软接的长度，0.5+0.24 是防火阀（1500×500）的长度。

c 是 1000×500 排烟风管的长度，其中：6.0 是三通至弯头间长度，$\frac{1}{2}\times\pi\times 1$ 是弯头的长度，6.4 是两弯头间长度，8 是弯头至变径处的长度，0.5+0.24 是排烟防火调节（1000×500）的长度。

d 是 1000×500 新风补入管的长度，其中：5 是三通至弯头的长度，$\frac{1}{2}\times\pi\times 1$ 是弯头的轴线长，7.0 是弯头至变径管的长度，0.5+0.24 是防火调节阀（1000×500）的长度。

e 为 800×500 风管的长度，其中：16 是排烟风管的长度，13 是新风补入管的长度。

f 是 800×400 排烟风管的长度，其中：5.8 为三通至弯头间的长度，$\frac{1}{2}\times\pi\times 0.8$ 是弯头的长度，2 是弯头至变径管的长度，（0.4+0.24）是排烟防火调节阀（800×400）的长度。

g 是 800×400 新风补风管的长度，其中：7.4 是新风补风管三通至变径处的长度，0.4+0.24 是防火调节阀（800×400）的长度。

h 是 500×400 排烟风管的长度，其中：6.6 是地下停车场中 500×400 排烟风管的长度，6.4 是空调机房中 500×400 排烟风管的长度。

i 是 500×400 新风补风管的长度，其中：7.4 是地下停车场中 500×400 风管的长度，4.8 是空调机房中 500×400 补风管的长度。

j 是单层百叶排风口（800×400）的工程量，其中：6 是地下停车场中单层百叶排风口（800×400）的个数，3 是空调机房中单层百叶排风口（800×400）的个数。

k 是单层百叶送风口（800×400）的工程量，其中：6 是地下停车场中单层百叶送风口的数目，3 是空调机房中单层百叶送风口的数目。

（2）定额工程量：

通风机、通风管道、调节阀、柔性接口、风口的安装工程量计算同清单中与之对应的工程量。

① 1500×500 碳钢风管保温层工程量为：

$$V = 2\times[(1.5+1.033\delta)+(0.5+1.033\delta)]\times 1.033\delta\times L$$
$$=2\times[(1.5+1.033\times 0.08)+(0.5+1.033\times 0.08)]\times 1.033\times 0.08\times$$
$$\left[2.0+10.6-0.6-1.0-(0.5+0.24)+2.0+0.6+\frac{1}{2}\times 3.14\times 1.5+\right.$$
$$\left.16.2-1.0-0.6-(0.5+0.24)\right]\text{m}^3$$
$$=2\times 2.16528\times 1.033\times 0.08\times 29.075\text{m}^3$$
$$=11.847\text{m}^3$$

② 1500×500 碳钢风管防潮层工程量为：

$$S = 2\times[(1.5+2.1\delta+0.0082)+(0.5+2.1\delta+0.0082)]\times L$$
$$=2\times[(1.5+2.1\times 0.08+0.0082)+(0.5+2.1\times 0.08+0.0082)]\times$$

$[2.0+10.6-0.6-1.0-(0.5+0.24)+2.0+0.6+\frac{1}{2}\times 3.14\times 1.5+$

$16.2-1.0-0.6-(0.5+0.24)]m^2$

$=2\times 2.3524\times 29.075m^2$

$=136.79m^2$

③ 1500×500 碳钢风管保护层工程量为：

$S=2\times[(1.5+2.1\delta+0.0082)+(0.5+2.1\delta+0.0082)]\times L\times 2$

$=2\times[(1.5+2.1\times 0.08+0.0082)+(0.5+2.1\times 0.08+0.0082)]\times$

$2\times\left[2.0+10.6-0.6-1.0-(0.5+0.24)+2.0+0.6+\frac{1}{2}\times 3.14\times 1.5+\right.$

$\left.16.2-1.0-0.6-(0.5+0.24)\right]m^2$

$=2\times 2.3524\times 2\times 29.075m^2$

$=273.58m^2$

因有两道玻璃丝布所以乘以2

④ 1500×500 碳钢风管调合漆的工程量为：

$S=2\times(1.5+0.5)\times\left[2.0+10.6-0.6-1.0-(0.5+0.24)+\right.$

$\left.2.0+0.6+\frac{1}{2}\times 3.14\times 1.5+16.2-1.0-0.6-(0.5+0.24)\right]m^2$

$=2\times 2\times 29.075m^2$

$=116.3m^2$

⑤ 1000×500 碳钢风管保温层工程量为

$V=2\times[(1.0+1.033\delta)+(0.5+1.033\delta)]\times 1.033\delta\times L$

$=2\times[(1.0+1.033\times 0.08)+(0.5+1.033\times 0.08)]\times 1.033\times$

$0.08\times\left[6.0+\frac{1}{2}\times 3.14\times 1+6.4+\frac{1}{2}\times 3.14\times 1+8-\right.$

$\left.(0.5+0.24)+5.0+\frac{1}{2}\times 3.14\times 1+7.0-(0.5+0.24)\right]m^3$

$=2\times(1.5+1.033\times 0.08\times 2)\times 1.033\times 0.08\times 35.63m^3$

$=9.807m^3$

⑥ 1000×500 碳钢风管防潮层工程量为

$S=2\times[(1.0+2.1\delta+0.0082)+(0.5+2.1\delta+0.0082)]\times L$

$=2\times(1.0+2.1\times 0.08\times 2+0.0082\times 2+0.5)\times\left[6.0+\frac{1}{2}\times 3.14\times 1+6.4+\right.$

$\left.\frac{1}{2}\times 3.14\times 1+8-(0.5+0.24)+5.0+\frac{1}{2}\times 3.14\times 1+7.0-(0.5+0.24)\right]m^2$

$=2\times(1.5+2.1\times 0.16+0.0164)\times 35.63m^2$

$=132.002m^2$

⑦ 1000×500 碳钢风管保护层工程量为：

$S = 2\times[(1.0+2.1\delta+0.0082)+(0.5+2.1\delta+0.0082)]\times L\times 2$

$=2\times(1.0+2.1\times0.08\times2+0.0082\times2+0.5)\times\left[6.0+\frac{1}{2}\times3.14\times1+6.4+\frac{1}{2}\times3.14\times1+8-(0.5+0.24)+5.0+\frac{1}{2}\times3.14\times1+7.0-(0.5+0.24)\right]\times2m^2$

$=2\times(1.5+2.1\times0.16+0.0164)\times35.63\times2m^2$

$=264.004m^2$

⑧ 1000×500 碳钢风管刷调合漆工程量为：

$S=2\times(1.0+0.5)\times\left[6.0+\frac{1}{2}\times3.14\times1+6.4+\frac{1}{2}\times3.14\times1+8-(0.5+0.24)+5.0+\frac{1}{2}\times3.14\times1+7.0-(0.5+0.24)\right]m^2$

$=2\times1.5\times35.63m^2$

$=106.89m^2$

⑨ 800×500 碳钢风管保温层工程量为：

$V=2\times[(0.8+1.033\delta)+(0.5+1.033\delta)]\times1.033\delta\times L$

$=2\times(0.8+1.033\times0.08\times2+0.5)\times1.033\times0.08\times(16+13)m^3$

$=2\times1.46528\times1.033\times0.08\times29m^3$

$=7.023m^3$

⑩ 800×500 碳钢风管防潮层工程量为：

$S=2\times[(0.8+2.1\delta+0.0082)+(0.5+2.1\delta+0.0082)]\times L$

$=2\times(0.8+0.5+2\times2.1\times0.08+2\times0.0082)\times(16+13)m^2$

$=2\times1.6524\times29m^2$

$=95.839m^2$

⑪ 800×500 碳钢风管保护层工程量为：

$S=2\times[(0.8+2.1\delta+0.0082)+(0.5+2.1\delta+0.0082)]\times L\times2$

$=2\times1.6524\times29\times2m^2$

$=191.678m^2$

⑫ 800×500 碳钢风管刷调合漆工程量为：

$S=2\times(0.8+0.5)\times(16+13)m^2$

$=2\times1.3\times29m^2$

$=75.4m^2$

⑬ 800×400 碳钢风管保温层工程量为：

$V=2\times[(0.8+1.033\delta)+(0.4+1.033\delta)]\times1.033\delta\times2$

$=2\times[(0.8+1.033\times0.08)+(0.4+1.033\times0.08)]\times1.033\times0.08\times\left(5.8+\frac{1}{2}\times3.14\times0.8+2-0.4-0.24+7.4-0.4-0.24\right)m^3$

$=2\times1.36528\times1.033\times0.08\times15.176m^3$

$=3.425m^3$

⑭ 800×400 碳钢风管防潮层工程量为：

$$S=2\times[(0.8+2.1\delta+0.0082)+(0.4+2.1\delta+0.0082)]\times L$$

$$=2\times(0.8+2.1\times0.08+0.0082+0.4+2.1\times0.08+0.0082)\times\left(5.8+\frac{1}{2}\times3.14\times0.8+2-0.4-0.24+7.4-0.4-0.24\right)m^2$$

$$=2\times1.5524\times15.176m^2$$

$$=47.118m^2$$

⑮ 800×400 碳钢风管保护层工程量为：

$$S=2\times[(0.8+2.1\delta+0.0082)+(0.4+2.1\delta+0.0082)]\times L\times2$$

$$=2\times[(0.8+2.1\times0.08+0.0082)+(0.4+2.1\times0.08+0.0082)]\times2\times\left(5.8+\frac{1}{2}\times3.14\times0.8+2-0.4-0.24+7.4-0.4-0.24\right)m^2$$

$$=2\times1.5524\times15.176\times2m^2$$

$$=94.237m^2$$

⑯ 800×400 碳钢风管刷一道调合漆的工程量为：

$$S=2\times(0.8+0.4)\times\left(5.8+\frac{1}{2}\times3.14\times0.8+2-0.4-0.24+7.4-0.4-0.24\right)m^2$$

$$=2\times1.2\times15.176m^2$$

$$=36.422m^2$$

⑰ 500×400 碳钢风管保温层工程量为：

$$V=2\times[(0.5+1.033\delta)+(0.4+1.033\delta)]\times1.033\delta\times L$$

$$=2\times[(0.5+1.033\times0.08)+(0.4+1.033\times0.08)]\times1.033\times0.08\times(6.6+6.4+7.4+4.8)m^2$$

$$=2\times1.06528\times1.033\times0.08\times25.2m^2$$

$$=4.437m^3$$

⑱ 500×400 碳钢风管防潮层工程量为：

$$S=2\times[(0.5+2.1\delta+0.0082)+(0.4+2.1\delta+0.0082)]\times L$$

$$=2\times(0.5+2.1\times0.08+0.0082+0.4+2.1\times0.08+0.0082)\times(6.6+6.4+7.4+4.8)m^2$$

$$=2\times1.2524\times25.2m^2$$

$$=63.121m^2$$

⑲ 500×400 碳钢风管保护层工程量为：

$$S=2\times[(0.5+2.1\delta+0.0082)+(0.4+2.1\delta+0.0082)]\times L\times2$$

$$=2\times(0.5+2.1\times0.08+0.0082+0.4+2.1\times0.08+0.0082)\times2\times(6.6+6.4+7.4+4.8)m^2$$

$$=2\times1.2524\times25.2\times2m^2$$

$$=126.242m^2$$

⑳ 500×400 碳钢风管刷一道调合漆的工程量为：

$$S=2\times(0.5+0.4)\times(6.6+6.4+7.4+4.8)m^2$$

$=2\times0.9\times25.2m^2$

$=45.36m^2$

㉑ 风量测定孔工程量为1个。

定额工程量计算见表1-82。

定额工程量计算表 表1-82

序号	定额编号	项目名称规格	单位	工程量	计算式	基价（元）	其中（元）		
							人工费	材料费	机械费
1	9-216	DT22-4 柜式离心排烟风机	台	1		34.15	19.74	14.41	—
2	9-216	DT20-5 柜式离心风机	台	1		34.15	19.74	14.41	—
3	9-23	1500×500 碳钢风管	$10m^2$	11.63	$2\times(1.5+0.5)\times\left(2.0+10.6-0.6-1.0-0.5-0.24+2.0+0.6+16.2+\frac{1}{2}\times3.14\times1.5-1.0-0.6-0.5-0.24\right)$	499.12	203.87	244.33	50.92
4	9-23	1000×500 碳钢风管	$10m^2$	10.689	$2\times(1.0+0.5)\times\left(6.0+\frac{1}{2}\times3.14\times1+6.4+\frac{1}{2}\times3.14\times1+8-0.5-0.24+5+\frac{1}{2}\times3.14\times1+7.0-0.5-0.24\right)$	499.12	203.87	244.33	50.92
5	9-23	800×500 碳钢风管	$10m^2$	7.54	$2\times(0.8+0.5)\times(16+13)$	499.12	203.87	244.33	50.92
6	9-23	800×400 碳钢风管	$10m^2$	3.6422	$2\times(0.8+0.4)\times\left(5.8-0.24-0.4+\frac{1}{2}\times3.14\times0.8+2+7.4-0.24-0.4\right)$	499.12	203.87	244.33	50.92
7	9-22	500×400 碳钢风管	$10m^2$	4.536	$2\times(0.5+0.4)\times(6.6+6.4+7.4+4.8)$	668.75	295.82	290.07	82.86
8	9-90	防火调节阀(1500×500) 安装	个	1		65.90	42.03	23.87	—
9	9-89	排烟防火调节阀(800×400) 安装	个	1		48.20	29.02	19.18	—
10	9-89	排烟防火调节阀(1000×500) 安装	个	1		48.20	29.02	19.18	—
11	9-89	防火调节阀(800×400) 安装	个	1		48.20	29.02	19.18	—

续表

序号	定额编号	项目名称规格	单位	工程量	计算式	基价（元）	其中（元）		
							人工费	材料费	机械费
12	9－89	防火调节阀（1000×500）安装	个	1		48.20	29.02	19.18	—
13	9－90	防火阀（1500×500）安装	个	1		65.90	42.03	23.87	—
14	9－136	单层百叶排烟口（800×400）安装	个	9	9＋3	21.99	15.79	5.98	0.22
15	9－136	单层百叶送风口（800×400）安装	个	9	9＋3	21.99	15.79	5.98	0.22
16	9－41	帆布软接（1000×1500×600）	m^2	3	$2\times(1.0+1.5)\times0.6$	171.45	47.83	121.74	1.88
17	9－41	帆布软接（800×500×600）	m^2	1.56	$2\times(0.8+0.5)\times0.6$	171.45	47.83	121.74	1.88
18	11－1870	1500×500碳钢风管保温层	m^3	11.847	$2\times[(1.5+1.033\times0.08)+(0.5+1.033\times0.08)]\times1.033\times0.08\times\left[2.0+10.6-0.6-1.0+2.0+0.6-(0.5+0.24)+\frac{1}{2}\times3.14\times1.5+16.2-1.0-0.6-(0.5+0.24)\right]$	166.06	86.61	72.70	6.75
19	11－2157	1500×500碳钢风管防潮层	$10m^2$	13.679	$2\times[(1.5+2.1\times0.08+0.0082)+(0.5+2.1\times0.08+0.0082)]\times\left[2.0+10.6-0.6-1.0+2.0+0.6-(0.5+0.24)+\frac{1}{2}\times3.14\times1.5+16.2-1.0-0.6-(0.5+0.24)\right]$	11.11	10.91	0.20	—
20	11－2153	1500×500碳钢风管保护层	$10m^2$	27.358	$2\times[(1.5+2.1\times0.08+0.0082)+(0.5+2.1\times0.08+0.0082)]\times\left[2.0+10.6-0.6-1.0+2.0+0.6-(0.5+0.24)+\frac{1}{2}\times3.14\times1.5+16.2-1.0-0.6-(0.5+0.24)\right]\times2$	11.11	10.91	0.20	—

续表

序号	定额编号	项目名称规格	单位	工程量	计算式	基价（元）	其中（元）		
							人工费	材料费	机械费
21	11-93	1500×500 碳钢风管刷调合漆	$10m^2$	11.63	$2\times(1.5+0.5)\times\left[2.0+10.6-0.6-1.0-(0.5+0.24)+2.0+0.6+\frac{1}{2}\times3.14\times1.5+16.2-1.0-0.6-(0.5+0.24)\right]$	6.12	5.80	0.32	—
22	11-1870	1000×500 碳钢风管保温层	m^3	9.807	$2\times[(1.0+1.033\times0.08)+(0.5+1.033\times0.08)]\times1.033\times0.08\times\left[6.0+\frac{1}{2}\times3.14\times1+6.4+\frac{1}{2}\times3.14\times1+8-(0.5+0.24)+5.0+7.0+\frac{1}{2}\times3.14\times1-(0.5+0.24)\right]$	166.06	86.61	72.70	6.75
23	11-2157	1000×500 碳钢风管防潮层	$10m^2$	13.2002	$2\times(1.0+2.1\times0.08+0.0082+0.5+0.0082+2.1\times0.08)\times\left[6.0+\frac{1}{2}\times3.14\times1+6.4+\frac{1}{2}\times3.14\times1+8-(0.5+0.24)+5.0+7.0+\frac{1}{2}\times3.14\times1-(0.5+0.24)\right]$	11.11	10.91	0.20	—
24	11-2153	1000×500 碳钢风管保护层	$10m^2$	26.4004	$2\times(1.0+2.1\times0.08+0.0082+0.5+0.0082+2.1\times0.008)\times\left[6.0+\frac{1}{2}\times3.14\times1+6.4+\frac{1}{2}\times3.14\times1+8-(0.5+0.24)+5.0+7.0+\frac{1}{2}\times3.14\times1-(0.5+0.24)\right]\times2$	11.11	10.91	0.20	—

续表

序号	定额编号	项目名称规格	单位	工程量	计算式	基价（元）	其中（元）		
							人工费	材料费	机械费
25	11－93	1000×500 碳钢风管刷调合漆	$10m^2$	10.689	$2\times(1.0+0.5)\times\left[6.0+\frac{1}{2}\times3.14\times1+6.4+8+\frac{1}{2}\times3.14\times1-(0.5+0.24)+5.0+7.0+\frac{1}{2}\times3.14\times1-(0.5+0.24)\right]$	6.12	5.80	0.32	—
26	11－1870	800×500 碳钢风管保温层	m^3	7.023	$2\times(0.8+1.033\times0.08+0.5+1.033\times0.08)\times1.033\times0.08\times(16+13)$	166.06	86.61	72.70	6.75
27	11－2157	800×500 碳钢风管防潮层	$10m^2$	9.5839	$2\times[(0.8+2.1\times0.08+0.0082)+(0.5+0.0082+2.1\times0.08)]\times(16+13)$	11.11	10.91	0.20	—
28	11－2153	800×500 碳钢风管保护层	$10m^2$	19.1678	$2\times[(0.8+2.1\times0.08+0.0082)+(0.5+0.0082+2.1\times0.08)]\times(16+13)\times2$	11.11	10.91	0.20	—
29	11－93	800×500 碳钢风管刷调合漆	$10m^2$	7.54	$2\times(0.8+0.5)\times(16+13)$	6.12	5.80	0.32	—
30	11－1870	800×400 碳钢风管保温层	m^3	3.425	$2\times[(0.8+1.033\times0.08)+(0.4+1.033\times0.08)]\times1.033\times0.08\times\left(5.8+\frac{1}{2}\times3.14\times0.8+2-0.4-0.24+7.4-0.4-0.24\right)$	166.06	86.61	72.70	6.75
31	11－2157	800×400 碳钢风管防潮层	$10m^2$	4.7118	$2\times(0.8+2.1\times0.08+0.0082+0.4+0.0082+2.1\times0.08)\times\left(5.8+\frac{1}{2}\times3.14\times0.8+2-0.4-0.24+7.4-0.4-0.24\right)$	11.11	10.91	0.20	—
32	11－2153	800×400 碳钢风管保护层	$10m^2$	9.4237	$2\times(0.8+2.1\times0.08+0.0082+0.4+0.0082+2.1\times0.08)\times\left(5.8+\frac{1}{2}\times3.14\times0.8+2-0.4-0.24+7.4-0.4-0.24\right)\times2$	11.11	10.91	0.20	—

续表

序号	定额编号	项目名称规格	单位	工程量	计算式	基价（元）	其中（元）		
							人工费	材料费	机械费
33	11-93	800×400 碳钢风管刷调合漆	$10m^2$	3.6422	$2\times(0.8+0.4)\times\left(5.8+\frac{1}{2}\times3.14\times0.8+2-0.4-0.24+7.4-0.4-0.24\right)$	6.12	5.80	0.32	—
34	11-1870	500×400 碳钢风管保温层	m^3	4.437	2×[(0.5+1.033×0.08)+(0.4+1.033×0.08)×1.033×0.08×(6.6+6.4+7.4+4.8)]	166.06	86.61	72.70	6.75
35	11-2157	500×400 碳钢风管防潮层	$10m^2$	6.3121	2×(0.5+2.1×0.08+0.0082+0.4+2.1×0.08+0.0082)×(6.6+6.4+7.4+4.8)	11.11	10.91	0.20	—
36	11-2153	500×400 碳钢风管保护层	$10m^2$	12.6242	2×(0.5+2.1×0.08+0.0082+0.4+2.1×0.08+0.0082)×(6.4+6.6+7.4+4.8)×2	11.11	10.91	0.20	—
37	11-93	500×400 碳钢风管刷调合漆	$10m^2$	4.536	2×(0.4+0.5)×(6.4+6.6+7.4+4.8)	6.12	5.80	0.32	—
38	9-43	风量测定孔	个	1		26.58	14.16	9.20	3.22

a. 塑料槽边吸风罩（450×400）

b. 手动密闭式对开多叶调节阀（1600×500）

c. 天圆地方管（1600×500，ϕ800）

d. 帆布连接管（ϕ800）

e. 4-72 型离心式塑料通风机

f. 帆布连接管（480×420×300）

g. 天圆地方管（ϕ630，480×420）

h. T609 圆伞形风帽（ϕ800）

i. 通风机基础

j. 方型 T302-8，250×250 钢制蝶阀（手柄式）

【例 1-125】 图 1-161、图 1-162 是一生产厂房排风系统图，风管材料采用优质碳钢镀锌钢板，其厚度为：风管周长＜2000mm 时，为 0.75mm，风管周长＜4000mm 时，为 1mm，风管周长＞4000mm 时，为 1.2mm，通风机基础采用钢支架 8 号槽钢和 L50×5 角钢焊接制成。钢架下垫 ϕ100×40 橡皮防震共 4 点，每点 4 块，下面做素混凝土基础及软木一层。在安装钢架时，基础必须校正水平。钢支架除锈后刷红丹防锈漆一遍，灰调合漆两遍，有风管吊托架两个，试计算此系统的工程量。

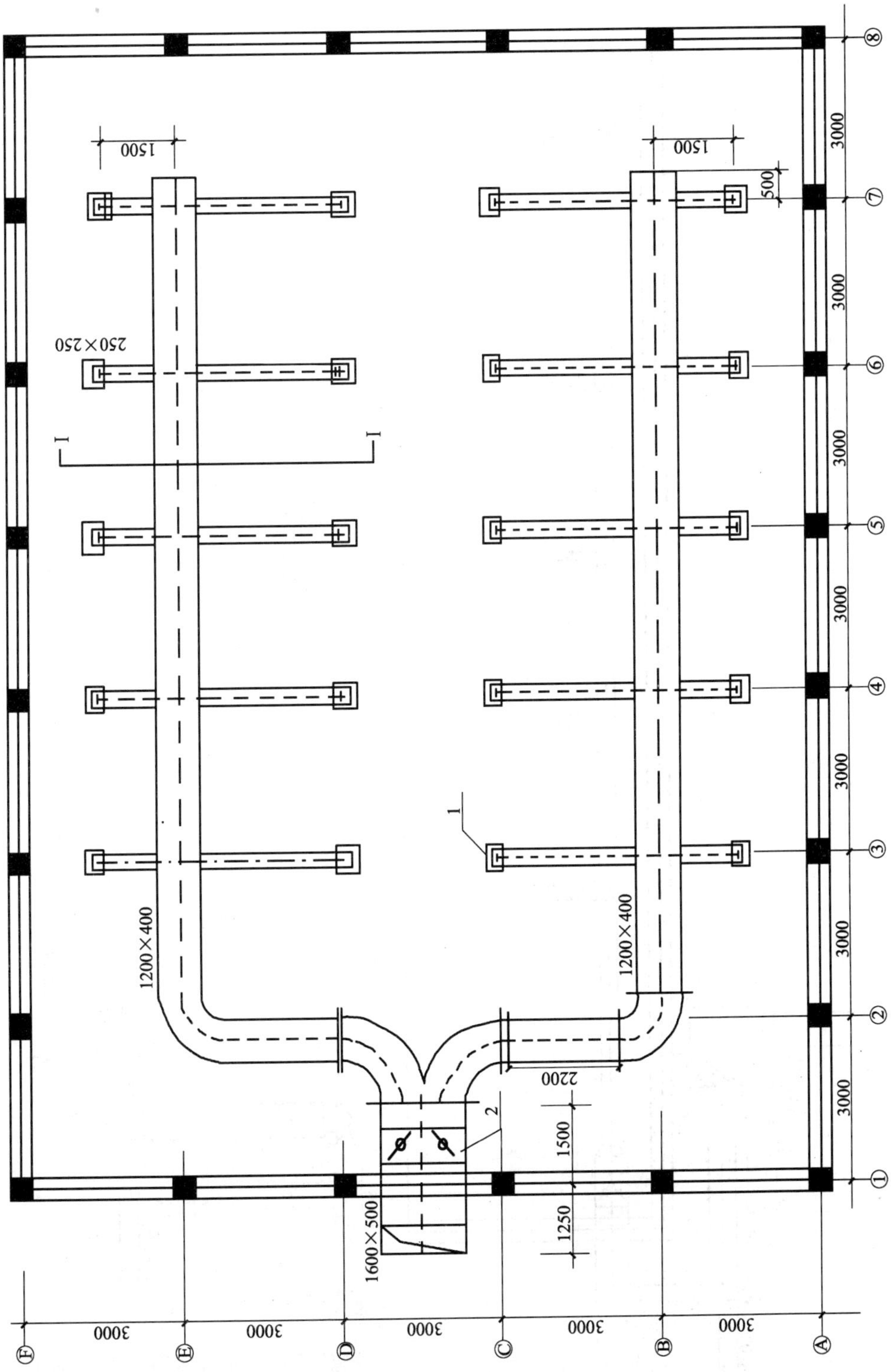

图 1-161　排风系统平面图

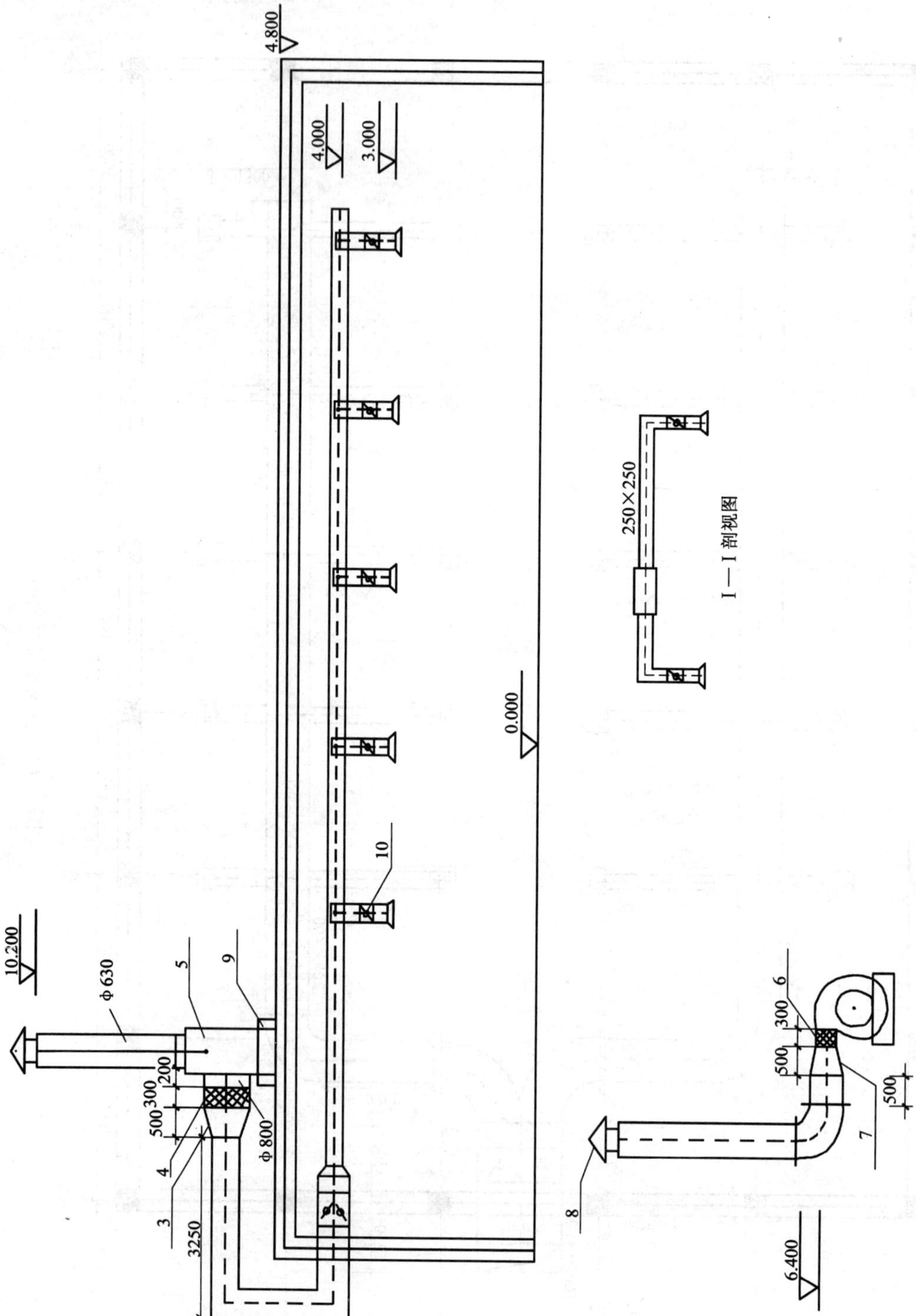

图1-162 排风系统立面图

【解】　（1）清单工程量：

① 离心式 6 号塑料通风机的工程量是 1 台

② 1600×500 碳钢风管的工程量为：

$$S=2\times(1.6+0.5)\times\left(\frac{1.25+1.5-0.25-0.21}{a}+\frac{3.250-0.25}{b}+\frac{6.0-4.0}{c}\right)$$

$=2\times2.1\times7.29\text{m}^2$

$=30.618\text{m}^2$

③ 1200×400 碳钢风管的工程量为：

$$S=2\times(1.2+0.4)\times\left(\frac{1}{2}\pi\times1.2+\frac{\frac{1}{2}\pi\times1.2}{d}+\frac{2.2}{e}+\frac{3.0+3.0+3.0+3.0+3.0-0.4+0.5}{f}\right)\times\frac{2}{g}$$

$=2\times1.6\times(3.14\times1.2+2.2+15+0.1)\times2\text{m}^2$

$=134.835\text{m}^2$

④ ϕ800 碳钢风管的工程量为：

$S=3.14\times0.8\times0.2\text{m}^2=0.502\text{m}^2$

⑤ ϕ630 碳钢风管的工程量为：

$$S=3.14\times0.63\times\left(0.5+\frac{\frac{1}{2}\times3.14\times0.63}{h}+\frac{10.2-6.4}{i}\right)\text{m}^2$$

$=10.463\text{m}^2$

⑥ 250×250 碳钢风管的工程量为：

$$S=2\times(0.25+0.25)\times\frac{(1.5+3+4.0-3.0-0.15+4.0-3.0-0.15)}{j}\times\frac{10}{k}\text{m}^2$$

$=2\times0.5\times6.2\times10\text{m}^2$

$=62\text{m}^2$

⑦ 天圆地方管（1600×500，ϕ800）的工程量为：

$$S=\left(\frac{\pi D}{2}+A+B\right)\times H$$

$$=\left(\frac{3.14\times0.8}{2}+1.6+0.5\right)\times0.5\text{m}^2$$

$=1.678\text{m}^2$

⑧ 天圆地方管（480×420，ϕ630）的工程量为：

$$S=\left(\frac{3.14\times0.63}{2}+0.48+0.42\right)\times0.5\text{m}^2$$

$=0.945\text{m}^2$

⑨ 手动密闭式对开多叶调节阀（1600×500）的工程量为 1 个

⑩ 方型 T302－8（250×250）钢制蝶阀（手柄式）的工程量为 20 个

⑪ T609 圆伞形风帽（ϕ800）的工程量为 1 个

⑫ 塑料槽边吸风罩（450×400）的工程量为：

$20\times17.94\text{kg}=358.8\text{kg}$

⑬ 帆布连接管（$\phi800$）的工程量为：

$S=3.14\times0.8\times0.3m^2=0.754m^2$

⑭ 帆布接口（480×420×300）的工程量为：

$$S=2\times(0.48+0.42)\times0.3m^2$$
$$=2\times0.9\times0.3m^2$$
$$=0.54m^2$$

清单工程量计算见表1-83。

清单工程量计算表　　表1-83

项目编码	项目名称	项目特征描述	单位	数量	计算式
030901002001	离心式塑料通风机	5号钢支架由8号槽钢和L50×5焊接而成	台	1	
030902001001	碳钢矩形风管	$\delta=1.2mm$，1600×500	m^2	30.618	$2\times(1.6+0.5)\times(1.25+1.5-0.25-0.21+3.25-0.25+6.0-4.0)$
030902001002	碳钢矩形风管	$\delta=1.0mm$，1200×400	m^2	134.835	$2\times(1.2+0.4)\times\left(\frac{1}{2}\times3.14\times1.2+\frac{1}{2}\times3.14\times1.2+2.2+3.0+3.0+3.0+3.0+3.0-0.4+0.5\right)\times2$
030902001003	碳钢风管	$\delta=1.0mm$，$\phi800$	m^2	0.502	$3.14\times0.8\times0.2$
030902001004	碳钢圆形风管	$\delta=0.75mm$，$\phi630$	m^2	10.463	$3.14\times0.63\times\left(0.5+\frac{1}{2}\times3.14\times0.63+10.2-6.4\right)$
030902001005	碳钢矩形风管	$\delta=0.75mm$，250×250	m^2	62	$2\times(0.25+0.25)\times(1.5+3+4.0-3.0-0.15+4.0-3.0-0.15)\times10$
030902001006	天圆地方碳钢管	1600×500，$\phi800$	m^2	1.678	$(3.14\times0.8\div2+1.6+0.5)\times0.5$
030902001007	天圆地方碳钢风管	480×420，$\phi630$	m^2	0.945	$(3.14\times0.63\div2+0.48+0.42)\times0.5$
030903001001	手动密闭式对开多叶调节阀	1600×500	个	1	
030903001002	钢制蝶阀	手柄式，方型T302－8(250×250)	个	20	1×20
030903012001	圆伞形风帽	$\phi800$，T609	个	1	
030903018001	塑料槽边吸气罩	450×400	kg	358.8	20×17.94
030903019001	帆布接口	$\phi800$	m^2	0.754	$3.14\times0.8\times0.3$
030903019002	帆布接口	480×420×300	m^2	0.54	$2\times(0.48+0.42)\times0.3$

注：*a* 是厂房内1600×500风管的长度，其中：1.25是①轴线至风管外边缘的长度，1.5是①轴线至三通处的长度，0.25是风管中心线至外边缘的长度，即风管宽度的一半，0.21是密闭式对开多叶调节阀的长度。

b 是1600×500风管的长度，0.25的意义同a屋顶水平方向长度。

c 是竖直方向上1600×500风管的长度，其中6.0和4.0分别为屋顶和厂房内风管中心线的标高。

d 是弯头中心线的长度如图所示。

e 是②轴线上风管 1200×400 的长度。

f 是Ⓑ轴线上风管 1200×400 的长度，其中：0.4 是②轴线至法兰连接处的距离，0.5 是⑦轴线至风管顶端的长度。

g 是因为图示有两相同的支管系统，所以乘以 2。

h 是 ϕ630 弯头中心线的长度。

i 是两标高间的距离也即 ϕ630 竖直方向上风管长度。

j 是 250×250 碳钢风管一支管的长度，其中 1.5 是Ⓑ轴线至风管弯头中心线的距离，3 是Ⓑ轴线至风管另一个弯头中心线的距离，4.0－3.0 是一边支管竖直方向上的长度。

k 乘以 10 是因为共有 10 个这样的支管系统。

（2）定额工程量：

通风机、碳钢风管、碳钢调节阀、碳钢风帽、塑料罩类和柔性接口的安装工程量与以清单形式的计算过程相同。

① 风机减振台座工程量为 55kg

② 风管吊托架工程量为 9.1×2kg＝18.2kg

③ 设备支架工程量为：

8 号槽钢 6.6×8.04kg＝53.064kg

④ 金属支架刷灰调合漆第一遍工程量为：

$M=(55+9.1\times2+6.6\times8.04)\text{kg}=126.264\text{kg}$

⑤ 金属支架刷第二遍灰调合漆的工程量为：

$M=(55+9.1\times2+6.6\times8.04)\text{kg}=126.264\text{kg}$

⑥ 金属支架刷红丹防锈漆一遍的工程量为：

$M=(55+9.1\times2+6.6\times8.04)\text{kg}=126.264\text{kg}$

其中，55 是风机减振台座的工程量。

定额工程量计算见表 1-84。

定额工程量计算表　　　　**表 1-84**

序号	定额编号	分项工程名称	单位	工程量	计算式	基价（元）	其中（元）		
							人工费	材料费	机械费
1	9－217	离心式塑料通风机 6 号	台	1		104.10	78.48	25.62	—
2	9－16	1600×500 碳钢矩形风管，$\delta=1.2$mm	$10m^2$	3.0618	$2\times(1.6+0.5)\times(1.25+1.5-0.25-0.21+3.25-0.25+6.0-4.0)$	380.69	157.43	180.83	42.43
3	9－15	1200×400 碳钢矩形风管，$\delta=1.0$mm	$10m^2$	13.4835	$2\times(1.2+0.4)\times\left(\frac{1}{2}\times3.14\times1.2+2.2+3.0+\frac{1}{2}\times3.14\times1.2+3.0+3.0+3.0+3.0-0.4+0.5\right)\times2$	410.82	179.72	180.18	50.92

续表

序号	定额编号	分项工程名称	单位	工程量	计算式	基价（元）	其中（元）		
							人工费	材料费	机械费
4	9－11	ϕ800 碳钢圆形风管，δ=1.0mm	$10m^2$	0.0502	3.14×0.8×0.2	541.81	256.35	211.04	74.42
5	9－11	ϕ630 碳钢圆形风管，δ=0.75mm	$10m^2$	1.0463	$3.14\times0.63\times\left(0.5+\frac{1}{2}\times3.14\times0.63+10.2-6.4\right)$	541.81	256.35	211.04	74.42
6	9－13	250×250 碳钢矩形风管，δ=0.75mm	$10m^2$	6.2	2×（0.25+0.25）×（1.5+3+4.0－3.0－0.15+4.0－3.0－0.15）×10	787.10	387.54	255.26	144.30
7	9－15	天圆地方碳钢风管（1600×500，ϕ800）	$10m^2$	0.1678	（3.14×0.8÷2+1.6+0.5）×0.5	410.82	179.72	180.18	50.92
8	9－14	天圆地方碳钢风管（480×420，ϕ630）	$10m^2$	0.0945	（3.14×0.63÷2+0.48+0.42）×0.5	533.38	254.72	196.63	82.03
9	9－86	手动密闭式对开多叶调节阀（1600×500）	个	1		37.80	13.93	23.87	—
10	9－73	方型T302－8（250×250）钢制蝶阀（手柄式）	个	20	1×20	19.24	6.97	3.33	8.94
11	9－166	T609 圆伞形风帽（ϕ800）	个			1208.34	98.69	109.47	0.18
12	9－318	塑料槽边吸气罩（450×400）	100kg	3.588	20×17.94÷100	2860.73	854.80	1388.36	617.87
13	9－41	帆布接口（ϕ800）	m^2	0.754	3.14×0.8×0.3	171.45	47.83	121.74	1.88
14	9－41	帆布接口（480×420×300）	m^2	0.54	2×（0.48+0.42）×0.3	171.45	47.83	121.74	1.88
15	9－212	风机减振台座	个	1		414.38	75.23	330.52	8.63
16	9－270	风管吊托架	100kg	0.182	9.1×2	975.57	183.44	776.36	15.77
17	9－211	设备支架	100kg	0.53064	6.6×8.04	523.29	159.75	348.27	15.27
18	11－126	金属支架刷第一遍灰调合漆	100kg	1.26264	55+9.1×2+6.6×8.04	12.33	5.11	0.26	6.96
19	11－127	金属支架刷第二遍灰调合漆	100kg	1.26264	55+9.1×2+6.6×8.04	12.30	5.11	0.23	6.96
20	11－117	金属支架刷一遍红丹防锈漆	100kg	1.26264	55+9.1×2+6.6×8.04	13.17	5.34	0.87	6.96

a. 电动对开密闭式多叶调节阀（630×630）

b. 静压箱（1.25×1.25×1.0，δ=1.5mm）

c. 天圆地方管（1000×400，ϕ655）

d. 圆形风管止回阀（垂直式，$\phi630$）

e. 双速排烟风机 GYF6 – SI – BX，$L=1500\text{m}^3/\text{h}$，$H=600\text{Pa}/150\text{Pa}$，$N=5.9\text{kw}/1.4\text{kW}$

f. 软管接口（$\phi655$）

g. 单层百叶排风口（600 × 300）

h. 400 × 400 方形直片散流器

i. 天圆地方管（1000 × 400，$\phi550$）

j. 软管接口（$\phi550$）

k. 单速送风机 $G\times$F5.5 – 1 – BX，$L=8000\text{m}^3/\text{h}$，$H=345\text{Pa}$，$N=1.5\text{kW}$

l. 垂直式圆形风管止回阀（$\phi500$）

m. 天圆地方管（800 × 500，$\phi550$）

n. 电动防火阀（800 × 500）

o. 电动密闭式对开多叶调节阀（1000 × 400）

p. 风管检查孔（270 × 230）

【例 1-126】 图 1-163 是某工业厂房一层通风平面图，既可机械排风（兼排烟）又可机械补风，平时双速排烟风机低速运转进行机械排风，可通过门窗楼梯等进行自然补风，当发生火灾时，可以高速运转进行排烟，与此同时单速送风机可补入新风，所有管道除锈后，刷两道防锈漆，试计算此系统工程量，风管周长 < 2000mm 时，$\delta=0.75\text{mm}$，风管周长 > 2000mm 时，$\delta=1.0\text{mm}$。

（1）清单工程量：

① 双速排烟风机 GYF6 – S1 – BX 的工程量为 1 台

② 单速送风机 GXF5.5 – 1 – BX 的工程量为 1 台

③ 1000 × 400 镀锌钢板通风管的工程量为：

$$S=\left[2\times(1.0+0.4)\times\left(\frac{0.5+2.6+2.6+2.6+0.5+0.5}{a}+\frac{0.7+2.6+2.6+0.8+1.1-0.21}{b}\right)\right]\text{m}^2$$

$$=2\times1.4\times16.89\text{m}^2$$

$$=47.292\text{m}^2$$

④ 800 × 500 镀锌钢板风管的工程量为：

$$S=2\times(0.8+0.5)\times\frac{[1.8-(0.5+0.24)]}{c}\text{m}^2$$

$$=2\times1.3\times1.06\text{m}^2$$

$$=2.756\text{m}^2$$

⑤ 630 × 630 镀锌钢板风管的工程量为：

$$S=2\times(0.63+0.63)\times\frac{(1.51-0.21)}{d}\text{m}^2$$

$$=2\times1.26\times1.3\text{m}^2$$

$$=3.276\text{m}^2$$

⑥ 天圆地方管（1000 × 400，$\phi655$）的工程量为：

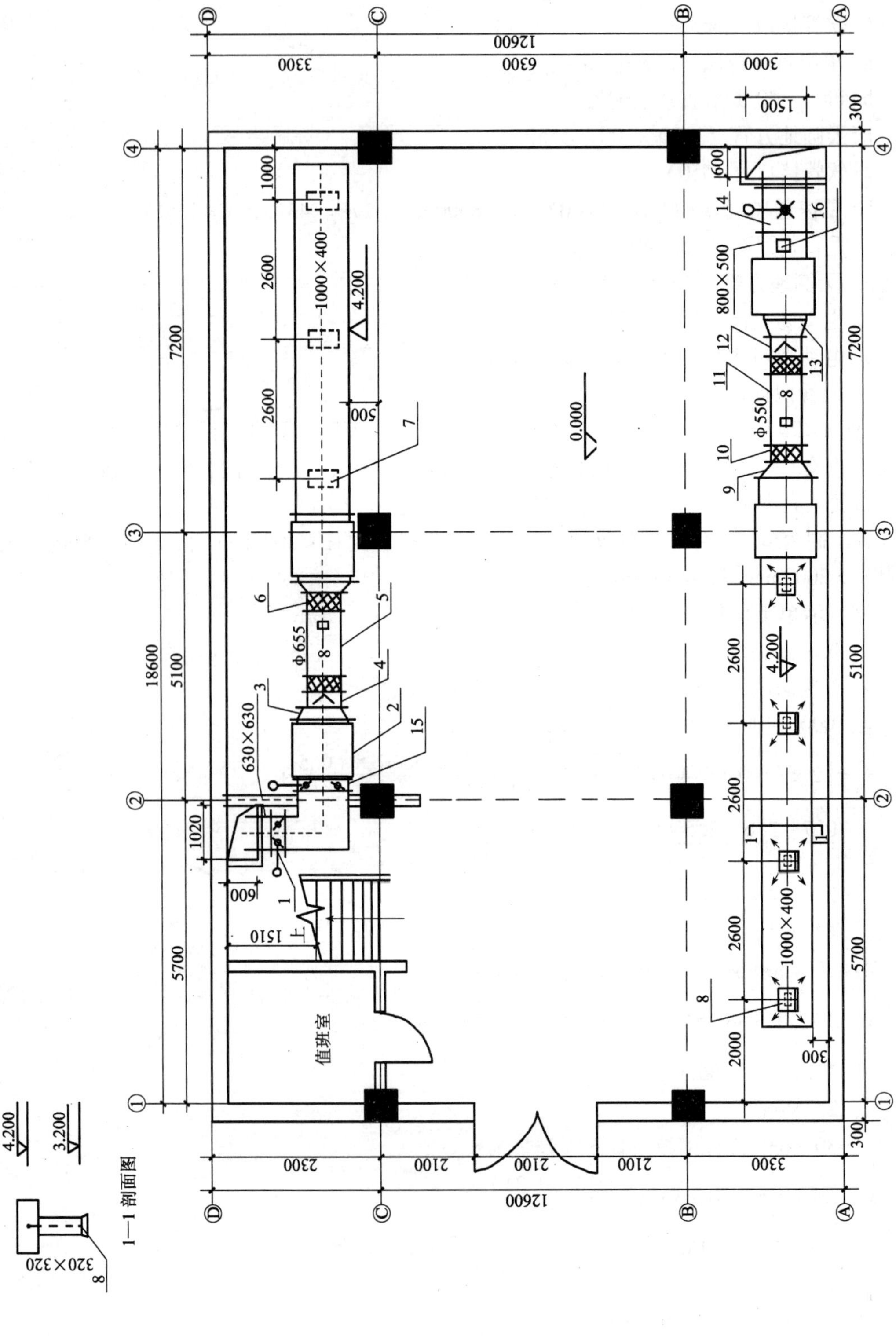

12600
3300
6300
3000
1500
2300
2100
2100
2100
3300
300
18600
7200
5100
5700
1000
2600
2600
2600
2600
2600
2000
600
1020
1510
500
1000×400
1000×400
4.200
4.200
0.000
630×630
Φ655
Φ550
800×500
值班室
上
1—1 剖面图
320×320
3.200

图 1-163 通风平面图

$$S=\left(\frac{\pi D}{2}+A+B\right)H\times\frac{2}{e}$$

$$=(3.14\times0.655\div2+1.0+0.4)\times\frac{0.2}{f}\times2\text{m}^2$$

$$=2.428\times0.4\text{m}^2$$

$$=0.971\text{m}^2$$

⑦ 天圆地方管（1000×400，ϕ550）的工程量为：

$$S=\left(\frac{\pi D}{2}+A+B\right)H$$

$$=(3.14\times0.55\div2+1.0+0.4)\times0.3\text{m}^2$$

$$=2.2635\times0.3\text{m}^2$$

$$=0.679\text{m}^2$$

⑧ 天圆地方管（800×500，ϕ550）的工程量为：

$$S=(3.14\times0.55\div2+0.8+0.5)\times0.3\text{m}^2$$

$$=2.1635\times0.3\text{m}^2$$

$$=0.649\text{m}^2$$

⑨ 320×320 镀锌钢板风管的工程量为：

$$S=2\times(0.32+0.32)\times\frac{(4.2-3.2)\times4}{g}\text{m}^2$$

$$=2\times0.64\times4\text{m}^2$$

$$=5.12\text{m}^2$$

⑩ 密闭式电动对开多叶调节阀（630×630）的工程量为 1 个

⑪ 圆形风管止回阀（垂直式，ϕ630）的工程量为 1 个

⑫ 垂直式圆形风管止回阀（ϕ500）的工程量为 1 个

⑬ 电动矩形防火阀（800×500）的工程量为 1 个

⑭ 密闭式电动对开多叶调节阀（1000×400）的工程量为 1 个

⑮ 单层百叶排风口（600×300）的工程量为 3 个

⑯ 方形直片散流器（400×400）的工程量为 4 个

⑰ 静压箱（1250×1250×1000，$\delta=1.5$mm）的工程量为：

$$S=2\times(1.25\times1.25+1.25\times1+1.25\times1)\times\frac{4}{h}\text{m}^2$$

$$=2\times(2.5+1.5625)\times4\text{m}^2$$

$$=32.5\text{m}^2$$

清单工程量计算见下表：

清单工程量计算表

项目编码	项目名称	项目特征描述	单位	数量	计算式
030901002001	双速排烟风机	GYF6 – SI – BX	台	1	
030901002002	单速送风机	GXF5.5 – 1 – BX	台	1	

续表

项目编码	项目名称	项目特征描述	单位	数量	计算式
030902001001	1000×400镀锌钢板风管	δ=1mm，刷两道漆防锈漆	m^2	47.292	2×(1.0+0.4)×(0.5+2.6+2.6+2.6+0.5+0.5+0.7+2.6+2.6+0.8+1.1-0.21)
030902001002	800×500镀锌钢板风管	δ=1.0mm，刷两道防锈漆	m^2	2.756	2×(0.8+0.5)×[1.8-(0.5+0.24)]
030902001003	630×630铝板风管	δ=1.0mm，刷两道防锈漆	m^2	3.276	2×(0.63+0.63)×(1.51-0.21)
030902001004	天圆地方管	1000×400，φ655，δ=1.0mm，刷两道防锈漆	m^2	0.971	(3.14×0.655÷2+1.0+0.4)×0.2×2
030902001005	天圆地方管	1000×400，φ550，δ=1.0mm，刷两道防锈漆	m^2	0.679	(3.14×0.55÷2+0.8+0.5)×0.3
030902001006	天圆地方管	800×500，φ550，δ=1.0mm，刷两道防锈漆	m^2	0.649	(3.14×0.55÷2+0.8+0.5)×0.3
030902001007	矩形镀锌钢板风管	δ=0.75mm，320×320	m^2	5.12	2×(0.32+0.32)×(4.2-3.2)×4
030903001001	密闭式电动对开多叶调节阀	630×630	个	1	
030903001002	圆形风管止回阀	垂直式，φ630	个	1	
030903001003	垂直式圆形风管止回阀	φ500	个	1	
030903001004	电动矩形防火阀	800×500	个	1	
030903001005	密闭式电动对开多叶调节阀	1000×400	个	1	
030903011001	单层百叶排风口	600×300	个	3	1×3
030903011002	方形直片散流器	400×400	个	4	1×4
030903021001	静压箱	1.25×1.25×1.0，δ=1.5mm	m^2	32.5	2×(1.25×1.25+1.25×1+1.25×1)×4

注：1. 1000×400镀锌钢板通风管的长度（补风管部分）。如图所示0.5+2.6+2.6+2.6+0.5是③轴线至端线风管的长度，0.5是③轴线至（1000×400，φ550）天圆地方管之间1000×400铝板的长度。

2. 1000×400排风管的长度。0.7+2.6+2.6+0.8是③、④轴线间1000×400镀锌钢板风管的长度，1.1-0.21是静压箱至弯头处的长度，0.21是密闭式电动对开多叶调节阀的长度，故应减去此阀门的长度。

3. 800×500镀锌钢板风管的长度，如图所示。1.8是新风井至静压箱间的距离，0.5+0.24是电动防火阀（800×500）所占长度。

4. 630×630镀锌钢板风管的长度。1.51是排风井至弯头处630×630风管的长度，0.21是密闭式电动对开多叶调节阀（630×630）的长度。

5. 因为有两段相同的天圆地方管（1000×400，φ655）所以乘以2。

6. 天圆地方管（1000×400，φ655）的长度。

7. 320×320镀锌钢板风管的长度。4.2-3.2是320×320铝板风管的标高差，乘以4是因为有4根320×320的镀锌钢板风管。

8. 因为有4个1250×1250×1000的静压箱，所以乘以4。

（2）定额工程量：

① 风管的制作安装，通风机的安装，碳钢调节阀的安装，镀锌钢风口、散流器安装，同清单形式下工程量的计算。

② 1000×400 镀锌钢板通风管的第一道防锈漆的工程量为：

$$S = 2 \times (1.0 + 0.4) \times (0.5 + 2.6 + 2.6 + 2.6 + 0.5 + 0.5 + 0.7 + 2.6 + 2.6 + 0.8 + 1.1 - 0.21)\,m^2$$
$$= 2 \times 1.4 \times 16.89\,m^2$$
$$= 47.292\,m^2$$

③ 1000×400 镀锌钢板通风管刷第二道防锈漆的工程量同②

④ 800×500 镀锌钢板通风管刷第一道防锈漆的工程量为：

$$S = 2 \times (0.8 + 0.5) \times [1.8 - (0.5 + 0.24)]\,m^2$$
$$= 2 \times 1.3 \times 1.06\,m^2$$
$$= 2.756\,m^2$$

⑤ 800×500 镀锌钢板通风管刷第二道防锈漆的工程量同④

⑥ 630×630 镀锌钢板通风管刷第一道防锈漆的工程量为：

$$S = 2 \times (0.63 + 0.63) \times (1.51 - 0.21)\,m^2 = 3.276\,m^2$$

⑦ 630×630 镀锌钢板通风管刷第二道防锈漆的工程量为：

$$S = 2 \times (0.63 + 0.63) \times (1.51 - 0.21)\,m^2 = 3.276\,m^2$$

⑧ 天圆地方管（1000×400，ϕ655）的工程量（刷第一遍防锈漆）为：

$$S = (3.14 \times 0.655 \div 2 + 1.0 + 0.4) \times 0.2 \times 2\,m^2$$
$$= 2.428 \times 0.4\,m^2$$
$$= 0.971\,m^2$$

⑨ 天圆地方管（1000×400，ϕ655）刷第二遍除锈漆的工程量同⑧

⑩ 天圆地方管（1000×400，ϕ550）刷第一遍防锈漆的工程量为：

$$S = (3.14 \times 0.55 \div 2 + 1.0 + 0.4) \times 0.3\,m^2$$
$$= 2.2635 \times 0.3\,m^2$$
$$= 0.679\,m^2$$

⑪ 天圆地方管（1000×400，ϕ550）刷第二遍防锈漆的工程量同⑩

⑫ 天圆地方管（800×500，ϕ550）刷第一遍防锈漆的工程量为：

$$S = (3.14 \times 0.55 \div 2 + 0.8 + 0.5) \times 0.3\,m^2$$
$$= 2.1635 \times 0.3\,m^2$$
$$= 0.649\,m^2$$

⑬ 天圆地方管（800×500，ϕ550）刷第二遍防锈漆的工程量同⑫

⑭ 320×320 镀锌钢板风管刷第一遍防锈漆的工程量为：

$$S = 2 \times (0.32 + 0.32) \times (4.2 - 3.2) \times 4\,m^2$$

$=2\times0.64\times4m^2$

$=5.12m^2$

⑮ 密闭式电动对开多叶调节阀（630×630）的制作工程量为：

$1\times22.80kg=22.80kg$

⑯ 圆形风管止回阀（垂直式，$\phi630$）的制作工程量为：

$1\times17.42kg=17.42kg$

⑰ 垂直式圆形风管止回阀 $\phi500$ 的制作工程量为：

$1\times13.69kg=13.69kg$

⑱ 电动矩形防火阀（800×500）的安装工程量为 1 个

⑲ 密闭式电动对开多叶调节阀（1000×400）的制作工程量为：

$1\times22.40kg=22.40kg$

⑳ 电动矩形防火阀（800×500）的制作工程量为：

$1\times M kg=M kg$

其中 Mkg 是电动防火阀（800×500）的单重。

㉑ 单层百叶排风口（600×300）的制作工程量为：

$3\times m kg=3m kg$

其中 $m$kg 是单层百叶排风口（600×300）的单重。

㉒ 方形直片散流器（400×400）的制作工程量为：

$4\times8.89kg=35.56kg$

㉓ 静压箱（1250×1250×1000，$\delta=1.5mm$）的工程量为：

$S=2\times(1.25\times1.25+1.25\times1+1.25\times1)\times4m^2$

$=2\times(2.5+1.5625)\times4m^2$

$=32.5m^2$

㉔ $\phi655$ 软管接口的制作安装工程量为：

$S=3.14\times0.655\times0.3\times\frac{2}{\text{I}}m^2$

$=1.234m^2$

㉕ $\phi550$ 软管接口的制作安装工程量为：

$S=3.14\times0.55\times0.3\times\frac{2}{\text{II}}m^2$

$=1.036m^2$

㉖ 风管检查孔（270×230）的工程量为：

$1\times1.68kg=1.68kg$

㉗ 320×320 风管刷第二遍防锈漆的工程量同⑭为 $5.12m^2$

注：Ⅰ是因为有两段相同长度的 $\phi655$ 软管接口所以乘以 2

Ⅱ是因为有两段相同长度的 $\phi550$ 软管接口所以乘以 2

定额工程量计算见表 1-85。

定额工程量计算表

表 1-85

序号	定额编号	分项工程名称	单位	工程量	计算式	基价（元）	其中（元）		
							人工费	材料费	机械费
1	9－217	双速排烟风机 GYF6－SI－BX	台	1		104.10	78.48	25.62	
2	9－222	单速送风机 GXF5.5－1－BX	台	1		37.23	34.83	2.40	
3	9－7	1000×400 镀锌钢板矩形风管，$\delta=1.0$mm	$10m^2$	4.7292	2×（1.0＋0.4）×（0.5＋2.6＋2.6＋2.6＋0.5＋0.5＋0.7＋2.6＋2.6＋0.8＋1.1－0.21），	295.54	115.87	167.99	11.68
4	9－7	800×500 镀锌钢板矩形风管 m$\delta=1.0$mm	$10m^2$	0.2756	2×（0.8＋0.5）×［1.8－（0.5＋0.24）］	295.54	115.87	167.99	11.68
5	9－7	630×630 镀锌钢板矩形风管，$\delta=1.0$mm	$10m^2$	0.3276	2×（0.63＋0.63）×（1.51－0.21）	295.54	115.87	167.99	11.68
6	9－7	天圆地方管（1000×400，ϕ655），$\delta=1.0$mm	$10m^2$	0.0971	（3.14×0.655÷2＋1.0＋1.4）×0.2×2	295.54	115.87	167.99	11.68
7	9－7	天圆地方管（1000×400，ϕ550），$\delta=1.0$mm	$10m^2$	0.0679	（3.14×0.55÷2＋1.0＋0.4）×0.3	295.54	115.87	167.99	11.68
8	9－7	天圆地方管（800×500，ϕ550），$\delta=1.0$mm	$10m^2$	0.0649	（3.14×0.55÷2＋0.8＋0.5）×0.3	295.54	115.87	167.99	11.68
9	9－6	320×320 镀锌钢板矩形风管，$\delta=0.75$mm	$10m^2$	0.512	2×（0.32＋0.32）×（4.2－3.2）×4	387.05	154.18	213.52	19.35
10	9－84	电动密闭式对开多叶调节阀的安装（630×630）	个	1		25.77	10.45	15.32	—
11	9－79	垂直式圆形风管止回阀（ϕ630）的安装	个	1		24.92	9.98	14.94	—
12	9－79	垂直式圆形风管止回阀（ϕ500）安装	个	1		24.92	9.98	14.94	—
13	9－89	电动矩形防火阀（800×500）安装	个	1		48.20	29.02	19.18	—
14	9－84	密闭式电动对开多叶调节阀（1000×400）安装	个	1		25.77	10.45	15.32	—
15	9－135	单层百叶排风口（600×300）安装	个	3	1×3	14.97	10.45	4.30	0.22
16	9－148	方形直片散流器（400×400）安装	个	4	1×4	10.94	8.36	2.58	—
17	11－53	1000×400 镀锌钢板矩形风管刷第一道防锈漆	m^2	47.292	2×（1.0＋0.4）×（0.5＋2.6＋2.6＋2.6＋0.5＋0.5＋0.7＋2.6＋2.6＋0.8＋1.1－0.21）	7.40	6.27	1.13	—

续表

序号	定额编号	分项工程名称	单位	工程量	计算式	基价（元）	其中（元）		
							人工费	材料费	机械费
18	11－54	1000×400镀锌钢板矩形风管刷第二道防锈漆	m^2	47.292	2×（1.0＋0.4）×（0.5＋2.6＋2.6＋2.6＋0.5＋0.5＋0.7＋2.6＋2.6＋0.8＋1.1－0.21）	7.28	6.24	1.01	—
19	11－53	800×500镀锌钢板矩形风管刷第一道防锈漆	m^2	2.756	2×（0.8＋0.5）×［1.8－（0.5＋0.24）］	7.40	6.27	1.13	—
20	11－54	800×500镀锌钢板矩形风管刷第二道防锈漆	m^2	2.756	2×（0.8＋0.5）×［1.8－（0.5＋0.24）］	7.28	6.27	1.01	—
21	11－53	630×630镀锌钢板矩形风管刷第一道防锈漆	m^2	3.276	2×（0.63＋0.63）×（1.51－0.21）	7.40	6.27	1.13	—
22	11－54	630×630镀锌钢板矩形风管刷第二道防锈漆	m^2	3.276	2×（0.63＋0.63）×（1.51－0.21）	7.28	6.27	1.01	—
23	11－53	天圆地方管（1000×400，ϕ655）刷第一道防锈漆	m^2	0.971	（3.14×0.655÷2＋1.0＋0.4）×0.2×2	7.40	6.27	1.13	—
24	11－54	天圆地方管（1000×400，ϕ655）刷第二道防锈漆	$10m^2$	0.0971	（3.14×0.655÷2＋1.0＋0.4）×0.2×2	7.28	6.27	1.01	—
25	11－53	天圆地方管（1000×400，ϕ550）刷第一道防锈漆	$10m^2$	0.0679	（3.14×0.55÷2＋1.0＋0.4）×0.3	7.40	6.27	1.13	—
26	11－54	天圆地方管（1000×400，ϕ550）刷第二道防锈漆	$10m^2$	0.0679	（3.14×0.55÷2＋1.0＋0.4）×0.3	7.28	6.27	1.01	—
27	11－53	天圆地方管（800×500，ϕ550）刷第二道防锈漆	$10m^2$	0.0649	（3.14×0.55÷2＋0.8＋0.5）×0.3	7.40	6.27	1.13	—
28	11－54	天圆地方管（800×500，ϕ550）刷第二道防锈漆	$10m^2$	0.0649	（3.14×0.55÷2＋0.8＋0.5）×0.3	7.28	6.27	1.01	—
29	11－53	320×320镀锌钢板风管刷第一遍防锈漆	$10m^2$	0.512	2×（0.32＋0.32）×（4.2－3.2）×4	7.40	6.27	1.13	—
30	11－54	320×320镀锌钢板风管刷第二道防锈漆	$10m^2$	0.512	2×（0.32＋0.32）×（4.2－3.2）×4	7.28	6.27	1.01	—
31	9－62	密闭式电动对开多叶调节阀（630×630）的制作	100kg	0.228	1×22.80	1103.29	344.58	546.37	212.34

续表

序号	定额编号	分项工程名称	单位	工程量	计算式	基价（元）	其中（元）		
							人工费	材料费	机械费
32	9-55	圆形风管止回阀（垂直式，ϕ630）的制作	100kg	0.1742	1×17.42	1012.82	310.22	613.49	89.11
33	9-55	垂直式圆形风管止回阀 ϕ500 的制作	100kg	0.1369	1×13.69	1012.82	310.22	613.49	89.11
34	9-62	密闭式电动对开多叶调节阀（1000×400）的制作	100kg	0.224	1×22.40	1103.29	344.58	546.37	212.34
35	9-65	电动矩形防火阀 800×500 制作	100kg	0.01M	M 是此类型防火阀的单重（kg/个）	614.44	134.21	394.33	85.90
36	9-94	单层百叶排风口（600×300）的制作	100kg	0.03m	m 为此类型风口的单重（kg/个）<2kg	2014.47	1477.95	520.88	15.64
37	9-110	方形直片式散流器（400×400）制作	100kg	0.3556	4×8.89	2119.76	1170.75	584.54	364.47
38	9-252	静压箱（1250×1250×1000，δ=1.5mm）	$10m^2$	3.25	2×（1.25×1.25+1.25×1+1.25×1）×4	468.34	283.28	166.14	18.92
39	9-41	ϕ655 软管接口制作安装	m^2	1.234	3.14×0.655×0.3×2	171.45	47.83	121.74	1.88
40	9-41	ϕ550 软管接口制作安装	m^2	1.036	3.14×0.55×0.3×2	171.45	47.83	121.74	1.88
41	9-42	风管检查孔（270×230）	100kg	0.0168	1×1.68	1147.41	486.92	543.99	116.50

a. 100×150 单层百叶送回风口

b. 400×200 手柄式矩形钢制蝶阀

c. 200×200 手柄式方形钢制蝶阀

d. 200×200 单层百叶回风口

e. 800×200 手动密闭式对开多叶调节阀

f. 1000×1200×900（$B\times H\times L$）阻抗复合式消声器

g. 天圆地方管（ϕ350，780×630）

h. 帆布软管接口（ϕ350）

i. BI-P-I 排风机 $V=4000m^3/h$，$N=1.1kW$

j. 700×700 防雨百叶（塑料）

k. BI-S-I 送风机，$V=5000m^3/h$，$N=1.1kW$

l. 1000×320 手动密闭式对开多叶调节阀

m. 250×200 矩形钢制蝶阀（手柄式）

n. 300×300 单层百叶送风口

o. 250×250 单层百叶送回风口

【例 1-127】 如图 1-164 所示，图示为两个会议室的送排风通风系统平面图，其中 9 是排风机，11 是送风机，送风机由室外引入新风送入室内，以维持室内气流流通，试计算图示的工程量。

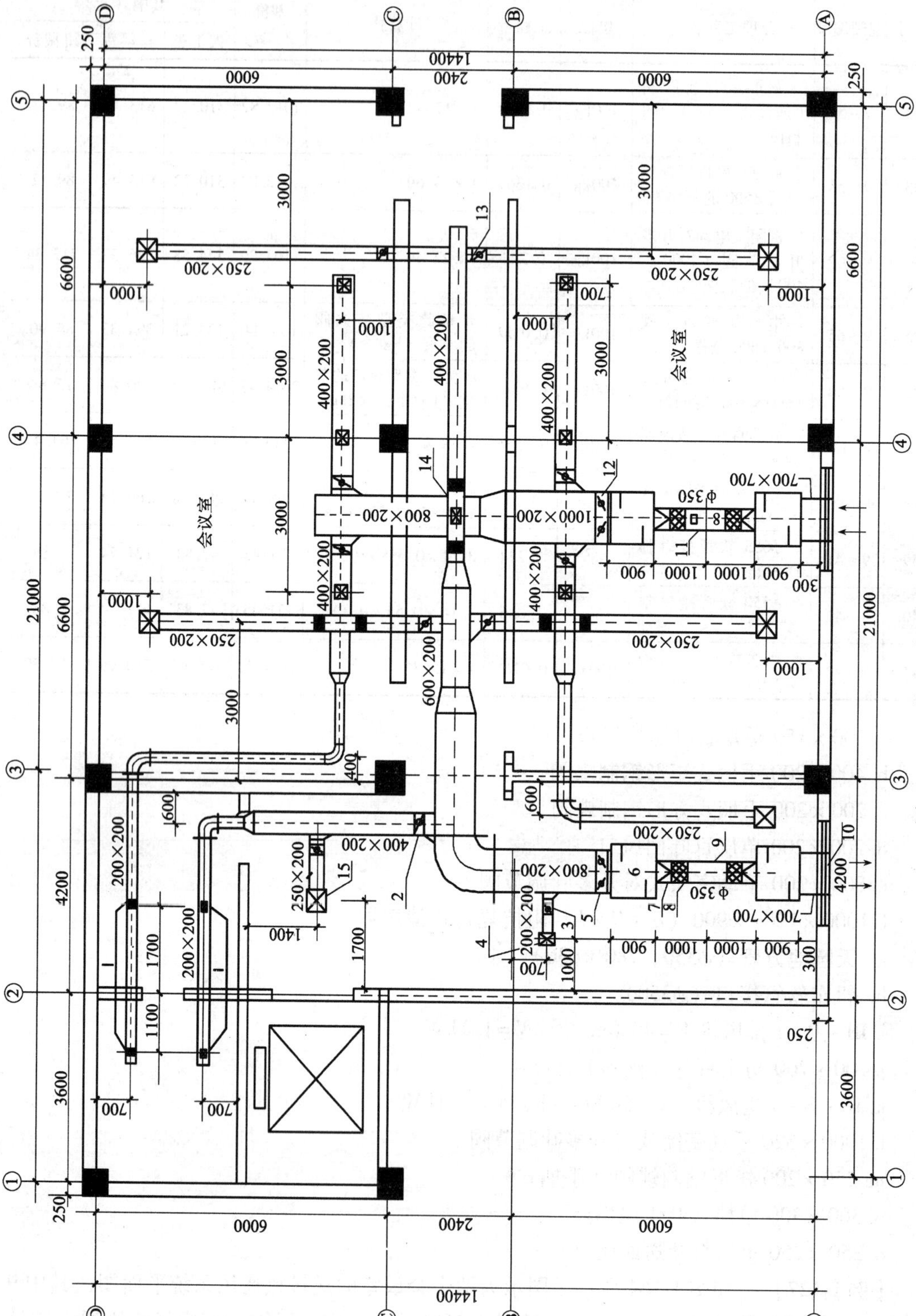

图1-164 送排风通风系统平面图

【解】 （1）清单工程量：

① BI－P－I 排风机（$V=4000m^3/h$，$N=1.1kW$）的工程量是1台

② BI－S－I 送风机（$V=5000m^3/h$，$N=1.1kW$）的工程量是1台

③ 1000×200 不锈钢风管的工程量为：

$$S=2\times(1.0+0.2)\times\frac{(1.9-0.21+0.7)}{a}m^2$$
$$=2\times1.2\times2.39m^2$$
$$=5.736m^2$$

④ 700×700 不锈钢风管的工程量为：

$$S=2\times(0.7+0.7)\times\frac{0.5\times2m^2}{b}$$
$$=2\times1.4m^2$$
$$=2.8m^2$$

⑤ 800×200 不锈钢风管的工程量为：

$$S=2\times(0.8+0.2)\times\frac{\left(3.3+2.3-0.21+\frac{1}{2}\times3.14\times0.8+3.9\right)}{c}m^2$$
$$=2\times1.0\times10.546m^2$$
$$=21.092m^2$$

⑥ 600×200 不锈钢风管的工程量为：

$$S=2\times(0.6+0.2)\times2.4m^2$$
$$=2\times0.8\times2.4m^2$$
$$=3.84m^2$$

⑦ 400×200 不锈钢矩形风管的制作安装工程量为：

$$S=2\times(0.4+0.2)\times\frac{(3.2-0.15+4.2-0.15+3.2-0.15+4.2-0.15+6.5+4.2-0.15)m^2}{d}$$
$$=2\times0.6\times24.75m^2$$
$$=29.7m^2$$

⑧ 天圆地方管（$\phi350$，780×630）的工程量为：

$$S=(3.14\times0.35\div2+0.78+0.63)\times\frac{0.3\times4}{e}m^2$$
$$=2.3514m^2$$

⑨ 250×200 不锈钢矩形风管的工程量为：

$$S=2\times(0.25+0.2)\times\frac{\left[(6.9-0.15)\times4+1.7-0.15+2.3+3.9+\frac{1}{2}\times3.14\times0.25\right]}{f}m^2$$
$$=2\times0.45\times(27+1.7-0.15+2.3+3.9+0.3925)m^2$$
$$=31.628m^2$$

⑩ 200×200 不锈钢风管的工程量为：

$$S=2\times(0.2+0.2)\times\frac{\left(1.4-0.15+0.5+\frac{1}{2}\times3.14\times0.2+4.4+1.2+\frac{1}{2}\times3.14\times0.2+3.6+\frac{1}{2}\times3.14\times0.2+5.6\right)}{g}m^2$$

$$=2\times0.4\times\left(1.4-0.15+0.5+4.4+1.2+3.6+5.6+\frac{3}{2}\times3.14\times0.2\right)m^2$$

$$=2\times0.4\times(1.4-0.15+0.5+4.4+1.2+3.6+5.6+0.942)m^2$$

$$=0.8\times17.492m^2$$

$$=13.994m^2$$

⑪ 400×200 手柄式矩形钢制蝶阀的工程量为 5 个

⑫ 200×200 手柄式方形钢制蝶阀的工程量为 1 个

⑬ 800×200 手动密闭式对开多叶调节阀的工程量为 1 个

⑭ 1000×320 手动密闭式对开多叶调节阀的工程量为 1 个

⑮ 250×200 矩形钢制蝶阀（手柄式）的工程量为 1 个

⑯ 100×150 单层百叶送回风口的工程量为$\frac{4个}{h}$

⑰ 200×200 单层百叶回风口的工程量为 1 个

⑱ 300×300 单层百叶送风口的工程量为 1 个

⑲ 250×250 单层百叶送回风口的工程量为$\frac{12个}{i}$

⑳ 700×700 塑料防雨百叶的工程量为$\frac{2个}{j}$

㉑ 1000×1200×900 阻抗复合式消声器的工程量为：

$M=124.19\times4kg=496.76kg$

之所以乘以 4 是因为有 4 个相同的（1000×1200×900）阻抗复合式消声器，送、排风机的前后各有一台消声器，如图所示。

注：a 是 1000×200 不锈钢风管的长度，其中：1.9 是消声器出口处至Ⓑ轴线间 1000×200 不锈钢的长度，0.21 是 1000×200 密闭式手动对开多叶调节阀所占风管的长度，故应减去 0.21，0.7 是Ⓑ轴线至 1000×200～800×200 变径管处的长度。

b 是 700×700 不锈钢风管的长度，其中：0.5 是 700×700 塑料百叶至消声器入口处风管的中心线长度，之所以乘以 2，是因为送、排风机管道上各连接有相同长度的 700×700 不锈钢风管。

c 是 800×200 不锈钢风管的长度，其中：3.3 是送风管道上 800×200 不锈钢风管的中心线长度，2.3 是排风管路上消声器至弯头连接处 800×200 不锈钢风管的长度，0.21 是 800×200 手动密闭式对开多叶阀的长度，$\frac{1}{2}\times3.14\times0.8$ 是弯头中心线的长度，3.9 是弯头连接处至 800×200～600×200 变径管处的长度。

d 是 400×200 不锈钢矩形风管的长度，其中：3.2－0.15＋4.2－0.15＋3.2－0.15＋4.2－0.15 是送风管道上 400×200 不锈钢风管的长度，0.15 是 400×200 手柄式钢制矩形蝶阀的长度，详见图示，6.5＋4.2－0.15 是排风管道上 400×200 不锈钢风道的长度，6.5 是 600×200～400×200 变径处至端点处风管的长度，4.2－0.15 是 800×200 与 400×200 中心线交点处至 400×200～200×200 变径处风管的长度，0.15 是 400×200 蝶阀所占管道的长度。

e 是天圆地方管（350，780×630）的长度，其中：0.3 是一段天圆地方管的长度，在图中可知，送、排风机的出、入口处各连有一段相同长度、管径的天圆地方管，所以要乘以4。

f是250×200不锈钢风管的长度，其中：6.9－0.15是排风管道上600×200与250×200中心线交点至250×200风管端点处的长度，0.15是250×200手柄式矩形钢制蝶阀所占管道长度，在图上易知共有4段相同长度的250×200风管，所以乘以4，1.7－0.15是电梯间右边长度，400×200排风干管与250×200支管的中心线交点至250×200管道端点处的长度，0.15也为250×200蝶阀所占管道的长度；$2.3+3.9+\frac{1}{2}\times3.14\times0.25$是送风管道上250×200风管的长度，2.3是400×200～250×200变径处至弯头法兰连接处的长度，$\frac{1}{2}\times3.14\times0.25$弯头中心线的长度，3.9是弯头连接处至风管端点处中心线的长度。

g是200×200不锈钢风管的长度，其中：1.4－0.15是排风管道第一根支管(200×200)的长度，即以200×200风管中心线与800×200风管中心线的交点至200×200风管端线处的长度，0.15是200×200蝶阀的长度，$0.5+\frac{1}{2}\times3.14\times0.2+4.4$是排风管道上第二根支管上200×200风管的长度，如图所示：0.5是400×200～200×200变径处至弯头连接处200×200不锈钢风管的长度，$\frac{1}{2}\times3.14\times0.2$是弯头中心线的长度，4.4是弯头至200×200风管端线处的长度，$1.2+\frac{1}{2}\times3.14\times0.2+3.6+\frac{1}{2}\times3.14\times0.2+5.6$是送风管上200×200不锈钢风管的长度，1.2是400×200～200×200变径处至弯头连接处风管（200×200）的长度，3.6是两弯头间风管的长度，5.6是弯头连接处至风管端线的长度，$\frac{1}{2}\times3.14\times0.2$是弯头中心线的长度。

h是因为有两个150×100单层百叶送风口（$V=200m^3/h$），两个150×100单层百叶回风口（$V=160m^3/h$）。

i是图中共有12个250×250单层百叶送回风口，其中5个250×200的单层百叶回风口，7个250×200的单层百叶送风口。

j是因为送排风口与室处连接共有两个相同的700×700塑料防雨百叶，所以乘以2。

清单工程量计算见下表：

清单工程量计算表

项目编码	项目名称	项目特征描述	单位	数量	计算式
030901002001	排风机	$V=4000m^3/h$，BI－P－I	台	1	
030901002002	送风机	$V=5000m^3/h$，$N=1.1kW$，BI－S－I	台	1	
030902003001	不锈钢矩形风管	$\delta=1.0mm$，外刷两道灰调合漆，1000×200	m^2	5.736	$2\times(1.0+0.2)\times(1.9-0.21+0.7)$
030902003002	不锈钢矩形风管	$\delta=1.0mm$，外刷两道灰调合漆，700×700	m^2	2.8	$2\times(0.7+0.7)\times0.5\times2$
030902003003	不锈钢矩形风管	$\delta=0.75mm$，外刷两道灰调合漆，800×200	m^2	21.092	$2\times(0.8+0.2)\times\left(3.3+2.3-0.21+3.9+\frac{1}{2}\times3.14\times0.8\right)$
030902003004	不锈钢矩形风管	$\delta=0.75mm$，外刷两道灰调合漆，600×200	m^2	3.84	$2\times(0.6+0.2)\times2.4$

续表

项目编码	项目名称	项目特征描述	单位	数量	计算式
030902003005	不锈钢矩形风管	δ=0.75mm，外刷两道灰调合漆，400×200	m^2	29.7	$[(3.2+4.2-0.15\times2)\times2+6.5+4.2-0.15]\times(0.4+0.2)\times2$
030902003006	天圆地方管	φ350，780×630，δ=0.75mm，外刷两道灰调合漆	m^2	2.3514	$(3.14\times0.35\div2+0.78+0.63)\times0.3\times4$
030902003007	不锈钢矩形风管	δ=0.75mm，外刷两道灰调合漆，250×200	m^2	31.628	$2\times(0.25+0.2)\times\left[(6.9-0.15)\times4+1.7-0.15+2.3+3.9+\frac{1}{2}\times3.14\times0.25\right]$
030902003008	不锈钢矩形风管	δ=0.75mm，外刷两道灰调合漆，200×200	m^2	13.994	$\left(1.4-0.15+0.5+\frac{1}{2}\times3.14\times0.2+4.4+1.2+3.6+5.6+\frac{1}{2}\times3.14\times0.2+\frac{1}{2}\times3.14\times0.2\right)\times2\times(0.2+0.2)$
030903001001	手柄式矩形钢制蝶阀	400×200	个	5	
030903001002	手柄式方形钢制蝶阀	200×200	个	1	
030903001003	手动密闭式对开多叶调节阀	800×200	个	1	
030903001004	手动密闭式对开多叶调节阀	1000×320	个	1	
030903001005	矩形钢制蝶阀	手柄式，250×200	个	1	
030903008001	单层百叶送回风口	100×150	个	4	
030903008002	单层百叶回风口	200×200	个	1	
030903008003	单层百叶送风口	300×300	个	1	
030903008004	单层百叶送回风口	250×250	个	12	
030903009001	塑料防雨百叶风口	700×700	个	2	
030903020001	阻抗复合式消声器	1000×1200×900	kg	496.76	124.19×4

（2）定额工程量：

① 通风机，不锈钢板风管的制作安装，碳钢调节阀的安装，不锈钢风口、散流器安装（百叶窗），消声器的制作安装同清单形式下工程量的计算。

② 1000×200 不锈钢板风管刷第一道灰调合漆的工程量为：

$$S=2\times(1.0+0.2)\times(1.9-0.21+0.7)m^2$$
$$=2\times1.2\times2.39m^2$$
$$=5.736m^2$$

③ 1000×200 不锈钢板风管刷第二道灰调合漆的工程量同②

④ 700×700 不锈钢板风管刷第一道灰调合漆的工程量为：

$$S=2\times(0.7+0.7)\times0.5\times2m^2$$
$$=2\times1.4m^2$$
$$=2.8m^2$$

⑤ 700×700 不锈钢板风管刷第二道灰调合漆的工程量为：

$S=2\times(0.7+0.7)\times0.5\times2\text{m}^2$

$=2\times1.4\text{m}^2$

$=2.8\text{m}^2$

⑥ 800×200 不锈钢板风管刷第一道灰调合漆的工程量为：

$S=2\times(0.8+0.2)\times\left(3.3+2.3-0.21+\frac{1}{2}\times3.14\times0.8+3.9\right)\text{m}^2$

$=2\times1.0\times10.546\text{m}^2$

$=21.092\text{m}^2$

⑦ 800×200 不锈钢板风管刷第二道灰调合漆的工程量同⑥

⑧ 600×200 不锈钢板风管刷第一道灰调合漆的工程量为：

$S=2\times(0.6+0.2)\times2.4\text{m}^2$

$=2\times0.8\times2.4\text{m}^2$

$=3.84\text{m}^2$

⑨ 600×200 不锈钢板风管刷第二道灰调合漆的工程量同⑧

⑩ 400×200 不锈钢板风管刷第一道灰调合漆的工程量为：

$S=2\times(0.4+0.2)\times(3.2-0.15+4.2-0.15+3.2-0.15+4.2-0.15+6.5+4.2-0.15)\text{m}^2$

$=2\times0.6\times24.75\text{m}^2$

$=29.7\text{m}^2$

⑪ 400×200 不锈钢板风管刷第二道灰调合漆的工程量同⑩

⑫ 天圆地方管（ϕ350，780×630）刷第一道灰调合漆的工程量为：

$S=(0.35\times3.14\div2+0.78+0.63)\times0.3\times4\text{m}^2$

$=2.3514\text{m}^2$

⑬ 天圆地方管（ϕ350，780×630）刷第二道灰调合漆的工程量同⑫

⑭ 250×200 不锈钢板矩形风管刷第一道灰调合漆的工程量为：

$S=2\times(0.25+0.2)\times\left[(6.9-0.15)\times4+1.7-0.15+2.3+3.9+\frac{1}{2}\times3.14\times0.25\right]\text{m}^2$

$=2\times0.45\times(27+1.7-0.15+2.3+3.9+0.3925)\text{m}^2$

$=31.628\text{m}^2$

⑮ 250×200 不锈钢板风管刷第二道灰调合漆的工程量同⑭

⑯ 200×200 不锈钢风管刷第一道灰调合漆的工程量是

$S=2\times(0.2+0.2)\times\left(1.4-0.15+0.5+\frac{1}{2}\times3.14\times0.2+4.4+1.2+\frac{1}{2}\times3.14\times0.2+3.6+\frac{1}{2}\times3.14\times0.2+5.6+0.942\right)\text{m}^2$

$=2\times0.4\times(1.4-0.15+0.5+4.4+1.2+3.6+5.6+0.942)\text{m}^2$

$=0.8\times17.492\text{m}^2$

$=13.994\text{m}^2$

⑰ 200×200 不锈钢风管刷第二道灰调合漆的工程量同⑯

⑱ 400×200 手柄式矩形钢制蝶阀的制作工程量为：

5×6.49kg = 32.45kg

400×200 手柄式矩形钢制蝶阀的标准重量为 6.49kg/个

⑲ 200×200 手柄式方形钢制蝶阀的制作工程量为：

1×4.37kg = 4.37kg

200×200 钢制方形蝶阀（手柄式）的标准重量是 4.37kg/个

⑳ 800×200 手动密闭式对开多叶调节阀的制作工程量为：

1×17.30kg = 17.30kg

800×320 手动密闭式对开多叶调节阀的标准重量是 17.30kg/个

㉑ 1000×320 手动密闭式对开多叶调节阀的制作工程量为：

1×20.20kg = 20.20kg

1000×320 手动密闭式对开多叶调节阀的标准重量为 20.20kg/个

㉒ 250×200 矩形钢制蝶阀（手柄式）的工程量（制作）为：

1×4.98kg = 4.98kg

250×200 矩形钢制蝶阀（手柄式）的标准重量为 4.98kg/个

㉓ 100×150 单层百叶送回风口的制作工程量为：

$4 \times m_1$kg $= 4m_1$kg

m_1 是一个 100×150 单层百叶风口的标准重量（kg/个）

㉔ 200×200 单层百叶回风口的制作工程量为：

$1 \times m_2$kg $= m_2$kg

m_2 是一个 200×200 单层百叶回风口的标准重量（kg/个）

㉕ 300×300 单层百叶送风口的工程量（制作）

$1 \times m_3$kg $= m_3$kg

m_3 是一个 300×300 单层百叶回风口的标准重量（kg/个）

㉖ 250×250 单层百叶风口的制作工程量为

$12 \times m_4$kg $= 12m_4$kg

m_4 是一个 250×250 单层百叶风口的标准重量（kg/个）

㉗ 700×700 塑料防雨百叶的制作工程量为

$2 \times m_5$kg $= 2m_5$kg

m_5 是一个 700×700 塑料防雨百叶风口的标准重量（kg/个）

㉘ 帆布软管接头的制作安装工程量为：

$S = 3.14 \times 0.35 \times 4 \times 0.3\text{m}^2$

$\quad = 1.319\text{m}^2$

因有 4 段长度，管径相同的帆布软管所以乘以 4

定额工程量计算见表 1-86。

定额工程量计算表　　　　　　**表 1-86**

序号	定额编号	分项工程名称	单位	工程量	计算式	基价（元）	其中（元）		
							人工费	材料费	机械费
1	9－216	BI－P－I 排风机（$V=4000m^3/h$，$N=1.1kW$）	台	1		34.15	19.74	14.4	—
2	9－222	BI－S－I 送风机（$V=5000m^3/h$，$N=1.1kW$）	台	1		37.23	34.83	2.40	—
3	9－266	1000×200 不锈钢矩形风管，$\delta=1.00mm$	$10m^2$	0.5736	$2\times(1.0+0.2)\times(1.9-0.21+0.7)$	1115.01	531.97	399.25	183.79
4	9－266	700×700 不锈钢矩形风管，$\delta=1.0mm$	$10m^2$	0.28	$2\times(0.7+0.7)\times0.5\times2$	1115.01	531.97	399.25	183.79
5	9－265	800×200 不锈钢风管，$\delta=0.75mm$	$10m^2$	2.1092	$2\times(0.8+0.2)\times\left(3.3+2.3-0.21+3.9+\frac{1}{2}\times3.14\times0.8\right)$	1401.35	669.66	423.68	308.01
6	9－264	600×200 不锈钢风管，$\delta=0.75mm$	$10m^2$	0.384	$2\times(0.6+0.2)\times2.4$	1372.27	781.12	276.70	314.45
7	9－263	400×200 不锈钢风管，$\delta=0.75mm$	$10m^2$	2.97	$[(3.2+4.2-0.15\times2)\times2+6.5+4.2-0.15]\times(10.4+0.2)\times2$	1785.32	1084.84	314.40	368.08
8	9－265	天圆地方管（$\phi350$，780×630）$\delta=0.75mm$	$10m^2$	0.23514	$(3.14\times0.35\div2+0.78+0.63)\times0.3\times4$	1401.35	669.66	423.68	308.01
9	9－263	250×200 不锈钢风管 $\delta=0.75mm$	$10m^2$	3.1628	$2\times(0.25+0.2)\times\left[(6.9-0.15)\times4+1.7-0.15+2.3+3.9+\frac{1}{2}\times3.14\times0.25\right]$	1785.32	1084.84	314.40	386.08
10	9－263	200×200 不锈钢矩形风管 $\delta=0.75mm$	$10m^2$	1.3994	$\left(1.4-0.15+0.5+\frac{1}{2}\times3.14\times0.2+4.4+1.2+3.6+5.6+\frac{1}{2}\times3.14\times0.2+\frac{1}{2}\times3.14\times0.2\right)$	1785.32	1084.84	314.40	386.08
11	9－53	400×200 手柄式矩形钢制蝶阀的制作安装	100kg	0.3245	5×6.49	1188.62	344.35	402.58	441.69
	9－73		个	5		19.24	6.97	3.33	8.94
12	9－53	200×200 手柄式方形钢制蝶阀的制作安装	100kg	0.0437	1×4.37	1188.62	344.35	402.58	441.69
	9－72		个	1		7.32	4.88	2.22	0.22

续表

序号	定额编号	分项工程名称	单位	工程量	计算式	基价（元）	其中（元）		
							人工费	材料费	机械费
13	9-62	800×200 手动密闭式对开多叶调节阀的制作安装	100kg	0.173	1×17.30	1103.29	344.58	546.37	212.34
	9-84		个	1		25.77	10.45	15.32	—
14	9-62	1000×320 手动密闭式对开多叶调节阀的制作安装	100kg	0.202	1×20.20	1103.29	344.58	546.37	212.34
	9-84		个	1		25.77	10.45	15.32	
15	9-53	250×200 矩形钢制蝶阀（手柄式）的制作安装	100kg	0.0498	1×4.98	1188.62	344.35	402.58	441.69
	9-73		个	1		19.24	6.97	3.33	8.94
16	9-94	100×150 单层百叶送回风口的制作安装	100kg	$0.04m_1$	$4\times m_1$（$m_1<2kg$）	2014.47	1477.95	520.88	15.64
	9-133		个	4		6.87	4.18	2.47	0.22
17	9-94	200×200 单层百叶回风口的制作安装	100kg	$0.01m_2$	$1\times m_2$（$m_2<2kg$）	2014.47	1477.95	520.88	15.64
	9-133		个	1		6.87	4.18	2.47	0.22
18	9-94	300×300 单层百叶送风口的制作安装	100kg	$0.01m_3$	$1\times m_3$（$m_3<2kg$）	2014.47	1477.95	520.88	15.64
	9-134		个	1		8.64	5.34	3.08	0.22
19	9-94	250×250 单层百叶风口的制作安装	100kg	$0.12m_4$	$12\times m_4$（$m_4<2kg$）	2014.47	1477.95	520.88	15.64
	9-134		个	12		8.64	5.34	3.08	0.22
20	9-94	700×700 塑料防雨百叶的制作安装	100kg	$0.02m_5$	$2\times m_5$（$m_5<2kg$）	2014.47	1477.95	520.88	15.64
	9-137		个	2		28.53	20.43	7.88	0.22
21	9-41	帆布软管接头的制作安装	m^2	1.319	3.14×0.35×4×0.3	171.45	47.83	121.74	1.88
22	11-222	1000×200 不锈钢板风管刷第一道灰调合漆	$10m^2$	0.5736	2×（1.0+0.2）×（1.9-0.21+0.7）	15.50	15.09	0.41	—
23	11-223	1000×200 不锈钢板风管刷第二道灰调合漆	$10m^2$	0.5736	2×（1.0+0.2）×（1.9-0.21+0.7）	12.86	12.54	0.32	—
24	11-222	700×700 不锈钢板风管刷第一道灰调合漆	$10m^2$	0.28	2×（0.7+0.7）×0.5×2	15.50	15.09	0.41	—
25	11-223	700×700 不锈钢板风管刷第二道灰调合漆	$10m^2$	0.28	2×（0.7+0.7）×0.5×2	12.86	12.54	0.32	—
26	12-222	800×200 不锈钢板风管刷第一道灰调合漆	$10m^2$	2.1092	$2\times(0.8+0.2)\times\left(3.3+2.3-0.21+\frac{1}{2}\times3.14\times0.8+3.9\right)$	15.50	15.09	0.41	—

续表

序号	定额编号	分项工程名称	单位	工程量	计算式	基价（元）	其中（元）		
							人工费	材料费	机械费
27	12－223	800×200 不锈钢板风管刷第二道灰调合漆	$10m^2$	2.1092	$2\times(0.8+0.2)\times\left(3.3+2.3-0.21+\frac{1}{2}\times3.14\times0.8+3.9\right)$	12.86	12.54	0.32	—
28	12－222	600×200 不锈钢板风管刷第一道灰调合漆	$10m^2$	0.384	$2\times(0.6+0.2)\times2.4$	15.50	15.09	0.41	—
29	12－223	600×200 不锈钢板风管刷第二道灰调合漆	$10m^2$	0.384	$2\times(0.6+0.2)\times2.4$	12.86	12.54	0.32	—
30	12－222	400×200 不锈钢板风管刷第一道灰调合漆	$10m^2$	2.97	$2\times(0.4+0.2)\times(3.2-0.15+4.2-0.15+3.2-0.15+4.2-0.15+6.5+4.2-0.15)$	15.50	15.09	0.41	—
31	12－223	400×200 不锈钢板风管刷第二道灰调合漆	$10m^2$	2.97	$2\times(0.4+0.2)\times(3.2-0.15+4.2-0.15+3.2-0.15+4.2-0.15+6.5+4.2-0.15)$	12.86	12.54	0.32	—
32	12－222	天圆地方管（ϕ350，780×630）刷第一道灰调合漆	$10m^2$	0.23514	$(3.14\times0.35\div2+0.78+0.63)\times0.3\times4$	15.50	15.09	0.41	—
33	12－223	天圆地方管（ϕ350，780×630）刷第二道灰调合漆	$10m^2$	0.23514	$(3.14\times0.35\div2+0.78+0.63)\times0.3\times4$	12.86	12.54	0.32	—
34	12－222	250×200 不锈钢板风管刷第一道灰调合漆	$10m^2$	3.1628	$2\times(0.25+0.2)\times\left[(6.9-0.15)\times4+1.7-0.15+2.3+3.9+\frac{1}{2}\times3.14\times0.25\right]$	15.50	15.09	0.41	—
35	12－223	250×200 不锈钢板风管刷第二道灰调合漆	$10m^2$	3.1628	$2\times(0.25+0.2)\times\left[(6.9-0.15)\times4+1.7-0.15+2.3+3.9+\frac{1}{2}\times3.14\times0.25\right]$	12.86	12.54	0.32	—

续表

序号	定额编号	分项工程名称	单位	工程量	计算式	基价（元）	其中（元）		
							人工费	材料费	机械费
36	12－222	200×200 不锈钢板风管刷第一道灰调合漆	$10m^2$	1.3994	$2\times(0.2+0.2)\times\left[1.4-0.15+0.5+\frac{1}{2}\times3.14\times0.2+4.4+1.2+3.6+\frac{1}{2}\times3.14\times0.2+\frac{1}{2}\times3.14\times0.2+5.6\right]$	15.50	15.09	0.41	—
37	12－223	200×200 不锈钢板风管刷第二道灰调合漆	$10m^2$	1.3994	$2\times(0.2+0.2)\times\left[1.4-0.15+0.5+4.4+\frac{1}{2}\times3.14\times0.2+1.2+3.6+\frac{1}{2}\times3.14\times0.2+\frac{1}{2}\times3.14\times0.2+5.6\right]$	12.86	12.54	0.32	—

第二章 自动化控制仪表安装工程（C. 10）

第一节 分部分项实例

【例 2-1】 某电缆敷设工程，采用电缆沟铺砂盖砖直埋，并列敷设 5 根 $VV_{29}(3\times50+1\times25)$ 电缆，如图 2-1 所示，控制室配电柜至室内部分电缆穿钢管 $\phi50$ 保护，共 10m 长。室外电缆敷设共 100m 长，中间穿过热力管沟，在配电间有 5m 穿钢管 $\phi50$ 保护（本处控制室位于独立大楼中）。试求：①列概算工程项目；②计算工程量并套用定额及清单。

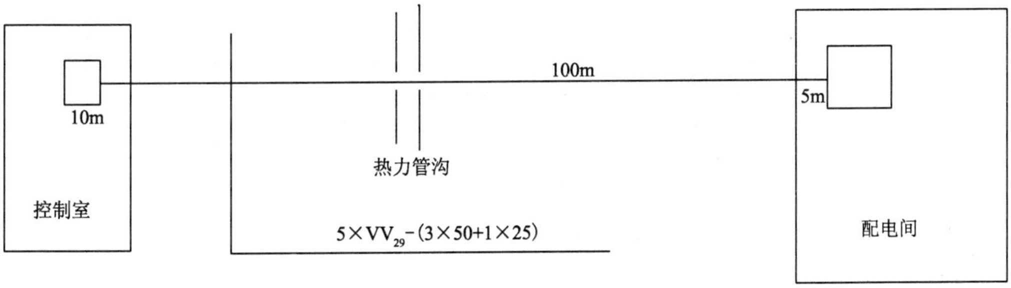

图 2-1 某电缆敷设工程示意图

【解】 （1）概算工程项目有：电缆敷设、电缆沟铺砂盖砖工程、穿钢管敷设等项

（2）工程量：

① 定额工程量

分析电缆敷设在各处的预留长度：电缆进入建筑物预留 2.0m；电缆进入沟内预留 1.5m；电力电缆终端头预留 1.5m；电缆中间接线盒两端各留 2.0m，电缆进控制、保护屏、模拟盘时留高＋宽；高压开关柜及低压配电盘、箱预留 2.0m；垂直至水平留 0.5m。

$$L=[(5+100+10)+2\times2+1.5\times2+1.5\times2+2\times2+2\times0.5]\times5\text{m}=650\text{m}$$

套用预算定额 2－619

基价：602.51 元；其中人工费 294.20 元，材料费 272.27 元，机械费：36.04 元

电缆沟铺砂盖砖工程量为 100m。

每增加一根单算工程量，共 400m。

套用预算定额 2－529

计量单位：100m

基价：793.99 元；其中人工费 145.13 元，材料费 648.86 元

套用预算定额 2－530

计量单位：100m

基价：298.78元；其中人工费38.78元，材料费260.12元

密封保护管工程量：每条电缆有2根密封保护管，故共有5×2根=10根

套用预算定额2-1002，计算单位：100m

基价：929.52元；其中人工费464.86元，材料费434.98元，机械费29.68元

② 清单工程量计算见下表：

清单工程量计算表

项目编码	项目名称	项目特征描述	计量单位	工程量
030208001001	电力电缆	VV_{29}(3×50+1×25)，电缆沟铺砂盖砖直埋	m	575
030208003001	电缆保护管	ϕ50钢管	m	(10+5)×5=75

【例2-2】 某电缆敷设工程，如图2-2所示。从控制室配电柜到1号车间，中间采用电缆沟直埋铺砂盖砖，4根VV_{29}(3×50+1×16)，进建筑物时电缆穿管SC50，室外水平距离100m，中途穿过热力管沟，进入1号车间后经10m到配电柜而从控制室配电柜到外墙5m，试计算工程量并套用定额及清单。

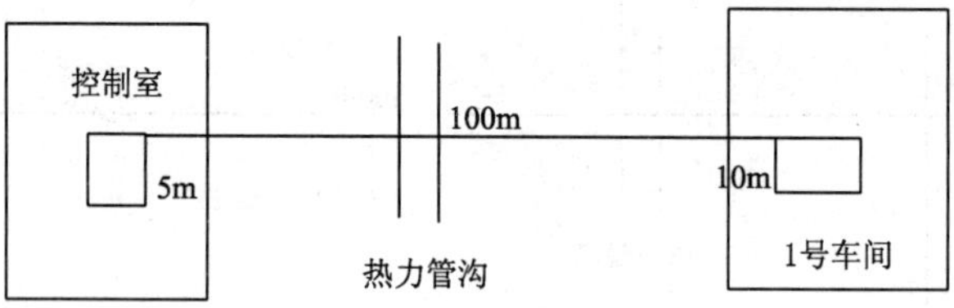

图2-2 某电缆敷设工程

【解】

① 定额工程量：

电缆沟铺砂盖砖工程量：100m

套用预算定额 2-529

计量单位：100m

基价：793.99元；其中人工费145.13元，材料费648.86元

每增加一根单算工程量：100×3m=300m

套用预算定额 2-530

计量单位：100m

基价：298.78元；其中人工费38.78元，材料费260.12元

电缆敷设工程量：(100+5+10+2×2+1.5×2+1.5×2+2×2+2×0.5)×4m=520m

套用预算定额 2-619

计量单位：100m

基价：602.51元；其中人工费294.20元，材料费272.27元，机械费：36.04元

电缆保护管：2×4根=8根，共长：(5×4+10×4)m=60m

套用预算定额：2-1002，计量单位：100m

基价：929.52元；其中人工费464.86元，材料费434.98元，机械费29.68元

② 清单工程量计算见下表：

清单工程量计算表

序号	项 目 编 码	项 目 名 称	项目特征描述	计 量 单 位	工 程 量
1	030208001001	电力电缆	$VV_{29}(3\times50+1\times16)$，直埋	m	460
2	030208003001	电缆保护管	SC50	m	60

【例 2-3】 如图 2-3、图 2-4 所示，电缆由调速箱向上引出至 +7m 标高处，水平敷设至 3.5m 平台处，沿墙引下（卡设），经 3.5m 平台楼板穿管暗配，试计算工程量并套用定额。1 号、2 号发电机各为 30MW；调速箱（高 1.7m，宽 0.7m），电缆为 $VV(3\times35+1\times16)$。

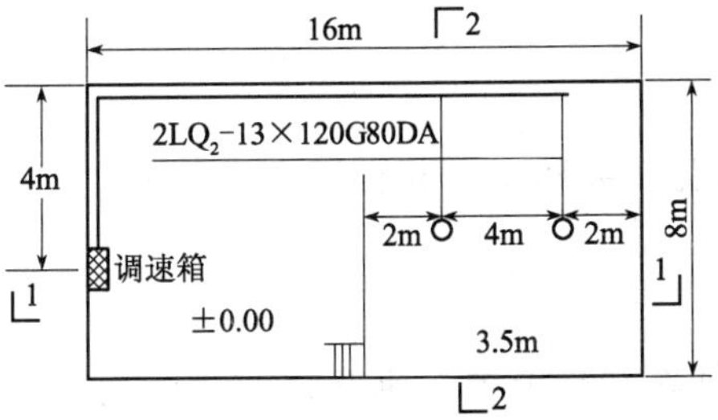

图 2-3 电缆敷设平面图

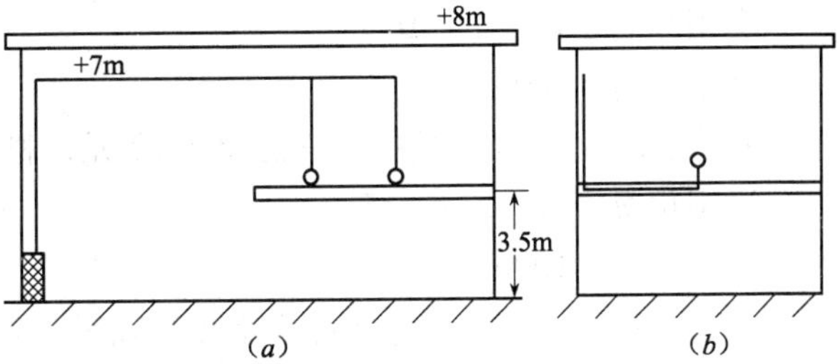

(*a*) (*b*)

图 2-4 电缆敷设立面图

(*a*) 1—1 剖面图；(*b*) 2—2 剖面图

【解】 工程量：

① 调速箱至 1 号机：

如图 2-5 立体图所示：

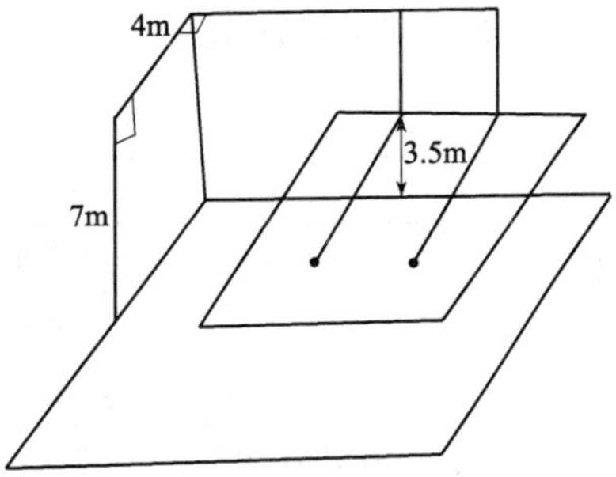

图 2-5 电缆敷设立体图

a. 电缆沿墙敷设计算式：[5.3(7 − 1.7 的引上长) + 4m(宽之水平长) + (8 + 2)(长之水平长) + 2.4(箱的高 1.7 + 宽 0.7) + 3.5(引下长)]m = 25.2m

b. 保护管明配（ϕ50）计算式：[3.5(引下线长) + 0.6(由楼板引出至发电机)]m = 4.1m

c. 保护管暗配（ϕ50）4m（平台暗配管长）

d. 电缆穿导管敷设计算式：[4.1(明管长) + 4(暗管长) + 1(发电机预留长)]m = 9.1m（可以考虑水平垂直转控时均预留长度 0.5m）

② 同理，调速箱至 2 号机工程量计算：

a. 电缆沿墙卡设计算式：[5.3(7 − 1.7 的引上长) + 4(宽之水平长) + (8 + 2 + 4)(长之水平长) + 2.4(箱之高 1.7 + 宽 0.7) + 3.5(引下长)]m = 29.2m

b. 保护管明配（ϕ80）计算式：(3.5 + 0.6)m = 4.1m

c. 保护管暗配（ϕ80）4m（平台暗配长）

d. 电缆穿导管敷设计算式：(4.1 + 4 + 1)m = 9.1m

综合①②，可得总工程量为：

a. 电缆沿墙卡设：(25.2 + 29.2)m = 54.4m

套用预算定额 2 − 618

计量单位：100m

基价：332.42 元；其中人工费 163.24 元，材料费 164.03 元，机械费 5.15 元

b. 保护管明配：(4.1 +4.1)m =8.2m

套用预算定额　2 -1002

计量单位：100m

基价：929.52 元；其中人工费 464.86 元，材料费 434.98 元，机械费 29.68 元

套用预算定额　2 -1004

计量单位：100m

基价：1643.23 元；其中人工费 969.90 元，材料费 907.27 元，机械费 47.91 元

c. 保护管暗配：(4 +4)m =8m

套用预算定额　2 -1013

计量单位：100m

基价：553.23 元；其中人工费 369.20 元，材料费 154.35 元，机械费 29.68 元

套用预算定额　2 -1015

计量单位：100m

基价：1080.08 元；其中人工费 797.61 元，材料费 234.56 元，机械费 47.91 元

d. 电缆穿导管敷设：(9.1 +9.1)m =18.2m

套用预算定额　2 -539

基价：241.77 元；其中人工费 130.50 元，材料费 100.54 元，机械费 10.70 元

清单工程量计算见下表：

清单工程量计算表

序　号	项目编码	项目名称	项目特征描述	计量单位	工程量
1	030208001001	电力电缆	沿墙敷设	m	49.6
2	030208001002	电力电缆	穿管敷设	m	8.1 +8.1 =16.2
3	030208003001	电缆保护管	$\phi50$	m	8.1
4	030208003002	电缆保护管	$\phi80$	m	8.1

【例 2-4】　若将上题的沿墙敷设改为沿支架敷设，其他敷设方法不变，试计算工程量。

【解】　计算和分析方法一样

只需将墙卡改为支架卡

清单工程量计算见下表：

清单工程量计算表

序　号	项目编码	项目名称	项目特征描述	计量单位	工程量
1	030208001001	电力电缆	支架卡设	m	49.6
2	030208001002	电力电缆	穿管敷设	m	8.1 +8.1 =16.2
3	030208003001	电缆保护管	$\phi50$	m	8.1
4	030208003002	电缆保护管	$\phi80$	m	8.1

【例 2-5】　如图 2-6 所示，电缆由控制室 1 号低压盘通地沟引至室外入地埋设引至

90 号厂房 N1 动力箱，试计算其工程量并套用定额及清单。

注：图中三处过马路为顶管敷设，电缆坑的截面取 $0.45m^2$，每增一根需增 $0.15m^2$

低压盘　高 2.14m　宽 0.9m　　　　动力箱　高 1.7m　宽 0.7m

【解】　1. 电缆沟挖填土：包括①总长的挖填土。②顶过路管操作坑挖填土。③每增 1 根电缆挖土方。

① 考虑 3 个顶过路管和 3 个拐弯头和二端预留长度：根据实际情况推测

$$(2.28+20-6-8+80-6-8+40+20-6-8+2.28)m=122.56m$$

则 $V_1=122.56\times0.45m^3=55.15m^3$

② 顶过路管操作坑挖填土方：根据规定，没有具体给出要挖操作坑的参数时，一般取 1（深）×1.2（宽）×8（长）

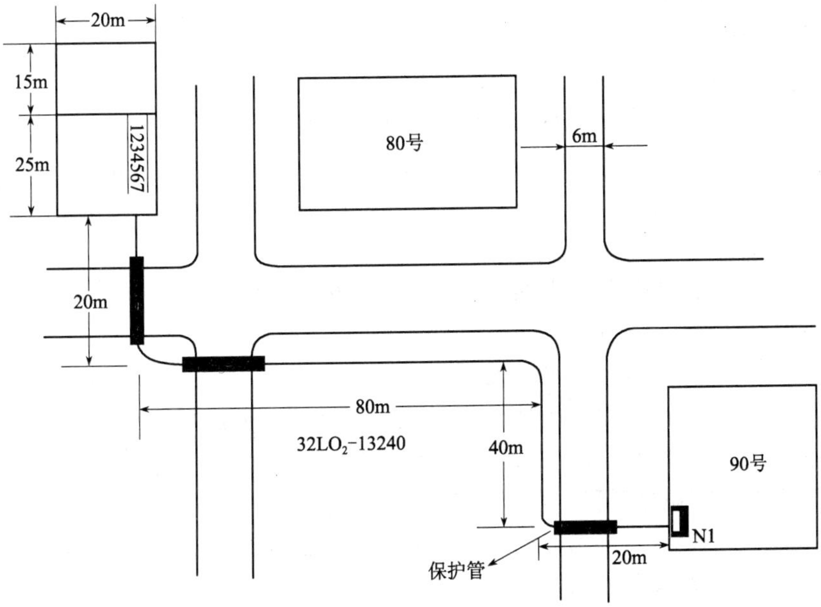

图 2-6　电缆敷设图

故计算式为：$(1\times1.2\times8)\times3m^3=28.8m^3=29m^3$

③ 每增加一根电缆，挖土方可计为 $102.56\times0.15m^3=18.384m^3=18m^3$

则总的电缆沟挖填土为

$$(55.15+29+18)m^3=102.15m^3$$

套用预算定额　2－521

计量单位：m^3

基价：12.07 元；其中人工费 12.07 元

2. 考虑到一次埋设 3 根电缆

则顶过路管的根数为 3×3 根＝9 根，为 6m/根×9 根＝54m

套用预算定额　2－540

计量单位：根

基价：478.21 元；其中人工费 158.13 元，材料费 154.61 元，机械费 165.47 元

3. 电缆沟铺砂盖砖：

1～2根可直接铺设，即为(2.28+20+80+40+20+2.28-6×3)m=146.56m=147m

套用预算定额 2-529

计量单位：100m

基价：793.99元；其中人工费145.13元，材料费648.86元

但每增加1根铺砂盖砖为147m

套用预算定额 2-530

计量单位：100m

基价：298.90元；其中人工费38.78元，材料费260.12元

4. 保护管的敷设：顶过路管两端各留2.5m

则(2.5+2.5)×3m=15m

套用预算定额 2-536

计量单位：10m

基价：46.36元；其中人工费24.38元，材料费21.98元

5. 电缆穿导管敷设：顶过路管长度+保护管长度=(54+15)m=69m

套用预算定额 2-536

计量单位：10m

基价：46.36元；其中人工费24.38元，材料费21.98元

6. 电缆埋设（按3条计算处理）：

[25+0.8+2.28+20+80+40+20+2.28+0.8+2.4-6×3-5]×3m=511.68m

上式中：25m为由1号盘引入外墙（可以考虑预留长度2.3m过建筑物）

0.8m为电缆入沟预留长度，2.28为备用长度，0.8为出沟预留长度，2.4(动力箱高1.7+宽0.7)，6×3为过路管长度，5为保护管长度。

另外还可以考虑1号盘出盘时的预留长度为低压盘高2.14m+宽0.9m=3.04m。

套用预算定额 2-672

计量单位：100m

基价：149.98元；其中人工费96.60元，材料费53.38元

7. 电缆头制作、安装2×3个=6个（3根电缆，每根两端各有电缆头）

套用预算定额 2-680

计量单位：个

基价：42.87元；其中人工费12.07元，材料费30.80元

8. 电缆出入建筑物保护密封

由于3根电缆，每根两端各一处，一共6处。

9. 动力箱基础槽钢制作、安装：按一般规定常取2.2m

套用预算定额 2-356

计量单位：10m

基价：90.86元；其中人工费48.07元，材料费33.52元，机械费9.27元

10. 动力箱安装1台（落地式）

套用预算定额 2-262

计量单位：台

基价：161.49 元；其中人工费 84.29 元，材料费 30.95 元，机械费 41.25 元。

清单工程量计算见下表：

清单工程量计算表

项目编码	项目名称	项目特征描述	计量单位	工程量
030208001001	电力电缆	直埋，穿导管敷设	m	511.68
030208003001	电缆保护管	混凝土管	10m	1.5
010101002001	挖土方	深 1m	m^3	102.15
030204018001	配电箱	动力箱，高 1.7m，宽 0.7m	台	1

【例 2-6】 某电缆工程采用电缆沟敷设，沟长 150m，共 16 根电缆 VV_{29}(3×140＋1×35)分为 4 层，双边，支架镀锌，试列出其项目和计算工程量并套用定额。

【解】 电缆沟支架制作安装工程量为：150×2m＝300m

套用预算定额　2－358/2－359

计量单位：100kg

基价：424.11 元/1212.83 元；其中人工费 250.78 元/163.00 元，材料费 131.90 元/24.39 元，机械费 41.43 元/25.44 元

电缆敷设工程量为：{[150(沟长)＋1.5m(电缆进建筑物)＋1.5×2(缆头两个 1.5m)＋0.5×2(水平到垂直 2 次)＋3(进低压柜)]×16}m＝2536m

套用预算定额　2－620

计量单位：100m

基价：972.46 元；其中人工费 414.71 元，材料费 375.55 元，机械费 182.20

将工程项目和工程量列表见表 2-1。

定额工程量计算表　　**表 2-1**

工程项目	单位	数量
电缆沟支架制作安装 4 层	m	300
电缆沿沟内敷设	m	2536

清单工程量计算见下表：

清单工程量计算表

项目编码	项目名称	项目特征描述	计量单位	工程量
030208001001	电力电缆	VV_{29}(3×140＋1×35)，双边	m	2536
030208005001	电缆支架	镀锌	t	300m

【例 2-7】 如图 2-7 所示，某记录仪表装于 N1 电杆上（9m 处），其电缆从电杆引下入地埋设引至 3 号厂房 N1 动力箱，试计算其工程量并套用定额。

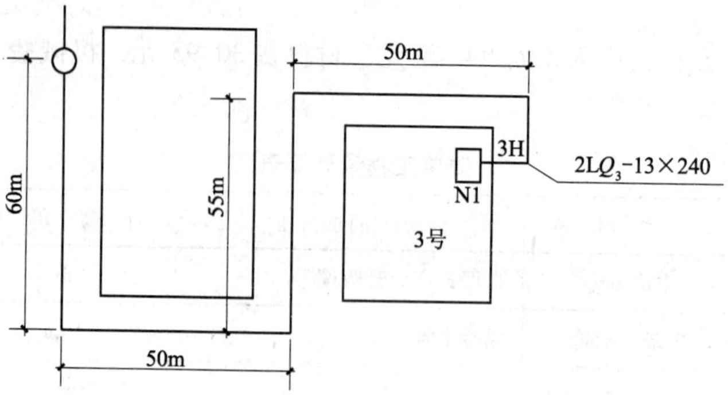

图2-7 电缆敷设尺寸示意图

【解】 1. 电缆沟的挖填土方工程量：

[2.28(备用长)+60+50+55+50+3(低压柜)+2.28(备用长)+0.4(预留长)]m = 222.96m = 223m

由经验公式：$223\times0.45m^3=100.35m^3$

套用预算定额 2-521

计量单位：m^3

基价：12.07元；其中人工费12.07元

2. 电缆埋设工程量：

[2.28+60+50+55+50+3+2.28+0.8×2+0.4+2.4(两端备用长度)]m = 226.96m = 227m

套用预算定额 2-620

计量单位：100m

基价：972.46元；其中人工费414.71元，材料费375.55元，机械费182.20元

3. 电缆沿杆卡设计算工程量：

[9+1(杆上预留长)]m = 10m

套用预算定额 2-620

计量单位：100m

基价：972.46元；其中人工费414.71元，材料费375.55元，机械费182.20元

4. 电缆保护管敷设1根

套用预算定额 2-536

计量单位：10根

基价：46.36元；其中人工费24.38元，材料费21.98元

5. 电缆沟铺砂盖砖工程量计算：

(2.28+60+55+50+50+3+2.28+0.4)m = 222.96m = 223m

套用预算定额 2-529

计量单位：100m

基价：793.99元；其中人工费145.13元，材料费648.86元

6. 室外电缆头制作安装1个

套用预算定额　2－628

计量单位：个

基价：154. 26 元；其中人工费 27. 17 元，材料费 127. 09 元

7. 室内电缆头制作安装 1 个

套用预算定额　2－628

计量单位：个

基价：154. 26 元；其中人工费 27. 17 元，材料费 127. 09 元

清单工程量计算见下表：

清单工程量计算表

序号	项目编码	项目名称	项目特征描述	计量单位	工程量
1	010101006001	管沟土方	截面积 $0.45m^2$	m	60＋50＋55＋50＋3＝218
2	030208001001	电力电缆	埋设	m	219. 6
3	030208001002	电力电缆	沿杆卡设	m	9
4	030208003001	电缆保护管	敷设	m	1

【例 2-8】　有一栋 21 层楼房，层高为 3m，立管串接配电箱 21 台，每台箱高 0. 8m，立管标注为 BV(3×50＋2×25)－SC50－WC，求干线立管和导线的工程量并套用定额及清单（铜导线）。

【解】　当电源进线从二层架空引入时

立管工程量是从 1 层到 21 层配电箱为止，故立管工程量为：

$$(21-1)\times 3-(21-2)\times 0.8\text{m}=44.8\text{m}$$

套用预算定额　2－1013

计量单位：100m

基价：553. 23 元；其中人工费 369. 20 元，材料费 154. 35 元，机械费 29. 68 元

BV－$50mm^2$ 工程量为：44. 8×3m＝134. 4m

套用预算定额　2－1205

计量单位：100m 单线

基价：100. 21 元；其中人工费 65. 94 元，材料费 34. 27 元

BV－$25mm^2$ 工程量为：44. 8×2m＝89. 6m

套用预算定额　2－1203

计量单位：100m 单线

基价：60. 53 元；其中人工费 31. 81 元，材料费 28. 72 元

清单工程量计算见下表：

清单工程量计算表

项目编码	项目名称	项目特征描述	计量单位	工程量
030212001001	电气配管	干线立管	m	44. 80
030212003001	电气配线	BV－$50mm^2$	m	134. 40
030212003002	电气配线	BV－$25mm^2$	m	89. 60

第二节　综 合 实 例

【例 2-9】　有一流量测量回路，现场安装变送器 FT－7003，液面测量回路现场安装变送器 LT－7003，压力测量回路 PI－7101，PI－7102，采用安装标准图 K03－35（图 2-8），K04－29（图 2-9），K02－32，K02－33（图 2-10），试计算其管路及附件量。

测量气体，液体流量管路连接图 *PN*40. 160（差压计位于节流装置近旁）	K03－35

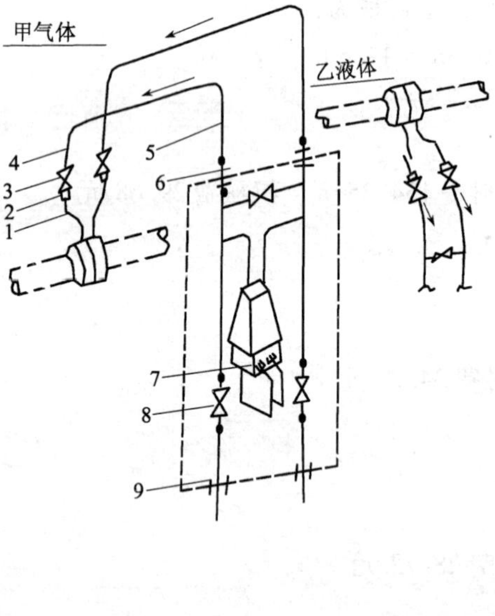

A. *PN*40				
件号	名称及规格	数量	材料	备注
1	无缝钢管		20	
2	加厚短节 A ZG1/2″	2	20	
3	Z11H－160 型内螺纹截止阀 *DN*15	2	碳钢	
4	短节 A ZG1/2″	8	20	
5	无缝钢管 $\phi18\times3$		20	
6	直通穿板接头 $\phi18$	2	35	
7	直通终端接头	2	35	
8	J13H－160Ⅲ型内螺纹截止阀 *DN*15	3	碳钢	
9	填料函 $\phi20$	2	Q235	
B. *PN*160				
1	无缝钢管 $\phi14\times3$		10	
2	加厚短节 A ZG1/2″	2	20	
3	Z11H－40 型内螺纹闸阀 *DN*15	2	碳钢	
4	短节 A ZG1/2″	8	20	
5	无缝钢管 $\phi18\times3$		10	
6	直通穿板接头 $\phi18$	2	Q235	
7	直通终端接头	2	Q235	
8	J13H－160Ⅲ型内螺纹截止阀 *DN*15	3	碳钢	
9	填料函 $\phi20$	2	Q235	

图 2-8　FT－7003 安装（乙液体 A 方案）

差压式测量有压设备液面管路连接图 PN25、64	K04－29

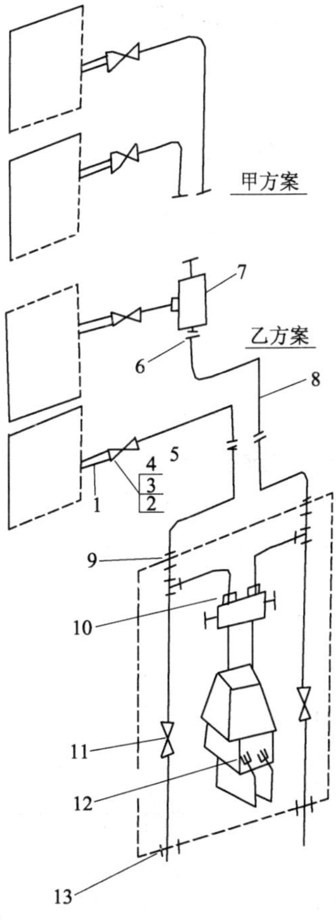

A. PN25

件号	名称及规格	数量	Ⅰ	Ⅱ	备注
			材料		
1	法兰接管 PN64 DN10	2			
2	螺栓 M12×40	8	35	耐酸钢	
3	螺母 AM12	8	25	耐酸钢	
4	垫片 ϕ29/15 δ=1.5	2	橡胶石棉板	氟塑料	
5	JJ、BY1－(P、R)型取压截止阀 PN64 DN5	2	碳钢	耐酸钢	
6	直通中间接头 ϕ14	1	碳钢	耐酸钢	乙方案用
7	冷凝容器 PN64 DN100	1	碳钢	耐酸钢	乙方案用
8	无缝钢管 ϕ14×2		10	耐酸钢	
9	直通穿板接头 ϕ14	2	碳钢	耐酸钢	
10	三阀组附接头	2			与差压计成套供
11	JJ、Y1－(P、R)型卡套式截止阀 PN64 DN5	2	碳钢	耐酸钢	
12	直通终端接头	2	碳钢	耐酸钢	
13	填料函 ϕ16	2	Q235	Q235	

B. PN64

件号	名称及规格	数量	Ⅰ	Ⅱ	备注
1	法兰接管 PN25 DN10	2			
2	螺栓 M10×38	8	Q235	耐酸钢	
3	螺母 AM10	8	Q235	耐酸钢	
4	垫片 ϕ46/15 δ=1.5	2	橡胶石棉板	氟塑料	
5	QG、AY1－(P、R)型取压球阀 PN25 DN10	2	碳钢	耐酸钢	
6	直通中间接头 ϕ14	1	碳钢	耐酸钢	乙方案用
7	冷凝容器 PN64 DN100	1	碳钢	耐酸钢	乙方案用
8	无缝钢管 ϕ14×2		10	耐酸钢	
9	直通穿板接头 ϕ14	2	碳钢	耐酸钢	
10	三阀组附接头	2			与差压计成套供
11	QG、Y1－(P、R)型卡套式球阀 PN25 DN10	2	碳钢	耐酸钢	
12	直通终端接头	2	碳钢	耐酸钢	
13	填料函 ϕ16	2	Q235	Q235	

附注：甲方案适用于气相不冷凝和不需要隔离的情况。乙方案适用于气相易冷凝的情况，件号7冷凝容器也是平衡容器

图2-9　LT－7003安装（乙方案A类选材料Ⅰ）

带检查阀的压力表安装图 $PN160$ $t \leqslant 60$℃ PI－7101 甲方案	K02－32

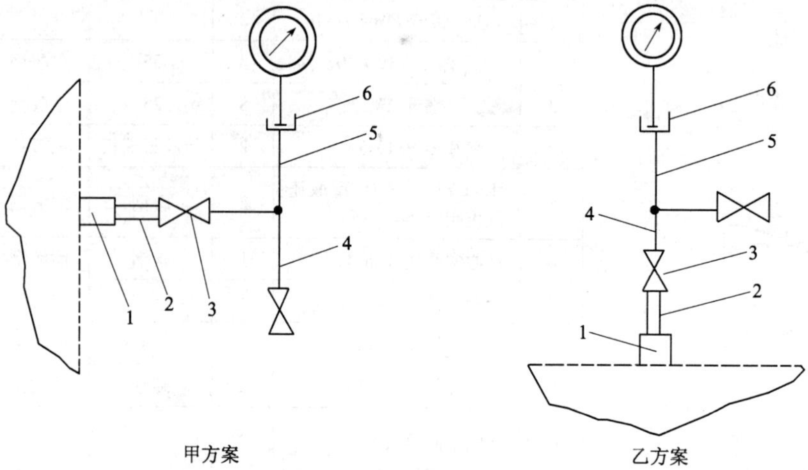

附注：适用于泵出口或重要测量点在操作过程中需要对压力表的测量值进行就地校验的场合，以及用于进行临时采样或当泵检修时作排液排气。但当操作温度高于200℃或被测介质闪点较低的情况下，不能采用此阀排放。

件　号	名称及规格	数　量	材　料	备　注
1	内螺纹管接头 ZG1/2″	1		
2	加厚短节 B ZG1/2″	1	20	
3	J13H－160Ⅲ型内螺纹截止阀 $DN15$	2	碳钢	
4	短节 A ZG1/2″	2	20	
5	无缝钢管 $\phi18\times3$	1	20	
6	压力表接头 M20×1.5	1	35	

图 2-10　压力表安装（乙方案）(1)

带冷凝管的压力表安装图 *PN*64 $t \leq 250$℃ PI－7102 乙方案	K02－33

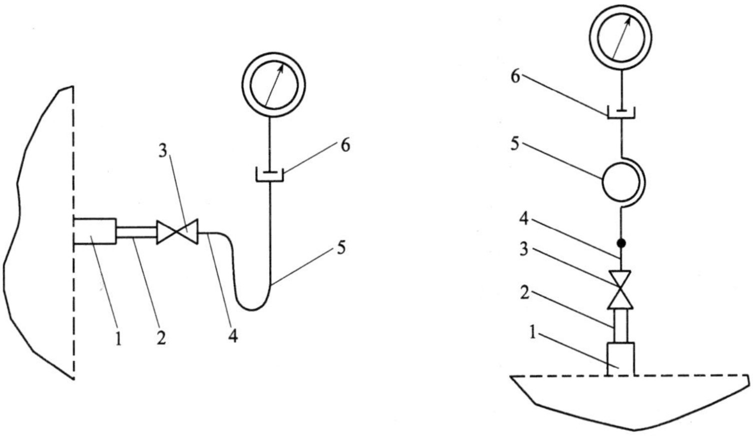

件　　号	名称及规格	数　　量	材　　料	备　　注
1	内螺纹管接头 ZG1/2″	1		
2	加厚短节 B ZG1/2″	1	20	
3	J13H－160Ⅲ型内螺纹截止阀 *DN*15	2	碳钢	
4	短节 A ZG1/2″	1	20	
5	冷凝弯 $\phi18\times3$	1	20	侧面取压
	冷凝圈 $\phi18\times3$	1	20	顶部取压
6	压力表接头 M20×1.5	1	35	

图 2-10　压力表安装（乙方案）（2）

【解】 分析如下：

管路附件量是指仪表测量管、气信号管、管件热管、冲洗管、吹气管、排放管等管路的附件，包括各类仪表阀、辅助容器、连接仪等。仪表管路及附件的规格及材质较多，每一个回路都要统计，容易遗漏，因此，最好的办法是采用列表形式，直观又明了。

仔细核实图2-8、图2-9中的图上附件数量名称与其中表格中的数量及名称，结果基本完全符合。只有PI－7102中，J13H－160Ⅲ、*DN*15数量为1

但是对于图2-8、图2-9中的无缝钢管却没有具体说明其数量。现对其进行说明：

导压管路工程量计算除在桥架上敷设的气动管路外，一般在自控平面布置图上都不标明敷设的路径和长度，而是根据设计规定和采用的标准图纸估算的经验数据。如测量管用于压力、差压，分析等引压管。在设计中如果给出管路量，可以核算给定的长度。而如果像本例中没有给出量，那么在估算时，管线应按尽量短考虑。导压管路最好不超过16m，一般估算3~10m。而差压管（二根管）不超过20m。分析管路根据现场情况确定。在计算取压管同时要计算出加工配件或管件的量。若平面图有一次元件和变送或转换仪表的位置、标高，则可按图估算。

针对图2-8、图2-9中所示的无缝钢管（件号5和1，8）。如图2-8中无缝钢管1是$\phi14\times3$取0.5m（由于其只作弯曲部分，用得很短）

无缝钢管5是$\phi18\times3$取10m（由于其用于较长的导压、导液管）

如图2-9中无缝钢管8是$\phi14\times2$取16m（由于其二根用作差导管）

如图2-10中PI－7101的无缝钢管5是$\phi18\times3$取0.3m（由于其作为仪表与阀门部分的连接管）

综合图2-8、图2-9、图2-10中所有附件名称及数量可以总结出本题附件的统计表。如表2-2所示：

管路与管路辅件表 **表2-2**

项目名称	规格型号	仪表位号				合计
		FT－7003	LT－7003	PI 7101	PI－7102	
无缝钢管	$\phi14\times3$	0.5m				0.5m
无缝钢管	$\phi14\times2$		16m			16m
无缝钢管	$\phi18\times3$	10m		0.3m		10.3m
内螺纹截止阀	J13H－160Ⅲ*DN*15	3个		2个	2个	7个
三阀组附接头	仪表自带	2个	2个			4个
卡套式球阀	QG、Y1－(P、R) *PN*25 *DN*10		2个			2个
取压球阀	QG、AY1－(P、R) *PN*25 *DN*10		2个			2个
直通穿板接头	$\phi18$	2个				2个
直通终端接头		2个	2个			4个
填料函	$\phi20$	2个				2个
填料函	$\phi16$		2个			2个
直通中间接头	$\phi14$		1个			1个
压力表接头	M20×1.5			1个	1个	2个

续表

项目名称	规格型号	仪表位号				合计
		FT－7003	LT－7003	PI－7101	PI－7102	
内螺纹接头	ZG1/2″			1个	1个	2个
直通穿板接头	ϕ14		2个			2个
短节	A ZG1/2″	8个		2个	1个	11个
法兰片及接管	*PN*25 *DN*10		2个			2个
加厚短节	A/B ZG1/2″	2个		1个	1个	A2/B2个
螺栓	M10×38		8个			8个
螺母	AM10		8个			8个
垫片	ϕ46/15 δ=1.5		2个			2个
冷凝容器	*PN*64 *DN*100		1个			1个
冷凝弯	ϕ18×3				1个	1个
内螺纹闸阀	Z11H－40 *DN*15	2个				2个

（表2-2为总表）

从表2-2这种总表，我们可以看出同一位号的管、阀、容器，加工配件的数量。

另外，我们还可以分部分项来统计，列出管、阀、容器、加工配件等的数量。如表2-3所示。（表2-3包含子表4个，分别为表2-4～表2-7）

管路统计（m） **表2-3**

名称 位号	无缝钢管		
	ϕ14×2	ϕ14×3	ϕ18×3
FT－7003		0.5	10
LT－7003	16		
PI－7101			0.3
PI－7102			
合计	16	0.5	10.3

仪表阀门统计表（个） **表2-4**

名称 位号	内螺纹截止阀 *DN*15 J13H－160Ⅲ	卡套式球阀 QG、Y1－（P、R） *PN*25 *DN*10	取压球阀 QG、AY1－（P、R） *PN*25 *DN*10	内螺纹闸阀 Z11H－40 *DN*15	三阀组 附接头
FT－7003	3			2	2
LT－7003		2	2		2
PI－7101	2				
PI－7102	2				
合计	7	2	2	2	4

辅助容器冷凝弯统计表（个） **表 2-5**

名称 / 位号	冷凝容器 PN64 DN100	冷凝弯 $\phi18\times3$
FT－7003		
LT－7003	1	
PI－7101		
PI－7102		1
合计	1	1

加工件、紧固件统计表（套） **表 2-6**

名称 / 位号	直通穿板接头 $\phi18$	直通穿板接头 $\phi14$	直通终端接头	直通中间接头 $\phi14$	压力表接头 M20×1.5	内螺纹管接头 ZG1/2″	法兰片及接管 PN25 DN10
FT－7003	2		2				
LT－7003		2	2	1			2
PI－7101					1	1	
PI－7102					1	1	
合计	2	2	4	1	2	2	2

名称 / 位号	短节 A ZG1/2″	加厚短节 A ZG1/2″	加厚短节 B ZG1/2″	填料函 $\phi20$	填料函 $\phi16$	螺栓 M10×38	螺母 AM10	垫片 $\phi46/15$ $\delta=1.5$
FT－7003	8	2		2				
LT－7003					2	8	8	2
PI－7101	2		1					
PI－7102	1		1					
合计	11	2	2	2	2	8	8	2

管路及附件量计算实例中管路及附件量预算清单 **表 2-7**

序号	项目编码	项目名称	项目特征描述	计量单位	工程数量
1	031006001001	无缝钢管	$\phi14\times2$	m	16
	031006001002	无缝钢管	$\phi14\times3$	m	0.5
	031006001003	无缝钢管	$\phi18\times3$	m	10.3
2	031009001001	内螺纹截止阀	J13H－160Ⅲ DN15	个	7
	031009001002	三阀组	仪表自带	个	4
	031009001003	卡套式球阀	QG、Y1－（P、R）PN25 DN10	个	2
	031009001004	取压球阀	QG、AY1－（P、R）PN25 DN10	个	2
3	031002007	冷凝容器	PN64，DN100	台	1
4	030606001	直通穿板接头	$\phi18$	个	2
		直通穿板接头	$\phi14$	个	2
		直通终端接头		个	4
		直通中间接头	$\phi14$	个	1

续表

序号	项 目 编 码	项 目 名 称	项目特征描述	计量单位	工程数量
		压力表接头	M20×1.5	个	2
		内螺纹管接头	ZG1/2″	个	2
		法兰片及接管	*PN*25 *DN*10	个	2
		短节	A ZG1/2″	个	11
		加厚短节	A/B ZG1/2″	个	A2/B2
		填料函	ϕ20/ϕ16	个	4
		螺栓	M10×38	个	8
		螺母	AM10	个	8
		垫片	ϕ46/15 δ=1.5	个	2

分别列举管路统计，仪表阀门统计、加工件、紧固件统计、辅助容器冷凝弯统计数量。故此两种表格各有所长。

【例 2-10】 根据某车间热力站自控仪表施工图计算量，编制自控仪表安装工程预算。该套施工图如图 2-11～图 2-15 所示。

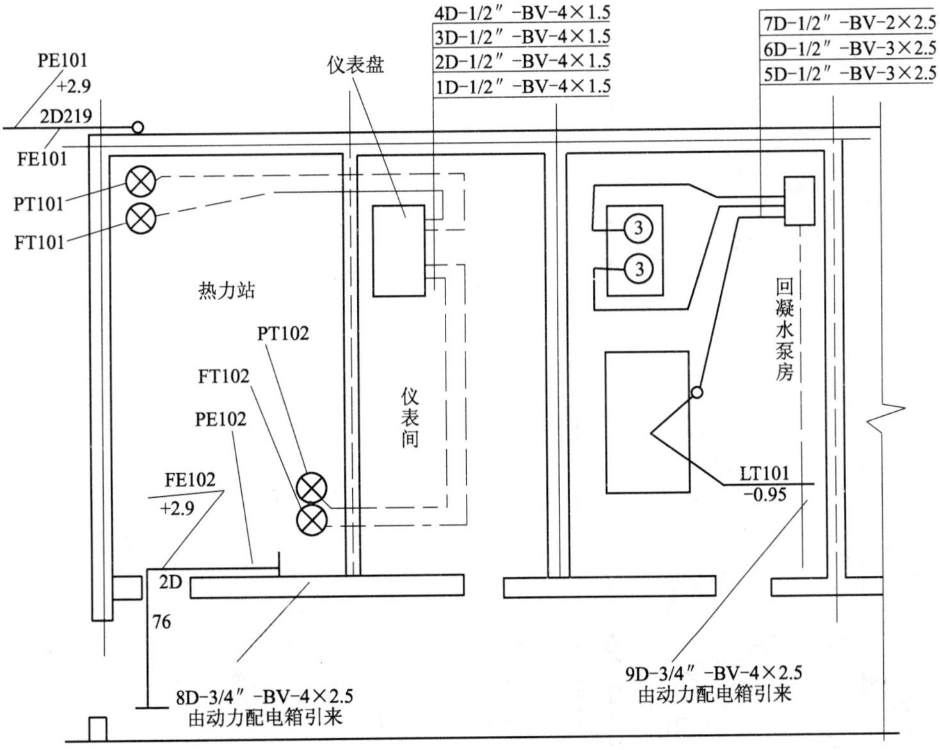

图 2-11 导线敷设平面图

注：1. 压力变送器，差压变送器及动力箱安装高度离地 1.3m；
2. 差压、压力变压器支架套用 K08－15，支架安装高度为 1500mm；
3. PT101、PT102 压力变送器管路连接图套用 K02－7；
4. FT101、FT102 差压变送器管路连接图套用 K03－5。

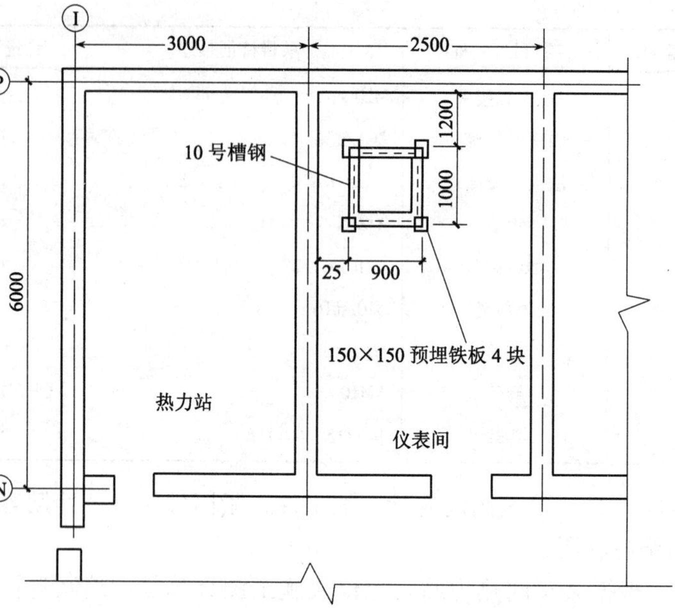

图2-12　仪表盘基础示意图

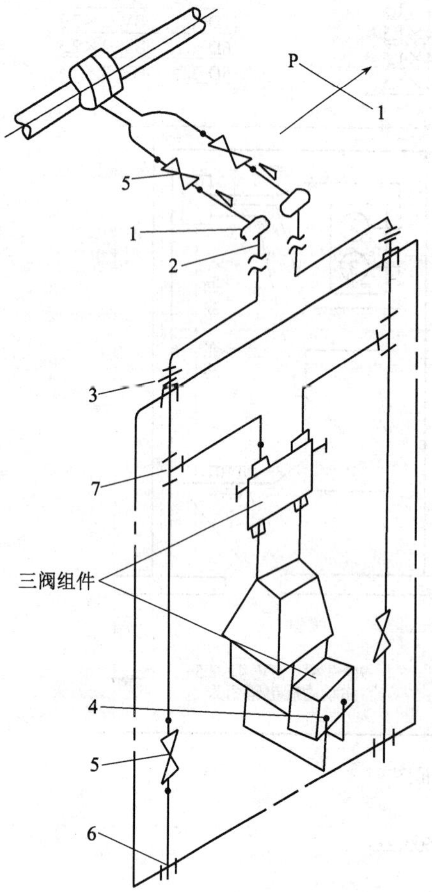

图2-13　测量蒸汽流量管路连接图

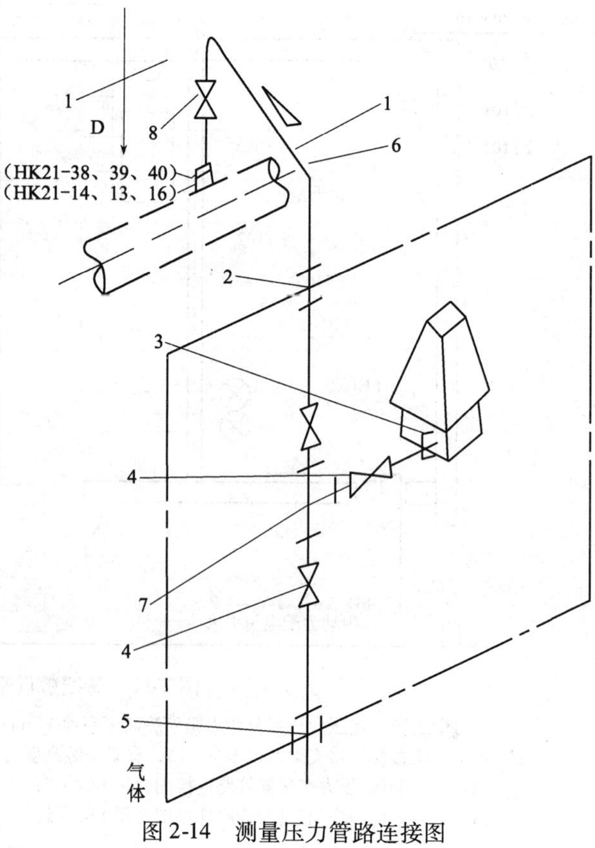

图2-14　测量压力管路连接图

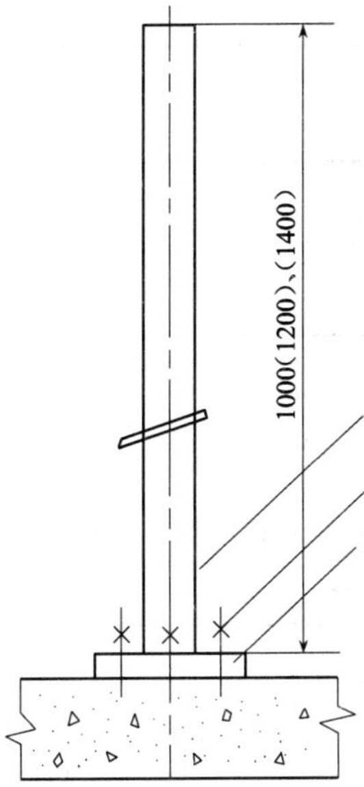

图 2-15　变送器在地上安装支架图

1—底板；2—膨胀螺栓；3—支柱

【分析】

① 由图 2-13，测量蒸汽流量管路连接图，可得表 2-8，材料数量汇总表。

材料数量汇总表　　**表 2-8**

组合代号			211 对焊式压垫密封连接 *PN*2.5MPa 碳钢	
件号	名称	数量	材料代号	材料规格
1	冷凝器	2	C013	*PN*6.4MPa，*DN*100
2	无缝钢管	15×2	P003	ϕ14×2
3	直通穿板接头	2	F297	ϕ14
4	直通终端接头	2	F207	ϕ14/G1/2
5	阀门	4	V073	外螺纹截止阀 *DN*10
6	填料函	2	F519	ϕ16
7	三通接头	2	F273	ϕ14

② 同理：由图 2-14 测量压力管路连接图可得其材料数量汇总表。见表 2-9。

材料数量汇总表　　**表 2-9**

组合代号			111 卡套连接 *PN*2.5MPa 碳钢	
件号	名称	数量	材料代号	材料规格
1	无缝钢管	15×2	P003	ϕ14×2
2	直通接头	1	F100	ϕ14
3	压力表直通接头	1	F168	M20×1.5
4	阀门	3	V481	球阀 QGAY1－C，R、R 型 *DN*15 *PN*1.0MPa

续表

组合代号			111 卡套连接 PN2.5MPa 碳钢	
件号	名称	数量	材料代号	材料规格
5	填料函	1	F519	ϕ16
6	弯头	1	F063	ϕ14
7	三通接头	1	V078	ϕ14
8	阀门	1	V539	取压球阀 QGAY1 DN10 PN2.5MPa

③ 同理，由图 2-15 所示可得其材料数量汇总如表 2-10，如下：

材料数量汇总表 **表 2-10**

件号	名称	数量	代号	材料规格、材质
1	底板	1	F824	ϕ200 $\delta=6$mm Q235
2	膨胀螺栓	3	B127	M10×80 碳钢
3	支柱	1	P113	低压流体输送钢管 2″

④ 控制测量仪表单元一览表如表 2-11 所示。

控制测量仪表单元一览表 **表 2-11**

序号	系统编号	仪表名称	型号规格	单价	数量	安装地点	介质名称	管道直径
1	FQ-101	孔板（附冷凝器 1 套）	D219×6PN0.7MPa	套	1	车间蒸汽总管道	饱和蒸汽	ϕ219×6
		膜盒式差压变送器	CE	只	1	现场		
		压力变送器	DBY-122	只	1	现场		
		开方计算器	DXS-302	只	1	仪表盘		
		单针指示仪	DXZ-110	只	1	仪表盘		
2	FQ-102	孔板（附冷凝器一副）	D76×4PN0.7MPa	套	1	1 号蒸汽管道	饱和蒸汽	ϕ76×4
		膜盒式差压变送器	CE	只	1	现场		
		压力变送器	DBY-122	只	1	现场		
		开方计算器	DXS-302	只	1	仪表盘		
		单针指示仪	DXZ-110	只	1	仪表盘		
3	LS-101	回凝水水箱液位控制						
		浮球液位控制器	UQK-03	只	1	回凝水箱	水	
		仪表盘	KG-21 1000×900×2100	块	1	现场		
		控制箱	PXT-009	块	1	现场		

【解】 1. 工程量：

由图 2-11 所示的电缆敷设路径可知，可以考虑从地面敷设的方式。另外如图 2-12 所示的仪表盘直接就地面安装的情况也符合条件。

① 对于 1D-1/2″-BV-4×1.5，其配管计算量为：

$[(+2.9-1.5)+(6-1.2-1)+0.9]$m $=6.1$m，其中 2.9m 为标高，1.5m 为支架高度

同理也适用于 2D－1/2″－BV－4×1.5

对于 3D－1/2″－BV－4×1.5 和 4D－1/2″－BV－4×1.5，其配管计算量为

$$[(+2.9-1.5)+1.2+0.9+3+0.5]\text{m}=7\text{m}$$

其中 2.9m 为标高，1.5m 为支架高度，(1.2+0.9+3)m 为水平敷设长度，0.5m 可要可不要。

对于 5D－1/2″－BV－3×2.5 6D－1/2″－BV－3×2.5 7D－1/2″－BV－2×2.5	由于从图上不能计算出其工程量，故暂不做考虑，到现场施工时计入实算。

综合可得：配管工程量计算为：(6.1+6.1+7+7)m=26.2m

② 对于管内穿线 BV1.5

计算式为：[(6.1+1.3)×4+(6.1+1.3)×4+(7+1.3)×4+(7+1.3)×4]m=125.6m

对于管内穿线 BV2.5（不考虑）

综合可知管内穿线计算量为：考虑到其不可预见性需预留长度

则为[125.6×(1.05～1.2)]m=(125.6×1.16)m=146m

故可将安装工程的工程量计算采用“工程量汇总表”的形式，如表 2-12 所示：（其中数量的得来可由表 2-8、2-9 中数量来确定）

工程量汇总表（定额）　　**表 2-12**

名　　称	单　位	1D 2D 3D 4D 5D 6D 7D		数　量
暗配管 1/2″	m	6.1+6.1+7+7		26.2
管内穿线 BV－1.5	m	29.6+29.6+33.2+33.2		125.6
管内穿线 BV－2.5	m	—		—
管内穿线	m	(29.6+29.6+33.2+33.2)×1.16		146
		FT101－FE101 FT102－FE102	PT101－PE101 PT102－PE102	
无缝钢管 ϕ14×2	m	76.56	39.6	116.1
冷凝容器 *PN*6.4MPa *DN*100	只	4		4
螺纹截止阀 *DN*10	个	8		8
直通穿板接头 ϕ14	个	4	2	6
直通终端接头 ϕ14/G 1/2″	个	4		4
填料函 ϕ16	个	4	2	6
保温箱	个	2	2	4
法兰接管 *PN*2.5MPa *DN*10	个		2	2
取压球阀 QGAY1 *PN*2.5MPa *DN*10	套		2	2
压力表直通接头	个		2	2
卡套球阀 QGY1 *PN*1MPa *DN*15	套		6	6
变送器支架				29
管路水压试验				6
端子板配线	m			24
脚手架	m^2			12

2. 计算主要材料费：

由于定额内有一部分材料未计价，在编制预算时，应将未计价的材料费编入定额或单独计算后加入直接费。

采取把未计价材料费编入定额的方法计算，可见表2-13。

主材费计算表 **表2-13**

材料名称	单位	单位工程量中的主材消耗量	材料取定价（元）	主材费（元）
钢管1/2″	100m	103.5	1.5元/m	155.25
导线BV-1.5	100m	103	0.17元/m	17.51
无缝管 ϕ14×2	10m	10.35	1.65元/m	17.08
取压球阀QGAY1 *PN*2.5MPa *DN*10	套	1	28.5元/套	28.5
卡套球阀QGY1 *PN*2.5MPa *DN*10	套	1	25元/套	25
螺纹截止阀 *DN*1	个	1	4.88元/个	4.88
压力表直通接头 ϕ14	个	1	4.6元/个	4.6
直通穿板接头 ϕ14	个	1	8.35元/个	8.35
填料函 ϕ16	个	1	6.2元/个	6.20

3. 计算应计入产值的自控设备预算价格

按照国家统计局规定，自控仪表安装工程的一次仪表，除了计算安装费外，还应将其本身价值编入预算，计入建筑安装工程产值之内，其计算办法是出厂价格加运杂费。

如浮球液位控制器、孔板 ϕ76×4、ϕ219×6，压力变送器，膜盒差压变送器、冷凝器等应考虑其运杂费，取值为4%的出厂价。

见表2-14。

自控设备预算价格计算表 **表2-14**

设备名称	单位	出厂价（元）	运杂费率	预算价（元）
浮球液位控制器	只	250	4%	260
孔板 ϕ76×4	块	250	4%	291
孔板 ϕ219×6	块	500	4%	520
压力变送器	只	700	4%	728
膜盒差压变送器	只	250	4%	780
冷凝器	只	100	4%	104

对于无缝钢管 ϕ14×2 的工程量

FT101-FE101，FT102-FE102，$[(15\times2+1.5\times2)\times2]\times(1.05\sim1.2)\text{m}=66\times1.16\text{m}=76.56\text{m}$

PT101-PE101，PT102-PE102，$[(15+1.5)\times2]\times(1.05\sim1.2)\text{m}=33\times1.2\text{m}=39.6\text{m}$

4. 编制自控仪表安装工程预算表：见表2-15。

安装工程预算表（元）　　表 2-15

工程量名称	单位	数量	单价			合计	甲供设备主材	其中工资
			合计	甲供设备主材	其中工资			
自控设备安装								
浮标液位控制器安装	只	1	364.18	260	3.32	364.18	260	3.32
孔板安装 $\phi76\times4$	块	1	303.40	291	4.52	303.40	291	4.52
孔板安装 $\phi219\times6$	块	1	543.77	520	8.09	543.77	520	8.09
压力变送器安装	只	2	733.90	728	2.65	1467.80	1456	5.30
膜盒式差压变送器安装	只	2	786.16	780	2.71	1572.32	1560	5.42
单针指示仪安装	只	2	0.94		0.67	1.88		1.34
开方计算仪安装	只	2	1.26		0.92	2.52		1.84
冷凝器安装	只	4	105.99	104	1.45	423.96	416	5.80
仪表盘安装	台	1	12.21		4.94	12.21		4.94
保温箱安装	台	4	5.27		2.65	21.08		10.6
控制箱安装	台	1	12.42		5.29	12.42		5.29
自控设备调试								
浮球液位控制器调试	只	1	12.24		6.12	12.24		6.12
压力变送器调试	只	2	15.96		7.98	31.92		15.96
差压变送器调试	只	2	19.98		9.99	39.96		19.98
单针指示仪调试	只	2	5.64		2.82	11.28		5.64
开方计算仪调试	只	2	23.94		11.97	47.88		23.94
无缝钢管 $\phi14\times2$	10m	11.61	27.72		4.88	321.55		56.66
管路试压	根	6	1.2		1.17	7.20		7.02
螺纹截止阀 *DN*10	个	8	6.48		0.95	51.84		7.60
取压球阀 QGAY1 *PN*7.5MPa *DN*10	套	2	30.10		0.95	60.20		1.90
卡套球阀 QGY1 *PN*1.0MPa *DN*15	套	6	26.60		0.95	159.60		5.70
变送器支架 4 根	100kg	0.29	150.42		32.75	43.62		9.50
端子板接线	10 个头	2.4	2.25		0.84	5.40		2.02
钢管暗配 1/2″	100m	0.396	252.86		34.74	100.13		13.76
管内穿线 BV－1.5	100m	1.5	19.65		1.87	29.48		2.81
脚手架搭拆	$100m^2$	0.12	77.71		29.64	9.33		3.56
直通终端接头 $\phi14$	个	4	7.25			29.00		
压力表直通接头 $\phi14$	个	2	4.60			9.20		
直通穿板接头 $\phi14$	个	6	8.35			50.10		
填料函 $\phi16$	个	6	6.20			37.20		
合计						5782.68	4503	238.63

清单工程量计算见下表：

清单工程量计算表

序号	项目编码	项目名称	项目特征描述	计量单位	工程量
1	030212001001	电气配管	地面敷设	m	26.2
2	030212003001	电气配线	BV－1.5	m	125.6
3	031006003001	无缝钢管	ϕ14×2	m	116.1
4	031002007001	冷凝容器	*PN*6.4MPa *DN*100	个	4
5	031009001001	螺纹截止阀	*DN*10	个	9
6	030606002001	高压不锈钢管件	直通穿板接头 ϕ14，填料函 ϕ16	个	6
7	031002001001	变送单元仪表	保温箱，变送器支架	台	4
8	031009001002	取压球阀	PGAY1 *PN*7.5MPa *DN*10	个	2
9	031009001003	卡套球阀	QGY1 *PN*2.5MPa *DN*10	个	6
10	030212002	电气配线	端子板配线	m	24

【例2-11】 有一张仪表供气空视图计算管路及附件量。供气空视图为仪表供气管线图，是一张独立的图纸，一般都标注尺寸，并给出量，在这张图上计算工程量较容易。

下列为一张＋16.00m、＋22.00m、＋28.5m平面供气空视图如图2-16及其附表表2-16～表2-19所示，按设计要求，仪表供气总管采用镀锌管，分支管采用紫铜管，供气由工艺配管至仪表需要的合适部位（如图中虚线所示），计算仪表供气管、管件和阀门工程量并与材料表中的量进行核对，计算时要注意图中所标尺寸和标高。

仪表仪气材料表（图2-16附表） **表2-16**

序号	图号或标准号	名称及规格	材料	数量
1		镀锌水煤气管 *DN*25	Q235A	53.5m
2		镀锌水煤气管 *DN*15	Q235A	83m
3		紫铜管 ϕ8×1	紫铜	16m
4	J11T－16	内螺纹截止阀 *PN*1.6 *DN*25	碳钢	1个
5	J11T－16	内螺纹截止阀 *PN*1.6 *DN*15	碳钢	3个
6		镀锌三通 *DN*50/*DN*25/*DN*50	可锻铸头	1个
7		镀锌三通 *DN*25/*DN*15/*DN*50	可锻铸头	1个
8		镀锌三通 *DN*25	可锻铸头	1个
9		镀锌三通 *DN*25/*DN*15/*DN*25	可锻铸头	9个
10		镀锌三通 *DN*15	可锻铸头	8个
11		镀锌90°弯头 *DN*25	可锻铸头	1个
12		镀锌90°弯头 *DN*15	可锻铸头	16个
13		镀锌直通接头 *DN*25	可锻铸头	2个
14		镀锌直通接头 *DN*15	可锻铸头	22个
15		镀锌堵头 *DN*25	可锻铸头	2个
16		直通终端接头 ϕ8×1/M10×1	黄铜	26个
17		镀锌堵头 *DN*15	可锻铸铁	1个
18	QG、QY1－C	气源球阀 *DN*11/2″ϕ8	碳钢	16个

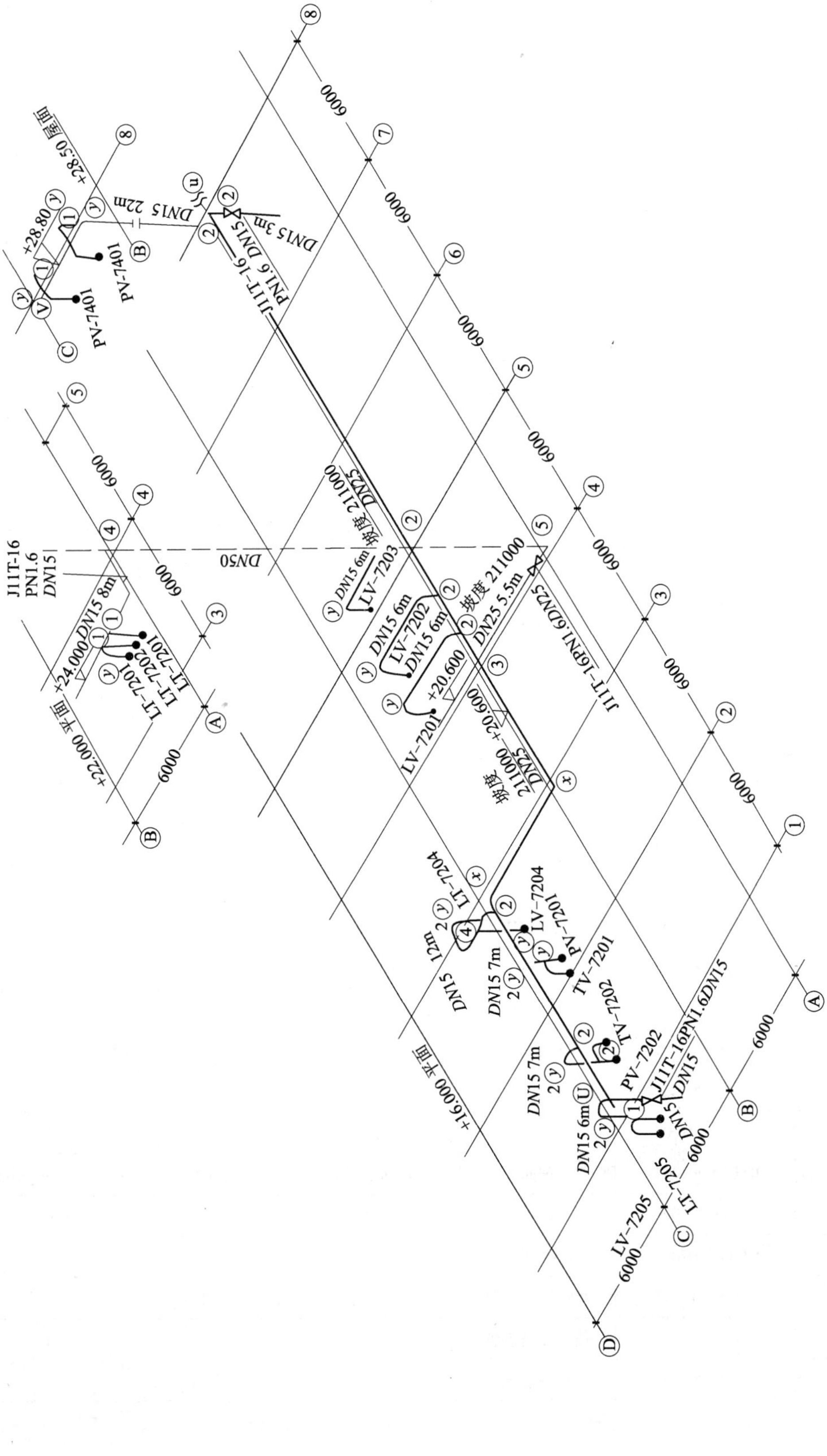

图 2-16　+16.00m、+22.00m、+28.5m 平面供气空视图

仪表仪气材料表 **表 2-17**

名　　称	规　　格	材　　料	数　　量
镀锌水煤气管	DN15	Q235A	83m
	DN25	Q235A	53.5m
紫铜管	φ8×1	紫铜	16m
内螺纹截止阀	J11T-16 PN1.6 DN15	碳钢	3个
	J11T-16 PN1.6 DN25	碳钢	1个
气源球阀	QG、QY1-C DN11/2″ φ8	碳钢	16个
镀锌三通管	DN15/DN15/DN15	可锻铸头	8个
	DN25/DN15/DN25	可锻铸头	9个
	DN25/DN25/DN25	可锻铸头	1个
	DN25/DN15/DN50	可锻铸头	1个
	DN50/DN25/DN50	可锻铸头	1个
镀锌90°弯头	DN15	可锻铸头	1个
	DN25	可锻铸头	16个
直通接头	DN15	可锻铸头	22个
	DN25	可锻铸头	2个
镀锌堵头	DN15	可锻铸头	2个
	DN25	可锻铸头	1个
黄铜直通接头	φ8/M10×1	黄铜	16个

仪表供气空视图的管路敷设预算表（清单） **表 2-18**

序　号	项目编码	项目名称	项目特征描述	计量单位	工程数量
1	031006001001	镀锌钢管	DN15	m	83
2	031006001002	镀锌钢管	DN25	m	53.5
3	031006001003	无缝钢管	φ14×2	m	16
4	031006001004	无缝钢管	φ18×3	m	10
5	031006004001	紫铜管	φ8×1	m	16
6	031009001001	截止阀	内螺纹	个	9
7	031009001002	球阀	卡套式	个	2
8	031009001003	三阀组		个	2
9	031009001004	球阀	取压法兰式	个	2
10	031009001005	球阀	气源	个	16
11	031002007001	冷凝容器		个	1
12	031002017001	回路模拟试验		回路	2
13	031004004001	顺序控制装置		套	1
14	031004007001	检测系统		套	2

仪表供气空视图的管路敷设预算表（定额） **表 2-19**

序号	定额编号	分项工程名称	定额单位	工程量	基价（元）	其中（元）		
						人工费	材料费	机械费
1	10-566	镀锌钢管 *DN*15	10m	8.3	85.96	46.67	31.54	7.75
2	10-567	镀锌钢管 *DN*25	10m	5.35	98.05	50.39	38.01	9.65
3	10-566	无缝钢管 $\phi14\times2$	10m	1.6	85.96	46.67	31.54	7.75
4	10-566	无缝钢管 $\phi18\times3$	10m	1.0	85.96	46.67	31.54	7.75
5	10-580	紫铜管 $\phi8\times1$	10m	1.6	23.65	16.72	6.34	0.59
6	10-716	内螺纹截止阀	个	4	8.46	6.04	0.94	1.48
7	10-713	卡套式球阀	个	2	4.12	3.95	0.17	—
8	10-719	三阀组	个	2	14.55	10.68	1.48	2.39
9	10-711	取压法兰式球阀	个	2	7.24	5.80	0.51	0.93
10	10-718	气源球阀	个	16	3.63	2.79	0.25	0.59
11	10-729	冷凝容器	个	1	19.93	12.77	7.16	—
12	10-302	回路模拟试验	套	1	72.95	47.60	2.45	22.90
13	10-410	顺序控制装置	套	1	62.61	47.83	3.29	11.49
14	10-445	检测系统	套	2	239.83	136.77	11.19	91.87
15	10-307	回路模拟试验	套	1	145.22	88.70	4.70	51.82

【解】 计算方法：分析如图 2-16 所示。

① 镀锌水煤气管工程量：

*DN*15：(3+22+8+6+6+6+12+7+7+6)m=83m

*DN*25：(6+6+6+6+5.5+6+6+6+6)m=53.5m

② 紫铜管的工程量：16×1m=16m（图上连接黑点的）

③ 仪表阀工程量：

J11T-16*PN*1.6 *DN*15　3 个　　（图上可看出来）

J11T-16*PN*1.6 *DN*25　1 个

QG、QY1-C *PN*1 1/2″ϕ8　16 个（16 个黑点与球阀、紫铜管连接）

④ 镀锌管件工程量

a. 三通：

① *DN*15/*DN*15/*DN*15　8 个

② *DN*25/*DN*15/*DN*25　9 个

③ *DN*25/*DN*25/*DN*25　1 个

④ *DN*25/*DN*15/*DN*50　1 个

⑤ *DN*50/*DN*25/*DN*50　1 个

（以上）红色数字标注于图上相关位置

b. 90°弯头：

ⓧ *DN*25　1 个

ⓨ *DN*15　16 个

（以上）用红色ⓧ、ⓨ标注于图上相关位置

c. 直通接头：

ⓜ DN25　2个　三通 DN25/DN15/DN50 和 DN50/DN25/DN50 处

ⓝ DN15　22个　16个紫铜管上各1个，共16个；另有3个 J11T－16PN1～6 DN15，两端各1个，共6个

d. 堵头：

ⓤ DN25　2个　位于 DN25 总管的两端上，用ⓤ标注

ⓥ DN15　1个　位于＋28.80标高处，用红色ⓥ标注

由于从图上所统计的材料数量与附表存在一定的差别，故其余仪气材料可以从现场统计，算到实际工程量中，现将从图上统计的材料及数量列表见表2-17。

【例2-12】　桥架、支架、电缆工程量计算实例

悬臂式墙架示意图见图2-17，工程＋0.000面布置图见图2-18，然后计算下列内容：

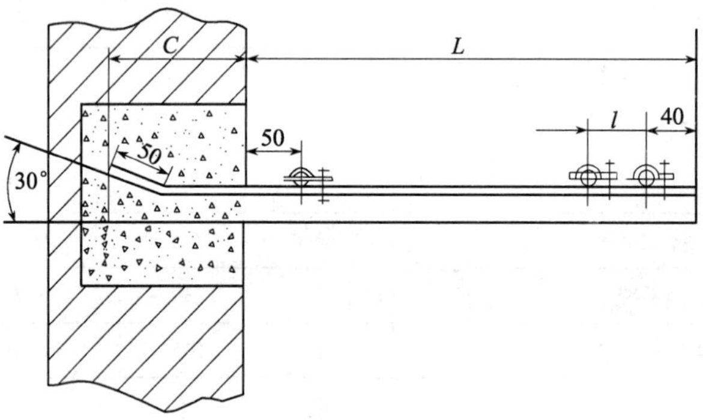

图2-17　悬臂式墙架示意图

① 槽盒量：㊻～㊾，托臂、立柱量

② 电缆敷设量：$103C_{17-1}$、$103C_{17}$、$103C_{27}$、$105C_2$～$105C_9$

③ 支架制作工程量。

④ 变送器支座量。

⑤ 根据设计，信号电缆需穿管，故计算其电气配管量。

注：所有计算都按清单，最后汇表按定额 。

1. 先计算㊻～52、53～54、55～57、58～63、64～69其桥架、托臂、立柱在＋0.000平面的工程量。

分析：组合式桥架和配线桥架每片基本长度为2m，按照设计和样本要求，每2m需一个托臂或立柱，此处涉及桥架的概念。

附注：电缆桥架的主体部件包括：立柱、底座、横臂、梯架或槽形钢板、盖板及二、三、四通弯头等。

立柱是支承电缆桥架及电缆全部负载的主要部件。

底座是立柱的连接支承部件，用于悬挂式和直立式安装。

横臂主要同立柱配套使用，并固定在立柱上，支承梯架或槽形钢板桥，梯形或槽形钢板桥用连接螺栓固定在横臂上。盖板盖在梯形桥或槽形钢板上起屏蔽作用，能防尘、雨、晒或其他杂物。垂直或水平的各种弯头：用来改变电缆走向或电缆引上引下。

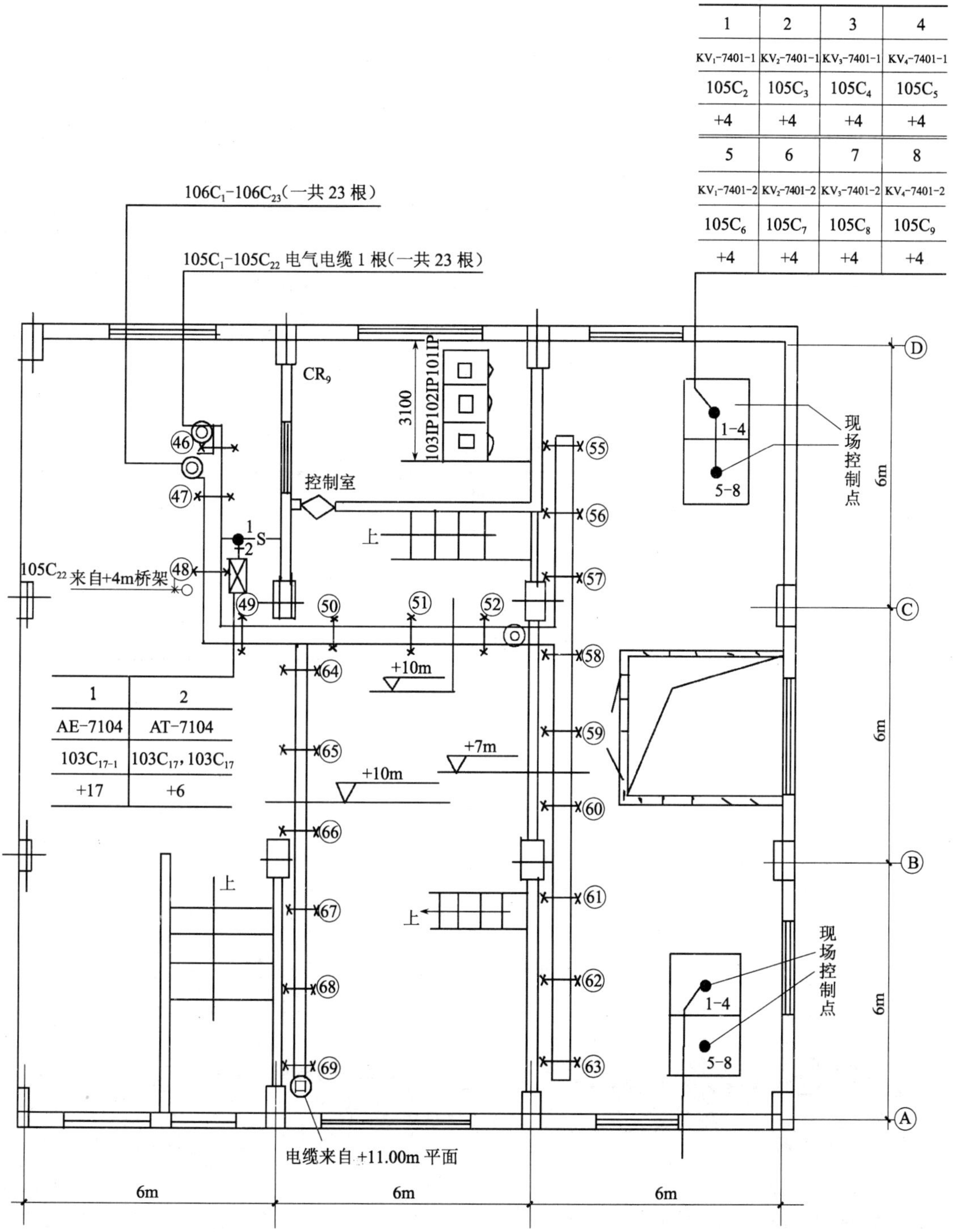

图2-18　+0.000平面布置图

桥架、托臂、立柱、隔板、盖板为外购件成品。连接用螺栓和连接件随桥架成套购买，计算预算重量可按桥架总重或总价的7%计算。电缆桥架有槽式、梯式和托盘式桥架。本例中主要为槽式桥架。

工程量计算：

① 按桥架的“宽+高”尺寸以延长米“10m”作为计量单位，定额综合考虑弯头或三通、四通安装。且在量取图纸计算工程量时，不扣除其所占的长度。

② 现场制作的桥架支撑架、立柱或托臂安装执行支架安装制作定额。外购成品的立柱和托臂安装按“100kg”作为计量单位。

③ 桥架盖板安装按不同规格形式综合考虑，如槽式桥架带盖板，宽大于600mm的带隔板。

④ 桥架厚度按制作的规定标准，如设计对钢制桥架主结构厚度要求超过3mm时，定额人工、机械乘以系数1.2。

⑤ 不锈钢桥架执行钢制桥架安装定额，定额基价乘以系数1.1。

根据图2-19、图2-20，表2-25、表2-26，得各量之间关系。

件号	图号或标准号	名称及规格	数量	材料	备注
1		槽钢100×48×5.3		A3	
2		角钢∟40×40×4		A3	
3		角钢∟40×40×4		A3	
4		角钢∟40×40×4		A3	
5	K09－41	q_1 型 ϕ30 电缆卡		A3	

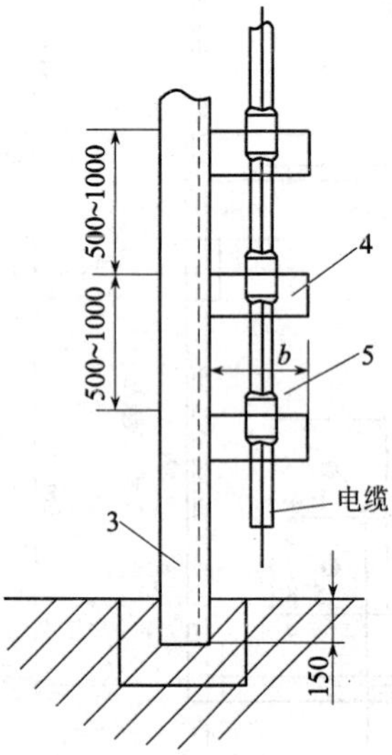

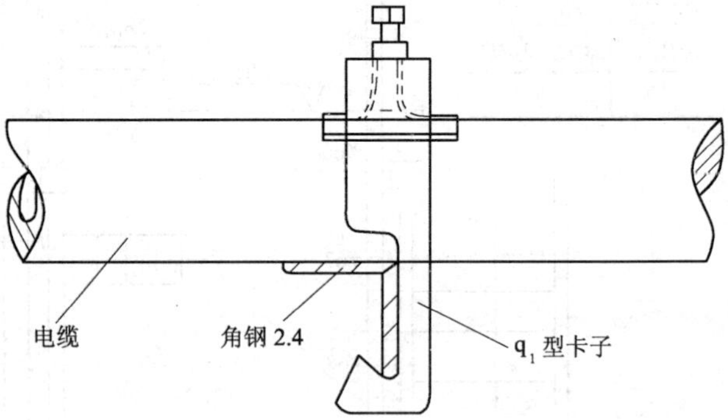

q_1 型卡子安装固定示意图

注：
1. 本立架用于比较分散的少数电缆、管缆的敷设；
2. “*b*”的尺寸现场定；
3. 可采用K09-41的1型电缆卡；
4. 数量按需要确定。

图2-19 角钢立架示意图

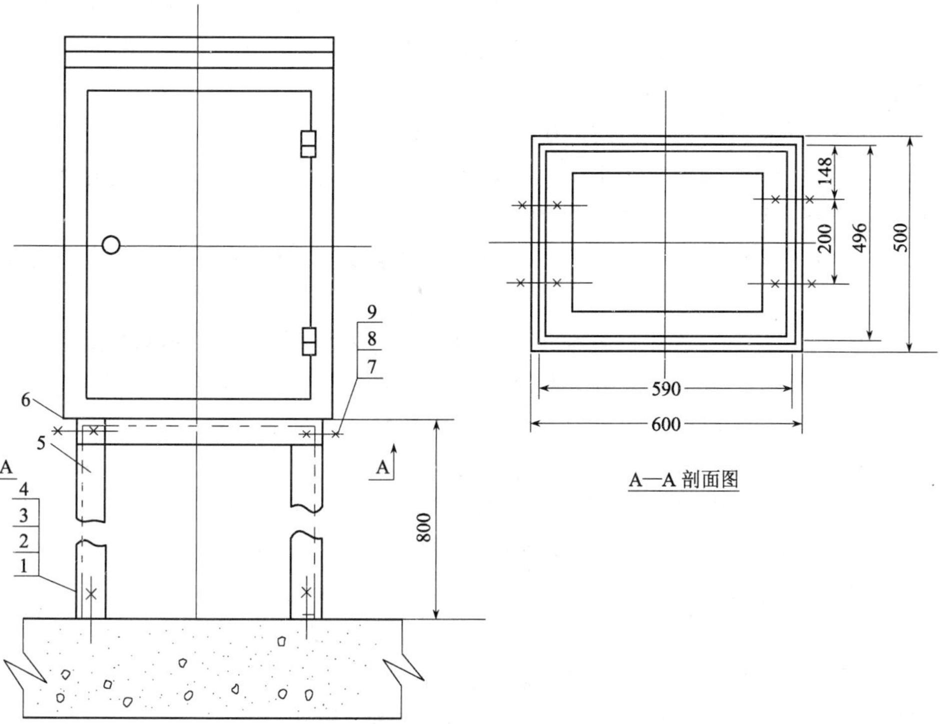

件　　号	图号或标准号	名称及规格	数　　量	材　　料	备　　注
1	GB 41—66	螺母 AM10	4	A3	
2	GB 95—66	垫圈 10	4	A3	
3		锥形螺栓 M10×80	4	A3	
4		花瓣形紧固件 ϕ17，l=50	4	20	
5		支柱∟50×50×5，l=800	4	A3	
6		框架∟50×50×5，l=2172	1	A3	
7	GB 18—66	螺栓 M10×30	4	A3	
8	FB 95—66	垫圈 10	4	A3	
9	GB 45—66	螺母 AM10	4	A3	
10		底板 50×50，δ=6	4	A3	

图 2-20　800×600×500 仪表保温箱在地上安装图　K08－30

综合上述，将其计算结果列于表 2-28、表 2-29 中（都为定额）。

桥架、支撑架材料费计算在本例中加 5% 的损耗率和 7% 附件重量，桥架加 7% 附件重量。

2. +0.000 平面的电缆敷设，电缆头制作及支架量计算。

（1）AE－7104 电缆量及支架量：

① 计算 AE－7104 为电缆量：由于 AE－7104 是安装在管道上的流通式 pH 传感器，其自带 15m 电缆，编号为 $103C_{17-1}$，确定为随机电缆。

② 计算 AT－7104 电缆敷设量：

由图 2-18 可知，其对应编号有 $103C_{17}$ 和 $103C_{27}$。

a. 对于 AT－7104 的编号为 $103C_{17}$ 的电缆，输出信号 4－20mA 为信号电缆，其规格型号为：KVVRP－1×2×1.5 进 103 2P 盘。

b. 对于 AT－7104 编号为 $103C_{27}$ 的电缆，其供电 22V，50Hz 为电力电缆，规格型号：KVV－2×1.5。

由于 $103C_{17}$，$103C_{27}$ 这 2 根电缆工程量计算考虑不走桥架，而是沿墙敷设距 +0.000 平面 3m 距离，其管配为暗配，沿支架敷设，再穿墙进控制室，需套管，且由电缆盘上部进线。$103C_{27}$ 计算方法和长度同 $103C_{17}$，先计算 $103C_{27}$（单位：米）。

为：$[1.5+(6-3)+(1.2+6+1.2)+(0.8+2.2)]\times1.1\text{m}=15.9\times1.1\text{m}=18\text{m}$

［上式中：1.5 为变送器处余量；6 为变送器相对 +0.000 平面高度；3 为支架高度；（1.2+6+1.2）为敷设长度，其中两个 1.2 为敷设余量；（0.8+2.2）分别为盘宽和盘高；1.1 为裕度系数］

同理：$103C_{27}=18\text{m}$，由于其接入控制室，为控制电缆。

综合 $103C_{17-1}$、$103C_{17}$，$103C_{27}$ 电缆汇总如下：

$103C_{17-1}$ 为随机电缆 1 根 15m；$103C_{17}$ 为屏蔽电缆 18m；

$103C_{27}$ 为控制电缆 18m。在计入清单时，屏蔽电缆计入控制电缆。

③ 计算电缆支架量：

a. AE－7104 电缆支架：

由图 2-18 及 AT－7104 和 AE－7104 的接线可知，AE－7104 的电缆 $103C_{17-1}$（其设备自带电缆 15m），从标高 +17 下降至 +6（$103C_{17}$ 的位置），$103C_{27}$ 支架至 AT－7104。

由规则（自控施工规范）可知：电缆支架垂直敷设间隔为 1m，采用 L30×30×4 角铁依托工艺结构或管道，取每根支架长为 $l=0.2\text{m}$。

则：垂直支架计算：(17－6)/1 根＝11 根

$$11\text{ 根}\times0.2\text{m/根}=2.2\text{m}$$

水平支架计算：（同理，取每根支架长 $l=0.2\text{m}$）

而每 0.8m 一根支架，3m 距离取 3 根支架：3 根×0.2m/根＝0.6m

则 AE－7104 共需支架：$(2.2+0.6)\times1.05\text{m}=3\text{m}$

1.05 为修正系数。考虑 5% 的不可预见性，查表 2-25，将长度化为重量：

$$3\times1.786\text{kg}\approx5.4\text{kg}$$

b. AT－7104 电缆支架：

支架可按承受 3 根电缆沿墙敷设考虑来运用标准图 K09－11（图 2-19）由自动化仪表安装与验收规范取每 0.8m 一根支架，支架选用 L50×50×5 或表中数据，$l=300\text{mm}$，由敷设长度$[(6.8-3)+1.2+6+1.2]\text{m}=12.2\text{m}$ 得 11.2/0.8 根＝14 根，故量取共 14 根。电缆进控制室沿桥架从盘顶进入。（图 2-22 和表 2-25）

由于按承受三缆的支架计算：$4.2\times1.3\text{m}=5.5\text{m}$

计算：$14\times0.3m=4.2m\approx5.5m\times2.976kg/m\approx16.368kg$，

又有 $16.368\times1.05kg=17.2kg$（1.05 为修正系数，考虑5%的不可预见性），

故由①、②可得电缆支架总量为 $5.4kg+17.2kg=22.6kg$。

（2）电气配管量计算：

① 对于屏蔽电缆 $103C_{17}$，查表2-28，可知选择电气配管 *DN*15，并考虑其不可预见性5%，故计算如下：

$$(3+8.4+1)\times1.05m=13.02m$$

其中3、8.4 分别对应其垂直3 为（6－3）和水平敷设距离，8.4 为（1.2＋6＋1.2），1 为配管两端的余量0.5m。

② 配套的金属挠性管1 根，按“10 个”作为计量单位，包括接头安装和密封。

③ 配管穿线盒按计算规则2.8 个/10 来计算，并在结算时按时调整。

④ 电缆过墙时，需要穿墙套管，查表2-28，选择 *DN*32，

分析图2-18 可知，电缆穿墙4 次，量取4 根穿墙套管，由 *DN*32 的规格可算得：$0.35m/根\times4根=1.4m$，考虑余量为1.5m。

3. $KV_1\sim KV_4-7401-1$ 和 $KV_1\sim KV_4-7401-2$ 电缆和支架工程量计算：$KV_1\sim KV_4$ 是电磁阀用电缆，在图上的黑点为现场控制点，由现场至控制室共8 根电缆，编号分别为 $105C_2\sim105C_9$，沿桥架敷设电缆规格型号为 $KVV-2\times1.5$。

（1）计算 $105C_2\sim105C_9$ 在 +0.000 平面图的电缆量

① 先计算编号为 $105C_2$、$105C_3$、$105C_4$、$105C_5$4 根电缆量：

计算：$[1.5+1.2+2.4+(7-4)+(10-7)+9\times2]\times1.1m=29.1\times1.1m=32m$（1 根的计算）由于是4 根，故 $32m/根\times4根=128m$

上式中，1.5 为元件出口（变送器处）余量，2.4 为敷设电缆两端的预留长度 1.2×2，$(7-4)$ 和 $(10-7)$ 分别为两处标高之差，即垂直敷设距离，1.1 为考虑了总体余量后的修正系数，1.2 为墙两边的余量长度 $0.5\times2=1$ 和现场两控制处之间隔墙为0.1m。

② 编号为 $105C_6\sim105C_9$ 的电缆量的计算：

同理：计算式为：$[1.5+2.4+1+(7-4)+(10-7)+8\times2]\times1.1m=30m$（1 根的计算量）由于有4 根，故有：$30m/根\times4根=120m$。

综合①、②可知，电缆量合计 $128m+120m=248m$（由于进控制室，为控制电缆）另有控制电缆 $103C_{27}$18m。

则总结如下：

+0.000 平面电缆总况：屏蔽电缆18m，控制电缆 $(248+18)m=266m$

随机电缆 $103C_{17-1}$1 根15m。

（2）计算支架量：只计算进桥架之前的支架的制作量。

根据现场具体情况和经验，可以考虑 $KV_1\sim KV_4-7401-1$ 只设置一组水平支架敷设至 $KV_1\sim KV_4-7401-2$，然后再与槽盒连接再进主控室，所用支架采用角铁∟40×40×4，即每根支架0.3m 长，间距为0.8m，则计算如下：$\{0.3\times[(7-4)/0.8+3/0.8]+5.5\}m=8m$。

查规格表可将其转化为重量，$8m\times2.422kg/m\approx20kg$。

$KV_1-7401-2\sim KV_4-7401-2$ 可设置一组支架，采用安装标准图2-18 角钢立架形式，再水平至总桥架。

支架承载8根电缆，每根支架为$\begin{cases} l=400\text{mm} & \text{距离桥架}3\text{m} & \text{共}4\text{根} \\ l=300\text{mm} & \text{直立}2.55\text{m} & 3\text{根} \end{cases}$

计算得$\begin{cases} (0.4\times4+3)\text{m}=4.6\text{m 转化为重量 }4.6\text{m}\times2.422\text{kg/m}=11.14\text{kg} \\ (0.3\times3+3)\text{m}=3.9\text{m 转化为重量 }3.9\text{m}\times2.422\text{kg/m}=9.446\text{kg} \end{cases}$

则合计(11.14+9.446)kg=20.6kg

则支架量制作合计20kg+20.6kg=40.6kg

（3）关于AT-7104变送器保护箱底座制作

根据标准图K08-30如图2-21所示，保护箱混凝土基础和预埋钢板由土建专业完成，而保护箱支座则由仪表专业完成。

由分析可知：保温箱支座制作采用角钢∟50×50×5

工程量计算：(2.172+0.8×4)m=5.372m 考虑余量系数

则5.372×1.1m=6m

底板垫板50×50，$\delta=6$，需要4块，则有：

$50\text{mm}\times50\text{mm}\times4=0.05\times0.05\times4\text{m}^2=0.01\text{m}^2$ 考虑余量为0.02m^2

故可知：一台保护箱底座用钢材重量为：

$$6\text{m}\times3.77\text{kg/m}+0.02\text{m}^2\times47.1\text{kg/m}^2=23.56\text{kg}$$

再考虑不可预见性5%，则重量为23.56×1.05kg=25kg 故综合可得：

支架量合计：(40.6+25)kg=65.6kg

本例按要求采用清单形式计算工程量，再将各清单按定额汇成总表。定额编号由设备材料名称查《全国统一安装工程预算定额》电气设备安装工程第2册第2版 自动化控制仪表安装工程第十册，《全国统一安装工程基础定额》第九册 电气设备、自动化控制仪表安装工程 GJD 209—2006 其清单见表2-20～表2-24。定额见表2-27～表2-30。

工程量计算表（清单1） **表2-20**

序号	项目编码	项目名称	项目特征描述	计量单位	工程数量
1	030208001001	电力电缆	随机	m	15
2	030208002001	控制电缆		m	266
3	030208004001	电缆桥架		m	46
4	030208005001	电缆支架		t	0.068
5	030212001001	电气配管		m	15.5

工程量计算表（清单2） **表2-21**

序号	项目编码	项目名称	项目特征描述	计量单位	工程数量
1	031002015001	调节阀		台	2
2	031002012001	盘装仪表		台	1
3	031002008001	输入输出组件		件	2
4	031008001002	盘、箱、柜安装		台	4
5	031003005001	物性检测仪表		套	4

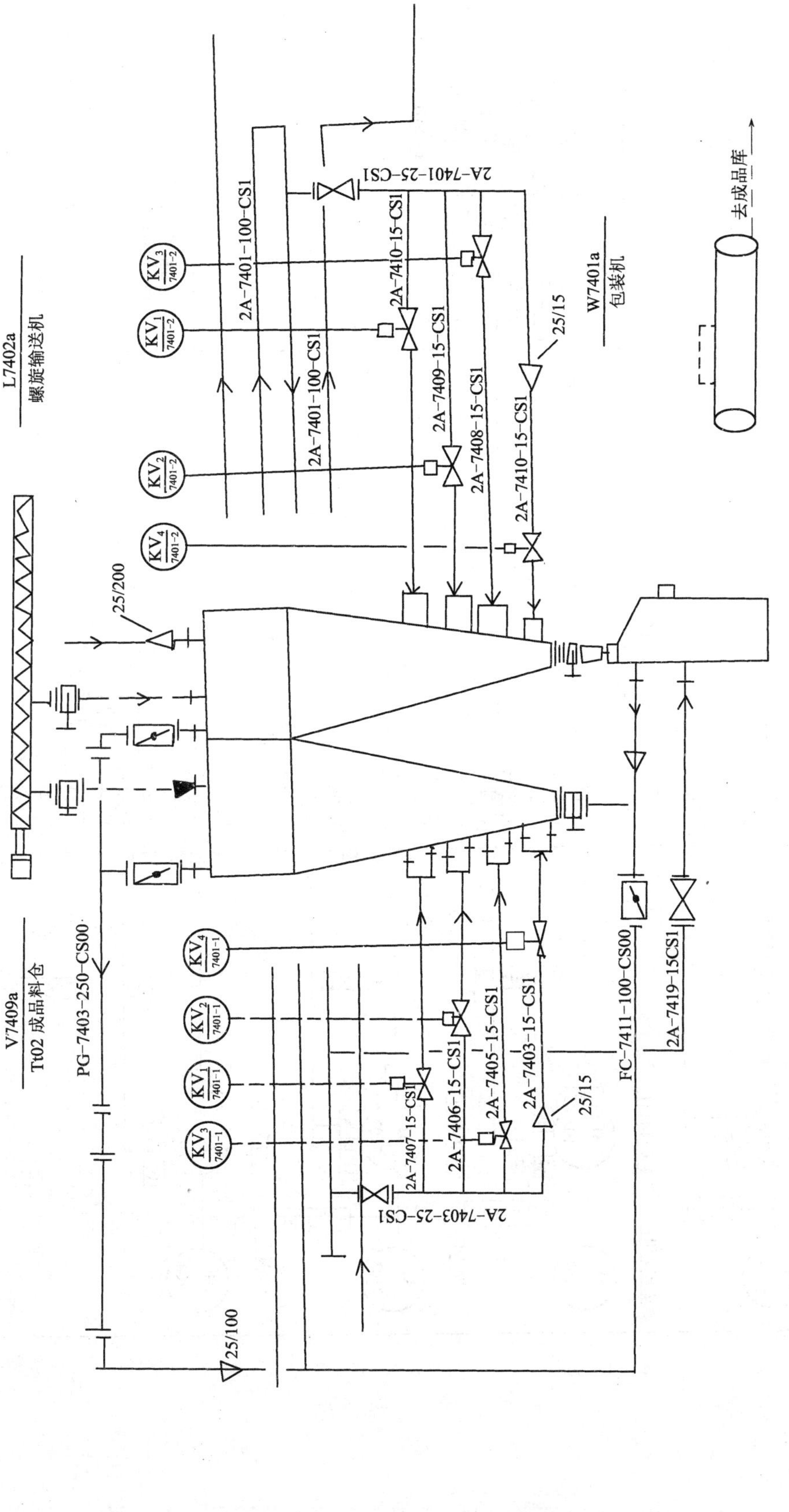

图 2-21　包装系统带控制点流程图

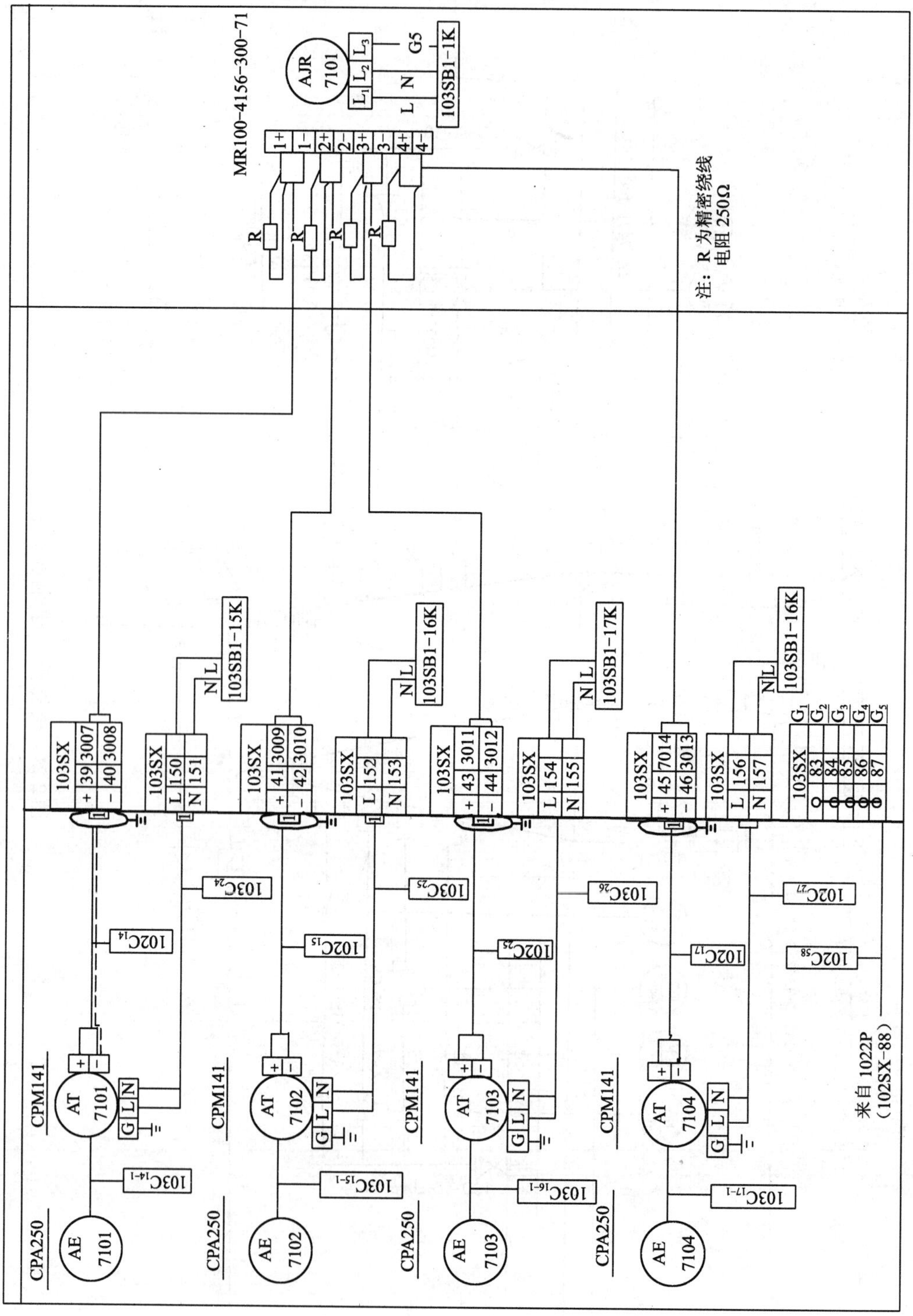

MR100-4156-300-71
AJR 7101
103SB1-1K
注：R 为精密绕线电阻 250Ω
103SB1-15K
103SB1-16K
103SB1-17K
103SB1-16K
103SX
CPM141
CPA250
AT 7101
AT 7102
AT 7103
AT 7104
AE 7101
AE 7102
AE 7103
AE 7104
来自 1022P（102SX-88）

图 2-22　回路接线图

包装系统安装工程仪表预算清单　　表 2-22

序　号	项目编码	项目名称	项目特征描述	计量单位	工程数量
1	030609001001	电磁阀		个	9
2	031005011001	可编程逻辑控制器		台	1
3	031005013001	过程 I/O 组件		点	8
4	031003004001 031002005001 031002001001 031002004001	pH 分析仪 传感器 变送器 记录仪		套 台 台 台	4 4 4 4

包装系统安装工程电缆、桥架敷设、支架制作、电气配管预算清单　　表 2-23

序　号	项目编码	项目名称	项目特征描述	计量单位	工程数量
1	030208004002	组合式电缆桥架	 配线桥架 立柱、托臂安装	m m kg	20 26 327
2	030208005002	电缆支架		t	0.068
3	030208001003	电力电缆	随机	m	15
4	030208002002	控制电缆	 电缆终端	m 个	284 20
5	030212001002	冶钢结构明配	*DN*15，沿墙暗配，穿线盒	m	14

车间热力站自控仪表安装工程预算清单　　表 2-24

序　号	项目编码	项目名称	项目特征描述	计量单位	工程数量
1	031002001002 031002001003	压力变送器 膜盒式差压变送器	保温箱 变送器支架	台 台	2 2
2	031002012002 031002004001 031002002001	盘装仪表 开方计算器 单针指示仪		台 台 台	1 2 2
3	031002007001	冷凝容器	*PN*6.4MPa *DN*100	台	4
4	031001004001	浮球液位控制器		台	1
5	031006003001	无缝钢管	$\phi14\times2$	m	116.1
6	030204018001	动力配电箱		台	1
7	031009001001	螺纹截止阀	*DN*10 取压球阀 卡套球阀	个 个 个	8 2 4
8	030606002001	高压不锈钢管件	直通穿板接头 $\phi14$ 直通终端接头 $\phi14$/G1/2 填料函 $\phi16$ 法兰接管 *PN*2.5MPa *DN*16 压力表直通接头	个	6
9	030212001003	钢管	暗配 1/2	m	40
10	030212003001	管内穿线	BV－1.5	m	200

桥架、托臂、立柱重量表 **表 2-25**

型　　号	规格（长度/m）	重量（kg/L）
托臂 XQJ－TB－03		
TB－03－50	100	1.68
TB－03－100	150	2.46
TB－03－200	200	3.46
TB－03－300	300	4.37
TB－03－400	400	5.37
TB－03－500	500	6.67
TB－03－600	600	7.41
TB－03－700	700	8.16
TB－03－800	800	10.23
角钢立柱重量 XQJ－H－01D		
H－01D－3	300	2.09
H－01D－5	500	3.48
H－01D－8	800	5.57
H－01D－10	1000	6.96
H－01D－15	1500	10.44
H－01D－20	2000	13.92
槽钢立柱重量 XQJ－H－01E		
H－01E－3	300	2.31
H－01E－5	500	3.85
H－01E－8	800	6.16
H－01E－10	1000	7.7
H－01E－15	1500	11.55
H－01E－20	2000	15.4

悬臂式墙架规格表 **表 2-26**

L	C	悬臂墙架用钢规格
300 以下	100	∟30×30×4
300～700	150	∟30×30×4
700～900	150	∟50×50×5
900～1300	200	∟50×50×5
1300～1500	250	∟63×63×6

表 2-27

安装工程预算表（元）

专业：自控

序号	定额编号	名称	型号、规格、材质	单位	数量	单价	其中			合价	其中		
							人工费	辅材费	机械费		人工费	辅材费	机械费
一		仪表设备安装与调试											
1	10－279	电磁阀	螺纹连接	台	2	80.3	54.57	9.19	16.54	160.6	109.14	18.38	33.08
2	10－531	可编程逻辑控制器	容量 48 点	台	1	866.75	637.16	17.38	212.21	866.75	637.16	17.38	212.21
3	10－546	过程输入输出点	数字量 16 点	8 点	2	39.44	22.29	0.2	16.95	78.88	44.58	0.4	33.9
4	10－347	pH 分析仪	流通式	套	4	512.09	378.02	26.9	107.17	2048.36	1512.08	107.6	428.68
5	10－680	保护箱		台	4	75	52.01	14.77	8.22	300	208.04	59.08	32.88
		本页小计								3936.39	2838.42	257.98	839.99
		脚手架搭拆（人工费×4%，其中工资 15%）								113.54	2838	85.15	
		总计								4049.93	2866.8	343.13	839.99

电缆桥架表

表 2-28

支架号	支架名称及规格	型号	数量	电缆桥架名称及规格	型号	数量	电缆穿管规格	数量	敷设方式	备注
①~⑬	托臂 $b=700$mm	TB-03-700	13	组合式电缆桥架 150×25 $L=2000$	ZH-01B-150	24 块	DN15	65m	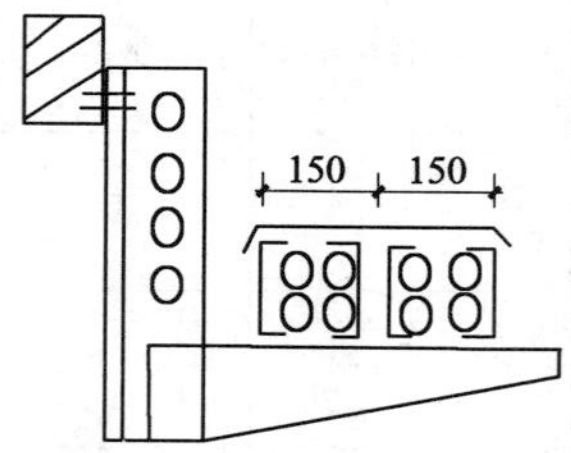	
	槽钢立柱(I) $L=1000$mm	H-01E-10	13	组合式电缆桥架 100×25 $L=2000$	ZH-01B-100	36 块				
				盖板 308×20 $L=2000$	ZH-05-300	42 块	DN32	55m		
⑭~㉒ ㊻~㊾	托臂 $b=600$mm	TB-03-600	16	组合式电缆桥架 100×25 $L=2000$	ZH-05-100	85 块	DN15	75m	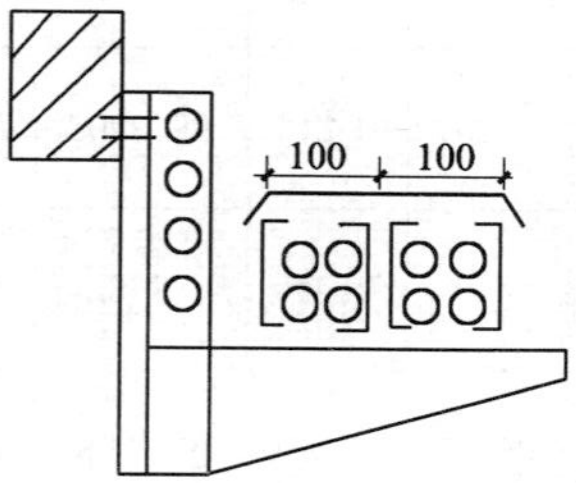	
	槽钢立柱(I) $L=1000$mm	H-01E-10	16	盖板 208×20 $L=2000$	ZH-05-200	17 块				
㉓~㉔ ㊾~㊿	托臂 $b=150$mm	TB-04-150	2	组合式电缆桥架 100×25 $L=2000$	ZH-01B-100	25 块	DN15		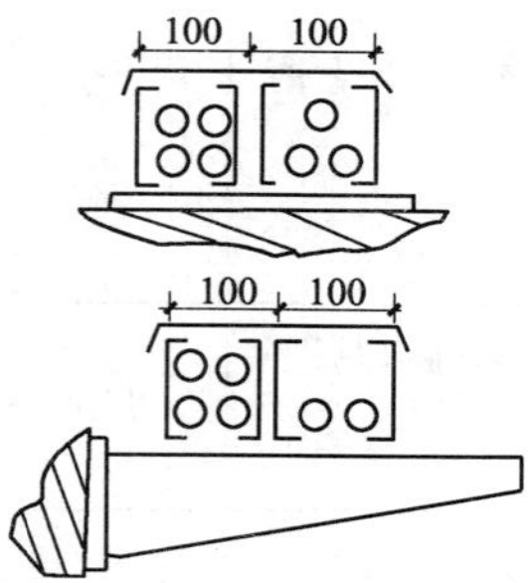	
	托臂 $b=200$mm	TB-03-200	2	盖板 208×20 $L=2000$	ZH-05-200	5 块				

续表

支架号	支架名称及规格	型　　号	数量	电缆桥架名称及规格	型　　号	数量	电缆穿管规格	数量	敷　设　方　式	备注
㉕～㉖ ⑦～⑦⑤	托臂 $b=200$mm	TB－03－200	2	配线桥架 50×50 $L=2000$	ZH－02B	18 块	$DN15$	30m	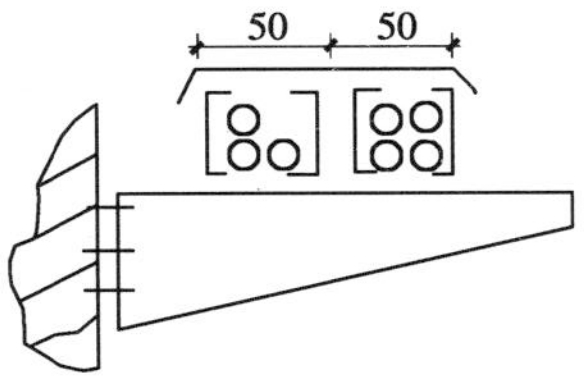	
	托臂 $b=150$mm	TB－03－150	6	盖板 108×20 $L=2000$	ZH－05－100	9 块				
㊿8～㊿3	托臂 $b=150$mm	TB－03－150	6	配线桥架 50×50 $L=2000$	ZH－02B	10 块	$DN15$	40m	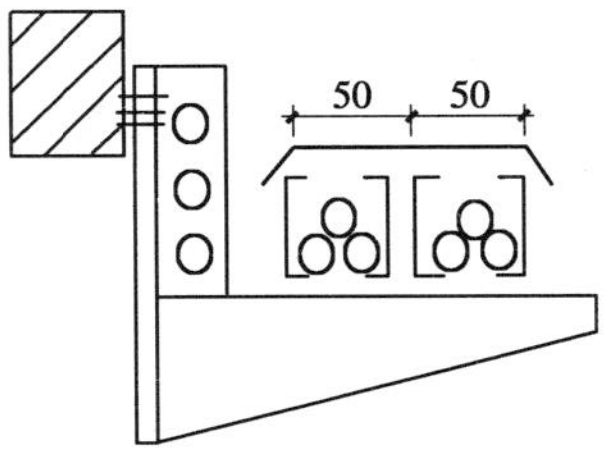	
	角钢立柱(I) $L=1000$mm	H－01D－10	6	盖板 108×20 $L=2000$	ZH－05－100	5 块				
㊻5～㊻7 ㊽4～㊽9	托臂 $b=150$mm	TB－03－150	9	配线桥架 50×50 $L=2000$	ZH－02B	8 块	$DN15$	40m	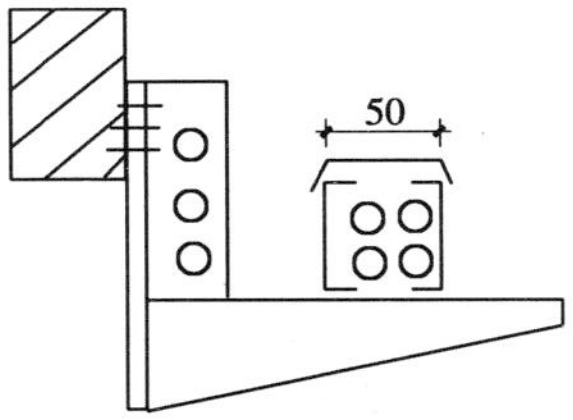	
	角钢立柱(I) $L=1000$mm	H－01D－10	9	盖板 55×20 $L=2000$	ZH－05－50	8 块				

电缆支架及桥架表

表 2-29

支架号	桥架支架			电缆桥架			执行定额规格及工程量
	名称及规格	型号	数量	名称及规格	型号	数量	
㊻~㊾	托臂 $b=600$ 槽钢立柱 $L=100$	TB-03-600 H-01C-10	7.41kg/个×7个 =51.87kg 18.09kg/个×7个 =126.63kg	组合式电缆桥架 100×25 $L=2000$	ZH-01B-100	35片 35×7.34kg=256.9kg	桥架35片 盖板折合14片 共计49片
				盖板 208×20 $L=2000$	ZH-05-200	7片 7×14.94kg=104.58kg	
㊸~㊹	托臂 $b=200$	TB-03-200	3.46kg/个×2个 =6.92kg	组合式电缆桥架 100×25 $L=2000$	ZH-01B-100	15片 15×7.34kg=110.1kg	桥架15片 盖板折合6片 共计21片
				盖板 208×20 $L=2000$	ZH-05-200	3片 14.94×3kg=44.82kg	
㊽~㊳	托臂 $b=150$ 角钢立柱 $L=100$	TB-03-150 H-01D-10	2.46kg/个×6个 =14.76kg 6.96kg/个×6个 =41.76kg	配线桥架 50×50 $L=2000$	ZH-02B	10片 9.57×10kg=95.7kg	100×50 10m
				盖板 108×20 $L=2000$	ZH-05-100	5片 4.2×5kg=21kg	
㊺~㊼ ㊴~㊾	托臂 $b=150$ 角钢立柱 $L=100$	TB-03-150 H-01D-10	2.46kg/个×9个 =22.14kg 6.96kg/个×9个 =62.64kg	配线桥架 50×50 $L=2000$	ZH-02B	8片 9.57×8kg=76.56kg	50×50 16m
				盖板 55×20 $L=2000$	ZH-05-50	8片 2.15×8kg=17.2kg	

表 2-30

安装工程预算表

序号	定额编号	名称	型号、规格、材质	单位	数量	单价（元）	其中（元）				合价（元）	其中（元）			
							主材费	人工费	辅材费	机械费		主材费	人工费	辅材费	机械费
		电缆、桥架敷设、支架制作安装													
1	2-672	电缆敷设	控制电缆 KVV-C-2×1.5	100m	2.66	149.98		96.6	53.38		398.95		256.96	141.99	
	10-616		屏蔽电缆 KVVRP-1×2×1.5	100m	0.18	108.52		74.77	27.88	5.87	19.52		13.46	5.02	1.06
		电缆材料费	控制电缆 KVV-C-2×1.5	m	272										
			屏蔽电缆 KVVRP-1×2×1.5	m	19										
	2-680	电缆终端	控制电缆头	个	18	42.87		12.07	30.8		771.66		217.26	554.40	
	10-622		屏蔽电缆头	个	2	14.93		5.11	6.39	3.43	29.86		10.22	12.78	6.86
	10-616	随机专用电缆		100m	0.15	108.52		74.77	27.88	5.87	16.26		11.22	4.18	0.88
2		电缆桥架敷设													
	2-591	组合式电缆桥架		100片	0.73	1297.54		1284.76	3.38	9.40	947.20		937.87	2.47	6.86
	2-542	槽式汇线桥架	（宽+高）150mm以下	10m	2.6	71.21		44.35	23.85	3.03	185.15		115.31	62.01	7.88
	2-592	立柱、托臂安装		100kg	3.27	240.78		136.53	89.93	14.32	787.35		446.45	294.07	46.83
		组合式桥架材料费	（附件和螺栓增加总重7%）	t	0.556										
		桥架立柱、托臂材料费		t	0.343										
		槽式汇线桥架材料费	（附件和螺栓增加总重7%）	t	0.227										

续表

序号	定额编号	名称	型号、规格、材质	单位	数量	单价（元）	其中（元）				合价（元）	其中（元）			
							主材费	人工费	辅材费	机械费		主材费	人工费	辅材费	机械费
3		电气配管													
	2－1025	沿钢结构明配	*DN*15	100m	0.14	527.24		200.16	314.6	12.48	73.81		28.02	44.04	1.75
	2－1011	沿墙暗配	*DN*32	100m	0.015	328.75		215.71	92.29	20.75	4.93		3.24	1.38	0.31
	10－667	金属挠性管		10 根	0.1	20.02		17.88	2.14		2.00		1.79	0.21	
	10－669	穿线盒		10 个	0.28	13.38		12.77	0.61		3.75		3.58	0.17	
		材料费	镀锌钢管 *DN*15	m	14.5										
			镀锌钢管 *DN*32	m	1.55										
			金属挠性管	根	1										
			穿线盒	个	3										
4		支架制作安装													
	2－358	一般铁构件制作		100kg	0.68	424.11		250.78	131.90	41.43	288.39		170.53	89.69	28.17
	2－359	一般铁构件安装		100kg	0.68	212.83		163.00	24.39	25.44	144.72		110.84	16.59	17.30
		材料费		t	0.072										
		本页小计									3673.55		2326.75	1229.00	117.90
		脚手架搭拆（人工费×4%，其中工资 25%）									93.07		23.27	69.80	
		总计									3766.62		2350.02	1298.8	117.90

第三章　通信设备及线路工程（C.11）

第一节　分部分项实例

【例3-1】　如图3-1所示，铜芯电力电缆（截面35mm^2）由动力箱向上引至+8m标高处，水平敷设至4m平台后沿墙引下（卡设），在距4m平台2m处加明管敷设，4m平台距电动机1.6m，经4.0m平台楼板穿管暗配，试计算所用的工程量并套用定额。

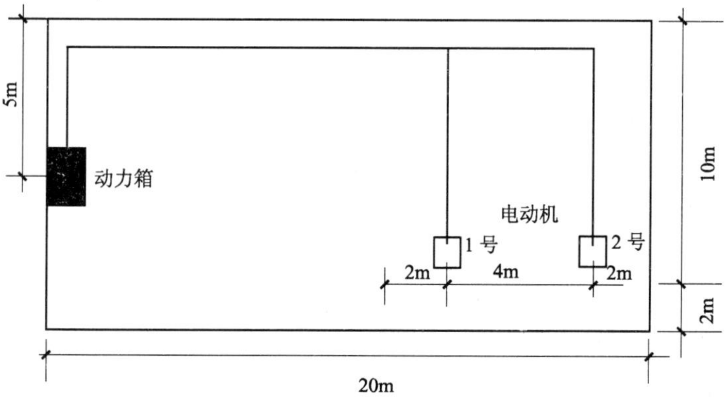

图3-1　电力电缆敷设示意图

［1号，2号电机各为75kW；动力箱为XL(F)－15（箱高1.7m，宽0.7m）］

【释义】　管道：一个或一组设施，通过它可以在建筑物内安装通信电缆和导线。它是电缆的垂直或水平路径。

墙壁电缆：沿墙壁进行敷设的电缆。

【解】　定额工程量：

1）由动力箱至1号电动机电缆工程量的计算。

① 电缆沿墙卡设的工程量

$$(6.3+5+14+8-4-2+1.5+2.4)m=31.2m$$

注：式中6.3为8－1.7=6.3m是从动力箱向上引的长度；由于有电缆进入沟内或吊架上引上（下）预留1.5m的定额规定，所以式中加上1.5m；

式中5m为从动力箱至墙的水平长；14m为从动力箱至1号电动机的水平长；

2.4m为动力箱高+宽的长度。

② 保护管明配（$\phi80$）工程量：

$$(2+1.6)m=3.6m$$

注：式中2m为电缆中间接头应预留的长度，1.6m为由楼板引出至电动机的长度。

③ 保护管暗配（$\phi80$）工程量：

$$4m = 4m$$

注：题中给出经4m平台楼板穿管暗配，这里的4m即为平台暗配长。

④ 电缆穿导管敷设：

$$(3.6 + 4 + 1)m = 8.6m$$

注：题中3.6m为明管长，4m为暗管长，1m为规定的接电动机应预留的长度。

2）由动力箱至2号电机电缆工程量的计算。

① 电缆沿墙卡设工程量：

$$(6.3 + 5 + 18 + 8 - 4 - 2 + 1.5 + 2.4)m = 35.2m$$

注：参阅前面计算由动力箱至1号电动机电缆工程量的计量、解释。

② 保护管明配（ϕ80）工程量：

$$(2 + 1.6)m = 3.6m$$

注：参阅前面计算由动力箱至1号电动机电缆工程量的计量、解释。

③ 保护管暗配（ϕ80）工程量：

$$4m = 4m$$

注：参阅前面计算由动力箱至1号电动机电缆工程量的计量、解释。

④ 电缆穿导管敷设：

$$(3.6 + 4 + 1)m = 8.6m$$

注：参阅前面计算由动力箱至1号电动机电缆工程量的计量、解释。

3）全部工程量。

① 电缆沿墙卡设　　　　$(31.2 + 35.2)m = 66.4m$

套用预算定额　2-618

计量单位：100m

基价：332.42元；其中人工费163.24元，材料费164.03元，机械费5.15元

② 保护管明配　　　　$(3.6 + 3.6)m = 7.2m$

套用预算定额　2-1004

计量单位：100m

基价：1643.23元；其中人工费969.90元，材料费625.42元，机械费47.91元

③ 保护管暗配　　　　$(4 + 4)m = 8m$

套用预算定额　2-1015

计量单位：100m

基价：1080.08元；其中人工费797.61元，材料费234.56元，机械费47.91元

④ 电缆穿导管敷设　　　　$(8.6 + 8.6)m = 17.2m$

套用预算定额　2-536

计量单位：10m

基价：46.36元；其中人工费24.38元，材料费21.98元

⑤ 电缆试验　4次/根

套用预算定额　2-974

计量单位：根次

基价：89.70元；其中人工费30.65元，材料费0.61元，机械费58.44元

⑥ 电缆头制作（户外热缩式） 4 个
套用预算定额 2－648
计量单位：个
基价：146.05 元；其中人工费 60.37 元，材料费 85.68 元
⑦ 电机检查接线 2 台
套用预算定额 2－455
计量单位：台
基价：273.02 元；其中人工费 190.40 元，材料费 71.40 元，机械费 11.22 元
⑧ 电机调试 2 台
套用预算定额 2－902
计量单位：台
基价：1777.66 元；其中人工费 696.60 元，材料费 13.93 元，机械费 1067.13 元
⑨ 动力箱安装（落地式） 1 台
套用预算定额 2－263
计量单位：台
基价：66.66 元；其中人工费 34.83 元，材料费 31.83 元
⑩ 基础槽钢 2.2m
套用预算定额 2－356
计量单位：10m
基价：90.86 元；其中人工费 48.07 元，材料费 33.52 元，机械费 9.27 元

注：电缆试验的目的是为了检查电缆安装完成后是否正确，能否正常通电，可以每根进行 4 次也可以每根进行 2 次。

电缆头：电缆敷设好后，为了使其成为一个连续的线路，各段线必须连接为一个整体，这些连接点称为电缆头。电缆线路两末端的接头称为终端头，中间部位的接头则称为中间头。它们的作用是使电缆保持密封，使线路畅通，并保证电缆接头处的绝缘等级，使其安全可靠地运行。电缆头按其芯材料可分为铝芯电力电缆头和铜芯电力电缆头。

清单工程量计算见下表：

清单工程量计算表

序号	项目编码	项 目 名 称	项 目 特 征 描 述	计量单位	工 程 量
1	031102035001	墙壁电缆	沿墙卡设	m	58.2
2	031102008001	电缆保护管	明配	m	7.2
3	031102008002	电缆保护管	暗配	m	8
4	030206003001	电动机	电动机，75kW	台	2
5	030204018001	配电箱	动力箱落地式	台	1
6	031102034001	管道电缆	穿导管敷设	km	0.02

【例 3-2】 全长 300m 电力电缆直埋工程，单根埋设时电缆沟上口宽度 0.7m，下口宽度 0.5m，深度 1.2m。现若同沟内并排埋设 6 根电缆，则：

（1）挖土方量多少？套用定额。

（2）如果上述直埋的6根电缆横向穿过混凝土铺设的公路，已知路面宽34m，混凝土路面厚度300mm，电缆保护管SC80，埋设深度1.2m，试计算电缆沟土方工程量并套用定额。

【释义】 埋式电缆：在敷设电缆时，沿已定的路线挖沟，再将电缆埋入沟内填土覆盖。SC80：即电缆保护管直径为80mm。

【解】 （1）根据工程量计算规则，因为1~2根电缆开挖土方量相同，所以同沟并排埋设6根电缆时，其电缆沟上、下口增加宽度均为

$(0.17\times4)\text{m}=0.68\text{m}$，挖土方量为

$$V_1=\left[\frac{(0.7+0.68+0.5+0.68)\times1.2}{2}\times300\right]\text{m}^3=460.8\text{m}^3$$

套用预算定额　2-521

计量单位：m^3

基价：12.07元；其中人工费12.07元

注：① 电缆沟的横截面为梯形，其中$\frac{1}{2}(0.7+0.68+0.5+0.68)\times1.2\text{m}$是并排埋入6根电缆时的电缆沟横截面面积，而电缆直埋工程共300m，则需要挖土方量为其横截面面积×300m；

② 如果要求电缆沟填土土方量。则

电缆沟填土土方量＝电缆沟挖土土方量－电缆体积

本题中若已给出电缆的直径，我们可以求出电缆敷设工程量，已知此两项，就可以求出填土方量。

（2）6根电缆横向穿过混凝土铺设的公路，电缆保护管为SC80，由电缆保护管埋地敷设土方量计算规则可知，电缆沟下口宽度为$b_1=[(0.08+0.003\times2)\times6+0.3\times2]\text{m}=1.12\text{m}$

注：式中0.08m为保护管直径，0.003m为每根保护管应该预留的宽度，0.3m是该电缆沟内的支撑挡土板，其厚度为0.3m。

按电缆沟上、下口宽度的比例关系：

$k=\frac{0.7}{0.5}=\frac{7}{5}$，则电缆沟上口宽度为

$$b_2=kb_1=\frac{7}{5}\times1.12\text{m}=1.57\text{m}$$

在电缆沟开挖工程中，其中人工开挖路面厚度为300mm，宽度为34m的路面面积工程量为：

$$S=1.57\times34\text{m}^2=53.38\text{m}^2$$

注：此面积为电缆沟上表面的表面积。

开挖土方量为：

$$\begin{aligned}V_2&=\left[\frac{1}{2}\times(1.57+1.12)\times1.2\times34-53.38\times0.3\right]\text{m}^3\\&=(54.876-16.014)\text{m}^3\\&=38.86\text{m}^3\end{aligned}$$

套用预算定额　2－521

计量单位：m^3

基价：12.07 元；其中人工费 12.07 元

注：式中$\frac{1}{2}\times(1.57+1.12)\times1.2\times34$ 为电缆沟从路面至 1.2m 深处的梯形电缆沟的总的体积，即开挖土方量。由于路面本身厚 300mm，而对其进行开挖不归入电缆沟的挖土方量，所以应减去厚为 300mm，面积为 53.38m^2 的路面开挖碎石量。

清单工程量计算见下表：

清单工程量计算表

序号	项目编码	项　目　名　称	项目特征描述	计量单位	工程量
1	031102003001	挖填电缆沟及接头坑	深度 1.2m，直埋	m^3	460.80
2	031102003002	挖填电缆沟及接头坑	深度 1.2m，穿管埋设	m^3	38.86

【例 3-3】　如图 3-2 所示，电缆由配电室 1 号低压盘通过地沟引至室外入埋设引至 100 号厂房 N_2 动力箱和 90 号厂房 N_1 动力箱，试计算工程量并套用定额。

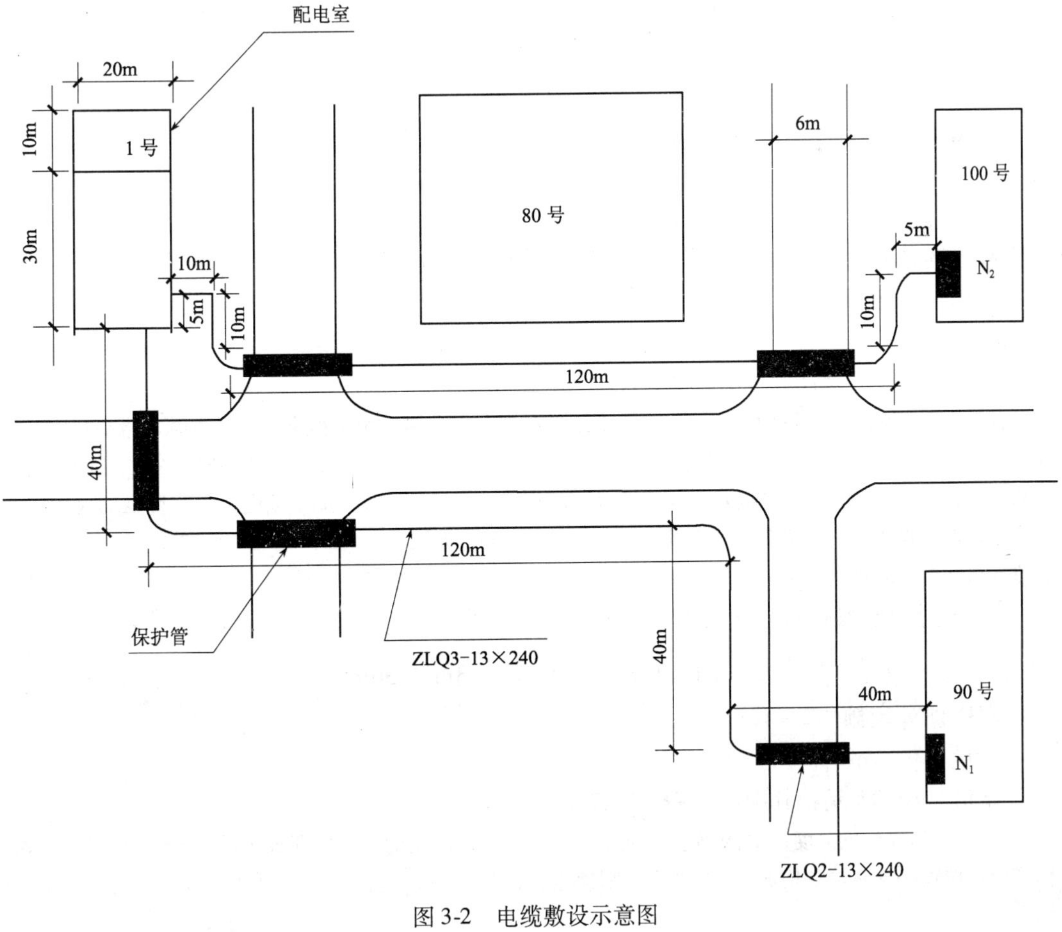

图 3-2　电缆敷设示意图

注：图中五处过马路为顶管敷设。

低压盘为 BSF－1－21　　高 2.14m　　宽 0.9m

动力箱为 XL(F)－15－0042　　高 1.7m　　宽 0.7m

每根电缆截面面积为 $0.153m^2$，从 1 号至 N_1 共引出和引入 3 条电缆，从 1 号到 N_2 同样也是 3 条电缆。

【释义】 ① 顶管：即在管道安装过程用以顶升管道的方法。通常是通过顶升机具来完成顶管工作的。

② 两根以内的电缆沟，系按上口宽 0.6m，下口宽 0.4m，深 0.9m 计算常规土方量；每增加一根电缆，其沟宽增加 0.17m；以上土方量系按埋深从自然地坪起算，如设计埋深超过 0.9m 时，多挖的土方量应另行计算。

【解】 定额工程量：

1. 由配电室 1 号低压盘至 90 号厂房 N_1 动力箱工程量计算。

1）电缆沟挖土：

① 电缆沟穿过路面为自然地坪的挖土量为：

1～2 根土方量为：$[40+120+40+40-(6+2\times2)\times3+2.28\times3]\times0.45m^3$

$=216.84\times0.45m^3$

$=97.578m^3$

$\approx97.6m^3$

每增加一根土方量：$[40+120+40+40-(6+2\times2)\times3+2.28\times3]\times0.153m^3$

$=216.84\times0.153m^3$

$\approx33.2m^3$

故电缆沟挖土方量为：$(97.6+33.21)m^3=130.8m^3$

套用预算定额　2－521

计量单位：m^3

基价：12.07 元；其中人工费 12.07 元

注：相关尺寸可以从图中读出，因为有电缆横穿铁路、公路、城市街道、厂区道时，路基宽度两端应各增加 2m 的规定，所以总的电缆沟长度应减去顶管所在电缆沟的长度，才为穿过自然地坪的电缆沟的长度，且规定电缆沟在转弯时应预留 2.28m，所以应再加上 3 个2.28m。该电缆工程铺设的电缆条数为 3 条，根据每增加一条电缆，其电缆沟宽各增加0.17m，即挖土方量增加 $0.153m^3$ 的规定，电缆沟总长度乘以 $0.153m^3$ 即为要求的挖土方量。

② 顶过路管操作坑挖土方为：

$$[1\times1.2\times(6+4)]\times3m^3=36m^3$$

套用预算定额　2－521

计量单位：m^3

基价：12.07 元；其中人工费 12.07 元

注：1m 为操作坑深度，1.2m 为操作坑宽度，这两个是规定的尺寸；路面宽度为 6m，根据过公路、街道时保护管路基两端各增加 2m 的规定，则操作坑长为 $(6+2\times2)m=10m$，乘以 3 是因为有 3 个顶过路管。

2）顶过路管：

（每根长 10m）共 3 根，则总长度为 $3\times10m=30m$

套用预算定额　2－540

计量单位：10m

基价：478.21 元；其中人工费 158.13 元，材料费 154.61 元，机械费 165.47 元

3）电缆沟铺砂盖砖：

1～2 根为：$[2.28\times3+40+120+40+40-3\times(6+2\times2)]m=216.84m$

套用预算定额　2－529

计量单位：100m

基价：793.99 元；其中人工费 145.13 元，材料费 648.86 元

4）每增加 1 根铺砂盖砖为 216.84m

套用预算定额　2－530

计量单位：100m

基价：298.90 元；其中人工费 38.78 元，材料费 260.12 元

5）保护管敷设：$10\times3m=30m$

套用预算定额　2－536

计量单位：10m

基价：46.36 元；其中人工费 24.38 元，材料费 21.98 元

注：即为顶过路管敷设（明配）。

6）电缆穿导管敷设：30m

套用预算定额　2－672

计量单位：100m

基价：149.98 元；其中人工费 96.60 元，材料费 53.38 元

7）电缆埋设：3 条

$(2+30+0.8+2.28+40+120+40+40+2.28+0.8+2.28+0.8+2.4+2)\times3m$

$=854.52m$

套用预算定额　2－672

计量单位：100m

基价：149.98 元；其中人工费 96.60 元，材料费 53.38 元

注：30m 为由 1 号盘引入外墙长，0.8 为水平到垂直，2.28 为预留长，2.4 为动力箱长＋宽，2 分别为低压盘预留长度和进出建筑物预留长度，其中共有 3 根电缆。

8）电缆试验：2×3 次＝6 次

套用预算定额　2－974

计量单位：根次

基价：89.70 元；其中人工费 30.65 元，材料费 0.61 元，机械费 18.44 元

9）电缆头制作：2×3 个＝6 个

套用预算定额　2－648

计量单位：个

基价：146.05 元；其中人工费 60.37 元，材料费 85.68 元

10）电缆出入建筑物保护密封：2×3 处=6 处

11）动力箱基础槽钢制作：2.2m

套用预算定额 2-356

计量单位：10m

基价：90.86 元；其中人工费 48.07 元，材料费 33.52 元，机械费 9.27 元

12）动力箱安装：1 台

套用预算定额 2-263

计量单位：台

基价：66.66 元；其中人工费 34.83 元，材料费 31.83 元

2. 由配电室 1 号低压盘到 100 号厂房 N_2 动力箱工程量计算。

1）电缆沟挖土：

① 电缆沟穿过路面为自然地坪的挖土量为：

1~2 根：$[10+10+120+10+5+2.28\times4-(6+2\times2)\times2]\times0.45m^3$

$=144.12\times0.45m^3$

$=64.89m^3$

每增加一根挖土方量为：$141.12\times0.153m^3\approx22.1m^3$

故电缆沟挖土方量为：$(64.89+22.1)m^3=86.99m^3$

套用预算定额 2-521

计量单位：m^3

基价：12.07 元；其中人工费 12.07 元

注：参阅前面一问的相关解释。

② 顶过路管操作坑挖土方量为：

$$1\times1.2\times(6+4)\times3m^3=36m^3$$

套用预算定额 2-521

计量单位：m^3

基价：12.07 元；其中人工费 12.07 元

2）顶过路管：

每根长 10m，即$(6+2\times2)m=10m$

共 3 根：则总长度为 $3\times10m=30m$

套用预算定额 2-540

计量单位：10m

基价：478.21 元；其中人工费 158.13 元，材料费 154.61 元，机械费 165.47 元

注：规定电缆穿过公路、街道时，路基宽度两端各应增加 2m，则顶过路管长度为$(6+2\times2)m=10m$

3）电缆沟铺砂盖盖砖：

1~2 根为：$[2.28\times4+10+10+120+10+5-2\times(6+2\times2)]m=144.12m$

套用预算定额 2-529

计量单位：100m

基价：793.99 元；其中人工费 145.13 元，材料费 648.86 元

注：2.28m 为拐弯处电缆沟应预留的长度，需铺砂盖砖的电缆沟不包括有顶过路管的管道，所以需

要减去。

4）每增加1根电缆铺砂盖砖为144.12m

套用预算定额　2-530

计量单位：100m

基价：298.90元；其中人工费38.78元，材料费648.86元

5）保护管敷设：

$$(6+2\times2)\times3m=30m$$

套用预算定额　2-536

计量单位：10m

基价：46.36元，其中人工费24.38元，材料费21.98元

注：顶过路管即为保护管。

6）电缆穿导管敷设：30m

套用预算定额　2-672

计量单位：100m

基价：149.98元；其中人工费96.60元，材料费53.38元

7）电缆埋设：3条

$(2+30+0.8+2.28+10+10+120+10+5+2.28+2.28\times2+0.8+2.4+2)\times3m$

$=606.36m$

套用预算定额　2-672

计量单位：100m

基价：149.98元；其中人工费96.60元，材料费53.38元

注：参阅上一问的有关解释。

8）电缆试验：2次/根，共3根，则

$$2\times3次=6次$$

套用预算定额　2-974

计量单位：根次

基价：89.70元；其中人工费30.65元，材料费0.61元，机械费58.44元

9）电缆头制作：2个/根，共3根，则

$$2\times3个=6个$$

套用预算定额　2-648

计量单位：个

基价：146.05元；其中人工费60.37元，材料费53.38元

10）电缆出入建筑物保护密封：2×3处=6处

11）动力箱基础槽钢制作：2.2m

套用预算定额　2-356

计量单位：10m

基价：90.86元；其中人工费48.07元，材料费33.52元，机械费9.27元

12）动力箱安装：1台

套用预算定额　2-263

计量单位：台

基价：66.66 元；其中人工费 34.83 元，材料费 31.83 元

总工程计算只需把 2 个工程的各项相加即可，这里省略计算总工程量的步骤。

清单工程量计算见下表：

清单工程量计算表

序号	项目编码	项目名称	项目特征描述	计量单位	工程量
1	031102003001	挖填电缆沟	截面积 $0.45m^2$、直埋	m^3	217.79
2	031102002001	挖填管道沟	深度 1.2m，直埋	m^3	72
3	031102062001	顶钢管	密封，保护管	m	60
4	031102033001	埋式电缆	埋设	km	1.37
5	030204018001	配电箱	动力箱	台	1
6	031102065002	铺砖	铺砂盖砖	m	272.28

【例 3-4】 某厂 1 座 35m 高的水塔旁边，建有 1 个配电所，尺寸如图 3-3 和图 3-4 所示（单位为 m）。水塔上面装有 1 个高 4m 的避雷针，用来防护直击雷。试问水塔上的避雷针能否保护这一配电所？

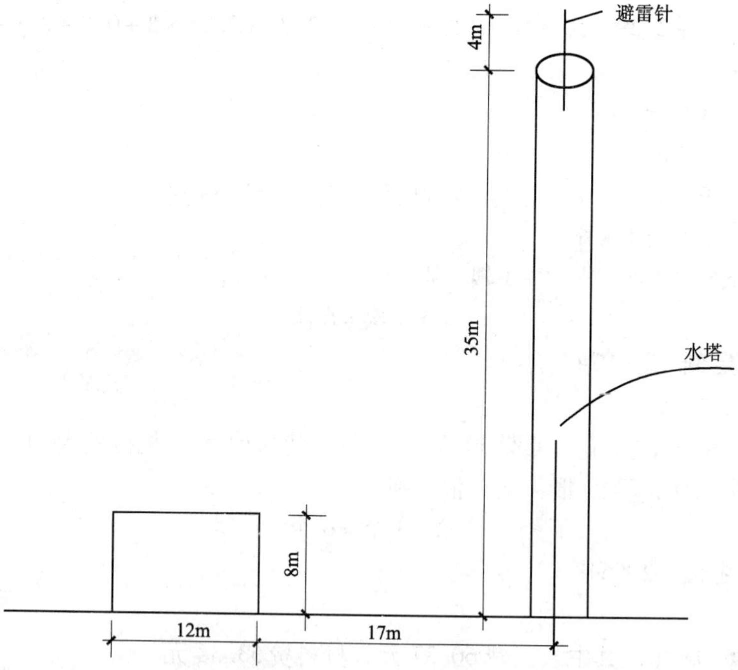

图 3-3 水塔尺寸图

【释义】 ① 避雷针：它的作用是能对雷电场产生一个附加电场（这是由于对避雷针产生静电感应引起的），使雷电场畸变，因而将雷云的放电通路吸引到避雷针本身，由它及与之相连的引下线和接地体将雷电流安全导入地中，从而保护了附近的建筑物和设备免受雷击。

② 一定高度的避雷针在地面上有一定的保护半径，且它对被保护物体的保护半径与被保护体的高度有关。

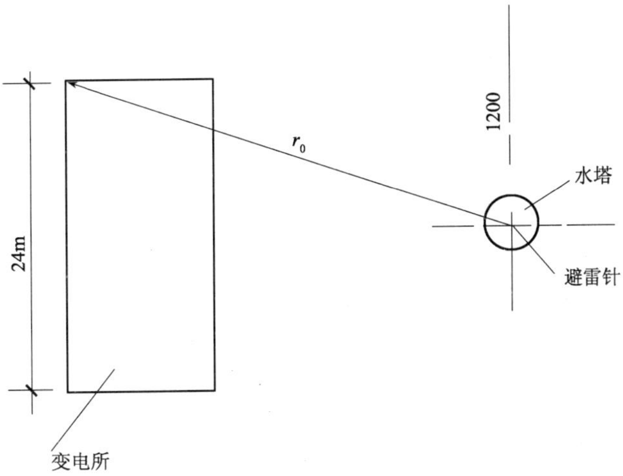

图 3-4　水塔配置图

【解】　由图已知被保护体的高度 $h_b=8m$，

避雷针总长度 $h=(35+4)m=39m$

现假设变电所即被保护体在避雷针的保护范围内：

而$\frac{h_b}{h}=\frac{8}{39}\approx0.205<0.5$

所以根据公式可求得被保护变电所高度水平面上的保护

半径：$r_b=(1.5h-2h_b)\cdot p$，其中 p 为高度影响系数。

当 $h<30m$ 时，$p=1$；当 $30<h<120m$ 时，$p=5.5/\sqrt{h}$

所以 $p=5.5/\sqrt{39}\approx0.88$

则 $r_b=(1.5\times39-2\times8)\times0.88m$

$=37.4m$

现配电所一角离避雷针最远的水平距离为：

$$r=\sqrt{(12+17)^2+12^2}m\approx31.4m<r_b=37.4m$$

所以，水塔上的避雷针能保护这个配电所。

【例 3-5】　某电缆敷设工程，采用电缆沟铺砂盖砖直埋，并列敷设 6 根 VV29（3×50+1×25）电力电缆，如图 3-5 所示。图中所示，变电所配电柜至室内部分电缆穿 ϕ80mm 钢管作保护，共 6m 长，室外电缆敷设共 200m 长，中间穿过 2 个热力管沟，在配电间有 20m 穿 ϕ80mm 钢管作保护。试求：（1）列概预算工程项目；（2）计算工程量并套用定额。

（注：电缆埋深 0.8m，6 根电缆并排敷设的土方量为 1.062m^3/m，每根电缆的直径为 8mm）

【释义】　电力电缆：是用来输送和分配大功率电能的，按其所采用的绝缘材料可分为纸绝缘、橡皮绝缘、聚氯乙烯绝缘等电力电缆。

电力电缆都是由导电线芯，绝缘层及保护层 3 个主要部分组成。

电缆经过热力管沟时，需要有隔热材料来对电缆进行保护，一般采用密封式保护管。密封式保护管具有隔热的功能。

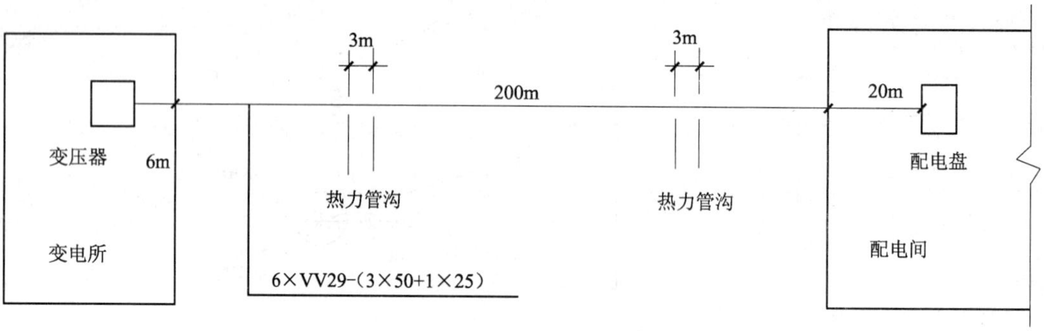

图 3-5 电缆敷设图

【解】 (1) 概预算工程项目。

该项电缆敷设工程分为电缆敷设，电缆沟铺砂盖砖，穿管敷设，电缆沟挖填土工程等项。

(2) 计算工程量并套用定额。

① 电缆敷设工程量：

$$(6+1.5+200+1.5\times2+2\times2+20+2+1.5\times2)\times6\text{m}=1437\text{m}$$

套用预算定额 2－618

计量单位：100m

基价：332.42 元；其中人工费 163.24 元，材料费 164.03 元，机械费 5.15 元

注：其中某些尺寸在图上可以读出，根据规定电缆进出变电所应预留 1.5m，电缆进出建筑物各应预留 2.0m，电缆进出电缆沟各应预留 1.5m，电缆进配电盘应预留 2.0m，电缆终端头应预留 1.5m，所以在上式中考虑到所有应预留的长度和项目，并乘以 6 根，得到电缆总的长度为 1437m。

② 电缆沟铺砂盖砖工程量：

由图示可以看出电缆沟铺砂盖砖工程量为 200m；

套用预算定额 2－529

计量单位：100m

基价：793.99 元；其中人工费 145.13 元，材料费 648.86 元

且增加 4 根的工程量为：

$$4\times200\text{m}=800\text{m}$$

套用预算定额 2－530

计量单位：100m

基价：298.90 元；其中人工费 38.78 元，材料费 648.86 元

③ 密封保护管工程量：

其工程量按实际的电缆根数统计，每条电缆有 4 根密封保护管，则共有 4×6 根 $=24$ 根保护管，共 $(6+3+3+20)\times6\text{m}=192\text{m}$。

套用预算定额 2－1004

计量单位：100m

基价：46.36 元；其中人工费 24.38 元，材料费 21.98 元

注：共有两个热力管沟，电缆过热力管沟需要套保护管，则保护管长度为6m，又经ϕ80钢管6m＋20m＝26m，则总的穿管敷设工程量为32m。

④ 电缆沟挖土工程量：

$$V_1=(200\times1.062-3\times2\times1.062)\text{m}^3=206.028\text{m}^3$$

套用预算定额 2－521

计量单位：m^3

基价：12.07元；其中人工费12.07元

注：电缆沟铺砂盖砖总长度为200m，但应减去热力管沟的长度6m，且并排敷设6根，电缆的每米土方量为$1.062m^3$，则电缆沟挖土方量为$206m^3$。

⑤ 电缆沟填土方量：

$$\begin{aligned}V_2&=\left[V_1-\pi\left(\frac{0.008}{2}\right)^2\times(200-6+1.5\times2)\right]\text{m}^3\\&=(206.028-0.009897)\text{m}^3\\&=206.018\text{m}^3\\&\approx206.02\text{m}^3\end{aligned}$$

套用预算定额 2－521

计量单位：m^3

基价：12.07元；其中人工费12.07元

注：在计算挖填土方量时，并未计算在变电所室内的穿钢管保护和配电间的穿钢管保护，此时考虑到在变电所室内及配电间内无需再挖电缆沟，可以直接在地板上进行钢管保护（进行卡设），此时就无需计算这两处的挖填土方量；对于填土量应该用挖土量减去电缆及其管道（保护管）的体积。

清单工程量计算见下表：

清单工程量计算表

序号	项目编码	项目名称	项目特征描述	计量单位	工程量
1	031102033001	埋式电缆	直埋	km	1.36
2	031102008001	钢管管道	密封，ϕ80mm	m	192
3	031102003001	挖填电缆沟	每米立方量$1.06m^3$，挖沟	m^3	206.03
4	031102003002	挖填电缆沟	松填，填沟	m^3	206.02
5	031102065001	铺砖	铺砂盖砖	m	700

【例3-6】 某工程设计图示有20架电话交换机架，3台电话交换机台。试计算清单工程量。

【解】 清单工程量计算见下表：

清单工程量计算表

序号	项目编码	项 目 名 称	项目特征描述	计量单位	工 程 量
1	031101039001	电话交换设备	电话交换机架 电话交换机架调试	架	20
2	031101039002	电话交换设备	电话交换机台 电话交换机台调测	架	3

【例3-7】 如图3-6所示，电缆自N1电杆（9m）引入埋设引至3号厂房N3动力箱、4号厂房N2动力箱，试计算工程量及相关清单并套用定额。（注：采用电缆沟铺砂盖砖，厂房内采用钢管保护）

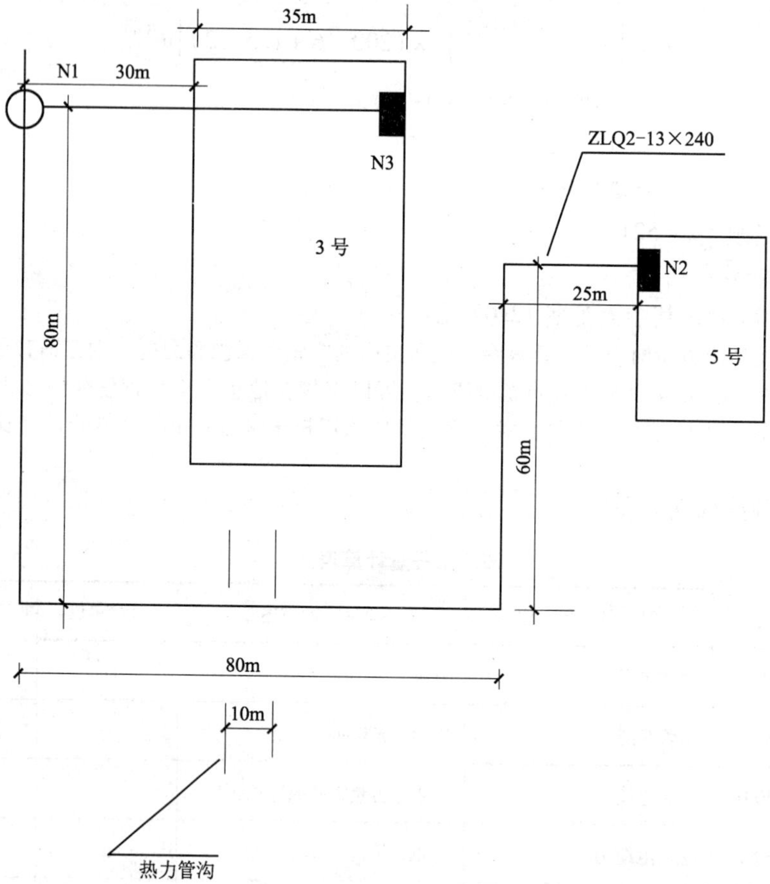

图3-6 电缆敷设图

【解】 基本工程量：

1）电缆沟挖土方量计算：

① 由N1至N2：

电缆沟长度：$(80+80+60+25-10+3\times2.28)\text{m}=241.84\text{m}$ 该电缆敷设工程敷设2根电缆，

则电缆沟挖土方量为：$241.84\times0.45\text{m}^3=108.8\text{m}^3$

② 由 N1 至 N3：

电缆沟长度：30m = 30m

注：在厂房内直接采用钢管保护，将电缆引出至地板表面上用钢管敷盖，引至 N3 动力箱，无需挖沟。

则电缆沟挖土方量为 $30 \times 0.45m^3 = 13.5m^3$

2）电缆埋设工程量：

① 从 N1 到动力箱 N2

$$(80 + 80 + 60 + 25 + 1.5 \times 2 + 3 \times 2.28 + 1.5 + 2 + 1.5)m = 259.84m$$

注：规定电缆进出沟各预留 1.5m，电缆转弯时预留 2.28m，电缆进建筑物预留 2m，电缆终端头接动力箱预留 1.5m，电缆从电线杆引下预留 1.5m，故总的电缆埋设工程量为 259.84m。

② 从 N1 到动力箱 N3

$$(30 + 35 + 1.5 + 2 + 1.5 \times 2)m = 71.5m$$

注：参阅上面的解释。

3）电缆沿杆卡设：$(9 - 1.5 + 1) \times 2m = 15m$　（总共）

4）电缆保护管敷设：4 根　（总共）

注：在电缆沟内共需 2 根保护管，过热力管沟需要一根保护管，在厂房 3 号内需要一根保护管。

5）电缆铺砂盖砖：

由 N1 至 N2：$(80 + 80 + 60 + 25 + 2.28 \times 3)m$

$= 251.84m$

由 N1 至 N3：30m

共　$(241.84 + 30)m = 271.84m$

6）室外电缆头制作　　2 个（共）

7）室内电缆头制作　　2 个（共）

8）电缆试验　　2 次/根

则共 2×4 次 = 8 次

9）电缆沿杆上敷设支架制作　　6 套（18kg）

10）电缆进建筑物密封　　2 处

11）动力箱安装　　2 台

12）动力箱基础槽钢 8 号　　$2.2 \times 2m = 4.4m$

清单计算工程量见下表：

清单工程量计算表

序号	项目编码	项　目　名　称	项目特征描述	计量单位	工　程　量
1	031102002001	挖填管道沟	截面积 $0.45m^2$	m^3	108.8 + 13.5 = 122.3
2	031102008001	钢管管道	敷设	m	35 + 10 = 45
3	031102033001	电缆	埋式	km	$(259.84 + 70) \times 10^{-3} \approx 0.33$
4	031102065001	铺砖	铺砂盖砖	m	271.84
5	030204018001	动力箱		台	2

定额工程量预算表见表3-1。

定额工程量预算表　　表3-1

序号	定额编号	分项工程名称	定额单位	工程量	基价（元）	其中（元）		
						人工费	材料费	机械费
1	2-521	挖填管道沟	m^3	122.3	12.07	12.07	—	—
2	2-1002	钢管管道（*DN*50）	100m	0.35	929.52	464.86	434.98	29.68
3	2-672	电缆敷设	100m	3.3	149.98	96.60	53.38	—
4	2-529	电缆铺砂盖砖	100m	2.72	793.99	145.13	648.86	—
5	2-263	动力箱安装	台	2	66.66	34.83	31.83	—
6	2-648	电缆头制作	个	4	146.05	60.37	53.38	—
7	2-536	电缆保护管	10根	0.4	46.36	24.38	21.98	—
8	2-358	电缆沿杆上敷设支架制作	100kg	0.06M	424.11	250.78	131.90	41.43
9	2-356	动力箱基础槽钢	10m	0.44	90.86	48.07	33.52	9.27

【例3-8】 某电缆敷设工程采用电缆沟管道敷设，其中需横穿一个宽为25m的公路，电缆沟的相关尺寸如图3-7所示，过该公路采用钢管保护，且此敷设工程共敷设6根ZLQ2-13×240的电缆。试求该段路程中的工程量并套用定额（该公路为混凝土路面）。

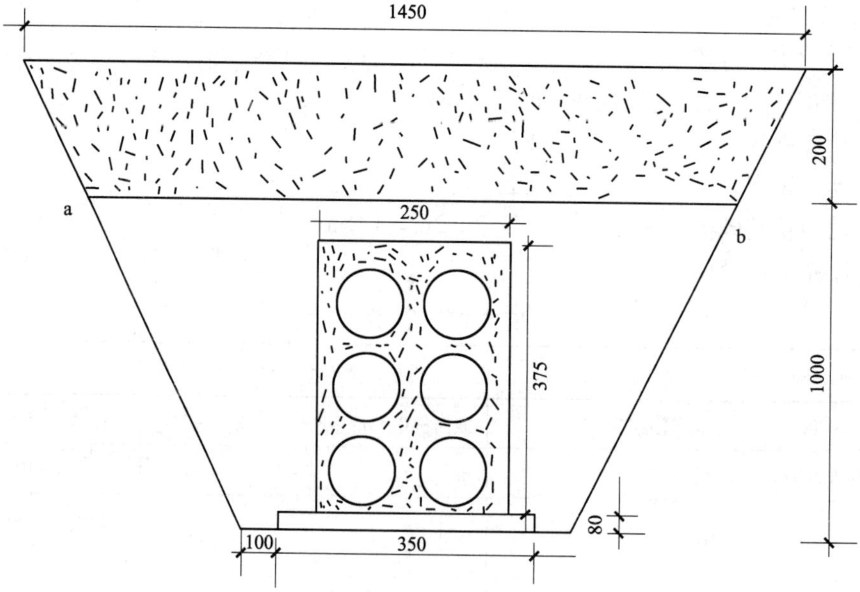

图3-7　电缆沟横截面图

【解】　由图可知，混凝土路面的深为200mm

① 则宽度为25m的路面面积工程量为：

$$1450\times25\times10^{-3}\text{m}^2=36.25\text{m}^2$$

根据图中的比例关系及相关尺寸可以算出 $ab=1300\text{mm}=1.3\text{m}$

② 则在宽为25m的公路这段施工段中的挖土量为：

$$\begin{aligned}V_1&=\left[\frac{1}{2}\times(1450+550)\times1200\times10^{-6}\text{m}^2-\frac{1}{2}\times(1450+1300)\times200\times10^{-6}\right]\times25\text{m}^3\\&=(1.2-0.275)\times25\text{m}^3\\&=0.925\times25\text{m}^3\\&=23.125\text{m}^3\\&\approx23.13\text{m}^3\end{aligned}$$

套用预算定额　2－521

计量单位：m^3

基价：12.07元；其中人工费12.07元

③ 当电缆敷设完毕后的填土量为：

$$\begin{aligned}V_2&=V_1-0.35\times0.08\times25\text{m}^3-0.375\times0.25\times25\text{m}^3\\&=(23.13-0.7-2.34)\text{m}^3\\&=20.09\text{m}^3\end{aligned}$$

套用预算定额　2－521

计量单位：m^3

基价：12.07元；其中人工费12.07元

注：填土量＝挖土量－（钢管＋基础）的体积。

④ 钢管工程量为：

$$(25+2\times2)\text{m}=29\text{m}$$

套用预算定额　2－536

计量单位：10m

基价：46.36元；其中人工费24.38元，材料费21.98元

注：根据规定：电缆保护管穿越道路时，按路基宽度两端各增加2m。

清单工程量计算见下表：

清单工程量计算表

项目编码	项　目　名　称	项目特征描述	计 量 单 位	工　程　量
031102002001	挖填沟管道	挖管道沟	m^3	23.13
031102002002	挖填沟管道	填管道沟	m^3	20.09
031102001001	路面	混凝土	m^2	36.25
031102008001	钢管管道	保护管	m	29

【例3-9】 某安装工程需要挖一个人孔坑放管道，人孔坑的相关尺寸如图3-8所示，试计算人孔坑的面积和挖人孔坑的土方量。（注：该题分两种情况计算，①是人孔坑深度≤1.0m，不需放坡；②是人孔坑深度>1.0m，需要放坡。本例题设土质为普通土）

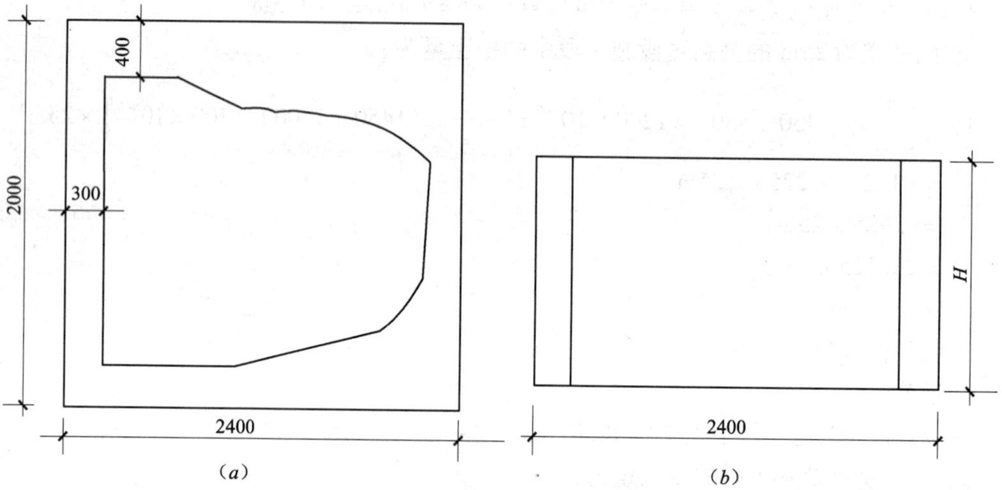

图3-8 人孔坑示意图
（a）俯视图；（b）剖面图

【解】 ① 人孔坑深度 $H=0.8\text{m}\leq1.0\text{m}$，则不需放坡。

则人孔坑面积 $S_1=2.0\times2.4\text{m}^2=4.8\text{m}^2$

注：根据相关公式 $A=a\cdot b$ 得出，a、b 分别为人孔坑底短边、长边长度。

则挖人孔坑的土方量为 $V_1=a\cdot b\cdot H=2.0\times2.4\times0.8\text{m}^3=3.84\text{m}^3$

② 人孔坑深度 $H=1.2\text{m}>1.0\text{m}$，则需要放坡。

从表中可以查出放坡系数 $i=0.33$

则人孔坑面积为
$$\begin{aligned}S_2&=(2Hi+2.0)\times(2Hi+2.4)\\&=(2\times1.2\times0.33+2.0)\times(2\times1.2\times0.33+2.4)\text{m}^2\\&=2.792\times3.192\text{m}^2\\&=8.91\text{m}^2\end{aligned}$$

则人孔坑挖土方量为
$$\begin{aligned}V&=\frac{1}{3}H(S_{上}+S_{下}+\sqrt{S_{上}\cdot S_{下}})\\&=\frac{1}{3}\times1.2\times(8.91+4.8+\sqrt{8.91\times4.8})\\&=8.10(\text{m}^3)\end{aligned}$$

注：放坡系数与人孔坑深 H 的关系见表3-2。

放坡系数表　　表3-2

土　　质	放坡起点深度（m）	放 坡 系 数
普通土	1.00以上	0.33
硬土	1.50以上	0.33
砂砾土	2.00以上	0.25

套用清单

① 不放坡时，清单工程量计算见下表：

清单工程量计算表（不放坡时）

序号	项目编码	项　目　名　称	项目特征描述	计量单位	工程量
1	031102013001	人孔	深度 0.8m	个	1
2	031102002001	挖填管道沟及人孔坑	普通土	m^3	3.84
3	031102001001	路面	混凝土	m^2	4.8

② 放坡时，清单工程量计算见下表：

清单工程量计算表（放坡时）

序号	项目编码	项　目　名　称	项目特征描述	计量单位	工程量
1	031102013002	人孔	深度 1.2m	个	1
2	031102002002	挖填管道沟及人孔坑	普通土	m^3	8.10
3	031102001002	路面	混凝土	m^2	8.91

第二节　综 合 实 例

【例 3-10】　某电缆敷设工程，采用电缆沟直埋铺砂盖砖，3 根 VV_{29}(3×50+1×16)，进建筑物时电缆穿管 SC50，电缆室外水平距离 200m，中途穿过两个热力管沟，需要有隔热材料，进入车间后 10m 到配电柜，从配电室的配电柜到外墙 5m（室内部分共 15m，用电缆穿钢管保护，本例暂不列项）如图 3-9 所示。试列出概算项目、计算工程量、套定额计算工程直接费。

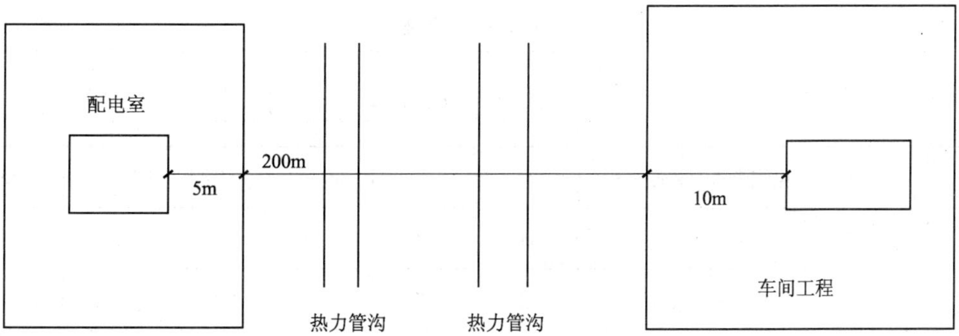

图 3-9　电缆敷设工程

【释义】 挖填光（电）缆沟反接头坑：在敷设光（电）缆时进行开挖沟槽及接头坑，敷设完毕后进行回填土。

电缆经过热力管沟时，需要有隔热材料来对电缆进行保护，一般采用密封式保护管。密封式保护管具有隔热的功能。

【解】 电缆沟铺砂盖砖工程量：200m（电缆经过室外时，须挖填电缆沟及接头坑，敷设完毕后还要进行回填土，就需要计算电缆沟铺砂盖砖的工程量，本题电缆室外的水平距离为200m，所以电缆沟铺砂盖砖工程量为200m）

电缆敷设工程量：

$$(200+10+5+2.3\times2+1.5\times2+3\times2+0.5\times2)\times3\text{m}=688.8\text{m}$$

（200 +10 +5 是从图上可以明显看出来的电缆的长度，式中剩下的全是电缆敷设工程中电缆需要预留的长度，2.3 ×2 是进了两次建筑物的预留，1.5 ×2 是进了两次动力箱的预留，3 ×2 是进了两次动力柜的预留，0.5 ×2 是一次由垂直到水平，一次由水平到垂直的预留。所以，总的电缆敷设工程量应该由各项相加，由工程量计算规则可得，电缆敷设按单根延长米计算，如一个架上敷设 3 根各长 100 米的电缆，应按 300 米计算，以此类推，所以本题是由 3 根 VV_{29}电缆敷设的，最后再乘以 3。）

增加两根的工程量：

$$(200\times2)\text{m}=400\text{m}$$

每增加一根的工程量应该看原来电缆敷设中电缆的根数，本题中是由 3 根电缆一起敷设的，比用一根电缆多出了 2 根，又因为一根为 200m，所以 2 根为(200 ×2)m =400m

密封式保护管的安装需要 12 根，因为电缆经过了 2 个热力管沟，每经过一个热力管沟，就需要用到 6 根密封式保护管，所以经过 2 个，就需要 12 根密封式保护管。

注：1. 在做概算时，中间头的预留量暂不计算，待到做结算时按实际做了几个中间头如实计算；

2. 电缆敷设项目包含了局部保护隔热等，所以不用另列项；

3. 室内的 15m 暂时没按电缆穿钢管埋地敷设列项，按常理应再另列两个项目：钢管埋地敷设、电缆穿保护管敷设；

4. 电缆敷设工程量中要考虑电缆在各处的预留长度，而不考虑电缆的施工损耗。

概算项目、工程量、定额单价和计算出的直接费用列在表 3-3 中。

工程直接费用表 **表 3-3**

序号	定额号	工　程　项　目	单位	工程量	单价（元）	合价（元）	人工单价（元）	人工合价（元）
1	2－1	电缆沟铺砂盖砖	m	200	13.76	2752	7.78	1556
2	2－2	每增加一根	m	200	4.83	966	2.52	504
3	2－6	密封式保护管安装	根	12	88.96	1068	15.09	181
4	2－15	电缆敷设	m	688.8	109.44	75382	2.60	1791
5	合计					80168		4032

清单工程量计算见下表：

清单工程量计算表

项目编码	项目名称	项目特征描述	计量单位	工程量
031102065001	铺砖	铺砂盖砖	m	200
031102008001	钢管	密封式保护管	m	670.8
031102033001	电缆	埋式	km	0.69

【例 3-11】 如图 3-10 所示，电缆由 N1 电杆（6m）引下入埋埋设到 1 号厂房 N1 动力箱，试计算工程量及套用定额。

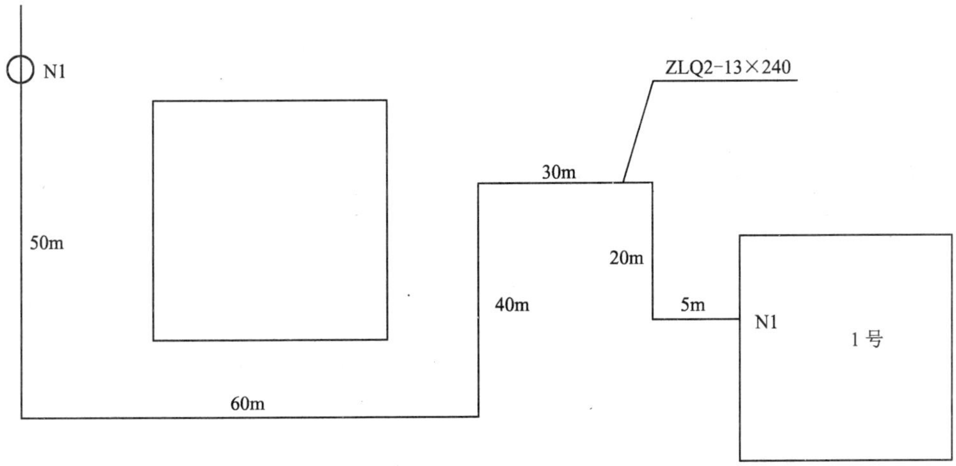

图 3-10 电缆引下敷设工程

【释义】 电杆：架空配电线路的重要组成部分，是用来安装横担、绝缘子和架设导线的。因此，电杆应具有足够的机械强度，同时也应具备造价低、寿命长的特点。

电缆由电杆引下时，必须有预留长度。

电缆在线路拐角或转弯处也必须有预留长度。

一般来说，有一根电缆，设计要求埋设深度为 800mm，则每米电缆沟土方量为 $0.5\times(0.8+0.1)m^3=0.45m^3$。增加一根电缆每米电缆沟土方量为 $0.17\times0.9m^3=0.153m^3$。

【解】 基本工程量：

① 电缆沟挖填土方量工程量：

$$(50+60+40+30+20+5+2.28\times5)\times0.45m^3=97.38m^3$$

套用预算定额 2－521

计量单位：m^3

基价：12.07 元；其中人工费 12.07 元

由图上可以明显地看出电缆沟挖填土方量应包括 $50+60+40+30+20+5$，2.28×5 是表明 5 处拐角处的多挖的填土方量，总的电缆沟挖填土方量应该是由这两项相加，又因为每米电缆沟土方量为 $0.45m^3$，所以应该再乘以 0.45。

② 电缆埋设工程量计算：

$$(50+60+40+30+20+5+2.28\times5+0.4+3)m=219.8m$$

套用预算定额 2－672

计量单位：100m

基价：149.98 元；其中人工费 96.60 元，材料费 53.38 元

电缆埋设工程量也考虑了 5 个拐角处的预留长度，还用电缆由电杆引下时的预留长度，还有进入厂房动力柜的预留长度 0.4m，电缆由电杆引下时的预留长度为 3m，所以总的电缆埋设工程量应为各项之和，即 219.8m。

③ 电缆沿杆卡设：(3+1)m=4m，杆上预留长为 4m，

套用预算定额　2-672

计量单位：100m

基价：149.98 元；其中人工费 96.60 元，材料费 53.38 元

电缆由吊架上引上（下）预留 3m，因为电杆的长度为 6m，所以剩余了(6-3)m=3m，所以电缆沿杆卡设为(3+1)m=4m。

④ 电缆保护管敷设　1 根

电缆在进入厂房时要加一根电缆保护管。

套用预算定额　2-536

计量单位：10 根

基价：46.36 元；其中人工费 24.38 元，材料费 21.98 元

⑤ 电缆铺砂盖砖

$$(50+60+40+30+20+5+5\times2.28+0.4)\text{m}=216.8\text{m}$$

套用预算定额　2-529

计量单位：100m

基价：793.99 元；其中人工费 145.13 元，材料费 648.86 元

电缆铺砂盖砖的工程量比电缆沟挖填土方量的电缆沟的长度多出了进动力箱预留的 0.4m。

⑥ 室外电缆头制作　1 个

套用预算定额　2-680

计量单位：个

基价：42.87 元；其中人工费 12.07 元，材料费 30.80 元

⑦ 室内电缆头制作　1 个

套用预算定额　2-680

计量单位：个

基价：42.87 元；其中人工费 12.07 元，材料费 30.80 元

管道电缆或直埋电缆在引出地面时，均应采用钢管等保护（或称引上管）。电缆引上管应具有防腐蚀及防机械损伤的能力，此题中电缆由电杆引下时室外须有一个电缆头，电缆引入厂房时，也就是直埋电缆引出了地面也需有一个室内电缆头，如图 3-11 所示。

⑧ 电缆试验 2 次

每根电缆为保险起见都要试验 2 次。

⑨ 电缆进建筑物密封　1 处

⑩ 动力箱安装　　　　1 台

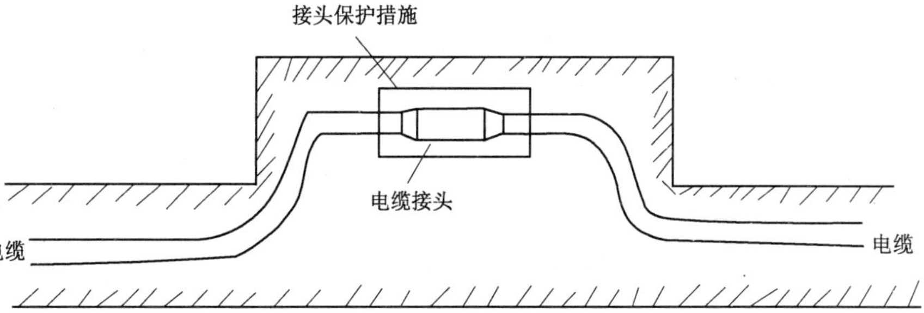

图 3-11　电缆接头埋设图

套用预算定额　2－263

计量单位：台

基价：66. 66 元；其中人工费 34. 83 元，材料费 31. 83 元

清单工程量计算见下表：

清单工程量计算表

序号	项目编码	项　目　名　称	项目特征描述	计量单位	工　程　量
1	031102002001	挖填管道沟	截面积 0. 45m^2	m^3	97. 38
2	031102033001	埋式电缆		km	0. 22
3	031102035001	墙壁电缆	沿杆卡设	m	4
4	031102065001	铺砖	铺砂盖砖	m	216. 8
5	030204018001	配电箱	动力箱	台	1

【例 3-12】　如图 3-12 所示，电力电缆由动力箱向上引出至＋5m 标高处，水平敷设至 3. 5m，平台处沿支架引下（卡设），经 3. 5m 平台楼板穿管暗配，试计算工程量并套用定额。

1 号、2 号电机各为 75kW；动力箱为 XL(F)－15(箱高 1. 5m，宽 0. 9m)

【释义】　电缆进入建筑物预留长度 2m；电缆进入沟内或吊架上引上(下)预留 1. 5m；电缆中间接头盒，预留长度两端各留 2m。

【解】　基本工程量：

1)由动力箱至 1 号电机电缆的工程量：

① 电缆沿支架卡设(3. 5＋4＋13＋1. 5＋2. 4)m＝22. 9m

(5－1. 5)m＝3. 5m，因为电力电缆由动力箱向上引出到了＋5 标高处，动力箱的箱高为 1. 5m，所以实际引出到＋5m 标高处的电力电缆的长度为 3. 5m，从图上可以看出电力电缆又经过了 4m 宽之水平长，从图上还可以看出当电力电缆走至中间位置时为 10m，又经过 3m 到达了 1 号电动机，还有电缆从动力箱向上引出时，还经过了动力箱的长和宽即(1. 5＋0. 9)m＝2. 4m，所以结果为各项之和即 24. 4m。

② 保护管明配(ϕ80)

$$(2+0.6)\text{m}=2.6\text{m}$$

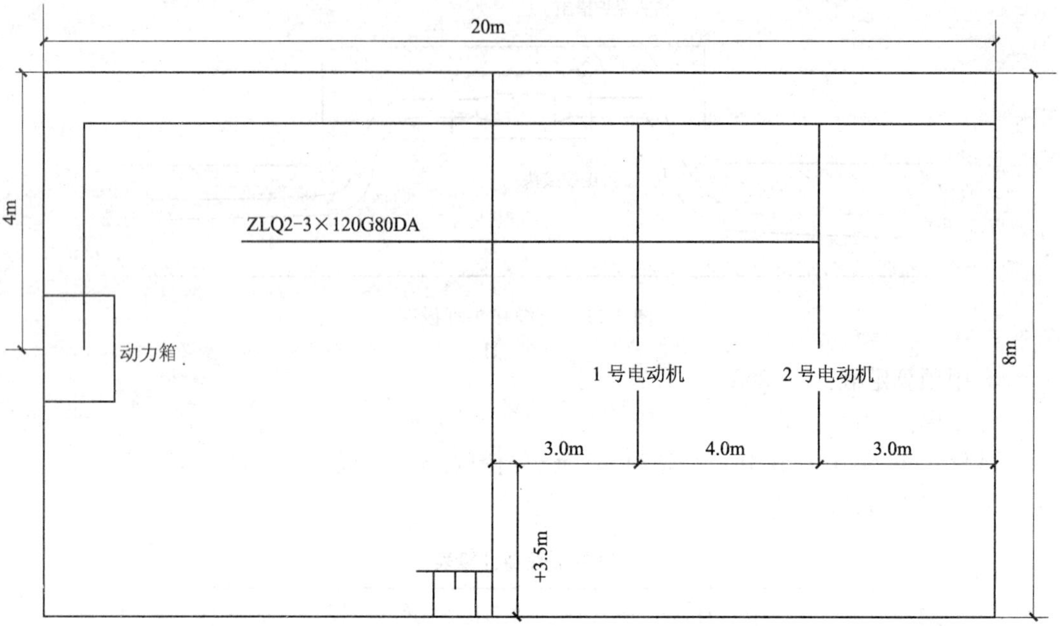

图 3-12　电缆由动力箱引出工程示意图

（其中的 2m 为引下长，0. 6m 为由楼板引出至电动机的长）

③ 保护管暗配（ϕ80）　4m

（因为电缆水平敷设至 3. 5m 平台处沿支架引下，经过 3. 5m 平台楼板穿管暗配，所以保护管暗配要加上预留长度，即保护管暗配应为 4m）

④ 电缆穿导管敷设

$$(2.6+4+1)\text{m}=7.6\text{m}$$

（2. 6m 为保护管明配长，4m 为保护管暗配长，1m 为电机的预留长，所以总的电缆穿导管敷设为各项之和即 7. 6m）

2）由动力箱至 2 号电机电缆工程量的计算：

① 电缆沿墙卡设

$$(3.5+4+17+2.4)\text{m}=26.9\text{m}$$

（此步骤的解释与前面的由动力箱至 2 号电机电缆工程量类似，只不过电缆走至中间位置 10m，然后又经过了(4 +3)m =7m 到达了 2 号电机电缆工程）

② 保护管明配（ϕ80）

$$(2+0.6)\text{m}=2.6\text{m}$$ （与前面的解释一样）

③ 保护管暗配（ϕ80）　4m

（4m 跟前面的解释一样）

④ 电缆穿导管敷设

$$(2.6+4+1)\text{m}=7.6\text{m}$$ （与前面的解释一样）

3）全部工程量为

① 电缆沿墙卡设

$$(24.4+28.4)m=52.8m(前面两项相加)$$

套用预算定额 2－672

计量单位：100m

基价：149.98 元；其中人工费 96.60 元，材料费 53.38 元

② 保护管明配

$$(2.6+2.6)m=5.2m$$

套用预算定额 2－1004

计量单位：100m

基价：1643.23 元；其中人工费 969.90 元，材料费 625.42 元，机械费 47.91 元

③ 保护管暗配

$$(4+4)m=8m$$

套用预算定额 2－1015

计量单位：100m

基价：1080.08 元；其中人工费 535.69 元，材料费 217.17 元，机械费 45.25 元

④ 电缆穿导管敷设

$$(7.6+7.6)m=15.2m$$

套用预算定额 2－1002

计量单位：100m

基价：929.52 元；其中人工费 464.86 元，材料费 434.98 元，机械费 29.68 元

⑤ 电缆试验 4 次/根

⑥ 电缆头制作安装 4 个（参见前面例子的解释）

套用预算定额 2－648

计量单位：个

基价：146.05 元；其中人工费 60.37 元，材料费 53.38 元

⑦ 电机检查接线 2 台

套用预算定额 2－455

计量单位：台

基价：273.02 元；其中人工费 190.40 元，材料费 71.40 元，机械费 11.22 元

⑧ 电机解体检查 2 台

⑨ 电机试调 2 台

套用预算定额 2－902

计量单位：台

基价：1777.66 元；其中人工费 696.60 元，材料费 13.93 元，机械费 1067.13 元

⑩ 动力箱安装 1 台

套用预算定额 2－263

计量单位：台

基价：66.66 元；其中人工费 34.83 元，材料费 31.83 元

清单工程量计算见下表：

清单工程量计算表

序号	项目编码	项 目 名 称	项目特征描述	计 量 单 位	工 程 量
1	031102035001	墙壁电缆	沿墙卡设	m	52.8
2	031102008001	钢管管道	保护管明配	m	5.2
3	031102008002	钢管管道	保护管暗配	m	8
4	031102033001	埋式电缆	穿导管敷设	km	0.015
5	030206001001	发电机	试调	台	2
6	030204018001	配电箱	动力箱	台	1

【例3-13】 水平子系统确定缆线长度，如图3-13所示。

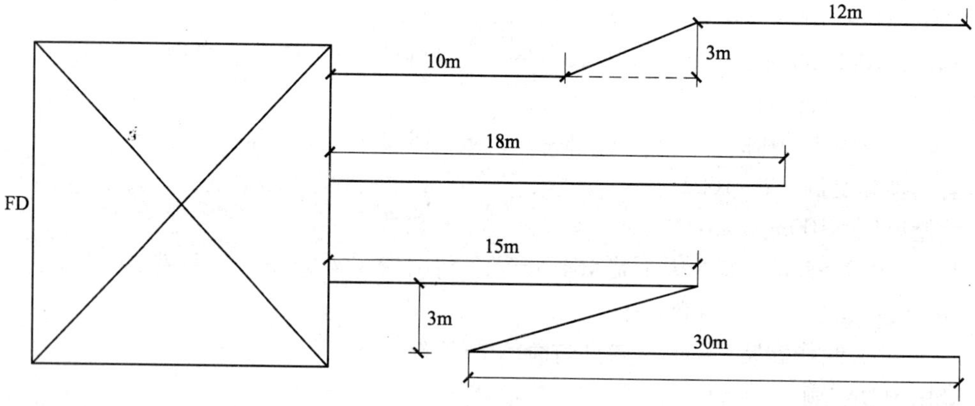

图3-13 电缆水平布线图

【释义】 电缆长度的计算按下列步骤进行：

（1）确定布线方法和走向。

（2）确立每个楼层配线间或二级交换间所管理的区域。

（3）确认离楼层配线间距离最远的信息插座（I_0）位置。

（4）确认离楼层配线间距离最近的信息插座（I_0）位置。

（5）按照可能采用的电缆路由，确定最远和最近的信息插座的连接电缆走线距离。

（6）平均电缆长度 = 最远与最近两根电缆路由的总长除以2。

（7）电缆平均走线长度 = 平均电缆长度 + 备用部分（平均电缆长度的10%）+ 端接容差6m（变量）。每个楼层用线量的计算公式如下：

$$C = [0.5\times(F+N)+0.5\times(F+N)\times 10\% + 6\text{m}]\times n$$
$$= [0.55(F+N)+6\text{m}]\times n$$

式中 C——每个楼层的用线量；

F——最远的信息插座（I_0）离配线间的距离；

N——最近的信息插座（I_0）离配线间的距离；

n——为每层楼的信息插座（I_0）的数量。

整座楼的用线量：

$$W = \sum C(\mathrm{m})\text{（各楼层用线量合计）}$$

【解】　在图中　$N = 18\mathrm{m}$；

$$F = (15 + 3 + 30 + 10 + 3 + 12)\mathrm{m} = 73\mathrm{m};$$

所以布线的平均长度：$(N + F)/2 = 81\mathrm{m}/2 = 40.5\mathrm{m}$；

备用部分：$(F + N) \times 10\%/2 = 4.05\mathrm{m}$；

端接容量：6m；

缆线平均走线长度：$(40.5 + 4.05 + 6)\mathrm{m} = 50.55\mathrm{m}$

套用预算定额　2－618

计量单位：100m

基价：332.42 元；其中人工费 163.24 元，材料费 164.03 元，机械费 5.15 元

清单工程量计算见下表：

清单工程量计算表

项目编码	项　目　名　称	项目特征描述	计 量 单 位	工　程　量
031103017001	对绞电缆	电缆走线	m	50.55

【例 3-14】　已知某架空线路直线杆 5 根，水泥电杆高 7m，土质为普通土，按土质设计要求电杆坑深为 1.0m，选用 600mm×500mm 水泥底盘，试计算土方量共计多少并套用定额。

【释义】　对于无底盘和卡盘的电杆坑土石方量为：

$$V = 0.8 \times 0.8 \times h\mathrm{m}^3$$

式中　h——杆坑深度，m。

对于有底盘和卡盘的平截方长尖柱体电杆坑，其土方量为：

$$V = \frac{h}{6}\left[ab + (a + a_1)(b + b_1) + a_1 b_1\right]\mathrm{m}^3$$

式中　h——杆坑深度，m；

a，b——分别为坑底宽度和长度，即 $a = A + 2C$，$b = B + 2C$（A、B 分别为底盘的宽度和长度，C 为每边操作裕度，一般按 $C = 0.1\mathrm{m}$ 选取）；

a_1、b_1——分别为坑口宽度，即 $a_1 = a + 2h\eta$，$b_1 = b + 2h\eta$（η 为边放坡系数，各类土质的边放坡系数，见表 3-4。

各类土质的边放坡系数 η　　表 3-4

土 质 类 别	普通土、水坑	坚　土	松砂石	泥水、流沙、岩石
边放坡系数 η	0.3	0.25	0.2	无放坡

带卡盘的电杆坑，如原计算尺寸不能满足卡盘安装要求时，所增加的土（石）方量可另行计算。电杆坑的马道土（石）方量按每坑 $0.2\mathrm{m}^3$ 计算。

【解】　因为水泥底盘规格为 600mm×500mm，则电杆坑底宽度和长度分别为：

$$a = A + 2C = (0.6 + 2 \times 0.1)\mathrm{m} = 0.8\mathrm{m}$$

$$b = B + 2C = (0.5 + 2 \times 0.1)\text{m} = 0.7\text{m}$$

再查表得土质为普通土时的放坡系数 $\eta = 0.3$

所以杆坑的宽度和长度均为：

$$a_1 = a + 2h\eta = (0.8 + 2 \times 1 \times 0.3)\text{m} = 1.4\text{m}$$

$$b_1 = b + 2h\eta = (0.7 + 2 \times 1 \times 0.3)\text{m} = 1.3\text{m}$$

由释义中的公式可求得每个杆坑及马道的土方量为：

$$V' = \frac{h}{6}[ab + (a + a_1)(b + b_1) + a_1 b_1] + 0.2\text{m}^3$$

$$= \left\{\frac{1}{6} \times [0.8 \times 0.7 + (0.8 + 1.4) \times (0.7 + 1.3) + 1.4 \times 1.3] + 0.2\right\}\text{m}^3$$

$$= \left[\frac{1}{6} \times (0.56 + 4.4 + 1.82) + 0.2\right]\text{m}^3 = 1.33\text{m}^3$$

则由题中可知此架空线路直线杆共有5根，所以5根直线杆的杆坑总挖方量为：

$$V_\Sigma = 5V' = (5 \times 1.33)\text{m}^3 = 6.65\text{m}^3$$

套用预算定额　2－521

计量单位：m^3

基价：12.07元；其中人工费12.07元

清单工程量计算表见下表：

清单工程量计算表

项目编码	项目名称	项目特征描述	计量单位	工程量
031102002001	挖填管道沟及人孔坑	杆坑	m^3	6.65

【例3-15】　已知某地区进行敷设钢管，所选用的钢管公称外径为58.80mm，钢管的公称壁厚2.12mm，问此钢管的理论重量为多少？

【释义】　钢管敷设：钢管敷设的工程量计算，应按沿砖、混凝土结构明配和暗配，区别钢管的不同公称口径，分别以延长米为单位计算。

钢管沿钢模板暗配的工程量计算，应按钢管的不同公称口径，分别以延长米为单位计算。

钢管沿钢结构支架，钢索配管的工程量计算，应按钢管的不同公称口径，分别以延长米为单位计算。

钢管理论重量计算（钢的相对密度为7.85）的公式为：

$$P = 0.02466S(D - S)$$

式中　P——钢管的理论重量，kg/m；

D——钢管公称外径，mm；

S——钢管的公称壁厚，mm。

为了便于穿线，要根据所穿导线截面、根数选择配管管径。

【解】　由上面的公式　$P = 0.02466S(D - S)$

所以

$$P = [0.02466 \times 2.12 \times (58.8 - 2.12)]\text{kg/m}$$

$$= (0.0522792 \times 56.68)\text{kg/m}$$

$$= 2.963\text{kg/m}$$

则此钢管的理论重量为 2.963kg/m。

【例 3-16】　某电缆工程采用电缆沟敷设，沟长 200m，共 16 根电缆 VV29(3×120+1×35)，分 4 层，双边，支架镀锌，试列出项目和工程量并套用定额，该题的图示如图 3-14 所示。

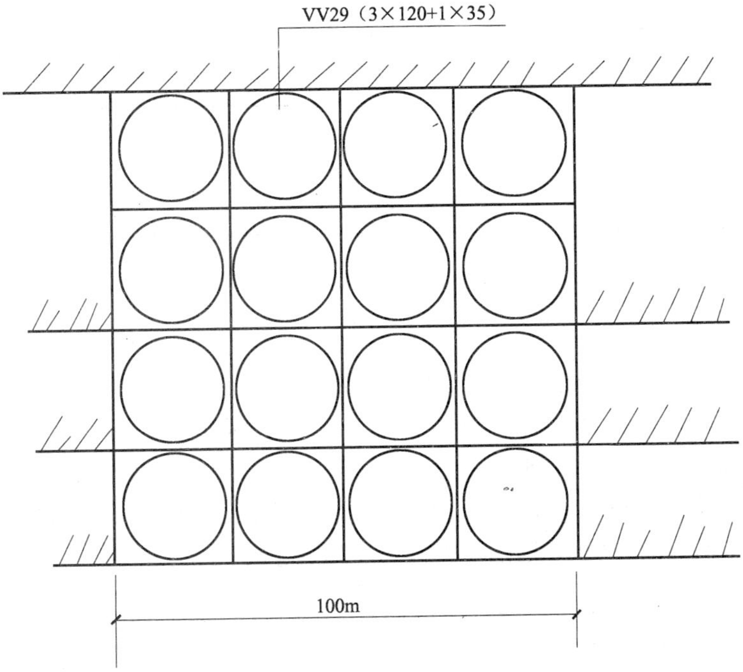

图 3-14　电缆沟敷设工程示意图

【释义】　直埋电缆敷设：是沿已定的路线挖沟，然后把电缆埋入沟内。一般电缆根数较少，且敷设距离较长时采用此法。电缆埋设深度要求一般为：电缆表面距地面的距离不应小于 0.7m，穿越农田时不应小于 1m，当遇到障碍物或冻土层较深的地方，则应适当加深，使电缆埋于冻土层以下。

【解】　① 电缆沟支架制作安装工程量：

$$(200\times2)\text{m}=400\text{m}$$

[因为从图上可以看出 16 根电缆 VV29(3×120+1×35)分成了 4 层，每层 4 根，第一层和最后一层不用电缆沟支架制作安装，第二层和第三层才需要电缆沟支架，因为一个电缆沟支架的长度为 200m，所以 2 个的工程量为 400m]

② 电缆敷设工程量：

$$[(200+1.5+1.5\times2+0.5\times2+3)\times16]\text{m}=3336.00\text{m}$$

(式子前面第一个 1.5 是电缆进建筑物的预留长度，缆头两个 1.5m×2，水平到垂直两次 0.5m×2，低压柜 3m，4 层，双边，每边 8 根。)

工程项目和工程量见表 3-5。

电缆敷设工程量 **表 3-5**

定额编号	工程项目	单位	数量	单价（元）	说　明	基价（元）	其中（元）		
							人工费	材料费	机械费
	电缆沟支架制作安装4层	m	400.00	80.88	双边 200×2=400				
2-672	电缆沿沟内敷设	m	3336.00	149.98	不考虑定额损耗	149.98	96.60	53.38	—

清单工程量计算见下表：

清单工程量计算表

项目编码	项目名称	项目特征描述	计量单位	工程量
031102033001	埋式电缆	沿沟内敷设	km	3.34

【例 3-17】 一个电力电缆直埋工程，如图 3-15 所示，全长为 400mm，若单根埋设时开挖的电缆沟上口宽度为 0.6m，下口宽度为 0.4m，深度为 1.2m，现在同沟内并排敷设 4 根电缆，如图 3-15 所示，则：①挖土方量多少？②若上述直埋的 4 根电缆横向穿过混凝土铺设的公路，已知路面宽 20m，混凝土路面厚度为 200mm，电缆保护管为 SC80，埋设深度为 1.2m，计算路面开挖预算工程量并套用定额。

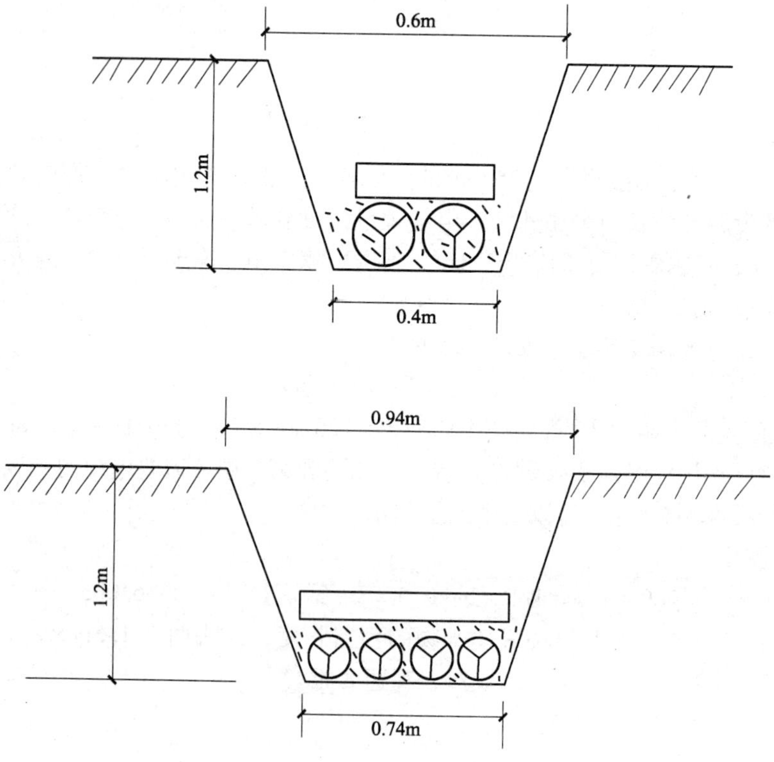

图 3-15　电力电缆直埋工程示意图

【释义】　电缆直埋时，电缆沟挖填土（石）方工程量：

（1）电缆沟挖填土石方量。电缆沟有设计断面图时，按图计算土石方量。电缆沟无设计断面图时，按下式计算土石方量：

1）两根电缆以内土石方量　$V=\frac{(0.6+0.4)\times 0.9}{2}m^3=0.45m^3$

2）每增加一根电缆时，沟底宽增加 0.17m。也即每米沟长增加 $0.153m^3$ 土石方量。电缆沟土石方量，可套用第三册《送电线路工程》第二章土石方工程相应子目。

（2）挖混凝土、柏油等路面的电缆沟时，按设计的沟断面图计算挖方量，可按下式计算：

$$V=Hbl$$

式中　V——挖方体积；

H——电缆沟深度；

b——电缆沟宽度；

l——电缆沟长度。

定额套用《通信线路工程》有关子目。

【解】　① 根据上面所写释义的工程量的有关规则，1～2 根电缆开挖土方量相同，所以同沟并排埋设 4 根电缆时，其电缆沟上、下口增加宽度均为 $0.17\times 2=0.34m$，见此题的第二个图，所以挖填土方量为：

$$V_1=\frac{(0.6+0.34+0.4+0.34)\times 1.2}{2}\times 400m^3=403.2m^3$$

套用预算定额　2－521

计量单位：m^3

基价：12.07 元；其中人工费 12.07 元

$\left[\text{上式中 } 0.6+0.34 \text{ 为上口宽，} 0.4+0.34 \text{ 为下口宽，} 1.2 \text{ 为深，} \frac{(0.6+0.34+0.4+0.34)}{2}\times 1.2\right.$

$\left.\text{是沟的截面积，然后再乘以沟的长度}\right]$

② 4 根电缆横向穿过混凝土铺设的公路时，电缆保护管为 SC80，由电缆保护管埋地敷设土方量计算规则可以知道，电缆沟下口宽度为：

$$b_2=[(0.08+0.003\times 2)\times 4+0.3\times 2]m=0.944m$$

由于电缆上、下口的运算比例为：$k=0.6/0.4=1.5$

所以电缆沟上口的宽度为：

$$b_1=kb_2=1.5\times 0.944m=1.416m$$

根据规定，在电缆保护管横穿道路时，按路基宽度两端各增加 2m，即保护管 SC80 总长度为：

$$L=(20+2\times 2)\times 4m=96m$$

在电缆沟开挖工程中，其中人工开挖路面厚度为 200mm，宽度为 20m 的路面面积工程量为：

$$S=b_1B=1.416\times 20m^2=28.32m^2$$

开挖土方量为：$V_2=\frac{(0.944+1.416)}{2}\times 1.2\times 24-28.32\times 0.2m^3$

$=33.984-5.664\text{m}^3$

$=28.32\text{m}^3$

套用预算定额　2－521

计量单位：m^3

基价：12.07 元；其中人工费 12.07 元

[在 V_2 的公式中，0.944 即下口宽，1.416 是上口宽，$\frac{0.944+1.416}{2}\times1.2$是沟的截面积，再乘以长度24，28.32×0.2是上面混凝土层所需开挖的土方量，必须减去，由此得到开挖土方量 V_2 为 28.32m^3]

清单工程量计算见下表：

清单工程量计算表

项目编码	项目名称	项目特征描述	计量单位	工程量
031102003001	挖填电缆沟		m^3	403.2
031102003002	挖填电缆沟	挖电缆沟	m^3	28.32

【例 3-18】　电缆槽（沟）的土（石）方开挖和回填。应在扣除路面开挖部分的实际挖填量后，按不同土质套用坑深 2m 以内的电杆坑挖、填方定额，计算基础土（石）方量。如图 3-16 所示，试计算电缆槽（沟）土（石）方量并套用定额。

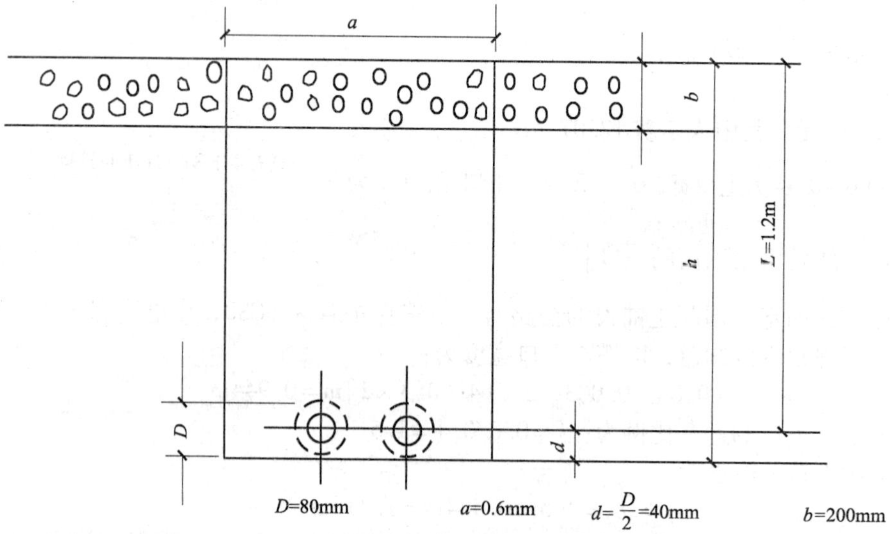

图 3-16　电缆槽（沟）的土（石）方开挖和回填示意图

① 直埋方式，其计算公式为：

$$V=aLh=[0.6+0.35(n-1)](h-b)L$$

从图上可得：$h=L+d=(1.2+0.04)\text{m}=1.24\text{m}$

$$b=0.2\text{m}\qquad n=2$$

所以：$V=(0.6+0.35)\times(1.24-0.2)\times1.2\text{m}^3=0.95\times1.04\times1.2\text{m}^3=1.19\text{m}^3$

② 保护管方式，其计算公式为：

$$V = aLh = \left[\frac{n}{2}(d+D)+0.1(n-1)+0.4\right](h-b)L$$

套用预算定额 2－521

计量单位：m^3

基价：12.07 元；其中人工费 12.07 元

从图上可得 $n=2$ $d+D=(0.08+0.04)m=0.12m$

所以：$V=(d+D+0.1+0.4)\times(h-b)L$

$=(0.12+0.1+0.4)\times(1.24-0.2)\times1.2m^3=0.77m^3$

套用预算定额 2－521

计量单位：m^3

基价：12.07 元；其中人工费 12.07 元

以上各式中 V——体积（m^3）；

a——槽（沟）实宽（m）；

h——槽（沟）实深（m）；

L——槽（沟）长度（m）；

b——路面厚度，定额中分 0.15m 和 0.25m 两档（m）；

d——电缆直径或保护管内径（m）；

D——保护管插口外径（m）；

n——电缆并列埋深根数。

清单工程量计算见下表：

清单工程量计算表

项目编码	项目名称	项目特征描述	计量单位	工程量
031102003001	挖填电缆沟	直埋方式	m^3	1.19
0301102003002	挖填电缆沟	保护管方式	m^3	0.77

【例 3-19】 某企业 1 座 20m 高的烟囱旁边，建有 1 个配电所，它的大小尺寸如图 3-17 所示，烟囱上面装有 1 支高 1.5m 的避雷针，用来防护直击雷。试问水塔上的避雷针能否保护这个配电所？

【释义】 避雷针在地面上的保护半径按下式计算：$r=1.5h$

其中：r——避雷针在地面上的保护半径（m）；

h——避雷针总长度（m）。

避雷针在被保护物高度 h_b 水平面上的保护半径 r_b 按下式计算：

（1）当 $h_b>0.5h$ 时，$r_b=(h-h_b)\cdot p=h_a\cdot p$

其中 r_b 表示避雷针在被保护物高度 h_b 水平面上的保护半径（m）；h_a 表示避雷针的有效高度（m）；p 表示高度影响系数，$h<30m$ 时，$p=1$；$30m<h<120m$ 时，$p=5.5/\sqrt{h}$。

（2）当 $h_b<0.5h$ 时：$r_b=(1.5h-2h_b)\cdot p$

【解】 因为：$h_b=4m$，$h=(20+1.5)m=21.5m$

$$h_b/h=4/21.5=0.186<0.5$$

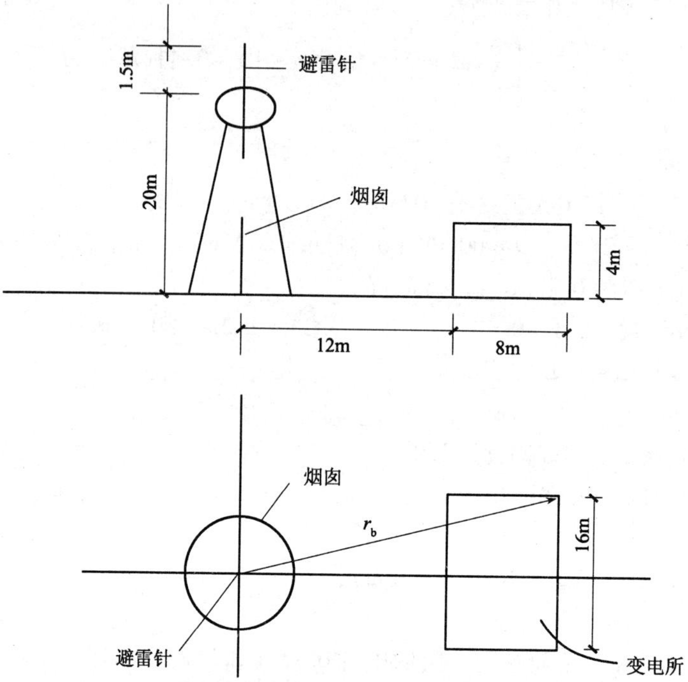

图3-17　避雷针安装工程示意图

由上面的释义所讲的工程量的计算公式可知，被保护配电所高度水面上的保护半径：

$$
\begin{aligned}
r_b &= (1.5h - 2h_b) \cdot p \\
&= (1.5 \times 21.5 - 2 \times 4) \times 1\text{m} \\
&= 24.25\text{m}
\end{aligned}
$$

现配电所一角离避雷针最远的水平距离为：

$$r = \sqrt{(12 + 8)^2 + 8^2}\text{m} = 21.54\text{m} < r_b$$

所以，烟囱上的避雷针能保护这个配电所。

尊敬的读者：

感谢您选购我社图书！建工版图书按图书销售分类在卖场上架，共设22个一级分类及43个二级分类，根据图书销售分类选购建筑类图书会节省您的大量时间。现将建工版图书销售分类及与我社联系方式介绍给您，欢迎随时与我们联系。

★建工版图书销售分类表（详见下表）。

★欢迎登陆中国建筑工业出版社网站www.cabp.com.cn，本网站为您提供建工版图书信息查询，网上留言、购书服务，并邀请您加入网上读者俱乐部。

★中国建筑工业出版社总编室　电　话：010—58934845

传　真：010—68321361

★中国建筑工业出版社发行部　电　话：010—58933865

传　真：010—68325420

E-mail：hbw@cabp.com.cn

建工版图书销售分类表

一级分类名称（代码）	二级分类名称（代码）	一级分类名称（代码）	二级分类名称（代码）
建筑学（A）	建筑历史与理论（A10）	园林景观（G）	园林史与园林景观理论（G10）
	建筑设计（A20）		园林景观规划与设计（G20）
	建筑技术（A30）		环境艺术设计（G30）
	建筑表现·建筑制图（A40）		园林景观施工（G40）
	建筑艺术（A50）		园林植物与应用（G50）
建筑设备·建筑材料（F）	暖通空调（F10）	城乡建设·市政工程·环境工程（B）	城镇与乡（村）建设（B10）
	建筑给水排水（F20）		道路桥梁工程（B20）
	建筑电气与建筑智能化技术（F30）		市政给水排水工程（B30）
	建筑节能·建筑防火（F40）		市政供热、供燃气工程（B40）
	建筑材料（F50）		环境工程（B50）
城市规划·城市设计（P）	城市史与城市规划理论（P10）	建筑结构与岩土工程（S）	建筑结构（S10）
	城市规划与城市设计（P20）		岩土工程（S20）
室内设计·装饰装修（D）	室内设计与表现（D10）	建筑施工·设备安装技术（C）	施工技术（C10）
	家具与装饰（D20）		设备安装技术（C20）
	装修材料与施工（D30）		工程质量与安全（C30）
建筑工程经济与管理（M）	施工管理（M10）	房地产开发管理（E）	房地产开发与经营（E10）
	工程管理（M20）		物业管理（E20）
	工程监理（M30）	辞典·连续出版物（Z）	辞典（Z10）
	工程经济与造价（M40）		连续出版物（Z20）
艺术·设计（K）	艺术（K10）	旅游·其他（Q）	旅游（Q10）
	工业设计（K20）		其他（Q20）
	平面设计（K30）	土木建筑计算机应用系列（J）	
执业资格考试用书（R）		法律法规与标准规范单行本（T）	
高校教材（V）		法律法规与标准规范汇编/大全（U）	
高职高专教材（X）		培训教材（Y）	
中职中专教材（W）		电子出版物（H）	

注：建工版图书销售分类已标注于图书封底。